文
景

Horizon

社 科 新 知　文 艺 新 潮

桑兵　关晓红
—— 主编 ——

分科的学史与历史

近代中国的知识与制度转型
学科编

上海人民出版社

本书为浙江大学"中央高校基本科研业务费专项资金"、
中山大学历史学系学科建设经费专项出版资助项目

目　录

总　说

当前的世界格局，正在发生自17世纪以来最为重大深刻的变动。这一变动呈现相反相成的两面：一方面，全球化导致各国的交往联系进一步紧密；另一方面，单一的西方强势霸权地位已经动摇，包括中国崛起在内的多元化成为新的发展取向。由此引发重新认识自我和调整世界秩序的需求，不同文化系统的相互理解和接受变得更加重要，而沟通的理据却引起越来越多的反省和检讨。近代以来，在世界一体化的大趋势之下普遍发生的知识与制度转型，本来是各国赖以沟通理解的凭借，现在却造成许多的疑惑和困扰。以往后发展国家将接受欧洲中心衍生出来的一整套观念制度作为体现人类发展共同趋向的公理，用以重新条理和解释既有的历史文化。西方社会也习惯于用后来体系化的观念制度看待异己的文化，乃至回溯自身的历史。

随着全球化的推进，经过观念与制度的所谓现代变革调适的国家民族之间，摩擦冲突仍然不断加剧，而人类发展的单一现代化取向备受质疑，越来越多的学人意识到倒看历史所产生的误解不同文化的现实危险。如何通过世界一体化（其核心仍然是欧洲中心）之后表面相似的观念和制度来理解和把握各种社会文化差异，增进相互理解与沟通，同时注重不同文化之于世界多样性的价值意义，引起各国学人的高度关注。作为重建世界格局一极的中国，晚清民国时期，知识与制度体系发生了重大变动，使得中国人的思维方式与行为规范前后截然两分。了解这一千古大变局的全过程和各层面，对中外冲突融合的大背景下知识与制度体系沿革、移植、变更、调适的众多问题进行深入探究，可以获得理解传统、认识变异、了解现在和把握未来的钥匙。在中学、东学和西学的视角下重新考察近代中国观念与制度变革的趋向和症结，有助于更好地认识世界一体化进程中东亚文明的别样性及其对人类发展提供多样性选择的重要价值，争取和保持对在世界文明体系中的位置日益重要的中国历史文化解释的主动和主导地位，增进包括中国在内的世界各国的沟通理解。

第一节　问题的提出

美国学者任达（Douglas R. Reynolds）的《新政革命与日本》（*The Xinzheng Revolution and Japan*）一书，出版以后引起不小的争议，对其观念和材料方面的种种局限议论较多。[1] 不过，作者指出了以下至关重要的事实，即新政前后，中国的知识与制度体系截然两分，此前为一套系统，大致延续了千余年；此后为一套系统，经过逐步的变动调整，一直延续至今。作者这样来表述他的看法：

---

[1]　桑兵：《黄金十年与新政革命——评介〈新政革命与日本：中国，1898—1912〉》，载侯仁之、周一良主编《燕京学报》新四期，北京大学出版社，1998，第 321 页。

> 在1898年百日维新前夕，中国的思想和体制都刻板地遵从中国人特有的源于中国古代的原理。仅仅12年后，到了1910年，中国人的思想和政府体制，由于外国的影响，已经起了根本性的变化。
>
> 从最根本含义来说，这些变化是革命性的。在思想方面，中国的新旧名流（从高官到旧绅士，新工商业者与学生界），改变了语言和思想内涵，一些机构以至主要传媒也藉此表达思想。在体制方面，他们按照外国模式，改变了中国长期以来建立的政府组织，改变了形成国家和社会的法律与制度。
>
> 如果把1910年中国的思想和体制与1925年的、以至今天中国相比较，就会发现基本的连续性，它们同属于相同的现实序列。另一方面，如果把1910年和1898年年初相比，人们发现，在思想和体制两大领域都明显地彼此脱离，而且越离越远。[1]

也就是说，中国人百余年来的精神观念与行为规范，与此前的几乎完全两样，这一天翻地覆的巨变，不过是百年前形成的基本框架，并一直运行到现在。今日中国人并非生活在三千年一以贯之的社会文化之中，而是生活在百年以来的知识与制度体系大变动所形成的观念世界与行为规范的制约之下。任达认为，这样的变动是以清政府和各级官绅为主导的具有根本性的革命，并且强调在此过程中日本影响的主动与积极的一面。对于诸如此类的看法，意见当然难期一律，表达异见十分正常。但任达所陈述的近代知识与制度根

[1] 任达:《新政革命与日本:中国,1898—1912》，李仲贤译，江苏人民出版社，1998，第215页。

本转变的事实，却是显而易见，不宜轻易否定的。

不过，这一转型的过程及其意义，远比任达所描绘的更为复杂和深刻。因为它不仅涉及明治日本，还包括整个丰富多样的“西方”；不只发生在新政时期，而是持续了半个多世纪（其实受域外影响发生观念行为的变化，从来就有，如佛教和耶稣会士的作用，尤其是后者，令西学已经东渐）；不仅政府主导的那些领域出现了观念和制度变化，全社会各个层面的各种知识制度体系，几乎全都根本改观；参与其事者不仅是清朝官绅和日本顾问，外国来华人士和广大中国知识人也纷纷介入其中。更为重要的是，这样的革命性变动不是单纯移植外国的知识与制度，今天中国人所存在于其中的知识与制度体系，虽然来源多在外国，因而与世界上其他国家大体相似，但还是有许多并非小异。这些千差万别，不能简单地用实际上未能摆脱西化的现代化理论来衡量和解释。

今日中国人在正式场合用来表达其思维的一整套语汇和概念、形成近代中国思想历史的各种学说、教学研究的学科分类，总之，由人们思维发生，独立于人们思维而又制约着人们思维的知识系统，与一个世纪以前中国人所拥有的那一套大相径庭。如果放弃这些语汇、概念和知识系统，面对各种信息，人们将无所适从，很难正式表达自己的意思。而习惯于这些语汇、概念和知识体系的今人，要想进入变化之前的中国人的精神世界，也十分困难。即使经过专门训练，并且具有相当程度的自觉，还是常常发生格义附会的误读错解。不仅如此，要想认识今日中国人的精神世界，尽管处于同一时代，但要分辨那些看似约定俗成、不言而喻，实际上各说各话的话语，如果不能从发生发展的渊源脉络理解把握，也很难真正做到了解同情。近年来学人所批评的“倒放电影”和所主张的“去熟悉化”，[1] 显然都由此而生。

同样，体现和规范今人的行为，维系社会有序运作的各种制度，与百年以前也是迥异。这些制度覆盖政治、经济、军事、对外关系、教育、金融、司法、医疗、治安、社会组织、社会保障与救济等各个方面，几乎无所不包。除了少数“仍旧”或“全新”外，多数情况是“古已有之”而“变化多端”甚至“面目全非”。这就导致今人既不易理解前人的种种行为方式和运作模式，又无法深究今日各种制度规定及其运行轨则的来龙去脉，难以知其然亦知其所以然。结果，一种制度之下存在着多种行为样式，甚至主要的样式与设制本身的立意相去甚远。有时观念与制度之间发生离异，观念层面的优劣之争并不影响制度层面出现一面倒的局面。如中西医的是非优劣，历来争论不已，至今只能说是各有高下，而医疗和医院制度，已经几乎完全照搬西洋方式。

出现上述情形的重要原因之一在于，晚清民国的知识与制度转型，并非由中国的社会文化历史自然发生出来，而是近代中外冲突融合的产物。某种程度上，可以说是从外部世界移植到本土，并且改变中国思维与行为的基本面貌的产物。换言之，这是世界体系建构过程中，中国一步步被拖入世界体系的结果。今人争议甚多的全球一体化，仍是这一过程的延续。

然而，事情如果只是如此简单，也就不难认识。实际情形不仅复杂得多，而且潜移默化，令人习以为常。所谓“世界”，其实仅仅处于观念形态，如果要落到实处，则几乎可以断定并不存在一个笼统的“世界”，而是具体化为一个个不同的民族或国家。更为重

---

[1] 前者为罗志田教授屡次论及，后者参见王汎森:《中国近代思想文化史研究的若干思考》,《新史学》2003 年第 14 卷第 4 期。

要的是，那个时期的所谓“世界”，并非所有不同民族和国家的集合，实际上主要是以同样笼统的“西方”为蓝本和基准。在“西方”人看来，“西方”只是存在于东亚人的观念世界之中。认真考察，西方不但有欧美之别，欧洲内部还分为大陆和英伦三岛，大陆部分又分成历史文化各不相同的众多国家。此外，本来是东亚一部分的日本，因为学习西方比较成功，脱亚入欧，似乎也进入了西方发达国家的行列，而逐渐成为西方世界的一部分。

如此一来，近代中国面临的外部冲击和影响，就知识系统而言，不仅有“西学”，还有“东学”。而“西学”的基本凭借，即“西方”既然只存在于观念世界，“西学”相应地也只有抽象意义。一旦从笼统的“学”或“文化”落实到具体的学科、学说，可以发现，统一的西方或西学变得模糊不清甚至消失不见了，逐渐显现出来的是由不同民族和国家的历史文化渊源生成而来的独立系统。各系统之间或许大同，但也有不少小异，这些小异对于各种学科或学说的核心主干部分也许影响不大，但对于边缘或从属部分则相当关键，往往导致不同系统的学科分界千差万别，从而使得不同国度的不同流派关于学科的概念并不一致。来龙不一，去脉各异，不同国度的同一学科的内涵也就分别甚大。大者如“科学”，英法德含义不同，小者如政治学、社会学、人类学的分科与涵盖，欧美分别不小，欧洲各国也不一致。至于社会文化研究，究竟是属于社会学的领域还是人类学的范畴，不仅国与国之间存在差异，同一国度的不同学派也认识不一。

上述错综复杂是在长期的渐进过程中逐渐展开的，因此一般而言，对于亲历其事者或许并不构成认识和行为的障碍，而后来者或外来人则难免莫名所以、无所适从。当由欧洲原创的人类知识随着世界体系的扩张走向全球时，为了操作和应用的方便，不得不省去繁复，简化约略，使得条理更加清晰。这样一来，原有的渊源脉络所滋生出来的纠葛被掩盖，学科的分界变得泾渭分明。将发源于欧洲的各种学科分界进行快刀斩乱麻式的后续加工和划一，开始不过是有利于既缺少学术传统又是移民社会的美国便于操作，后来由于美国的实力和地位迅速上升，对世界的影响不断扩大，甚至成为霸主和中心，美式的分科成为不少后发展国家接受外来影响的主要模式。可是，在清晰和方便的同时，失去了渊源脉络，一味从定义出发，一般而言也无大碍，仔细深究，尤其是还想弄清楚所以然，就不免模糊笼统。因此，格义附会、似是而非的现象不仅多，而且乱，看似异口同声，实则各唱各调的情况比比皆是。

近代中国在西方压力之下发生的知识与制度体系转型，如果只是全盘西化式地照搬移植，问题也就相对简单。可是，中国的文化不仅历史悠久，而且一脉相传、始终活跃，其巨大张力所产生的延续性，对于近代的知识与制度转型产生着重要的制约作用。

清季民初，是中国固有学术向西式分科转型的重要时期，众多学人对此做了不同程度的努力，其中康有为、梁启超、刘师培、章太炎、严复、宋恕、王国维等人在学术领域的影响尤为突出，而蔡元培等人则更多的是从教育的角度关注分科。他们借鉴来源不同的西学，以建立自己的体系，都希望在统一的整体框架下将各种新旧中西学术安置妥当，尤其是力图将中西新旧学术打通对接。各人编织的系统虽然大体都是依据西学，但实际分别相当大，反映了各自所依据的蓝本以及对这些蓝本的认识存在很大差异。加之在中国变动的同时，欧洲各国的学科体系也正在随着社会分工的日益细化和知识分类的不断增加，随时新建、调整或重组，时间的接近加剧了空间变动的复杂性，这就进一步增加了中国人对于学术分科理解与把握的难度，也导致分科界限的模糊与错乱。早在20世纪初，主讲京师大学堂史学的陈黻宸比较中西学术时就认为:“夫彼族之所以强且智者亦以人各有学，学各有科，一理之存，源流毕贯，一事之具，颠末必详。而我国固非无学也，然乃古古相承，迁流失实，一切但存形式，人鲜折衷，故有学而往往不能成科。即列而为科矣，亦但有科之名而究无科之义。”[1] 这显然是用进化论的眼光看待中西学术的结果，将近代等同于西方，以为西学的优势从来如此。其实，整体而言，分科治学在西方也不过是 19 世纪以来，尤其是 19 世纪后半叶以来的新生事物，其间也经历了用后来观念重构系统的历史进程。由于各国的学术文化传统不同，造成分科边际的不确定和不稳定，使得对西方本来就缺乏全面深入认识的中国人更加难以把握这些舶来的抽象物。

上述难题，几乎所有的后发展国家和民族都会共同面对。而中国还有其独特的问题。中国的近邻、明治维新后的日本率先走上了现代化道路，并通过一系列军事、外交和政治活动向中国人展示了它的巨大成效，以至于新政期间，在朝野人士的鼓动下，中国主要是通过日本来学习西方。这样的取径，在具有欧洲留学背景的严复看来，不仅是舍近求远，甚至会南辕北辙。他说:

> 吾闻学术之事，必求之初地而后得其真，自奋其耳目心思之力，以得之于两间之见象者，上之上者也。其次则乞灵于简策之所流传，师友之所授业。然是二者，必资之其本用之文字无疑也。最下乃求之翻译，其隔尘弥多，其去真滋远。今夫科学术艺，吾国之所尝译者，至寥寥已。即日本之所勤苦而仅得

---

[1] 陈黻宸:《京师大学堂中国史讲义》，载陈德溥编《陈黻宸集》下册，中华书局，1995，第 675 页。

> 者，亦非其所故有，此不必为吾邻讳也。彼之去故就新，为时仅三十年耳。今求泰西二三千年孳乳演迤之学术，于三十年勤苦仅得之日本，虽其盛有译著，其名义可决其未安也，其考订可卜其未密也。乃徒以近我之故，沛然率天下学者群而趋之，世有无志而不好学如此者乎？侏儒问径天高于修人，以其逾己而遂信之。今之所为，何以异此。[1]

严复的意见在一段时期内不被普遍认同，在他供职的学部，据说也是东学派占了压倒性优势，不过却提醒国人注意，日本化的西学，加入了许多东亚因素，其中不少是根据中国文化加以变异，以应对西学。而东学所带有的浓厚的德国色彩，提示人们进一步抛弃西学的笼统性，关注英国以外的其他欧洲文化系统，并设法弄清不同系统之间的差异。

知道分别就会有所取舍。在大规模地接受东学之后，朝野人士对东学东制移植中土暴露出来的弊病逐渐有所认识，于是再度将目光转向欧洲。从这时起，国人开始跳出西学的笼统观念，不一定在不同系统之间做整体性选择，而是考虑各个系统的组成部分可能各有长短，应当具体地予以了解和把握。民国以后，虽然留美学生渐多，并且逐渐占据了国内各界的要津，有识之士还是知道，欲求高深学问而非仅仅谋求学位，应该前往原创性的欧洲。只是后来北美与东欧的影响日益增强，将已有的复杂因素变得看似简化。

在近代中国人的精神世界发生着翻天覆地的变化的同时，其行为规范也随着涉及社会生活各个方面的各种制度的引进而悄然变

---

[1] 严复：《与〈外交报〉主人书》，载王栻主编《严复集》第3册，中华书局，1986，第561页。

更。西制进入中国并导致原有的各种制度发生程度不同的变动，与西学的进程颇为近似，也经过了取法日本的阶段。虽然中西文化交流并非截然分为物质、制度和心理的层面，依次递进，器物的引进带来不同的审美和实用观念，工厂的开办需要一整套制度的保障，而且随着新事物的日益增多，清朝的各级职官体制也悄然变更，总体而言，制度变动的进展相当缓慢。新政时期，中国全面模仿日本，朝野上下，先后派出了为数众多的官绅，他们出发前以及抵达日本后，要集中听讲学习，有关方面为此还编制了具体的考察指南，指示考察的程序、步骤和做法。他们按图索骥，将日本的各种制度一一照葫芦画瓢地搬来中国。当然，后来同样有过再向欧美学习以调整偏差的经历。其间有些先见之明的人士并不囿于一途，如孙中山对美国的代议制民主就不以为然，而倾心于瑞士的直接民主。

对于近代中国的知识与制度体系转型，学界往往会用现代化的解释框架来加以认识。现代化的观念，未必不是一种解释模式。不过，现代与传统、进步与落后之类的两极范畴，最终实际上落实到了中西对立的观念之上，不仅流于简单地找变化，而且根据固定标准所找出的变化归根结底都是西化。诸如此类以变化为进化，以现在为现代的看法，多少反映了今人的盲目自信。而近代中国的知识与制度转型绝非如此简单，至少应该考虑到：1. 中国固有的知识与制度体系的渊源、变化与状况。2. 外来知识与制度体系的具体形态及其进入中国的过程、样式。3. 中国人如何接受外来的知识与制度，外来知识及制度如何与中国固有的知识及制度发生联系。4. 在上述过程中，本土与外来的知识和制度如何产生变异，形成怎样的新形态。5. 这些变异对中国的发展所产生的制约性影响。

近代中国的知识与制度转型研究的展开，力求回应上述问题，大体把握中外知识与制度转型之前的情形，外来知识与制度进入中国的过程，由此引起的变化、变化所造成的延续至今的状况以及未来的发展趋向，力求为世界格局的重构做好知识与制度准备。

第二节　观念与取向

知识与制度体系的全面变动，不仅改变了近代中国人的思维与行为，而且使得现在的中国人在面对过去时，自觉或不自觉地用现行思维行为方式去观察判断，如果没有充分自觉，等于用后来外在的尺度衡量前人前事，难以体察理解前人思维行为的本意真相。也就是说，外来的知识与制度体系进入之前，中国人已有自己长时期累积而成的一整套思维和行为方式。而在转型之后，由于观念和规矩的变更，要想如实了解固有本来，反而变得相当困难。要做到不带成见从无到有地去探究发生、发展和变化，首先必须对本来的情形有充分的了解同情。

此事说来简单，其实至为复杂。尽管近代知识与制度转型很有几分脱胎换骨的色彩，以致有学人断言已是西体中用，实则吸收域外文化或融合其他异文化，在中国历史上不仅随时发生，而且有过几次显而易见的重要变动。今人看转型以前的人与事，难免带着后来西式的有色眼镜，即使有所自觉，尽量不带成见，也很难完全还原。历史本事、相关记述和后来著史，彼此联系，又各自不同，而分际模糊，容易混淆，况且著史还有层累叠加的问题。历史的实事即所谓第一历史必须经由历史记述即所谓第二历史加以展现，任何历史记述，往往积薪而上，一般而言，所有系统，均由后人归纳，集合概念亦均为后出，而且越到后来，条理越加清晰，意涵却悄然变化。后来之说可以表明编制者的看法，不能简单地认作所指时代的事实。转型之前，前贤已经提出以汉还汉的问题，只是即便回到汉代，所获仍然不过汉代人对先秦思想的认识。汉代固然距离先秦较今人为近，保留理解先秦的思想观念或许较今人为多且确，却未必真正吻合。况且汉代对于前人的认识也是五花八门、各不相同。

将以汉还汉的精神贯彻到底，应该是回到不同时代不同人物的不同观念行事。傅斯年曾为自己将来可能写"中国古代思想集叙"，提出若干要遵守的"教条"，其中包括：1. 不用近代哲学观看中国的方术论，"故如把后一时期，或别个民族的名词及方式来解它，不是割离，便是添加。故不用任何后一时期，印度的、西洋的名词和方式"。将明清之际耶稣会士和晚清以来西学的影响乃至中古大事因缘的儒释道合一，均置于自觉排除之列。2. 研究方术论、玄学、佛学、理学，各用不同的方法和材料，而且不以两千年的思想为一线而集论之，"一面不使之与当时的史分，一面亦不越俎去使与别一时期之同一史合"。[1]

也就是说，中国不仅没有一以贯之的哲学史，而且历代分别有方术、玄学、佛学、理学的历史，各史均须还原到当时的历史联系之中，而不能抽取某些元素加入其他时期的同类史。此说对于现在的不少相关研究尤其具有针对意义，探讨概念、分科及制度，看似广征博引，也能遵循时空顺序，实则将不同时期的相同或相似观念事物抽离原来各自的历史联系，而强行组合连缀，其本意既因脱离

---

[1]　《傅斯年致胡适》1926 年 8 月 17、18 日，载杜春和、韩荣芳、耿来金编《胡适论学往来书信选》下册，河北人民出版社，1998，第 1264－1265 页。

原有语境不能恰当解读，其联系复因形似而实不同而有削足适履之嫌，仍然是强古人以就我的主观预设。况且，诸如此类的研究往往还会就文本以证文本，对于相关人事视而不见，无法将思想还原为历史，不过是创造一家之言的个人思想史而已。

至于写法，傅斯年主张应由上层（下一时）揭到下层（上一时），而非自上一时写下来。前者从无到有，探寻概念事物的发生及其演化，后者则以后来观念条理先前史事，实为用后来眼光倒述历史。所谓自上一时写下来，其实未能剥离后来的附加成分，而以后来的概念条理作为先入为主的是，形式上虽然顺着写，实际上却是倒着讲。必须首先由记述的上层即时间的下一时，揭到记述的下层即时间的上一时，才能以汉还汉，回到历史现场。不过，仅仅这样逆上去固然可以层层剥笋，求其本意，还物事的本来面目，但要再现思想演变的历史进程，还应在回归具体时空位置的基础上顺下来，历时性地展示事物发生演化的复杂详情。

然而，更为吊诡的是，和傅斯年所推崇的阮元《性命古训》一样，尽管该研究“其方法则足为后人治思想史者所仪型”，还是存在其结论未必能够成立的尴尬。[1] 原因如陈寅恪所论：

> 宋儒若程若朱，皆深通佛教者。既喜其义理之高明详尽，足以救中国之缺失，而又忧其用夷变夏也。乃求得两全之法，避其名而居其实，取其珠而还其椟。采佛理之精粹，以之注解四书五经，名为阐明古学，实则吸收异教，声言尊孔辟佛，实则佛之义理，已浸渍濡染，与儒教之宗传，合而为一。此

[1] 傅斯年：《性命古训辨证》，载欧阳哲生主编《傅斯年全集》第2卷，湖南教育出版社，2003，第505–509页。

先儒爱国济世之苦心，至可尊敬而曲谅之者也。故佛教实有功于中国甚大。自得佛教之裨助，而中国之学问，立时增长元气，别开生面。故宋、元之学问、文艺均大盛，而以朱子集其大成。[1]

1934年陈寅恪为冯友兰《中国哲学史》下册所写审查报告指出：

六朝以后之道教，包罗至广，演变至繁，不似儒教之偏重政治社会制度，故思想上尤易融贯吸收。凡新儒家之学说，几无不有道教，或与道教有关之佛教为之先导。如天台宗者，佛教宗派中道教意义最富之一宗也。其宗徒梁敬之与李习之之关系，实启新儒家开创之动机。北宋之智圆提倡中庸，甚至以僧徒而号中庸子，并自认为传以述其义。其年代尤在司马君实作《中庸广义》之前，似亦于宋代新儒家为先觉。二者之间，其关系如何，且不详论。然举此一例，已足见新儒家产生之问题，尤有未发之覆在也。至道教对输入之思想，如佛教摩尼教等，无不尽量吸收，然仍不忘其本来民族之地位。既融成一家之说以后，则坚持夷夏之论，以排斥外来之教义。此种思想上之态度，自六朝时亦已如此。虽似相反，而实足以相成。从来新儒家即继承此种遗业而能大成者。[2]

---

[1]　吴宓:《吴宓日记》第2册，吴学昭整理注释，生活·读书·新知三联书店，1998，第102–103页。

[2]　陈寅恪:《审查报告三》，载冯友兰《中国哲学史》下册，商务印书馆，1934，第3–4页。

关于唐宋诸儒究竟是先受到佛教道教性理之说的影响，再上探先秦两汉的儒学，以外书比附内典，构建新儒学，然后据以辟佛，还是相反，鉴于时代风气人伦道丧，先从古儒学中认出心学一派，形成理学，以抵御佛教，对此，陈寅恪与傅斯年意见分歧，并有所论辩，最终各执己见。[1] 1948 年，陈寅恪在《历史研究》发表《论韩愈》，旨在说明“退之自述其道统传授渊源固由孟子卒章所启发，亦从新禅宗所自称者摹袭得来也”。韩愈扫除章句繁琐之学，直指人伦，目的是调适佛教与儒学的关系：

> 盖天竺佛教传入中国时，而吾国文化史已达甚高之程度，故必须改造，以蕲适合吾民族、政治、社会传统之特性，六朝僧徒“格义”之学，即是此种努力之表现，儒家书中具有系统易被利用者，则为小戴记之中庸，梁武帝已作尝试矣。然“中庸”一篇虽可利用，以沟通儒释心性抽象之差异，而于政治社会具体上华夏、天竺两种学说之冲突，尚不能求得一调和贯彻，自成体系之论点。退之首先发见小戴记中大学一篇，阐明其说，抽象之心性与具体之政治社会组织可以融会无碍，即尽量谈心说性，兼能济世安民，虽相反而实相成，天竺为体，华夏为用，退之于此以奠定后来宋代新儒学之基础。

而“退之固是不世出之人杰，若不受新禅宗之影响，恐亦不克臻此。又观退之寄卢仝诗（春秋三传束高阁，独抱遗经究终始），则知此种研究经学之方法亦由退之所称奖之同辈中人发其端，与

[1] 参见桑兵:《求其是与求其古:傅斯年〈性命古训辨证〉的方法启示》,《中国文化》2009 年第 29 期。

前此经诗〔师〕著述大意〔异〕，而开启宋代新儒学家治经之途径者也”。[1]

如果韩愈是受新禅宗的影响才转而正心诚意，甚至到了“天竺为体，华夏为用”的程度，其弟子的复性论就很难说是与禅无关于儒有本。新儒学究竟是取珠还椟，还是古今一贯，或者说，古今一贯是唐宋诸儒苦心孤诣的自称，还是新儒学创制的渊源，两说并存、悬案依旧，破解之道，有待于来者。两相比较，以情理论，无疑陈寅恪之说更为可信，恰如欧洲中世纪思想必须借助儒学才能突破变换，很少抽象虚理思维习惯的唐宋诸儒，如果没有内典外书相互比附、性理之学盛行的时代风尚影响，也很难产生思维方式的革命性变换。只是陈寅恪的看法较傅斯年曲折复杂，不易直接取证，反而傅斯年的说法容易找出直接证据，看似信而有征。史学研究中往往存在实事无实证，而实证并非实事的现象，造成诸多困惑，由此可见一斑。唐宋诸儒的行事方式，直到明清之际仍然有人仿效，只是自然科学方面可以比较文本进行梳理，思想精神层面的水乳交融，已经很难分离验证。如此看来，晚清面对西学的中学，其实早已是既非固有，更不固定。

知识与制度转型的大背景是中西交汇，除了认识中国原有，对西的一面同样要认真探究，而不仅仅是一般性的了解，应当回到相应的历史时期，追寻各种知识与制度变化发展的渊源脉络，以免受后来完善化、体系化观念的影响。关于此点，近代学人围绕中国有无哲学的问题所展开的讨论颇有启示意义。1928 年，张荫麟撰文评冯友兰《儒家对于婚丧祭礼之理论》，指出：

---

[1]　陈美延编《陈寅恪集·金明馆丛稿初编》，生活·读书·新知三联书店，2001，第 320、322–323 页。

> 夫以现代自觉的统系比附古代断片的思想，此乃近今治中国思想史者之通病。此种比附，实预断一无法证明之大前提，即谓凡古人之思想皆有自觉的统系及一致的组织。然从思想发达之历程观之，此实极晚近之事也。在不与原来之断片思想冲突之范围内，每可构成数多种统系。以统系化之方法治古代思想，适足以愈治而愈棼耳。[1]

这里虽然讲的是中国，实则西方也有类似情况。如欧美学者的社会学史，一般是将斯宾塞的《社会学》作为发端。其实这也是后来社会学家的倒述。严格说来，斯宾塞那本标名《社会学》的著作，更近似于今人所谓社会科学。而在几乎所有欧美人撰写的社会学史中找不到位置的甄克斯，在20世纪初年的中国人眼中，却是西方代表性的社会学家，影响了众多中国人对社会和社会学的认识。

当然，最为复杂的还是变动不居的阶段。一个本来就没有真正统一定义（至多是约定俗成）的外来概念进入中国，常常要经历相当长的接受过程，而且接受者各自以其原有的知识进行判断和理解。其间不同时期有不同的表述，同一时期的不同个人也会表述各异。而同一表述之下，有时各人的意思大相径庭。一个学科同样如此。西式近代分科因民族国家的传统渊源而千差万别，进入中国后，对应于中国固有学问的何种门类，开始往往五花八门，后来虽然逐渐统一，其实还是各说各话。等到中国的固有分类被外来替代（实则很难对应），或者说按照西式分类的观念将中国的固有学问

[1] 张荫麟：《评冯友兰〈儒家对于婚丧祭礼之理论〉》，《大公报·文学副刊》1928年7月9日第9版。

加以比附，却又出现了用西式分类看待中国固有学术是否合适的问题。如哲学，一度对应到易学、理学或诸子，后来傅斯年却提出古代中国无所谓哲学，连思想一词也要慎用，因为概念不仅仅是符号，由此可以引起极大的误解。用今天通行的美术概念去理解梁启超在戊戌前所主张的工人读制造美术书，[1] 只能是百思不得其解。而张荫麟等人对胡适、冯友兰等人中国哲学史研究的批评，主要也是针对后者用西洋现代系统化的哲学观念去理解或解释中国古代的精神世界，难免格义附会，似是而非，差之毫厘，谬以千里。

直至今日，不少中国学人仍然在为诸如此类的分歧差异而备感困惑和困扰，而那些没有感到困惑与困扰者，并不见得比他人更加清醒，或许刚好相反，以现有的知识来理解前人，已经将现实视为天经地义，从而失去了怀疑的自觉。如有的评论者指出那些认为中国无哲学的论点是以西方为标准，殊不知中国非有哲学不可，同样是一把西学的尺度。后来熊十力即批评西方人认为中国无哲学，不无矮化贬低中国学术之意。了解近代学人何以会有上述观念看法，以及他们彼此讨论的具体语境，有助于理解问题本身。

中国古代已有现代西方的各种学术分科，除习惯于附会者外，当然有些匪夷所思。其实，连中国固有学术是否存在分类，学界尚有争议。民国时宋育仁从学制改良和国学教育的角度，断言:“经史子集乃系书之分类，不得为学之分科；性理考据辞章为国学必要经历之程，而非人才教育专门学科所立。”“北京大学立经学专科，外国学校有历史分科，讲求国学者，因此遂以经史子集四部之名分配

[1]　梁启超:《读日本书目志书后》，载林志钧编《饮冰室合集》文集之三，中华书局，1989，第 54 页。

为教科。孔经为欧美所无，而彼中大学五科有道科，以其教经为主课；日本大学立哲学，以孔经立为哲学教科。夫四部乃分布书类之名，非支配学科之目。”[1]

不过，古人治学，虽然不讲分科，而重综合，不等于学术没有分别。经学、史学的名目，由来已久，诸子学也有数百年历史，至于集部，实际是文学，只是古人的文章之学，与今日的文学概念不同。图书分类，也不等同于学术分科。晚清那一代新进学人，努力将中国固有学问与西学对应，很少怀疑这种对应是否合适，因此附会之说不在少数。到了民国时期，不少人意识到简单对应的牵强，但已不容易摆脱分科概念的控制。时至今日，分科教育和分科治学的现状，早已将古代中国的学问肢解得七零八落，而且彼此之间壁垒森严了。

考古的概念和考古学的分科，不仅在转型过程中困扰着近代中国学人，即使在此之后，认识与理解仍然因人而异，令学人有些莫名所以。直到20世纪90年代，中国考古学界的新锐学人还在为中外考古学的发展趋向明显两歧而大惑不解。一般而言，欧美考古学的主导趋向是离开文献，或者说是要补文献的不足。章太炎对此有过整体性的评论，他指责“今人以为史迹渺茫，求之于史，不如求之于器”的做法，是“拾欧洲考古学者之唾余也。凡荒僻小国，素无史乘。欧洲人欲求之，不得不乞灵于古器。如史乘明白者，何必寻此迂道哉”。中国“明明有史，且记述详备”，可以器物补史乘之

[1] 宋芸子:《国学学制改进联合会宣言书》，《国学月刊》1923年9月第17期，第23—25页；宋芸子:《国学研究社讲习专门学科》，《国学月刊》1923年9月第17期，第39页。

未备，而不宜以器物疑史乘，或作为订史的主要凭据。[1] 所以中国考古学在很大程度上要承担印证文献记录的使命。加之中国本有金石器物学传统，与考古学不无近似，因此，在相当长的时期内，考古一词更多的是在考证古史的意义上理解和使用。所谓古史，固然也指上古历史，更主要的是历代典籍对先民历史的记载。这也就是具有留学背景的近代学人所批评的，中国旧式学人的研究重心在于古书而不是古史。

由于这一取向较易与金石学传统沟通联系，民国时期金石学者一直在考古学界扮演重要角色。20 世纪 30 年代在北平成立的考古学社，主导的取向就不一定是掘地。而 20 世纪 20 年代在古史辨论战中，李宗侗等一些学人主张由考古发现来解决问题，正是寄希望于掘地。进言之，即使掘地，学人最有兴趣的仍然是发现埋藏在地下的文献。王国维著名的二重证据法，说到底所谓地下还是文献，而不是用实物证文献，更不是用实物重建历史。直到 20 世纪 80 年代重建考古学会，担任顾问与担任理事的学人取向依然有所不同。这种固有学术传统的制约作用不仅发生在中国学人身上，深受中国学术熏染的域外学人也会近朱者赤。日本考古学大家梅原末治晚年甚至宣称：东亚考古学应当是以器物为对象的学问，几乎认同金石学的理念。更多地接受欧美现代考古学影响的李济批评梅原末治开倒车，实则毋宁说梅原的转向是由于对东亚的历史文化和学术有了更加深刻的体验，因而改变了单纯以欧美考古学为准的的观念。[2]

[1]　徐一士:《一士类稿·太炎弟子论述师说》，载荣孟源、章伯锋主编《近代稗海》第 2 辑，四川人民出版社，1985，第 105-108 页。

[2]　参见斋藤忠:《考古学史の人びと》，第一书店，1985 ；角田文衛编《考古学京都学派》（增补），雄山阁，1997。

分科治学之下，各种辅助学科对于历史研究的影响渐深，统一的历史被分割为各种各样的专门史，用了分科的眼光看待前人前事，很难得其所哉。姑不论文学古今有别，哲学似有似无，政治形同实异。即使域外为道理，一味盲从，也难免偏蔽。民国时期社会经济史盛行，有学人就认为:“吾国史政治之影响究大于经济，近人研史或从经济入手，非研史之正轨也。”[1] 近代学人批评中国古代无史学，只有帝王家谱。可是王朝的兴衰，往往关乎民族的存亡，却是不争的事实。在今人眼中，货币无疑属于经济史、金融史、财政史的范畴，而历史上在不同人的眼中，银钱的意涵不可同日而语。用后来专门的观念，可以得出符合学科规范的结论，而于认识历史上的实事，反而可能牵扯混淆。

近代中国的知识与制度转型的复杂性，因为东学背景而更加难以把握。日本长期以来一直受中国文化的影响，直到明治维新大见成效，特别是甲午战争、戊戌维新和新政之后，乾坤倒转。此后中国的精神世界大受日本的影响，用于正式学科的许多名词，都是来自日本明治后的“新汉语”。此事已经引起海内外学人的长期关注。所谓明治后的“新汉语”，并不一定是日本人的发明，尽管前人也察觉到其中有借用，有独创，有拼合，但最值得注意的却是，这些新汉语中相当一部分本来源自中国。例如“国民”，十余年前日本学人已经注意到，1880 年王韬等人著述中就出现了现代意义上的“国民”，与古代中国的国民含义大不相同。近来又有学人发现，最早的中文期刊《察世俗每月统纪传》中，已经出现了具有现代意义的“国民”一词。

当然，这些新名词大都并非单纯国人的贡献，往往是来华外国

[1] 金毓黻:《静晤室日记》第 6 册，辽沈书社，1993，第 4786 页。

人士为了翻译上的用途，而和他们身后的中国助手一起逐渐发明出来。虽然在中国人的圈子当中并不流行——所以后来要从日本“逆输入”，但如果以为要到19世纪末20世纪初才从日本引进，则不仅有时间先后之别，对于过程的理解也会大受影响。明治初期的日本人士，用一般日语很难因应西学的复杂，不得不借助表现力强而且简略的汉文古典。由此创造出数以千计的新汉语，既不能与西文原意吻合，又与中国的原典有异，在促使东亚进入世界体系、使得日本掌控了东亚精神世界话语权的同时，产生了误读错解中西历史社会文化的不小弊端。而知识的分科系统，无论在教育还是学术层面，近代中国多以日本为蓝本，有时争议的各方，引经据典的大都东学的不同来源。其利弊得失，很有重新全面检讨的必要。

诸如此类变化过程的复杂性，在制度方面同样有明显的体现。作为人与社会的行为规范，制度具有独特的文化内涵，全以西人现代观念对待，难免陷入科学与迷信、先进与落后、文明与野蛮的对应。这种建立在进化论基础上的社会发展观，不可避免地导向西方中心论。银行取代钱庄票号，便是一个相当典型的例证。认定前者在制度上优于后者，显然是以今日的眼光去回顾衡量的结果。这种似乎合理的观点，并不能解释何以在长达半个世纪内银行非但不能取代钱庄票号，甚至在与后者竞争时还处于下风。至少在当时中国人的实际生活中，银行似乎不如钱庄票号来得方便，也不比后者更具诚信。后来银行之所以能够占据上风并且最终取代钱庄票号，与其说是因为银行自身具有优势，不如说是随着西方列强的全球扩张和世界化进程，中国社会日益被拖入其中，整体环境产生了有利于银行的极大的变化，而钱庄票号又不能抵御各级政府和官僚各式各样的插手干预，被后者财政信用的不断流失所拖累，直到金融危机爆发，终于陷入万劫不复的境地。后来的民族工商业乃至新式金融业，也难逃同样的命运。

另一项中西差异明显的制度是医疗。在进化论观念的主导下，国人一度试图在先进与落后的框架下安置所有的中国与西方，中学、中医乃至国画，都被看成旧与错的象征。而据现代的研究，中国的稳婆与西方的助产士，二者在接生过程中所担当的角色作用相去甚远，前者的文化心理安抚功能在很大程度上弥补了医疗手段的不足，使得产妇分娩时能够减少痛苦，并且在一定程度上抵消了后者科技水准的优势。无论医学所包含的文化因素难以用西医的科学标准裁量，一视同仁的西医和因人而异的中医，究竟哪一种更加合乎较近代科学的简单化复杂得多的现代科学，也不无重新认识的余地。

晚清以来的教育变革同样经历曲折，历届政府一直大力推行的国民教育，在实际运行中遭遇重大障碍，而备受争议的所谓私塾，则到 20 世纪 40 年代仍然具有相当大的规模。清代对新式学堂的非议很容易被斥为守旧，而民国时期倡行乡村教育的知识人对于国民学校的批评，就不再是一个简单的新旧判语所能了断。其中所包含的对于外来制度与国情现实的反省，值得后人深思。

有些制度变更，看似完全由西方移植引进，其实并不那么简单。三权分立的原则以及相关的制度建设，包括选举的实施、机构的建置、程序的展开，甚至基本的理念，都不是原版复制，引进之时固然有所选择取舍，引进之后还要加以调整，尤其是在许多方面实际上利用了中国已有的基础，或是不能不受固有条件的制约，因而在落实到中土的时候，发生了种种变异。戊戌以来，民主的追求就是中国政治生活中的头等大事，相关的制度在形式上也陆续建立，可是西方民主制的理念源于人性恶的原罪意识，而权力又是万恶之源，性恶之人掌握权力，更加无恶不作，所以天下无所谓好的政治，只是坏的程度多少深浅而已，因此必须分权制衡，以防止掌权者为恶。中国的传统却是圣王观，内圣可致外王。只要找到内圣，就应当赋予其充分的权力，使之可以放手行其外王之道。因为内圣致外王时能够自律，约束太多，反而限制其发挥。而后来的各级行政机构多由科房局所演变而来，分立的三权，也往往被行政长官视为下属。这些都使得制度的移植和建设充满变数，不是主观意愿所能控制。

典章制度研究本来就是中国史学的要项，只是近代史研究中往往有所忽视。涉及者主要依据章程条文，加以敷衍。而“写在纸上的东西不一定就是现实的东西。研究制度史不能只看条文，必须考察条文在实际生活中的作用”。[1] 也就是说，应当注意章程条文与社会常情及变态的互动关系，这种考察制度渊源与实际运作及其反应的做法，适为近代制度沿革研究的上佳途径。

一般而言，概念往往后出，研究中很难完全避免用后出外来的概念，因为经过近代的知识转型，不使用这些概念，将不可避免地导致失语。不过，在迫不得已的情况下使用后出外来概念，并不等于全盘接受其所有语义，甚至本末倒置，完全按照其语义的规定来理解事物。反之，对于这些概念的局限或扭曲原义本相的潜在危险，必须具有充分的自觉，否则势必南辕北辙。如按照现代法治社会的观念来看待清代的律法及其实践，将司法与行政分离，已经离题太远，再强分刑法与民法，更加不着边际。在官的方面，判案就是政务的要项。这与亲民之官担负保一方平安的职责密切相关。清季改制，军政长官不愿放弃司法行政权，根据之一，就是军情紧急

[1]　蒋天枢:《陈寅恪先生编年事辑》(增订本)，上海古籍出版社，1997，第97页。

之时就地正法的必要。

试图在司法层面理解古代中国的社会常态，恐怕也有不小的距离，伦理社会的诸多问题乃至纠纷，都不会提到法律的层面来解决。直到20世纪40年代，中国人大都还认为坏人才打官司。而用案卷来透视社会，如果不能与其他资料比勘参证，尽力还原事实，则案子固然已经是变态异事，案卷所录与实事本相也相去甚远。反之，虽然传统中国并非法治社会，多数争端纠纷一般不会上升到法律层面，并不意味着常态的社会生活与律法无关。熟知律法的民间人士，除了担任刑名师爷等幕友外，主要不是在打官司的过程中扮演讼师，而是在一般社会生活的各个层面，担任与律法有关的中间或见证人。

近年来，知识史的研究越来越引起国内外学人的关注，研究的方向领域共通，而取径各异，见仁见智之下，也有一些值得共同注意的问题，其中之一，便是如何防止以今日之见揣度前人。要避免“倒放电影”和做到“去熟悉化”，对于今人而言其实是极为困难的事，仅仅靠自觉远远不够。因为习惯已成自然，错解往往是在不经意之间。无知无畏者不必论，即使不涉及价值判断，且有高度自觉，也难免为后来外在的观念所左右。近代学术大家钱穆研治历代政治制度极有心得，而且明确区分时代意见与历史意见，可是仍然一开始就使用中央与地方的架构来梳理历代政治制度。实则这样的对应观念并非历代制度本身所有，而是明治时期日本的新概念。来华日本人士以此理解清朝体制，进而影响国人。尤其是织田万所著《清国行政法》，对中国朝野影响巨大。尽管如此，清季改制之际，就连接受这些概念的官绅，一旦面对内外相维的清代原有设制，直省究竟是否地方，还是成为偌大的难题，令举国上下缠绕不清、头痛不已，找不出适当的破解之道。进入民国，在相当长的时间里，省的地位属性，一直困扰着行政体制的设置及运作。岁月流逝，原来的困惑如今看似已经不成问题，实际上不仅依然制约着现实社会的相关行事（如地方行政与税制层级划分），而且导致与中国固有体制的隔膜，使得相关研究进入南辕北辙的轨道，用功越深，离题越远。

知识与制度体系转型日益深化，类似情形便不断得到巩固和强化。清季以来，西式学堂取代旧式学校，不仅要分科教学，而且以教科书为蓝本，在模仿日本编制教科书的过程中，各种知识陆续按照日本化的西式系统初步被重新条理。担心这种情形可能存在某种危险倾向的学人，曾经从不同的角度提出警示，只是在中西乾坤颠倒的大势所趋之下，他们的担忧和呼吁，很容易被视为守旧卫道而遭到攻击排斥。与此相应，各种报刊出现分门别类的栏目，中外学问需要统一安放，附会中西学术成为不少有识之士孜孜追求的目标。民国以后，整理国故兴起，精神世界已经被西化的中国学人进一步认为中国固有的知识缺少条理系统，因此要借助西方的系统将中国学问再度条理化。从胡适的《中国哲学史大纲》建立新的范式，中国的知识系统不仅在教科书的层面，而且在学术层面也逐渐被外化。随着重新条理一过的知识不断进入教科书和各种普及读物，主观演化成了事实，后来的认识就反过来成为再认识的前提。这样的过程周而复始地进行，今人的认识越来越适应现有的知识，而脱离本来的事实。这也就是陈寅恪所指摘的，越有条理系统，去事实真相越远。

与蔡元培等人推崇胡适以西方系统条理本国材料为开启整理国故的必由之路不同，1923 年，清季附会东西洋学说的要角梁启超针对国故学复活的原因指出：

> 盖由吾侪受外来学术之影响，采彼都治学方法以理吾故物。于是乎昔人绝未注意之资料，映吾眼而忽莹；昔人认为不可理之系统，经吾手而忽整；乃至昔人不甚了解之语句，旋吾脑而忽畅。质言之，则吾侪所恃之利器，实“洋货”也。坐是之故，吾侪每喜以欧美现代名物训释古书；甚或以欧美现代思想衡量古人。

尽管梁启超认为以今语释古籍原不足为病，还是强调不应以己意增减古人之妍丑，尤其不容以名实不相符之解释致读者起幻蔽。而且梁启超现身说法，承认此意“吾能言之而不能躬践之，吾少作犯此屡矣。今虽力自振拔，而结习殊不易尽”。告诫“吾同学勿吾效也”[1]。可是，清季开始的教育变革到这时产生了极其重要的效应，正是大批新式学堂培养起来的青年，成为外化的学术最终升上主流位置的决定性因素。守成的学人在失去政治依托之后，又被剥夺了学术的话语权。今人对近代学术历史的认识，往往是通过主流派后来写成的历史，有意无意间将后者的看法当成了史实本身。

制度体系的变异进一步强化了知识体系的西化。生长于今日的环境，所得知识又是由学校的教科书教育灌输而来，现行的知识与制度体系已经成为今人思维与行为的理所当然。换言之，今人基本是按照西式分科和西式系统条理过的知识进行思维，依据西式的制度体系规范行为，因而其思维行为与国际可以接轨，反而与此前的中国人不易沟通。这显然是用进化论的观念将人类文明和文化统一排列后产生的结果。只是中国并不能因此就成为理想中的西方，这

[1] 梁启超:《先秦政治思想史》，载林志钧编《饮冰室合集》专集之五十，中华书局，1989，第13页。

种沟通一方面以牺牲文化传统为代价，另一方面，则以对西方认识的笼统模糊和似是而非为凭借，或是将不同的西方各取所需，杂糅混淆，因而往往与西方形同实异。这既体现了传统对现状的制约，又反映了国人对域外的隔膜。

民主、科学、革命等等概念，都是20世纪主导国人思维行为的重要语汇，它们不仅仅是观念，而且形成一整套的政治、法律、社会制度和行为方式。国人对这些约定俗成的概念的认识和解释，并不一致，与其来源的含义更是相去甚远。在内圣外王观念的制导下，近代中国的追寻民主相当长的一段时期是在寻求可以成为民之主的内圣。这个概念本身开始的含义就是民之主，后来则演变成民主制推举出来的首脑。科学是另一个让国人半是糊涂半明白的概念。什么是科学，在不同的西方有着不同的内涵外延，如果以必须由实验验证为标准，则数学也不宜称为科学。至于社会科学，尤其是人文学科能否称为科学，争议更大。而科学本来的历史意义之一，就是分科治学。在这方面，近代中国受东学的影响极大，背后则是德国学术的观念。概念本身的差异，使得中国很容易泛科学化，从而令科学的意义反而不易把握。今人使用这些概念，常常追究是否准确传达西文的原意，其实作为翻译语汇，误读错解是常态，用比较研究的办法探究其如何被创造、应用、传播和变异，才能接近因时因地因人而异的本意。

研究近代中国的知识与制度体系转型，还有更深一层的含义。晚清尤其是五四以来，以西洋系统条理本土材料，已成大势所趋。今人所有的知识，几乎都是被条理过的。近代学人已有比附西学的偏向，今人治学，更加喜欢追仿外国。这虽然是学风不振所致，其知识架构已被西化，则是深层原因。而外人治学，虽然有现代学术的整体优势，治中国学问，还是要扬长避短，其问题意识，也主要是来自本国，并非针对中国。国人不察，舍己从人，既不能发挥所长，又容易误读错解方法和问题。长此以往，国人不可避免地只能跟随在欧美后面，亦步亦趋。学得越像，反而离中国历史文化越远。如果不能及时正本清源，找出理解中国固有的思维行为的门径，则虽有自己就是中国人的自信，对于中国的认识，反倒会出现依赖外国，却不能真正了解中国的尴尬。

第三节　做法与释疑

知识与制度体系转型研究，理想的境界是能够同时提供理解传统、认识过程、了解现在和把握未来的钥匙。其中理解传统和认识过程至关重要，是了解现在和把握未来的基础。知识与制度体系转型，虽然导致中国今昔截然不同，在某种程度上甚至可以说造成了传统的断裂，但不一定意味着今日的一切比过去来得正确、进步、高明，也不是说传统在今日不再发生作用。中国文化从古至今一以贯之，清季民国的知识与制度体系转型，发生在这一文化系统持续活动的过程之中，中国固有的知识与制度，是国人认识和接受外来知识与制度并且加以内化的凭借。因此，近代中国人虽已开始接受西方的观念和制度，所凭借并非西化之后，所理解的与当时的外国人和今天的中国人均有所不同。固有文化不仅制约着知识与制度体系变动的进程和趋向，而且影响着转型后的形态。不了解中国的固有文化，就很难确切把握转型中的种种情形以及转型后的种种面相，也就无从进入近代中国人面对知识与制度转型时的精神世界，难以理解相应的各种行为。

作为中西新旧变相的传统与现代，往往相互缠绕，并非如当事人及后来者所以为的截然分立。好讲科学方法，是清季民国趋新学人的共相，至于什么是科学方法，各人的理解相去甚远。而且所讲科学方法又往往附会于传统。被指为树立现代学术范式的胡适，在相当长的时期内主要是讲清代学者的治学方法。梁启超、傅斯年等人也一度认为清代学者的治学方法最接近科学。不过，梁启超长期以归纳法为科学方法的主要形式，后来却意识到，历史研究并不适用归纳。在变化之前，梁启超一度站在汉学家的立场，主张考史，引起钱穆的不满，撰写同名著作，辨析清代汉宋并非壁垒森严，甚至尽力抹平汉宋之分。可是他论及民国学术，还是不得不承认：

> 此数十年来，中国学术界，不断有一争议，若追溯渊源，亦可谓仍是汉宋之争之变相。一方面高抬考据，轻视义理。其最先口号，厥为以科学方法整理国故，继之有窄而深的研究之提倡。此派重视专门，并主张为学术而学术。反之者，提倡通学，遂有通才与专家之争。又主明体达用，谓学术将以济世。因此菲薄考据，谓学术最高标帜，乃当属于义理之探究。此两派，虽不见有坚明之壁垒与分野，而显然有此争议，则事实为不可掩。[1]

另一方面，近代学人所指称的清代学者的治学方法，很大程度上是他们用后来的科学观念观察理解的认识，未必符合清代学术的本相。从胡适推许清代学者的治学方法，到今日学界滥言乾嘉考据，可见对于由音韵训诂的审音入手的乾嘉学术，即使在专业领域

---

[1] 钱穆:《新亚学报发刊辞》,《新亚学报》1955 年第 1 卷第 1 期，第 1 页。

也已经误会淆乱到颠倒黑白的程度。今人所讲清代学术的汉宋古今，即是历来学人的认识层垒叠加的产物，视为清学史的演进变异则可，视为清学发生演化的本事，则不免似是而非。以汉宋纷争为主线脉络，甚至全用汉宋眼光理解清人的学术，多为阮元以下不断系统化的看法，而非惠栋以来复杂的实情。而且后来不断变换强化的解读，与阮元、江藩、方东树等人的本意也相去甚远。前人未必有汉宋对立、此是彼非、非此即彼的观念，即使有所分别，也与后人所说形同实异。

古今之争更是康有为以后才上升为全面性问题。清人多将古今兼治，熔为一炉，后来制定新式学堂章程，读经内容也并未排斥今文。因此讲今文不止常州一派，而常州学人所说，也并非一味从今古文立论。如果不是康有为托古改制，以及章太炎有心与康氏立异作对，今古文未必成为问题。而康有为转向今文，初衷或许只是迎合公羊学盛行的时尚，以求科考功名，为其立业奠定基础。

同样，近代学人好讲的浙东学派，固然为清代学人论及，可是不同时期不同学人所说的渊源流变和范围内容各异。迄今为止，关于浙东学派的研究，主要不是寻绎发生演化的历史，而是不断编织言人人殊的谱系。即使逐渐形成共识，也不表明符合事实。正如前贤所指出的，诸如此类的举动实为创造而非研究历史。而历史并不因此发生丝毫增减，反而无情地成为检验研究者见识是非高下的永恒尺度。每一代人心中的历史将永远反复受到验证。

近年来，海内外学人对于近代中国的知识与制度体系转型的研究兴趣渐浓，做法互有异同。高明者的理念取径从努力的方向看有一致之处，都将概念、学说、思想视为整体，以传播与接受并重，并且注意由西而东，从外入里地输入引进、模仿移植、取舍调适的全过程和各方面。窃以为，这正是通过事实影响进入平行比较，从而进行比较研究的上佳课题，[1]对于学人的智慧与功力，也将是极大的考验与挑战。

由于近代中国的知识与制度体系转型持续时间长，牵涉范围广，相关资料多，问题又极为复杂，非有长期专深系统的探究，不易体会把握。作为集众的研究，不做一般通史的泛论，也力求避免彼此隔断的窄而深，旨在分科治学的时代，超越分科、专门、古今、中外等界域，借鉴中古制度史研究的有效良法，避免先入为主的成见，将知识与制度研究合并，按照历史发展的时序，同时考察观念与行为的变化及其相互影响制约，探究概念引进、思想传播、体制建立等层面外来影响与本位知识、制度体系的冲突融合呈现对应、移植、替代、调适、更新的不同情形，梳理西学、东学影响下中学由旧学转向新学的轨迹大势，以及各级各类政治法律、社会经济、教育文化等制度体系的变革与变异过程，深入认识中华民族崭新智能生成与运作机制形成的进程、状态和局限，使得概念、思想、学科、体制各阶段各层面各角度的内外复杂关系完整体现，力求沟通古今中外，更加全面深入地把握知识与制度转型的渊源流变和各个层面的内在联系。在实证研究的基础上，形成一套相互沟通的理念、行之有效的方法、具有统系且不涉附会的解释系统和恰如其分的表述话语，为超越分科局限的知识与制度转型研究提供切实可行的新取径和新做法。

遵从大处着眼、小处着手的途辙，本丛书将宏观作为探究的工

---

[1]　关于此节，详参桑兵：《近代中外比较研究史管窥——陈寅恪〈与刘叔雅论国文试题书〉解析》，《中国社会科学》2003 年第 1 期；《梁启超的东学、西学与新学——评狭间直树〈梁启超 · 明治日本 · 西方〉》，《历史研究》2002 年第 6 期。

具而不是表述的依托，读者高明，自然能够区分这些具体表述背后各自的“宏大框架”的当否高下。参与本丛书的各位作者，对此大义的领悟各有所长，或许不能尽相吻合。而他们的成果一旦独立，读者从中领悟的微言大义也会因人而异，呈现出横看成岭侧成峰的景象。这并不改变研究的初衷，作为开端，自有其承上启下的意义。呈现阶段性的研究所得，与其说要提供样板，毋宁说是探索途径，显示一些方向性的轮廓，希望由此引起海内外同好的兴趣，加入这一潜力无限的探索中来，循此方向，贡献各自的智慧和功力，在提供具体研究成果的同时，使得研究路径和方法日趋完善。研究成果结集出版，并不意味着相关研究的结束，而是向海内外学人展现一片广阔的研究前景。同时，同仁们努力追求的目标，不仅仅是丰富思维的内容，更要提高思维的能力。

近代中国的知识与制度转型研究，进行有年，收效显然，困惑仍多。探索前行，应是恰当写照。概言之，此项研究，重在“怎样做”，而非“做什么”，也就是说，主要并非所谓开拓前人目光不及的专门领域，尤其不欲填补什么空白，而是力图用不同的观念、取径和办法，重新审视探究历史本事与前人的历史认识之间的联系及区别，以求理解前人的改变是如何发生，如何演化，以便探究今日国人的思维行为、观念制度的所以然。若先有主观，则难免看朱成碧，所谓论证，无非强古人以就我。而以后来观念说明前事，历代皆有，不得不然。此一先入为主，不可避免地存在，所以学人早已提出“以汉还汉”之类的目标。只是如何还得到位，既要条理清楚，又不曲解古意，前贤做法各异，还原程度不一，还须仔细揣摩体会。

治史当求真，而真相由记录留存。即使当事人，因立场、关系等因素，所记也会因人而异。况且，记录不过片段，概念往往后出，当时人事的语境，经过后来史家等的再论述，不知不觉间变化转换，能指所指，形同实异。继起者不能分别历史叙述中本事与认识的联系及区别，每每因为便于理解把握而好将后出的集合概念当作条理散乱史事的工具，又没有充分自觉，导致望文生义、格义附会。时贤批评以关键词研究历史相当危险，主张少用归纳而力求贯通，或认为越少用外来后出框架越有成效，确有见地。不从先入为主的定义出发，最大程度地限制既有的成见，努力回到前人的语境理解其本意，寻绎观念事物从无到有的生成或演化，理解把握约定俗成之下的千差万别，应是恰当途径。

今日学人的自身知识大都由现代教育而来，受此影响制约，感受理解，与上述取径不免南辕北辙。用以自学，不免自误，进而裁量，还会害人。近代中国面临前所未有的大变局，意识行为以及与之相应的知识和制度规范，乾坤大挪移。努力引领时流的梁启超和趋新之外还要守成的章太炎、刘师培、王国维等，都曾不但用西洋镜观察神州故物，而且主动附会，重构历史。可见用外来“科学”条理固有学问，早在上一次世纪之交已经开始。只是当胡适等人理直气壮地用西洋系统条理固有材料欲图整理所有国故时，先驱者逐渐察觉过去的鲁莽，程度不同地自我反省。可惜后来者不易体会，历史不得不再次循环往复。所遗留的问题，至今仍然不断迫使人们反思。经过清季千古未有的大变局和五四开天辟地的新文化，有多少已经天经地义之事需要重新检讨，或者说从更贴切地理解古今人们的意识行为的角度看，有必要进一步再认识。

历史研究，无疑都是后人看前事，用后来观念观照解释前事，无可奈何，难以避免。但要防止先入为主的成见，尽量约束主观，以免强古人以就我。如何把握 1931 年清华 20 周年纪念时陈寅恪所提出的准则，即“具有统系与不涉傅会”[1]，至关重要，难度极高。这不仅因为后人所处时代、环境及其所得知识，与历史人物迥异，而且由于这些知识经过历来学人的不断变换强化，很难分清后来认识与历史本事的分界究竟何在。陈寅恪曾说：

> 以往研究文化史有二失：（一）旧派失之滞。旧派作“中国文化史”……不过抄抄而已，其缺点是只有死材料而没有解释，读后不能使为了解人民精神生活与社会制度的关系。（二）新派失之诬。新派留学生，所谓“以科学方法整理国故”者。新派书有解释，看上去似很条理，然甚危险。他们以外国的社会科学理论解释中国的材料。此种理论，不过是假设的理论。而其所以成立的原因，是由研究西洋历史、政治、社会的材料，归纳而得的结论。结论如果正确，对于我们的材料，也有适用之处。因为人类活动本有其共同之处，所以“以科学方法整理国故”是很有可能性的。不过也有时不适用，因中国的材料有时在其范围之外。所以讲大概似乎对，讲到精细处则不够准确，而讲历史重在准确，功夫所至，不嫌琐细。[2]

近代以来，中西新旧，乾坤颠倒，体用关系，用夷变夏，已成大势所趋。1948年杨树达作《论语疏证》，为陈寅恪所推许，并代为总结其方法：

---

[1] 陈寅恪：《吾国学术之现状及清华之职责》，载陈美延编《陈寅恪集·金明馆丛稿二编》，生活·读书·新知三联书店，2001，第361页。

[2] 卞僧慧：《陈寅恪先生年谱长编（初稿）》，中华书局，2010，第146页。

先生治经之法，殆与宋贤治史之法冥会，而与天竺诂经之法，形似而实不同也。夫圣人之言，必有为而发，若不取事实以证之，则成无的之矢矣。圣言简奥，若不采意旨相同之语以参之，则为不解之谜矣。既广搜群籍，以参证圣言，其言之矛盾疑滞者，若不考订解释，折衷一是，则圣人之言行，终不可明矣。今先生汇集古籍中事实语言之与《论语》有关者，并间下己意，考订是非，解释疑滞，此司马君实李仁甫长编考异之法，乃自来诂释论语者所未有，诚可为治经者辟一新途径，树一新模楷也。天竺佛藏，其论藏别为一类外，如譬喻之经，诸宗之律，虽广引圣凡行事，以证释佛说，然其文大抵为神话物语，与此土诂经之法大异。……南北朝佛教大行于中国，士大夫治学之法，亦有受其薰习者。寅恪尝谓裴松之《三国志注》，刘孝标《世说新书注》，郦道元《水经注》，杨衒之《洛阳伽蓝记》等，颇似当日佛典中之合本子注。然此诸书皆属乙部，至经部之著作，其体例则未见有受释氏之影响者。唯皇侃《论语义疏》引《论释》以解《公冶长》章，殊类天竺譬喻经之体。殆六朝儒学之士，渐染于佛教者至深，亦尝袭用其法，以诂孔氏之书耶？但此为旧注中所仅见，可知古人不取此法以诂经也。盖孔子说世间法，故儒家经典，必用史学考据，即实事求是之法治之。彼佛教譬喻诸经之体例，则形虽似，而实不同，固不能取其法，以释儒家经典也。[1]

---

[1] 陈寅恪:《杨树达论语疏证序》，载陈美延编《陈寅恪集·金明馆丛稿二编》，生活·读书·新知三联书店，2001，第262–263页。

以事实证言论，以文本相参证，继以考订解释，可以明圣人之言行。此即宋代司马光等人的长编考异之法，也是史学的根本方法。其要在于依照时空顺序，通过比较不同的材料，以求近真和联系，从而把握包括精神观念在内的各种形式的史事的发生演化。在此之上，应当依据材料和问题等具体情形，相应变通，衍生出具体问题具体分析的千变万化，体现史无定法的奥妙。

与陈寅恪沟通较深的傅斯年撰写《性命古训辨证》，讲性命二字的古训，用法、德学者常用的“以语言学观念解释一个思想史的问题”的方法，强调：“思想不能离语言，故思想必为语言所支配，一思想之来源与演变，固受甚多人文事件之影响，亦甚受语法之影响。思想愈抽象者，此情形愈明显。”而语学的观点和历史的观点同样重要：

> 用语学的观点所以识性命诸字之原，用历史的观点所以疏性论历来之变。思想非静止之物，静止则无思想已耳。故虽后学之仪范典型，弟子之承奉师说，其无微变者鲜矣，况公然标异者乎？前如程、朱，后如戴、阮，皆以古儒家义为一固定不移之物，不知分解其变动，乃昌言曰“求其是”。庸讵知所谓是者，相对之词非绝对之词，一时之准非永久之准乎？在此事上，朱子犹盛于戴、阮，朱子论性颇能寻其演变，戴氏则但有一是非矣（朱子著书中，不足征其历史的观点，然据《语类》所记，知其差能用历史方法。清代朴学家中，惠栋、钱大昕较有历史观点，而钱氏尤长于此。若戴氏一派，最不知别时代之差，“求其是”三字误彼等不少。盖求其古尚可借以探流变，

“求其是”则师心自用者多矣)。[1]

求其古与求其是，原为王鸣盛勾勒惠栋与戴震的治学特点，并有所评判，所谓：“方今学者，断推两先生。惠君之治经求其古，戴君求其是，究之，舍古亦无以为是。”[2] 钱穆论道：“谓‘舍古亦无以为是’者，上之即亭林‘舍经学无理学’之说，后之即东原求义理不得凿空于古经外之论也。然则惠、戴论学，求其归极，均之于六经，要非异趋矣。其异者，则徽学原于述朱而为格物，其精在三礼，所治天文、律算、水地、音韵、名物诸端，其用心常在会诸经而求其通；吴学则希心复古，以辨后起之伪说，其所治如《周易》，如《尚书》，其用心常在溯之古而得其原。故吴学进于专家，而徽学达于征实。王氏所谓‘惠求其古，戴求其是’者，即指是等而言也。”[3] 或以为求其是还有是正之意，固然，但前提仍是知其本意。

将近现代学术大家如陈寅恪、傅斯年、杨树达、吕思勉、钱穆、梁方仲、严耕望等成效卓著的圣贤言行、经典古训、中古制度研究与域外比较文化研究的理念方法相结合，运用于资料更为丰富，情形更为复杂的近代知识与制度转型进程。打破分科的藩篱，不受后来分门别类的学科局限，将观念与制度融为一体，努力回到历史现场，充分展现历史的复杂性以及历史人物在此进程中所经历

[1]　欧阳哲生主编《傅斯年全集》第2卷，湖南教育出版社，2003，第506、508页。

[2]　洪榜：《戴先生行状》，载戴震著《戴震文集》，赵玉新点校，中华书局，1980，第255页。

[3]　钱穆：《中国近三百年学术史》，商务印书馆，1997，第357页。

和体验的各种困惑，避免用外来后出的观念误读错解，或是编织后来条理清晰的系统。将观念还原为事实，以事实演进显示观念的生成及衍化。尤其要注意中西新旧各种因素的复杂纠葛，防止简单比附，把握观念变化与制度变动的关系，依时序揭示和再现知识与制度不同时段不同层面的渊源流变等时空演化进程，使得知识与制度变动认识的历史顺序和逻辑顺序有机结合，从而达成认识与本事的协调一致。

回到无的境界，寻绎有的发生及其演化，与后现代的解构形似而实不同。其最大区别，目的不在解构现有，而是重现历史从无到有的错综复杂进程。既要警觉前人叙述框架存在的问题，不以其框架为事实或认识事实的前提，亦不以为批评对象，简单地站在前人叙述的对面立论，而要以历史事实为研究对象。后来的有固然不能等同于之前的有甚至无，却仍然是历史进程演化的一部分，只要把握具体时空联系下的所指能指，也要进入历史认识的视域。

现代中国人的思维、言说方式和行为规范以及与此相应的社会制度，大体形成于晚清民国时期，这一过程深受东西方发达国家的影响，以至于后者很大程度上对中国人的精神和行为，长期起着掌控作用，并造成对于中国社会和历史文化多方面的误读错解。前贤曾断言中国人必为世界之富商，而难以学问、美术等造诣胜人。为此，应以西学、东学、中学为支点，打破分科治学的局限，不以变化为进化，不以现在为现代，从多学科的角度，用不分科的观念方法，全面探究近代以来中国的概念、思想、学科、制度转型的全过程和各层面，沟通古今中外，解析西学与东学对于认识中国历史文化的格义附会，重建中国自己的话语系统和条理脉络，深入认识中华民族新的智能成生运作机制形成的进程、状态和局限，认识世界一体化进程中东亚文明的别样性及其对人类发展提供多样选择的价值，争取和保持对于世界文明发展日显重要的中国历史文化解释的主动和主导地位。

在分科治学的时代，超越分科、专门、古今、中外等界域，不以实用为准的，而以将人类知识作为整体来把握和运用为目标，聚合与培养超越分科与专门的志向高远之士，为国际多元文化时代的到来做人才和学理的准备，以重新理解中国、东亚乃至世界的社会、历史和文化的本意为凭借，超越17世纪以来欧洲对人类思维行为的垄断性控制，探索不同的思维和行为方式，使中国的民族精神为人类社会的发展提供新的思维取向和行为规则，建构全新的世界秩序和发展模式。

集众式的研究，很难齐头并进，只要各有所长，均有可取之处。先期刊发的相关论著，陆续得到一些意见和疑问，凡是涉及理念、取向和做法的，总说和分说有所说明，在此还想集中进一步解释。意见和疑问主要有三点：其一，关键概念应当更加明确；其二，整体系统应当先予展示；其三，方法究竟为何。

一般而言，普遍使用的集合概念大都后出，要与当下沟通，图个方便，不能不用，否则无法表达和传递意思。不过这样的约定俗成，往往省略许多复杂因素，要想作为了解历史的凭借，只能通过所有相关的史事来把握概念，决不能从后来集约的定义出发来认识历史。因为一旦要定义概念，势必牺牲史事，削足适履。所以，即使作为研究的结论，也只能说历史上这一概念因时因地因人而异的情形，大体可以如何理解。可是，人们认识世界往往以其所具有的知识为前提，有什么样的知识，决定其如何认识，这也是语言说人的意思之一。必须改变这样的认知习惯，学会不从定义出发，而以史事为据。要知道历史事件都是单一、不可重复的，历史上的词汇概念，在约定俗成之前固然言人人殊，即使在此之后，各说各话的情形也相当普遍。用定义的概念作为方便名词尚无大碍，若是作为关键概念使用，势必误读错解文本的本意和史事的本相。与此相关，用词汇勾连史事，看似展示历史的变相，实则不免用统一的概念取舍理解历史，还是跳不出认识旧惯的窠臼。

人类知识系统的整体架构究竟如何形成，什么因素在其中起作用以及如何起作用，至今为止还是有待探索的未知境界。今日通行的学科史，看似顺着说，其实大都是用后来的观念倒述出来。况且，在不同的文化系统以及同一系统的不同时段，其知识架构也是变动不居的。可以说，从来就没有什么统一、科学的整体系统。尽管近代中国人曾经笃信系统详备的分科之学就是科学，尽管康有为、梁启超、蔡元培、宋恕、刘师培、王国维等人努力学习日本，试图建立中外一体的学术系统，不知道二者其实是同义反复，五四以后留学欧洲的傅斯年还是早就发现，以分科为科学，是国人对西学的一大误会。因为即使在欧洲，各国的学科分界还是不尽相同，相互牵扯、纠缠不清。今日中国所使用的分科系统，虽然源自欧洲，却经过日本、美国的改造。前者要求严整，后者喜欢出奇。由于严整，貌似科学，由于出奇，便要创新，二者相反相成。其实不过糊弄外行，博取时名而已。研究知识与制度转型，正是为了改变以现行系统为天经地义的错觉，解析其发生演化的历史进程，解构不限于破坏，重现也不是为了替代。

先行确定整体系统，无非有两种情形：一是将现行知识体系视为认知前提，无论如何努力，结果肯定陷入窠臼；二是先验地建构新的系统，即便冥思苦想，也不能不有所凭借。若取法域外，则有格义附会、食洋不化和橘逾淮为枳的偏蔽；若任意拼凑，则重蹈前人覆辙，落得个无知者无畏之讥。凡事只要能够了解把握其渊源流变，就能够趋利避害。况且，学术研究必定是不完整的，求其完整系统，只能写成通史或一般教科书，有吸纳而难以独创，宽泛而不能深入。研究近代中国的知识与制度转型，目的不在于开辟一个具体的特殊领域，而是可以通过各方面的研究，逐渐把握中国现行知识与制度体系的由来演变，知其然亦知其所以然，进而重新检讨整个历史。这一进程目前还只是万里长征走完了第一步，随着研究的推进，各部分错综复杂的相互联系日益清晰，整体形态自然逐步显现。即使如此，也不过是研究问题图个方便，而不能视为哲学式的逻辑系统，尤其不能牺牲问题以迁就系统。

为了达成上述目的，必须有得其所哉的取径和做法。由于研究对象涵盖广泛，内容复杂，不可能有放之四海而皆准的单一方法，在海内外现行的史学方法中，也没有可以照搬的成例。在研究开始之际，虽然大体可以掌握方向，具体还有待于实际探索。经过多年努力，可以确定以下原则：沟通古今中外，回到历史现场，从无的境界寻绎有的发生演化。遵循史无定法和具体问题具体分析的要求，以史学基本的长编考异和比较之法为基础，融合借鉴国内外行之有效的研究方法，尤其要重视研制中古思想学术和制度史诸大家的心得，力求既有方法讲究，亦能据以做出超越前人的研究成果。

在具体方法上，继承各位学术大家的治学良法，与域外比较研究相结合，根据研究对象的变化，灵活应用于史料极大丰富的近代中国历史，力求贯通古今中外，重现知识与制度转型密集期的进程。诸如陈寅恪将中国固有的长编考异、合本子注与域外比较研究的事实联系各法参合运用，注意章程条文与社会常情及其变态的关系；傅斯年用语学与史学的方法探讨事物的发生及其演化；钱穆强调历史意见与时代意见的联系和分别；顾颉刚讲究史事的时空推演关系等，必须融会贯通、用得其所。所谓无招胜有招，一旦变成固定程式，就难免破绽百出。概言之，要努力因缘求其古以致求其是之说更进一层，力求摆脱先入为主的成见，以近代中国的知识与制度转型为枢纽，通过重现各种概念、学说、分科、制度的渊源流变，理解把握前人本意和史事本相。

如果仅仅就方法言方法，难免陷入专讲史法者史学往往不好的尴尬，说起方法来头头是道，却没有实用或用而效果不佳，形同纸上谈兵。所以应当着重通过具体研究成果的例子来展示方法的应用及其成效。诚如钱穆所说，方法是为读过书的人讲的。只有做过相关研究，才能体会方法的良否以及效果如何。能够在前人基础上更进一步，有用有效，便是良法。相信善读者通过丛书各编以及其他相关成果，可以查知体现于研究而非表述过程的方法及其应用。

或者根本怀疑能否放弃后设集合概念去理解前人前事，其实这是今人自以为一定比古人高明的表现。如果自以为是，不能虚怀若谷，守定后见，强古人以就我，当然是缘木求鱼。首先，古人自有其本意；其次，古人表达其本意时并不借助今人所用的概念；其三，古人的本意因时因地甚至因人而异，有其发生演化的脉络；其四，从古人的本意到今人的解读之间，仍是前后联系、不曾断裂的历史进程。具备这些基本条件，能否历时性地理解把握，就要看学人的天赋、功力、机缘凝成的造化了。

近代中国的知识与制度转型研究有计划地循序展开于新世纪之初，其主要目标，是用大约 15 年的时间，训练和聚集一批理念相通、潜力可观的学人，围绕主题，各选相关题目，做出 50 本系列学术专著，为研究的进一步铺开提供人员、材料、取径及方法的准备和示范。为此，与生活 · 读书 · 新知三联书店签订了长期出版协议，并且陆续出版了几种专著。与此相应，通过各种方式积累了数量庞大的文献资料，逐渐摸索出一套略具雏形的研究理念、取径及做法，并凝聚了一批经过训练能够胜任的研究人员。

2005年年底，教育部重大攻关项目“近代中国的知识与制度转型”正式立项。因为所要研究的问题涵盖广泛，难度很大，需要各方面强有力的支撑。项目实施期间，除了资料的大幅度增加和人员的调整外，在系列学术专著继续出版的基础上，又在几家学术期刊开辟了相关专栏，发表阶段性成果，反应甚佳。又与社会科学文献出版社达成战略合作，在该社另外出版同名的系列专著。更为重要的是，随着研究领域的拓展和深化，研究理念、取径和做法不断清晰化，力求做到切实可行、行之有效。由此引导，后续各项具体研究日益精进，表述话语逐渐成形，转变观念和做法后的暂时性失语状态显著改善，可望达到深入而不琐碎，具有整体联系，宏观而不宽泛，可以信而有征的理想境界，争取对国内外相关研究产生长期前瞻性的导向影响。当然，良法的难度大、要求高，非经系统训练和沉潜积累不易奏功。

重大攻关项目立项时的设计，最终成果为12本系列专著。后来根据统一规定，改为一部集众的专书。虽然要求参与者提供各自专著的浓缩版或最具展示性的部分，力求通过每一具体个案展示整体联系，既保证研究的深度，以免流于空泛，同时又不失之零散，毕竟一般读者不易把握相关章节与背后支撑的专著之间以及各章节之间的整体联系。而最初设计以系列专著为最终成果的形式，是因为本研究旨在以新的理念、取径、做法和表述，在清代学者梳理历代文献以及近代学人用域外观念系统条理文本史事的基础上，重新梳理解读中国历史文化及其近代转型的利弊得失。按照分科治学的现状，计划几乎涉及所有社会人文学科的领域，可能衍生出难以预计的众多课题，因此并非开辟什么特别的方面或领域，所关注的着重于“怎样做”，而不是“做什么”。其终极目标，应是得其所哉地重新展现近代以来国人关于中国与世界的知识以及相应的思维方式，进而去除以进化论为主导的欧洲中心式世界一体化观念，重新理解各文化系统思维行为的本意，为应对人类文明进入多元化新纪元做好知识和人才的准备。

既然研究不是对某一或某些问题的结束，而是开启无限宽广的可能，也就无法将所有层面全部纳入。限于篇幅，即使已经专栏讨论过的问题，也要留待日后再行结集出版。或以为这样不免有所缺漏，实则不仅史学强调阙疑，但凡学术研究便从来不是面面俱到，详人所略正是学术研究的普遍规律，否则就有一般通史或教科书之嫌，看似完整，其实表浅。至于题中应有之义究竟如何拿捏把握，则不仅是科学，同时也是艺术。

重大攻关项目成稿后，特请京都大学人文科学研究所名誉教授狭间直树先生审阅，除提示若干材料与史事（尤其是与日本关系密切之处）的疏漏错误外，在事先没有任何沟通的情况下，他对各章的逐一评点，与我心中所想高度吻合，两人不禁诧为奇事，慨叹学术评价仍有不二法则，只是因人而异罢了。

此次将历年来各专栏刊发的文章以及重大攻关项目各篇重新编辑，按照概念、制度、文化、教育、学科、学术、法政、中外八个主题，分别结集，编成一套丛书。整套丛书由桑兵统稿，并撰写总说和分说（其中制度编和教育编的分说部分初稿由关晓红、左松涛提供）。各编各章作者于总说分说所述理念的领悟各有千秋，取径做法也别具特色，为了相互照应、贯通一气，于文字有所增删，意思也力求一贯。不当之处，还望方家指正。

本套丛书的编辑出版，为将近20年的近代中国的知识与制度转型集众研究，形成阶段性的重要成果展示，连同两套近代中国的知识与制度转型系列专著，以及专栏以外各位参与者发表的论著，为相关研究的取径做法提供了大致的方向架构。只是相对于问题本身的繁复宽广，看似已经稍具规模仍然还是开篇。诸如此类的研究，的确需要国际合作与科际整合的持续接力。希望海内外有识之士以不同形式加入其中，使得后续研究顺利展开，共同推动新一轮“以复古为创新”的文艺复兴。

分说：分科的学史与分科的历史

今天以前的一切都是历史，因而历史本不分科，况且中国治学讲究贯通，素来不重分科。可是今日的史学，无非分科的学史和分科的历史两种，前者为用各个学科现在的形态追述出来的学科发展史，后者为用不同学科的方法眼界研治的一般或分门别类的历史。其共同性则是以后出外来的观念系统重新组装历史。

1916 年，顾颉刚为计划编辑的《学览》一书作序，批评中国固有学术道：

> 旧时士夫之学，动称经史词章。此其所谓统系乃经籍之统系，非科学之统系也。惟其不明于科学之统系，故鄙视比较会合之事，以为浅人之见，各守其家学之壁垒，而不肯察事物之会通。夫学术者与天下共之，不可以一国一家自私。凡以国与家标识其学者，止可谓之学史，不可谓之学。执学史而以为学，则其心志囚拘于古书，古书不变，学亦不进矣。为家学者，未尝不曰家学所以求一贯，为学而不一贯，是滋其纷乱也。然一贯者当于事实求之，不当于一家之言求之。今以家学相高，有化而无观，徒令后生择学莫知所从，以为师之所言即理之所在，至于宁违理而不敢背师。是故，学术之不明，经籍

之不理，皆家学为之也。今既有科学之成法矣，则此后之学术应直接取材于事物，岂犹有家学为之障乎！敢告为家学者，学所以辨于然否也；既知其非理而仍坚守其家说，则狂妄之流耳；若家说为当理，则虽舍其家派而仍必为不可夺之公言，又何必自缚而不肯观其通也。[1]

两年后的1918年4月，傅斯年在《新青年》第4卷第4号撰文批评《中国学术思想界之基本误谬》，第一条就是：

中国学术，以学为单位者至少，以人为单位者转多，前者谓之科学，后者谓之家学。家学者，所以学人，非所以学学也。历来号称学派者，无虑数百：其名其实，皆以人为基本，绝少以学科之分别，而分宗派者。纵有以学科不同，而立宗派，犹是以人为本，以学隶之，未尝以学为本，以人隶之。弟子之于师，私淑者之于前修，必尽其师或前修之所学，求其具体。师所不学，弟子亦不学；师学数科，弟子亦学数科；师学文学，则但就师所习之文学而学之，师外之文学不学也；师学玄学，则但就师所习之玄学而学之，师外之玄学不学也。无论何种学派，数传之后，必至黯然寡色，枯槁以死；诚以人为单位之学术，人存学举，人亡学息，万不能孳衍发展，求其进步。学术所以能致其深微者，端在分疆之清；分疆严明，然后造诣有独至。西洋近代学术，全以科学为单位，苟中国人本其

[1]　顾颉刚：《古史辨第一册自序》，载《顾颉刚古史论文集》第1册，中华书局，1988，第30－31页。

“学人”之成心以习之，必若枘凿之不相容也。[1]

这两位北大同学相继提出的共同问题是，中国学术本来有无分科，如何分科，是只有图书分类，还是学问亦有分别。两人的共识在于中国过去的学术以人或家、国为标识转移，而不以学为单位分别。傅斯年所谓“师学数科，弟子亦学数科”，以及所举文学、玄学之类，似乎认为学亦有所分类，只是以人为本，以学隶之。傅斯年和顾颉刚都以分科治学为科学，并且基于那一时代人们对科学的崇拜，相信分科治学是以事实为基准，以学为本，乃放之四海而皆准的天下公理，反对中国固有的以人为本的家学。顾颉刚编辑《学览》，“意在止无谓之争，舍主奴之见，屏家学之习，使前人之所谓学皆成为学史，自今以后不复以学史之问题为及身之问题，而一归于科学”。[2] 后来他还反驳时人为学不能不由家派入门，将来深入之后再弃去的主张，认为从前各种学问都不发达，研究学问又苦于没有好方法，不得不投入家派以求得到一点引路的微光。现在则应当凭借各种分科的学问直接接触事实。

近代学人讲到书籍和学问分类的关系，大都上溯章学诚的《校雠通义》，与治史者每每好谈《文史通义》类似。章学诚的学问路数本来并不见重于世，但因为与西学有些形似，容易附会，所以成为近代趋新学人再发现的重点。顾颉刚认为，古人治学不注意考验、分类、批评、应用，到了清代，考验和应用渐趋留神用心，而

[1] 傅斯年:《中国学术思想界之基本误谬》，载欧阳哲生编《傅斯年全集》第1卷，湖南教育出版社，2003，第22页。

[2] 顾颉刚:《古史辨第一册自序》，见《顾颉刚古史论文集》第1册，第30-31页。

分类和批评则由章学诚来弥补。分别条贯以考察同异，所以做目录学；探究源流以寻其来因，所以做史学。他还在日记中写道：

> 从前的时候，对于中国学问和书籍不能有适当的分类，学问只是各家各派，书籍只是经、史、子、集，从没有精神上的融和。……他们对于分类的观念只是“罗列不相容的东西在一处地方”罢了；至于为学的方法，必得奉一宗主，力求统一，破坏异类，并不要在分类上寻个“通观”，所以弄成了是非的寇仇，尊卑的阶级……纵是极博，总没有彻底的解悟。自从章实斋出，拿这种“遮眼的鬼墙”一概打破，说学问在自己，不在他人；圣贤不过因缘时会而生，并非永久可以支配学问界的；我们当观学问于学问，不当定学问于圣贤。又说学问的归宿是一样的，学问的状态是因时而异，分类不过是个“假定”，没有彼是此非。可说在在使读书者有旷观遐瞩的机会，不至画地为牢的坐守着；有博观约取的方法，不至作四顾无归的穷途之哭。这功劳实在不小，中国所以能容受科学的缘故，他的学说很有赞助的力量。中国学问能够整理一通成为“国故”，也是导源于此。[1]

这样的观念不独新进学人为然，较为老成的吕思勉概括道：中国学术，秦以前为专门，汉以后为通学。“把书籍分为经、史、子、集四部，只是藏庋上的方便，并非学术上的分类。章实斋的《校雠

---

[1]　顾颉刚：《中国近来学术思想界的变迁观》，载《顾颉刚全集》第33册《宝树园文存》卷一，中华书局，2010，第129－130页。

通义》，全部不过发挥此一语而已。”[1] 更加守成的宋育仁也曾断言：“经史子集乃系书之分类，不得为学之分科；性理、考据、词章为国学必要经历之程，而非人才教育专门学科所主。”“北京大学立经学专科，外国学校有历史分科，讲求国学者，因此遂以经史子集四部之名，分配为教科。孔经为欧美所无，而彼中大学五科有道科，以其教经为主课；日本大学立哲学，以孔经立为哲学教科。夫四部乃分部书类之名，非支配学科之目。”[2]

不过，在另一些学人如余嘉锡等看来，中国学问自有统系，经籍的分别之中，蕴含着学术的条理脉络。只是二者未必重合，如史学之书即分散于经史子集各类，而不仅仅限于乙部。昔人读书，以目录为门径，即因为“凡目录之书，实兼学术之史，账簿式之书目，盖所不取也。”此说旨在强调解题，然而仅仅编撰书目，不附解题，同样可以使其功用有益于学术，只是难度更大。读其书而知学问之门径的目录书，惟《四库提要》和《书目答问》“差足以当之”[3]。所以宋育仁批评胡适的《国学季刊发刊宣言》道：

> 古学是书中有学，不是书就为学，所言皆是认书作学，真真庄子所笑的糟粕矣乎。今之自命学者流，多喜盘旋于咬文嚼字，所谓旁搜博采，亦不过是类书目录的本领，尚不知学为何物。动即斥人以陋，殊不知自己即陋。纵使其所谓旁搜博采，

---

[1] 吕思勉：《中国史籍读法》，载《吕著史学与史籍》，华东师范大学出版社，2002，第 74 页。

[2] 芸子：《国学学制改进联合会宣言书》，《国学月刊》第 17 期，1923 ；宋芸子：《国学研究社讲习专门学科》，《国学月刊》第 17 期，1923。

[3] 余嘉锡：《目录学发微》，载刘梦溪主编《中国现代学术经典·余嘉锡 杨树达卷》，河北教育出版社，1996，第 13、24 页。

> 非目录类书的本领，亦只可谓之书簏而已。学者有大义，有微言，施之于一身，则立身行道，施之于世，则泽众教民。故子夏曰：贤贤易色，事父母能竭其力，事君能致其身，与朋友交，言而有信，虽曰未学，吾必谓之学矣。今之人必欲盘旋于咬文嚼字者，其故何哉。盖即所谓古之学者为己，今之学者为人。此病种根二千年，于今而极，是以西人谓中国之学多趋于美术，美术固不可不有，不过当行有余力乃以学文也。今之人不揣其本而齐其末，不过欲逞其自衒之能力以成多徒，惑乱观听，既无益于众人，又无益于自己。凡盘旋于文字脚下者，适有如学道者之耽耽于法术，同是一蛊众衒能的思想，乌足以言讲学学道，适足以致未来世之愚盲子孙之无所适从耳。[1]

梁启超曾一度提出中国未尝有史的命题，[2] 而一年后撰写的《新史学》，头一句就是“于今日泰西通行诸学科中，为中国所固有者惟史学”，[3] 承认中国有史学，等于认可中国学术有分类，只是如何分法，有所不同而已。

章学诚所谓“辨章学术，考镜源流”，本来多少含有批评历代目录学的意思。近代学人受到西学分科编目的影响，对此颇持异议，认为目录即簿记之学，与辨章学术、考镜源流无关，或主要是纲纪群籍范围，略涉辨章学术。[4] 但余嘉锡认为不然，“吾国从来

---

[1] 问琴（宋育仁）：《评胡适国学季刊发刊宣言》，《国学月刊》第16期，“谈丛”，第41—42页。

[2] 任公：《中国史叙论》，《清议报》第90册，1901年9月3日。

[3] 梁启超：《新史学》，载《饮冰室合集》文集之九，中华书局，1989，第1页。

[4] 严佐之：《〈中国目录学史〉导读》，载姚名达《中国目录学史》，上海古籍出版社，2002，第21页。

之目录学，其意义皆在‘辨章学术，考镜源流’，所由与藏书之簿籍自名鉴赏、图书馆之编目仅便检查者异也。”章学诚这样论道：“古人著录，不徒为甲乙部次计。……盖部次流别，申明大道，叙列九流百氏之学，使之绳贯珠联，无少缺逸，欲人即类求书，因书究学。”“即类求书，因书究学”，大体可以概括目录学之下典籍与学问的关系。所以朱一新断言：“以甲乙簿为目录，而目录之学转为无用。”[1] 只不过中国讲究通学，而没有所谓分科治学，尤其不主张畛域自囿的专门，学有分类，人无界域，用后来分科的观念看待中国固有学问及治学之道，对于学与书的关系，只能是愈治愈棼，愈理愈乱。

进而言之，为学因人而异，固然主观，分科治学的所谓科学，未必就是客观。好分科治学源自欧洲历史文化的共同性，缘何而分以及如何分，说到底还是因缘各异，而导致学科形态千差万别的，仍是各自不同的历史文化。其实，分科治学在欧洲的历史也并不长，其起因和进程究竟如何，迄今为止有限的说法并不统一，而且深受不同民族、不同文化系统甚至不同学派的影响，在许多层面纠缠不清。不了解背后的渊源流别，看上去清晰的分界与边际，具体把握起来往往模棱两可，出入矛盾。对于林林总总的分门别类，认识越是表浅外在，感觉反而越是清晰明确，待到亲临其境、深入场景，却陷入剪不断、理还乱的困惑。到法国留学进修的杨成志，便对社会学、人类学相关派系之间因缘历史而来的争论水火不容感到莫名所以，甚至觉得大可不必。实则分科背后，不仅学理的制约，更有本事的缠绕。因为教育体制和输入新知的关系，清季以来中国

[1] 余嘉锡：《目录学发微》，载刘梦溪主编《中国现代学术经典·余嘉锡 杨树达卷》，第16–17、21页。

的学科分类观念受日本和美国的影响尤其大。作为相对后发展的先进国，两国对于欧洲错综复杂的知识系统已经进行过看似条理清晰、实则抹平差异分歧的渊源流变的改造，使之整体上更加适合非原创异文化系统的移植。当然也就模糊了原有的分梳，留下了格义的空间，增加了误会的可能。

批评中国传统学术不分科而分派的傅斯年，直到留学欧洲才认识到当时中国人所谓“这是某科学”“我学某种科学”，都是些半通不通不完全的话。他说：

> 一种科学的名称，只是一些多多少少相关连的，或当说多多少少不相关连的问题，暂时合起来之方便名词；一种科学的名称，多不是一个逻辑的名词，“我学某科学”，实在应该说“我去研究某套或某某几套问题”。但现在的中国人每每忽略这件事实，误以为一种科学也好比一个哲学的系统，周体上近于一个逻辑的完成，其中的部分是相连环扣结的。在很长进的科学实在给我们这么一种印象，为理论物理学等；但我们不要忘这样的情形是经多年进化的结果，初几步的情形全不这样，即为电磁一面的事，和光一面的事，早年并不通气，通了气是19世纪下半的事。现在的物理学像单体，当年的物理学是不相关的支节；虽说现在以沟通成体的结果，所得极多，所去的不允处最有力，然在一种科学的早年，没有这样的福运，只好安于一种实际主义的逻辑，去认清楚一个一个的问题，且不去问摆布的系统。这和有机体一样，先有细胞，后成机体，不是先创机体，后造细胞。但不幸哲学家的余毒在不少科学中是潜伏得很利害的。如在近来的心理学社会学各科里，很露些固执系统不守问题的毛病。我们把社会学当做包含单个社会问

> 题，就此分来研究，岂不很好？若去跟着都尔罕等去辩论某种是社会事实，综合的意思谓什么……是白费气力，不得问题解决之益处的。这些“玄谈的”社会学家，和瓦得臣干干净净行为学派的心理学，都是牺牲了问题，迁就系统，改换字号的德国哲学家。但以我所见，此时在国外的人，囫囵去接一种科学的多，分来去弄单个问题的少。这样情形，不特于自己的造诣上不便，就是以这法子去读书，也收效少的。读书的时候，也要以问题为单位，去参各书。不然，读一本泛论，再读一本泛论，更读一本泛论，这样下去，后一部书只成了对于前一部书的泻药，最后账上所剩的，和不读差不多。[1]

这一段由原本主张分科治学者幡然醒悟后写下的文字，可谓金玉良言，今日的学人以及主管学术和教育行政者很有必要认真研读，深刻领会，以为衡鉴。

在中西学乾坤颠倒的大背景下接触西学和移植西学而来的东学的近代中国人，对于欧洲各国学科发源的复杂过程和缠绕并不了解，他们直接看到的是各种学问分门别类、井井有条的系统，受西学即公理的思想主导，于是将这样的系统当作放之四海而皆准的轨则，相比之下，对中国固有学问的混沌状态的不满油然而生。在他们看来，中国固有的条理简直就是不成体统。清季兴学，新式学堂教育要分科教学，所用教科书，包括中国历史以及各种专史，大都直接取自日本或模仿日本著述改编而成。而在尝试分科治学的过程中，以及各种杂志开辟专门栏目，也有如何分别才能妥当的问题。

---

[1] 傅斯年:《刘复〈四声实验录〉序》，载欧阳哲生编《傅斯年全集》第1卷，湖南教育出版社，2000，第419页。

这时的梁启超、章太炎、王国维、刘师培等人，不同程度地受西学分科的影响，试图用分科的观念重新条理本国的学术。刘师培的《周末学术史序》，就明确表示要“采集诸家之言，依类排列，较前儒学案之例，稍有别矣”。[1] 实则其变化绝不仅仅是稍有别而已，学案体以人为主，其书则以学为主，用分析的眼光，分为心理、伦理、论理、社会、宗教、政法、计、兵、教育、理科、哲理、术数、文字、工艺、法律、文章等16种学史。这显然已经开启附会套用西洋系统的风气。只不过他们所受中国学问的熏陶相对较深，始终心有未安，所以不如后来者更加彻底而且始终不感到不相凿枘的别扭。

清季担任京师大学堂史学教习的陈黻宸，是提倡分科治学的先行者之一，在他看来，“无史学则一切科学不能成，无一切科学则史学亦不能立。故无辨析科学之识解者，不足与言史学，无振厉科学之能力者，尤不足与兴史学。”而“古中国学者之知此罕矣”。“故读史而兼及法律学、教育学、心理学、伦理学、物理学、舆地学、兵政学、财政学、术数学、农工商学者，史家之分法也；读史而首重政治学、社会学者，史家之总法也。是固不可与不解科学者道矣。盖史一科学也，而史学者又合一切科学而自为一科者也。”[2] 这颇有些今天跨学科的意味。尽管他认为指中国无史太过，可是照此标准，没有这些分科的古代中国，史又从何而来呢？

章太炎、刘师培、王国维等人，后来逐渐意识到中西学各有体

[1]　刘光汉：《周末学术史总序》，《国粹学报》第1年第1号，“学篇”，1905年2月23日，第5页。

[2]　陈黻宸：《京师大学堂中国史讲义》，载陈德溥编《陈黻宸集》下，中华书局，1995，第676-677页。

系，不宜附会，相继放弃了早年的趋新，改用中国固有的条理脉络。梁启超虽然继续被风潮推着走，多少也察觉到年少轻狂时的未能至当。这时，由海内外西式教育培养起来的新一代崛起，沿着前贤放弃的路途更加勇往直前，使得历史进程出现回旋。胡适的《中国哲学史大纲》出版，蔡元培赞许其系统的研究刚好解决了编中国古代哲学史形式无系统的难处，因为中国本身无系统，所以“不能不依傍西洋人的哲学史。所以非研究过西洋哲学史的人不能构成适当的形式”[1]。胡适自己则宣称：“我做这部哲学史的最大奢望，在于把各家的哲学融会贯通，要使他们各成有头绪条理的学说。”这也就是《先秦名学史·前言》所说，要解释、建立或重建中国的哲学体系。他所主张的“把每一部书的内容要旨融会贯串，寻出一个脉络条理，演成一家有头绪有条理的学说”的贯通，要靠比较参考的资料。而“我们若想贯通整理中国哲学史的史料，不可不借用别系的哲学，作一种解释演述的工具。”他“所用的比较参证的材料，便是西洋的哲学”。[2] 胡适自诩其在学术上的革命与开山作用，主要即体现在这种借助外洋的体系化演述。

可以说，当时人感到震撼，后来者用现代学术眼光许为具有开山意义的那一整套关于国故整理的信仰、价值和技术系统，其实就是用西洋系统来条理中国材料。胡适的这一套成功经验，经过整理国故运动，向着各个领域扩展，全面系统地将中国固有学问当作材料重新梳理一过，使之改头换面。胡适在《国学季刊发刊宣言》中提出：“用系统的整理来部勒国学研究的资料”。所谓系统的整理，包括索引式整理、结账式整理和专史式整理，前两项只是提倡国学

[1] 欧阳哲生编：《胡适文集》第6册，北京大学出版社，1998，第155页。

[2] 欧阳哲生编：《胡适文集》第6册，第181–182、4页。

的准备，而国学的系统的研究，目的是要做成中国文化史，要用历史的眼光来整理一切过去文化的历史。其理想的国学研究为中国文化史的系统，包括民族、语言文字、经济、政治、国际交通、思想学术、宗教、文艺、风俗、制度等十项专史，其下还可依据区域、时代、宗派等再分子目。在此框架之下，还要用比较的研究来帮助国学的材料的整理与解释，所谓比较，主要还是用西洋学者的方法，与外国的事实做比较。[1]

经过清季和民初的两度分科教学与分科治学，中国的所有思想学术文化被按照西洋统系分解重构，而且分科教学与分科治学相辅相成的潜移默化，本是后来的组装，反倒变成认识的前提和思维的方式。民国以降，普遍而言，中国固有学问有无统系，已经成为问题，从目录书中不仅见经籍的归类，而且因书究学，更加曲高和寡。顾颉刚、傅斯年等人指四部仅经籍分类，与学无关，显示他们那一代人普遍已经不能用原有条理系统来理解古人本意，寻绎学术脉络。不借助西学的系统观念，所见无非是断烂朝报，一堆零碎。反之，则虽有统系而由附会。所有分科系统，不仅将原来浑然一体的思想学术文化历史肢解成相互脱离的部分，而且扭曲变形，或化有为无（如经学），或无中生有（如哲学、政治学、社会学以及相关各种专史等），或名同而实异（如文学、“经济”学等）。分科治学从无到有（而非学科转型），导致中国学术系统全然改观，用外来系统重新条理固有材料，犹如将亭台楼阁拆散，按西洋样式把所有的砖瓦木石重新组装，虽也不失为建筑，却不复中国，材料本来所有的相互关系及其所起的作用，已经面目全非，其整体组合所产生的意境韵味，更加迥异。

---

[1]　《发刊宣言》，《国学季刊》第1卷第1号，1923年1月，第9–16页。

统系既由后设，观念自然后生，起点立意一错，则差之毫厘，谬以千里，要想解读思想学术历史文化得当，无异于缘木求鱼。今日分科治学，基本沿用西洋系统条理本国材料的套路，不预设后出外来的框架观念，则往往读不出文献的本意，于是干脆以为古人无意思；而使用后出外来的框架观念，则虽然读出意思，却并非古人的本意，而是其自身的臆想。所谓“览录而知旨，观目而悉词，不见古人之面，而见古人之心”[1]的境界，非但不知，甚至以为无有。一旦按照名为天下公理、实则西洋传统的系统对中学重新分科，不仅不能恰当把握西学的分科，更重要的是以后来外在的分科眼光来看待中国的固有学问，难免穿凿附会，曲解抹杀，愈有条理，去古人真相愈远。而诸如此类的问题，要等这些新进少年有机会远渡重洋并且机缘巧合，才能有所察觉、反省和认识。

留欧前傅斯年向往分科之学，是因为细分化可以学致深微，造诣独至。而顾颉刚则认为必须建立分科的系统，才能比较会合，超越家派的藩篱，察知事物的会通。窄而深容易理解，后来钱穆的批评即针对此点；分而后合，则既不符合中国学术的本相，也不贴切近代学术的预期。分科治学将学问和本事原有的联系割裂，破坏了历史的整体性，在日后专业化不断加强的趋势下，导致学人的局限性日益明显，其责任虽然不应由倡导分科治学的前贤承担，毕竟反映了当时崇拜分科、以为可以根绝误谬偏蔽的盲目性。分科治学的不断细化以及加冠“学”（或“史”）名的日益增多，表面是强调方法、取向或领域层面的不同，实际上试图高扬派分的旗帜，争夺利益的份额，而冠以客观科学的美名。大道无形，小器无用，与当年

---

[1] 余嘉锡：《目录学发微》，载刘梦溪主编《中国现代学术经典·余嘉锡 杨树达卷》，第15-16页。

新潮学人的期望背道而驰，由学而成的分科学史，较之因人而成的学史，或许更加扭曲历史的本相，无法贴近古人的本意。而史学的分科取向之下，历史的整体性被割裂，全局观支离破碎，具体看畛域自囿，社会历史文化的本相成为外来间架削足适履的材料，其本意当然无从揣摩。

在分科之学从无到有以及治学之道从固有到外来的转变过程中，如何具有统系又不涉附会，国人并非毫无犹疑和思考。开始主要是考虑中外思想学术的统系分类能否相互对应，是否仍然保持各自系统的独立存在，不必强求沟通混淆；其次则即使必须对应，还有如何对应的问题。如哲学对应于中国固有的何种学问，虽然多数倾向于诸子和理学，也有异议和变化。后来便有人质疑对应是否恰当。对于胡适、冯友兰等人用外来间架条理中国思想可能产生的流弊，傅斯年干脆反对使用哲学指称中国古代的方术。张荫麟更进而指出："以现代自觉的统系比附古代断片的思想，此乃近今治中国思想史者之通病。此种比附，实预断一无法证明之大前提，即谓凡古人之思想皆有自觉的统系及一致的组织。然从思想发达之历程观之，此实极晚近之事也。在不与原来之断片思想冲突之范围内，每可构成数多种统系。以统系化之方法治古代思想，适足以愈治而愈棼耳。"[1]

近代以来，国人一直为学问形制和内涵的中西新旧缠绕所困扰。今日朝野上下所谓使分科更加科学（其实分科治学就是科学的本意之一，分科只是将就，无所谓科学与否）、以构建学科为发展创新、鼓吹跨学科或学科交叉等等努力，看似积极进取，实则是在

[1] 张荫麟：《评冯友兰〈儒家对于婚丧祭礼之理论〉》，《大公报·文学副刊》1928 年 7 月 9 日，第 9 版。

分科的局限与物事的本相之间紧张挣扎的折射。恰当把握一般倒述的分科之学史、近代以来学科发生演化的分科史，以及面向未来的分科之学三者的联系分别，才能掌握关键，沟通而不附会。否则，即使研究近代的学科史，仍然难免用后来的观念和条理系统格义附会，倒装而成。此节不仅中国如此，今日所见欧洲的各种学科史，大都也是用后来的观念系统追溯出来，而非从无到有、循序渐进地探究发生和演化的本事再现。回到无的境界，探寻有的发生及其演化，是探究分科历史的行之有效之道。就此而论，跨学科已受制于分的成见，不分科才可能回到历史现场探寻本来的意境，重现史事而非创作历史。

不仅如此，即使面向未来的学科建制，如果捧着人有我有的信条，甚至故意标新立异以博取时名和圈占领地，难免将别人的窠臼奉为自己的新知，由细分化不知不觉陷入边缘化和侏儒化的泥淖。如果学科的确与特定的社会历史文化紧密关联，那么移植到生态环境千差万别的其他文化体系之中，所产生的变异就很容易导致形似而实不同，充满橘逾淮为枳的危险。除非盲目信仰形形色色的学科具有所谓普世价值，不断分科就是推陈出新，否则不能不考虑间架是否适合相关的社会历史文化，而不是先入为主地将外来的间架当作天道，一味削足适履地试图将固有文化塞入其中。同时应当认真思考是否需要外来间架，以及如何因缘历史文化生成适得其所的系统，从而真正达到具有统系又不涉附会的境界。

本编由以下各人撰写：总说、分说，桑兵；第一章，李敏；第二章，朱贞；第三章，查晓英；第四章，桑兵；第五章，孙宏云；第六章，谢皆刚；第七章，赵立彬；第八章，刘小云。

第一章　近代中国“文学”源流（1819—1876）

近代中国学术发展的特征之一，是分科治学取代旧有的学问之道。钱穆晚年总结所亲历的学术发展说：“民国以来，中国学术界分门别类，务为专家，与中国传统通人通儒之学大相违异。循至返读古籍，格不相入。此其影响将来学术之发展实大，不可不加以讨论。”[1]针对的是胡适提倡的以西学条理中学所造成的对中国历史文化的错解和隔膜。

为解决这一问题，钱穆试图以既有的分科门类与中国的四部之学相会通。对于集部与文学的关系，他认为：“中国集部之学，普通称之为文学。但论其内容，有些并不是文学，而与子部相近。若就文学的广义论，在中国，四部书中都有在文学上极高的作品，惟专注重文学的集部之出现，则在四部中比较属最迟。”[2]又说，孔门四科中，“游、夏文学，亦乃为文章之学，乃称文学，而亦岂诗歌辞赋骈散诸文之始为文学乎？故中国，如屈、宋乃至如司马相如诸

[1]　钱穆：《现代中国学术论衡·序》，载《钱宾四先生全集》第25册，联经出版事业有限公司，1998，第5页。

[2]　钱穆：《中国学术通义·四部概论》，载《钱宾四先生全集》第25册，第51页。

人，为‘辞赋家’；陶、谢、李、杜为‘诗家’；韩、柳为‘古文家’；而独无‘文学家’之称。今日国人之称文学，则一依西方成规，中国古代学术史上无之。”[1]在钱穆的时代，文学与集部相接近的观点已经相当普遍，所牵涉的问题主要有三：四部分类体系的确立及集部的成形，从古代到近代“文学”概念的衍化以及二者何时相嫁接。

中国古代图书目录与学问有着密切关系，从经籍目录中可以窥见学问脉络。[2]《汉书·艺文志》本刘歆《七略》而成，总群书为辑略、六艺略、诸子略、诗赋略、兵书略、术数略、方技略。诸子十家九流，各有官守，“小说家者流，盖出于稗官。街谈巷语，道听途说者之所造也。孔子曰：‘虽小道，必有可观者焉，致远恐泥，是以君子弗为也。’然亦弗灭也。”小说家为诸子十家之一，被视为不入流。从历代艺文志各叙中可见当时人对学问流别的认识。诗赋略叙称：“传曰：‘不歌而诵谓之赋，登高能赋可以为大夫。’言感物造耑，材知深美，可与图事，故可以为列大夫也。古者诸侯卿大夫交接邻国，以微言相感，当揖让之时，必称诗以谕其志，盖以别贤不肖而观盛衰焉。”

上古诗赋多有“风谕之义”，然自宋玉、唐勒，汉代枚乘、司

---

[1]　钱穆：《现代中国学术论衡·略论中国文学》，载《钱宾四先生全集》第25册，第270-271页。

[2]　对于图书与学问的关系，桑兵教授总结前人论述指出，中国学问本自有统系，前人治学往往依循目录，“即类求书，因书究学”，从经籍的分别中可以看出学问的脉络。桑兵：《分科的学史与分科的历史——本期专栏解说》，《中山大学学报（社会科学版）》2010第4期，收入桑兵等著《近代中国的知识与制度转型》，经济科学出版社，2013。

马相如，下及扬雄，“竞为侈丽闳衍之词”，没其本义。[1] 魏郑默《中经》、晋荀勖《新簿》而后，始定四部：甲部，纪六艺及小学等书；乙部，有古诸子家、近世子家、兵书、兵家、术数；丙部，有史记、旧事、皇览簿、杂事；丁部，有诗赋、图赞、汲冢书。至《隋书·经籍志》，乃确定经、史、子、集的四部体系。集部有楚辞、别集、总集。集部总叙称：“文者，所以明言也。古者登高能赋，山川能祭，师旅能誓，丧纪能诔，作器能铭，则可以为大夫。”“班固有《诗赋略》，凡五种，今引而伸之，合为三种，谓之集部。”[2] 集部为文章集合，后来形成的“文学”观念与之略有近似，因而有集部之学相当于文学的认识。

四部分类为后世所沿用，虽各有损益，大体不出此范围。清代官修《四库全书总目》则增加诗文评、词曲类。集部总叙称：“集部之目，楚辞最古，别集次之，总集次之，诗文评又晚出，词曲则其闰余也。”近代以来，将词曲与小说并称，实则发展的源流各异，品类高下亦有不同。词曲类小叙称：“词、曲二体在文章、技艺之间。厥品颇卑，作者弗贵，特才华之士以绮语相高耳。然三百篇变而古诗，古诗变而近体，近体变而词，词变而曲，层累而降，莫知其然。究厥渊源，实亦乐府之余音，风人之末派。其于文苑，同属附庸，亦未可全斥为俳优也。”[3] 近代以西式分科嫁接中国旧有学术后，截断众流，反不能得其渊源脉络。

前人治学并无条分缕析的专门分科。清代章学诚推尊郑樵，主张学分专门，其见解及其所推尊的郑樵并不见重于当世，却为受西

---

[1]　《汉书》卷三十《艺文志第十》，中华书局，1962，第1745、1755-1756页。

[2]　《隋书》卷三十五《经籍志四》，中华书局，1973，第1090-1091页。

[3]　《四库全书总目》下册，中华书局，1965，第1267、1807页。

学分科影响、主张分科治学的近代学者奉为圭臬。分科既为后出，则由源及流地讨论其发生、发展的历史，实有必要。

目前，国内外文史学界对“文学”在近代中国流变的研究，已有较多成果，[1] 资料的搜集亦逐步推进。唯受制于后来形成的观念，多以对译 literature 作为“文学”的“现代意义”，返回近代文献中寻找相似的用法，对历史的复杂性有所忽视，为此研究留下了空间。在前人研究的基础上，不以后来观念为取舍，回到历史现场，按时序梳理 19 世纪前期的“文学”词语及其观念的渊源流变，希望百尺竿头更进一步。

第一节　西人来华与“文学”变义

中国语言文字本以字为意义单位，今日所说的“文学”，则主要是近代受泰西影响，作为学术分类的一科而成。今人以词为单位从历代中国典籍中查出的“文学”二字，在不同场合有各自的用法，并非专有名词，甚至并非名词，大多时候可作文、学分解，指“文教”“学问”，具体含义则随语境而变化。如《论语 · 先进第十一》：“德行：颜渊、闵子骞、冉伯牛、仲弓。言语：宰我、子

[1]　具代表性的有：[意] 马西尼：《现代汉语词汇的形成——十九世纪汉语外来词研究》，黄河清译，汉语大词典出版社，1997。沈国威：《近代中日词汇交流研究：汉字新词的创制、容受与共享》，中华书局，2010。蒋英豪：《十九、二十世纪之交“文学”一词的变化——并论汉语中“文学”现代词义的确立》，载刘东主编《中国学术 · 第 26 辑》，商务印书馆，2010。栗永清：《知识生产与学科规训：晚清以来的中国文学学科史探微》，中国社会科学出版社，2012。

贡。政事：冉有、季路。文学：子游、子夏。”[1] 根据《论语》《史记》对子游、子夏言行的记载，可知二人长于儒家的礼乐之道，能传承儒家经典，[2] 此处“文学”即指儒家礼乐教化。这种用法广泛见于《荀子》《韩非子》等书中，在把儒家著作奉为经典的时代具有普遍影响。东汉以后，文章（文辞）地位上升，“文学”开始包含文章，并出现专指文章的用法。如《世说新语》“《文章叙录》曰：韦诞字仲将，京兆杜陵人，太仆端子，有文学，善属辞，以光禄大夫卒。”[3]

唐代佛教流行，“文学”突破此前偏重儒家学说的含义，包含佛经教义。道宣《集古今佛道论衡》载：“琳姓陈氏……少出家，住荆州青溪山玉泉寺，博通内外，以文学见知。”[4] 宋代陈祥道《论语全解》解释孔门四科，说：“德行所以行道，言语所以明道，政事则治人而已，文学则道学而已。”[5]“文学”被解释成“道学”。清末民国时期，人们以后来的固定观念反观古代，大多认为“吾国‘文学’一语，始于孔门四科设教，其后官师习用，大抵以一国之文化学术为其范围，观念既属模糊，界说因而难定。”[6] 又称：“从前中国

---

[1]　朱熹：《论语集注》卷六，载《四书章句集注》，中华书局，1983，第123页。

[2]　朱熹：《论语集注》卷九、十，载《四书章句集注》，第176、189页。《史记·仲尼弟子列传第七》，中华书局，1959，第2201、2203页。

[3]　刘义庆撰，刘孝标注：《世说新语》卷下之上《巧艺第二十一》，四部丛刊本，第32–33页。

[4]　《大唐高祖问僧形服有何利益琳师奉对事一》，道宣《集古今佛道论衡》卷丙，载［日］高楠顺次郎等辑《大正新修大藏经》第52卷史传部四，大正一切经刊行会，1924—1934，第380页。

[5]　陈祥道：《论语全解》卷六，《影印文渊阁四库全书》总第196册，台湾商务印书馆，1986，第149页。

[6]　穆济波：《中国文学史》上册，乐群书店，1930，第1页。

人论文学，经史子集，包罗殆尽；显然是不明了文学的涵义和范围所致。”[1] 可见外来新义占据主导之后，古代观念仍然长期影响人们的认识，制约着“文学”的发展衍化。

欧洲对中国文学（Chinese literature）的论述可以上溯到耶稣会士的时代，但用“文学”来翻译 literature 及相关的西文观念却较迟。马西尼曾列出“文学”对译 literature 的用例，已有学者指出他的举例大多没有根据。[2] 他所举用例中有明代艾儒略（Giulio Aleni）《职方外纪》的记载：“欧逻巴诸国皆尚文学，国王广设学校，一国一郡有大学中学，一邑一乡有小学。”[3] 可是，《职方外纪》只是汉文，且其西文材料来源复杂，尚无直接证据确定汉语的“文学”与西文词汇直接对应。而在艾儒略的另一本中文著作《西学凡》中，“文学”用于指西学科目中的文科。文曰：

> 极西诸国，总名欧逻巴者，隔于中华九万里，文字、语言、经传、书集自有本国圣贤所纪。其科目考取，虽国各有法，小异大同，要之尽于六科：一为文科，谓之“勒铎理加”；一谓理科，谓之“斐录所费亚”；一为医科，谓之“默第济纳”；一为法科，谓之“勒义斯”；一为教科，谓之“加诺搦斯”；一为道科，谓之“陡禄日亚”。惟武不另设科，小者取之材官智勇，大者取之世胄贤豪。

[1] 《中国文学丛书编辑旨趣》，载刘麟生《中国文学概论》，世界书局，1934。

[2] 见前引蒋英豪《十九、二十世纪之交“文学”一词的变化——并论汉语中“文学”现代词义的确立》一文。

[3] ［意］艾儒略：《职方外纪》卷二，载［意］艾儒略著，叶农整理《艾儒略汉文著述全集》上，广西师范大学出版社，2011，第 42 页。

> 文科云何？盖语言止可觌面相接，而文字则包古今、接圣贤，通意胎于远方，遗心产于后世，故必先以文辟诸学之大路。其文艺之学大都归于四种：一古贤名训，一各国史书，一各种诗文，一自撰文章议论。……**文学**已成，即考取之，使进于**理学**。[1]

其中的“文学”指“文艺之学”，亦即“文科”。学界多把这段描述作为西学科目入华之始，一般根据“勒铎理加”的对音认定“文科”指拉丁文 *Rethorica*。后来中、日两国以文科、理科等名词来表达西学科目，应受此影响，可以想见的是，面对西学分科，用“文学”“理学”等带有“学”字后缀的名词来表达相关观念，具有先天的适用性。只是这种对应关系在清代并未得到沿用。

19 世纪初马礼逊（Robert Morrison）来华后，中西接触进入新的阶段，西人在中国人帮助下陆续发行中文书刊，相关词语的用法再次发生变化。

1819 年出版的马礼逊编《华英字典》第二部《五车韵府》，把“文章”译为“a bright assemblage of elegant letters—fine composition, polite literature”[2]。1822 年出版的第三部《英汉字典》中，literature 对译为“学文”，与之相关的 literary man 译为“有文墨的人、文人”。此时“文学”尚未与 literature 直接对应，但 literature 的相关观念却已译为中文。如叙述 drama 在中国的历史时，把唐代“传奇”、宋代“戏曲”、金代“院本杂剧”都包括其中。novel 条解释为“new,

---

[1] ［意］艾儒略:《西学凡》，载［意］艾儒略著，叶农整理《艾儒略汉文著述全集》上，第 90 页。

[2] ［英］马礼逊:《华英字典》（影印版）第 4 卷，大象出版社，2008，第 963 页。

新有的；extraordinary and pleasing discussions，新奇可喜之论；A small tale，小说书”。[1] 该字典在来华传教士中较有影响，麦都思（Walter Henry Medhurst）的《英汉字典》中的相关条目即与之类似。[2] 这些译名的确定，对后来介绍 literature 有所帮助。

1837 年，郭士立（Karl Friedrich August Gützlaff）等编《东西洋考每月统记传》刊文介绍“欧罗巴诗词”说：“诸诗之魁，为希腊国和马之诗词，并大英米里屯之诗，希腊诗翁推论列国，围征服城也。细讲性情之正曲，哀乐之原由，所以人事浃下天道，和马可谓诗中之魁。此诗翁兴于周朝穆王年间，欧罗巴王等振厉文学，诏求遗书搜罗，自此以来，学士读之，且看其诗相埒无少逊也。”[3]“文学”的西文对应词究竟为何，不得而知，可以确定的是，诗、词包含于“文学”之中。

鸦片战争前夕，林则徐组织人员翻译西书西报。《四洲志》即从英国人慕瑞（Hugh Murray）的 *The Encyclopaedia of Geography* 摘译而来，其中对各国风土的记载，出现了不同的“文学”事物：“暹罗文学亦同缅甸，大抵阐扬佛教，其赞颂四百，似有音律，须六礼拜之久，始能诵毕”[4]；“惟安南文学独遵中国，较缅甸、暹罗为深奥”[5]；“巴社素称文墨之邦，先日以诗名者，有哈斐士。……

---

[1]　[英] 马礼逊：《华英字典》（影印版）第 6 卷，第 258、129、295 页。

[2]　W. H. Medhurst, *English and Chinese Dictionary*, vol. Ⅱ, Shanghai: the Mission press, 1848, p.797.

[3]　爱汉者等编，黄时鉴整理：《东西洋考每月统记传》，中华书局，1997，第 195 页。

[4]　欧罗巴人原撰，林则徐译，魏源重辑：《海国图志》卷五，东南洋三（海岸之国）暹罗一，道光甲辰仲夏古微堂聚珍版，第 2 页。

[5]　欧罗巴人原撰，林则徐译，魏源重辑：《海国图志》卷七，东南洋五（海岸之国）缅甸，第 3 页。

然古时文学早已残缺，近日王重文学，每日必有诗人在侧。……医学、星算诸馆，亦与文学并重，各有教授传习之人”[1]。又记载土耳其在阿细亚洲者，“风俗、教门、文学，大约与欧罗巴洲之都鲁机同”[2]。其中所说“文学”，近似“文教”。

此外，还出现了“文学馆”等机构名称。如记载日耳曼国分国麻洼里阿“政事设立两麻占，一为总领大官大教师办事之处；一为首领教师办事之处。首领教师并管理文学馆、技艺馆”[3]。俄罗斯“土人俱崇额利教，设天文馆、算法馆、乐器馆、技艺馆、文学馆”[4]。限于材料，“文学馆”“技艺馆”的具体分工及内容，不得而知，但显然区别于旧时用法，成为独立名词，而且彼此之间可以大致分别。

该书的教学门类记载美国“风俗教门各从所好，大抵波罗特士顿居多。设有济贫馆、育孤馆、医馆、疯颠馆等类。又各设义学馆，以教文学、地理、演算法”[5]。“文学”成为设馆教学的特定内容，与文教一类宽泛含义有很大不同。《四洲志》所据英文原本在英美多次再版，且所译为摘译而非逐字对译，难以找出具体文本比对。

---

[1]　欧罗巴人原撰，林则徐译，魏源重辑:《海国图志》卷十四，西南洋，西印度之巴社国，第 4 页。

[2]　欧罗巴人原撰，林则徐译，魏源重辑:《海国图志》卷十六，南都鲁机国，第 4 页。

[3]　《耶马尼国总记》，载欧罗巴人原撰，林则徐译，魏源重辑《海国图志》卷二十九，大西洋（欧罗巴洲），第 3 页。

[4]　《俄罗斯国总记（原本）》，载欧罗巴人原撰，林则徐译，魏源重辑《海国图志》卷三十六，北洋（俄罗斯国），第 3 页。

[5]　《弥利坚国即育奈士迭国总记下（原本）》，载魏源辑《海国图志》卷三十八，外大西洋（墨利加洲），第 22 页。

林则徐组织翻译的1840年6月20日澳门新闻纸中，有罗伯聃（Robert Thom）所译《伊索寓言》（*Aesop's Fables*）的介绍，其中出现所指不同的“文学”。原文如下：

> 《依湿杂记》原系士罗所译，转之英吉利字，今在本礼拜内印出为中国字，可为学中国字之英吉利人所用。……此书之序云：……
>
> 我等与中国历来相交之事，皆系为贸易之故，惟在如今各样事势大抵似要改变，虽甚有智识之人，亦难以预料其后来之事。……其古时之法律经典，皆可以为圣人之利益，其**文学**亦为读书之人所喜悦。……
>
> 在马礼逊之意，即以为若略学中国之字，即为甚容易，但若要深识中国言语文字，即为甚难。马礼逊有云：在我自己**若说是深晓中国文字，即系甚远，**只不过系略识而已。马礼逊尚且系如此说，谁人敢说是容易学之乎？……学习中国人之言语，虽系一件极难之事，又无人可以设法令人易学，然我等亦当要尽心设法清除阻塞，依中国人之文字，做出有此等一本书，或可以为我等国中之人所用。……然我等现在做此本书，并不是为贪赚钱，又不是为贪名。盖在著名之人之庙，做此等工夫之人，没有坐位，凡做字典之人，乃系算是人中之不幸，即做杂说者，亦难免不为不幸之人。然我只欲以此为**文学**之开路，经过此等无望之坑堑而已。[1]

---

[1] 《澳门新闻纸（钞本）》，载中国史学会主编，齐思和、林树惠等编《中国近代史资料丛刊第一种：鸦片战争》二，神州国光社，1954，第483-484页。分段、着重为引者为方便比对所加。

前人已经指出，《澳门新闻纸》主要取材于《广州纪事报》（*The Canton Register*）、《广州周报》（*The Canton Press*）。[1] 现难以找到这两份报纸，但《中国丛报》第9卷第4号刊登了1840年广州周报馆出版的《伊索寓言》的书评，其中就收录了罗伯聃序的原文。上文中的两处“文学”各有所本，原文如下：

> Our relations with this vast empire have been hitherto purely commercial. The scene, however, is about to change, ... whose ancient laws and maxims may form a subject of interest for the sage, and whose lighter literature may delight and instruct the general reader; ...
>
> Dr. Morrison has recorded his opinion, that, though a smattering of Chinese may be easily acquired, yet he considers it very difficult to attain to a perfect knowledge of the language! and adds, that, “such a perfect knowledge of the language, is what he views as an object yet afar off!” ...
>
> But though we admit the perfect acquirement of the Chinese language to be a matter of extreme difficulty, and further, that no efforts of our’s or of any man’s can ever render it easy, yet much may be done to clear away those superfluous difficulties which continually beset our path, and to make the outset of his career, less discouraging to the young student than it has hitherto been. ...that we have resolved to publish a series of elementary works (of which this is the first), comprising the various styles in which the Chinese

---

[1] 吴乾兑、陈匡时：《林译〈澳门月报〉及其它》，《近代史研究》1980年第3期。

language is written. Looking upon it as work that may perhaps be of service to our country, we shall not stop to consider the relative chances of gain and loss... [1]

第一处“文学”对译 lighter literature，第二处“文学”则为意译，并无直接对译词，从前后文来看，是在讲学习语言文字。此段译文后被魏源收入《海国图志》时有所删改：

其古时法律经典皆可长久，其勇敢亦可与高加萨人相等……马礼逊自言只略识中国之字，若深识其**文学**，即为甚远。在天下万国中，惟英吉利留心中国史记言语。……故凡撰字典、撰杂说之人，无益名利，只可开文学之路，除两地之坑堑而已。[2]

删去了对译 lighter literature 的“文学”，原来对译 such a perfect knowledge of the language, is what he views as an object yet afar off 的“若说是深晓中国文字，即系甚远”，删减为“若深识其文学，即为甚远”，“文学”指 a perfect knowledge of the language，意思近于语言文字之学。

1844 年仲夏古微堂出版的五十卷本《海国图志》中，辑录

[1] “Aesop's Fables,” *The Chinese Repository*, vol. Ⅸ, No. 4, August 1840，载张西平主编《中国丛报（1832.05—1851.12）》第 9 册，广西师范大学出版社，2008，第 210-211 页。着重为引者所加。

[2] 《澳门月报一》，载魏源辑《海国图志》卷四十九，夷情备采（原无今补辑），第 7 页。

了《四洲志》《澳门月报》，二者得以流传。《海国图志》多次再版并被引入日本，《四洲志》被王锡祺辑入《小方壶斋舆地丛钞再补编》[1]。上引《澳门月报》中的文字也被姚莹收入《康輶纪行》。[2]

在此期间，马礼逊父子接续完成的《外国史略》，记载了1830年法国七月革命后的政教情况，称："自道光十年后，佛国王自操权，按国之义册，会商爵士乡绅以议国事……有司国玺之大臣，理兵部、教门、外国务之大臣，理水师、藩属地之大臣，理国内务之大臣，工务农商之大臣，文学大臣，司刑之官，千六百三十员。审狱之司一千员，别有定商务拟断之司，派兵弁之司，与中国无异。"[3] 1830至1848年间，法国七月王朝内阁更替频繁，内阁机构也经常变动。1830年7月31日成立的巴黎市政委员会，设立：Minister of the Interior，Minister of Public Works，Minister of Justice，Minister of Foreign Affairs，Minister of War，Minister of the Navy，Minister of Finance，Minister of Public Education。此后，Minister of the Navy 改为 Minister of the Navy and Colonies，Minister of Public Education 改为 Minister of Public Education and Worship，另又改设 Minister of Commerce and Public Works。《外国史略》并未详记是哪一届内阁，从上文来看应非严格一一对译，而"文学大臣"应

---

[1]　林则徐译：《四洲志》，载王锡祺辑《小方壶斋舆地丛钞再补编》第十二帙，杭州古籍书店，1985年影印本，第20册。

[2]　姚莹：《康辅纪行》卷十二，四库未收书辑刊编纂委员会编《四库未收书辑刊》第5辑第14册，北京出版社，1998，第296页。

[3]　《佛兰西国总记下》，载魏源辑《海国图志》卷四十二，大西洋，光绪二年平庆泾固道署重刊。邹振环考证《外国史略》收有1847年内容，推断系马礼逊父子接续完成。见邹振环：《〈外国史略〉及其作者问题新探》，《中山大学学报（社会科学版）》，2008年第5期。

当是取“文学”的文教含义，指 Minister of Public Education（法文 Ministre de l’Instruction publique）。《外国史略》因咸丰元年增补《海国图志》为百卷时辑入而得以流传。

1844 年 10 月 24 日，耆英与拉萼尼（Théodore de Lagrené）签字画押的《佛兰西贸易章程三十五款》第二十四款规定：

> 咈兰哂人在五口地方，听其任便雇买办、通事、书记、工匠、水手、工人，亦可以延请士民人等，教习中国语音，缮写中国文字，与各方土语。又可以请人帮办笔墨，作文学、文艺等功课。各等工价束修，或自行商议，或领事官代为酌量。咈兰哂人亦可以教习中国人愿学本国及外国语者，亦可以发卖咈兰哂书籍，及采买中国各样书籍。[1]

法文条款如下：

> ART. XXIV.—Les français, dans les cinq ports, pourront choisir librement et à prix débattu entre les parties, ou sous la seule intervention du consul, des compradors, interprètes, écrivains, ouvriers, bateliers et domestiques; ils auront, en outre, la faculté d’engager des lettrés du pays pour apprendre à parler ou à écrire la langue chinoise et toute autre langue ou dialecte usités dans l’empire, comme aussi de se faire aider par eux, soit pour leurs écritures, soit pour des travaux scientifiques ou littéraires. Ils

[1] 文庆等纂：《筹办夷务始末（道光朝）》卷七十三，载沈云龙主编《近代中国史料丛刊》第 56 辑 551，文海出版社，1966，第 6073 页。

> pourront également enseigner à tout sujet chinois la langue du pays ou des langues étrangères, et vendre sans obstacle des livres français, ou acheter eux-mêmes tout sortes des livres chinois. [1]

两相比对，“文学”“文艺”分别用来表达 scientifiques 和 littéraires。[2] 此前，中美签订的贸易章程中已经出现允许学习语音、帮办文墨、购买书籍的条款，但并无“作文学、文艺等功课”一条。[3] 据研究，拉蕚尼事先曾参考中美双方的条约。该条约形成的程序是，在谈判前拉蕚尼拟定约稿，谈判时由法国翻译加略利（Joseph Marie Callery）译为中文。[4] 1858 年 6 月 27 日，中法签订的和约第十一款继承了该项条款。[5] 1865 年，比利时国使者金德前来议约，所拟条约“均系从各国条约内采摘凑集而成”，最终确

---

[1] William Frederick Mayers, ed., *Treaties between the empire of China and foreign powers together with regulations for the conduct of foreign trade, conventions, agreements, regulations, etc., etc., etc. and the Peace protocol of 1901*, Shanghai, “North-China Herald” Office, Third and enlarged edition, 1901, p.56.

[2] 1846 年 1 月，《中国丛报》（*The Chinese Repository*）第 15 卷第 1 号登出的文本在文字上与此有较大差异，但“文学”“文艺”表达的法文与之相同。见张西平主编:《中国丛报（1832.05—1851.12）》第 15 册，第 36 页。

[3] 《中美五口贸易章程》，见许同莘、汪毅、张承棨编《道光条约》，载沈云龙主编《近代中国史料丛刊续编》第 8 辑 72—75，文海出版社，1974，第 363 页。

[4] 张建华:《中法〈黄埔条约〉交涉——以拉蕚尼与耆英之间的来往照会函件为中心》，《历史研究》2001 年第 2 期。

[5] 贾桢等纂:《筹办夷务始末（咸丰朝）》卷二十八，载沈云龙主编《近代中国史料丛刊》第 59 辑 581，第 2182 页。

定的《比利时国条约四十七款》中第十三款与前款相同。[1] 1869年，奥斯马加国使臣毕慈前来修约，“所拟条约四十九款，均从各国内采摘芟节凑集而成”，最后达成的条约第十二款也继承了以上内容。[2]

1847年，潘仕成所编《海山仙馆丛书》收录葡萄牙人玛吉士（José Martinho Marques）辑译的《新释地理备考全书》。其中“欧罗巴全志”记载：“欧罗巴虽为地球中五州之至小者，然而其处文学休雅，技艺精巧，较之他处大相悬殊，故自古迄今常推之为首也。”“文学”与“技艺”相对。又记其“文艺”说：“天下五州之内，所有文学、技艺，其至备至精者，惟欧罗巴一州也。其余各州亦皆有之，但未能如其造于至极焉。譬如各文学、镌刻、地理、音乐等书，他州各国通行者，殆皆系欧罗巴人所著作者也。”[3] 两处“文学”有所不同，第一处与前述相同，后者则指书籍分类，这是前所未见的情况。百卷本《海国图志》辑入了该书，或许是“文学”作为书籍类型的指称不明，辑录者删去了后一处“文学”。[4]

1854年前后，墨海书馆出版的慕维廉（William Muirhead）《地理全志》记各大洲地理状况，有相似的“文学”表述。所记“亚墨

---

[1] 宝鋆等修：《筹办夷务始末（同治朝）》卷三十六，载沈云龙主编《近代中国史料丛刊》第62辑611，文海出版社，1971，第3428、3439页。

[2] 宝鋆等修：《筹办夷务始末（同治朝）》卷六十七，载沈云龙主编《近代中国史料丛刊》第62辑611，第6185、6197页。

[3] 玛吉士辑译：《新释地理备考全书》卷四，载《丛书集成新编》第97册，新文丰出版公司，1984，第730、734页。

[4] 《大西洋各国总沿革（原无今补）》，载魏源辑《海国图志》卷三十七，大西洋，第39页。

利加州”之“文艺”称:“州内文学、技艺，大与欧罗巴同。盖自明以来，西洋人迁徙，开垦而居之，生齿日繁，熏陶渐染，于是文学堪嘉，技精艺巧。”记大洋群岛“学俗”:“州内文学、风俗不一。诸岛土民、生番，渔猎为业，鄙陋裸体。”[1]“文学”都是用来指当地的教化情况。

中西接触之初，不同语言文化之间的交流还需要一段时间的调适，相关词语、观念的表达存在多样性。1857年初，伦敦会传教士主持的墨海书馆出版了《六合丛谈》。艾约瑟（Joseph Edkins）在第1号上发表《希腊为西国文学之祖》一文。其在英文目录中的标题为 Greek the stem of Western Literature，“文学”用来对应 literature。此时王韬等人在墨海书馆帮办笔墨，对译文的具体用词是否及如何发挥作用，尚不明确。

该文开篇指出:“今之泰西各国，天人理数，文学彬彬，其始皆祖于希腊。”并特别强调对“诗古文辞”的重视:“列邦童幼，必先读希腊罗马之书，入学鼓箧，即习其诗古文辞，犹中国之治古文名家也。文学一途，天分抑亦人力。”随后介绍“初希腊人作诗歌以叙史事，和马、海修达二人创为之”，并以明人杨慎《二十一史弹词》与之类比，开以弹词比希腊史诗的先河。

至此，似乎可以认定文中所说“文学”专指诗古文辞，但该文笔锋一转说:“希腊全地文学之风，雅典国最盛。……其从事于学问者凡七，一文章，一辞令，一义理，一算数，一音乐，一几何，一仪象。其文章、辞令之学尤精。以俗尚诗歌，喜论说也。他邦之学，希人弗务。”又介绍希腊文教之兴盛道:“希腊人喜藏书，古时

---

[1] 慕维廉:《地理全志》，上海美华书馆摆印，益智书会发售，光绪九年八月，第105、132页。

仅有写本。至罗马国，其始椎鲁无文，皆希腊人教之。……近人作古希腊人物表，经济、博物者一百五十二家，辞令、义理者五十四家，工文章能校定古书者十三家，天文算法者三十八家，明医者二十八家，治农田水利，多识鸟兽草木者十二家，考地理、习海道者十七家，奇器重学者九家，制造五金器物者六家，刻画金石者七家，建宫室者三十二家，造金石象者九十五家，诗人画工乐师四百家。”几乎全篇都在叙述希腊文教的兴盛，最后总结为“希腊信西国文学之祖也。”[1] 很显然，这里所说的“文学”并不专指诗古文辞，而是近于文教，泛化为一切学问的指称。[2] 这可能与 literature 的词源含义比较宽泛及其在历史上发生变化有关。[3]

从第 4 号起，《六合丛谈》辟“西学说”一栏介绍 Western Literature，此前所用“西国文学”改为“西学”，可见此时中西对译多为意译，“文学”可能对应或意译不同西文词汇的意思，而翻译 literature 的汉语词汇也存在多样性。不过，literature 与“文学”对译关系的不稳定，逐渐发生变化，从此后《六合丛谈》所载艾约瑟的多篇译文来看，literature 以及与之相关的 poet 等词汇的中文译名得以确定。如第 3 号的《希腊诗人略说》，英文标题为 Western Literature: Short Account of the Greek Poets ；第 7 号的《西

[1] 艾约瑟:《希腊为西国文学之祖》,《六合丛谈》，第 1 号，咸丰丁巳正月朔日，见沈国威编著《六合丛谈：附解题 · 索引》，上海辞书出版社，2006，第 524－526 页。

[2] 蒋英豪以“文学”一词指称小说、戏剧、诗歌为“新义项”，认为该文是新义项的开始。见前引蒋英豪《十九、二十世纪之交“文学”一词的变化——并论汉语中“文学”现代词义的确立》一文。此处解读与之不同。

[3] literature 在历史上并不限于诗歌、小说等艺术形式，几乎可以指称任何“著述”。参见［美］乔纳森 · 卡勒:《当代学术入门：文学理论》，李平译，辽宁教育出版社，1998，第 22 页。

学说：西国文具》，英文标题为 Western Literature: Bibliographical Materials ；第 8 号的《西学说：基改罗传》，英文题为 Western Literature: Cicero ；第 11 号的《西学说：百拉多传》，英文题为 Western Literature: Plato ；第 12 号的《西学说：和马传、土居提代传》，英文题为 Western Literature: Homer-Thucydides。仅从标题来看，西学即原来的“西国文学”并不专指诗古文辞。这些中文译名的确定，对艾约瑟 1880 年开始翻译《西学启蒙十六种》，介绍西学分科中的“文学”有所帮助。[1]

《六合丛谈》第 2 卷第 1 号刊载伟烈亚力（Alexander Wylie）《六合丛谈二卷小引》一文，介绍西国“学问之道无穷矣。上而天文，下而地理，中而人事，纷赜变化，莫可端倪，前卷所载略备，而犹有未尽者，今再胪于篇”。随后分别介绍了西国天算之学、地理之学和文学的发展。关于后者，“言乎人事，则文学为先。中国素称文墨渊薮，于他邦之好学，亦必乐闻。西国童孺，入学鼓箧，即习诗古文辞，风雅名流，类能吟咏。艾君约瑟，追溯其始，言皆祖于希腊。因作《西学说》，以是知此学之兴，非朝夕矣”。[2]“文学”被认为关乎人事，接近文墨，区别于天文、地理，可是又以《西学说》作为论文学的著作。

来华传教士的中文著作通过中日之间的帆船贸易传入日本，对日本幕末明治初期接受西学新知有所影响。《横滨繁昌记》所载的

[1]　参见李敏：《19 世纪后期中外交往与“文学”流变》，《学术研究》2017 年第 1 期。

[2]　伟烈亚力：《六合丛谈二卷小引》，《六合丛谈》第 2 卷第 1 号，咸丰戊午正月朔日，载沈国威编著《六合丛谈——附解题 · 索引》，第 731、732 页。

舶来洋书中，包括《地理全志》《六合丛谈》等。[1] 在中国，来华西人的著作持续发生作用，构成华人对西学的最初认识。艾约瑟的文章后被香港《循环日报》所载，《申报》《万国公报》先后从《循环日报》选录登出。[2]《万国公报》刊出的题名为《希腊为西国文学之祖》，但在页边则题为《希腊为西学之祖》，“文学”与“学”通用。直到 1895 年文廷式编《新译列国政治通考》时，还将该文收入，[3] 后来影响颇大。

与传教士介绍西学不同，外国使臣来华，对“中国理义、文学之盛”的认识成为请求与中国通商的理由。1867 年，届临中外修约之期，福建巡抚李福泰的条说中就引用英臣威妥玛（Thomas Francis Wade）所说，“各国技艺材能不如中国理义文学之盛，国君亟欲相交等语”。[4]

西人来华，为适应传教通商的需求，必须学习中国语言文字。1869 年，高第丕（Tarlton Perry Crawford）与张儒珍完成的《文学书官话》出版，英文书名为 *Mandarin Grammar*。作者在序言中解释了成书意趣及其效用，说道：“文学一书，原系讲明话字之用法。西方诸国各有此书，是文学书之由来也久矣。盖天下之方言二千余类，字形二十余种，要之莫不各赖其各处之文学，以推求乎话之定

[1]　锦溪老人著，太平逸士校：《横滨繁昌记》，幕天书屋藏版，出版时间不详，第 16、17 页。

[2]　《希腊为西国文学之祖》，《申报》1875 年 1 月 20 日，第 4、5 页；另载《万国公报》第 7 年 324 卷，1875 年 2 月 20 日。转录时文字微有差异。

[3]　文廷式编：《新译列国政治通考》卷二十四，光绪癸卯年夏五月上海蜚英书局石印，第 1 页。

[4]　宝鋆等修：《筹办夷务始末（同治朝）》卷五十五，载沈云龙主编《近代中国史料丛刊》第 62 辑，第 611、5199 页。

理，详察乎字之定用，使之不涉于骑墙两可也。”[1] 这是晚清较早用西方语法讲解中国“话字”，文学实为语法文法。该书后传至日本，改称《大清文典》予以重刊，正如训点者在例言中所说：“近日于坊间得舶来本汉土文法书，其书曰《文学书官话》。”在日本更多用文典、文法来表达 grammar，用“文学”则并不多见。1871 年，《教会新报》第 165 期所登《美华书馆述略》一文，介绍美华书馆所印之书中有《官话文学书》，归入译语之书一类。[2]

第二节　中外见闻中的“文学”

晚清西式新闻纸和译书机构逐渐出现，中外见闻因之扩张，相互之间的认识逐步加深。新闻纸最初在广东沿海创设，随着五口通商后中西交流中心的北移，沪上报馆相继设立。申报馆开办时，创刊号上发布告白称：“求其纪述当今时事，文则质而不俚，事则简而能详，上而学士大夫，下及农工商贾皆能通晓者，则莫如新闻纸之善矣。”自我定位即为“一切可惊可愕可喜之事足以新人听闻者，靡不毕载。”[3] 新闻流通的速率加快，就影响而言更胜于旧式书籍，其中也包括“文学”的传布。

1872 年，有消息称总理衙门至香港购买活板及各种印字机器，准备印书。5 月 27 日，《申报》刊载文章回顾中西活板印书的历史，

---

[1] 美国高第丕、清国张儒珍同著，日本金谷昭训点：《大清文典》，明治十年九月新刻，第 1 页。

[2] 《美华书馆述略》，《中国教会新报》第 165 期，1871 年 12 月 9 日。

[3] 《本馆告白》，《申报》1872 年 4 月 30 日，第 1 页。

称：“中国活字之行始于宋，西国活字之行始于明，相去几二百年。中华为文学渊薮，实开泰西之先声。”[1] 活字印书成为文明开化的表征，对“中华为文学渊薮”的判断即源自其文教的兴盛。日本明治初年，开始设立西式学校，文教因之大盛。《申报》报道日本捐费“兴学校，崇文学”之事说：“东洋地方，创建书塾，教习西国文学，已经纷纷告竣。……该国兴学校，崇文学，于此已可见其大凡也。”[2]“西国文学”指“西学”，“兴学校，崇文学”则指振兴文教。

类似的用法还出现在兴学报道中。1874 年 11 月 14 日《申报》报道，英国前任驻北京钦差自回英后，“平日以文学为消遣自娱之计，其所著作之文章，与阐发之议论，可以有益于世事者，屡属登于各馆新报，俾令各国之人可以采择而广见闻，亦习以为常事”。[3] 12 月 3 日《申报》报道：“布鲁斯之伯灵京城内有文学士，拟欲鼓舞英才，提唱风雅，以为大会同志之举。……爰于十阅月之前，拟开大社，明定章程，拟题考试。计其中分为数类，曰史学，曰天文地理，曰性理，归其命题各展才力。……又有诗文著作及拟作说部等书，亦可呈览。膺首选者，则给奖银三百八十五元。……至拆封给奖之日，则凡文学士之曾经投卷者，无不毕来。”[4]“文学士”涉足史学、天文地理、性理及诗文、说部等书。

与《申报》注重中土的新闻报道不同，丁韪良（William Alexander Parsons Martin）等在京师创办的《中西闻见录》则倾向

[1]　《附录香港新报》，《申报》1872 年 5 月 27 日，第 4 页。

[2]　《日本近事》，《申报》1873 年 1 月 13 日，第 4 页。

[3]　《与友论新报所论事》，《申报》1874 年 11 月 14 日，第 1 页。

[4]　《案首暴亡奇谈》，《申报》1874 年 12 月 3 日，第 3 页。

于向中国介绍“西方天文、地理、格物等学”，并设“各国近事”一栏“录中土西邦一切新闻近事”。[1] 1873 年 9 月，《中西闻见录》第 14 号报道，印度新闻纸数量近十年内日见增长，“溯其所以日盛之原，实由各处添设学校而起。盖学校之益，不惟开茅塞、识文字，兼能使民求实学”，而力求改变此前“士恒为士，工商恒为工商……而秉教之婆罗门比丘者（即僧尼之流）龙断文学。其工商只令执斧斤、权子母，不准识一丁”的情况。[2] 文学指学校教化。类似的用法还出现在对欧洲东方文会的报道中。《中西闻见录》第 16 号报道欧洲各国在法国设立东方文会，学习“亚细亚各国文学”之事，称:“泰西之专攻亚细亚各国文学者不少。近闻设立东方文会，于七月间学士大集于法京，共相砥砺观摩，讨论文策，以期广益。更选人将《汉》、《史》译成。”[3] 1874年，该会又在伦敦聚集，《中西闻见录》第 28 号报道:“在会中有专讲埃及像形古文，有专讲巴比伦箭头古字者，有专讲亚拉伯回回国古文者，有专讲印度梵字古文者，不一而足。更有艾、理二先生，讲论中国文学，极一时之盛事。”[4]“中国文学”泛指中学。

如前所述，《海国图志》中已有把“文学”作为图书类型的用法，这种用法再次出现于《中西闻见录》的报道中。据称，英京之书籍博物院“所藏书籍不仅英国著作，实古今各国撰述丛集于此，总计共有一百数十万卷，每年增益者，亦不下数千卷。国史、文

[1] 《告白》，《中西闻见录》1872 年 8 月第 1 号。

[2] 《印度近事（增设新报）》，《中西闻见录》第 14 号，1873 年 9 月，第 24 页。该文后来为 1873 年 12 月 17 日《申报》选录。

[3] 《法国近事（东方文会）》，《中西闻见录》第 16 号，1873 年 11 月，第 25 页。

[4] 丁韪良:《英国近事（东学文会）》，《中西闻见录》第 28 号，1874 年 12 月，第 22 页。

学、经济、杂家，无不全备。目录写本一千余卷”。[1]“文学”与国史、经济、杂家并列，是英国书籍博物馆藏书类型之一，这已经具有学问分类的性质。此文在戊戌年间被改为白话，收入裘廷梁、裘毓芳父女所辑《白话丛书》，[2] 在一段时期内具有影响。

“文学”指具体学问类别的用法，在晚清译书活动中逐渐流传开来。1868 年，江南制造局翻译馆正式创办，傅兰雅（John Fryer）、金楷理（Carl Traugott Kreyer）、林乐知（Young John Allen）等先后担任翻译，除了翻译外国史地、格致等西学著作外，还翻译外国新闻纸供官绅阅看。1873 年，江南制造局翻译馆翻译的西报中，就有英国学问“格致”和“文学”：“同治癸酉年七月初十日至十六日西报（西历六月二十七日至七月初四日），英议官斯丹合请援照营律奖武例，饬备功牌量奖格致、文学之精通者，以示鼓励。相国格兰斯顿不从。”[3] 梁启超1896年所作《读西学书法》称，《西国近事汇编》“所译者英国《泰晤士报》也”，“事实颇多”，为欲知近今各国情状者所最可读。[4] 可见，其中的“格致”与“文学”应来自西文观念。

类似把“文学”作为图书类别的用法，也出现于传教士的刊物中。1873 年，德国传教士花之安（Faber Ernst）完成《德国学校论

[1]　映堂居士：《英京书籍博物院论》，《中西闻见录》第 21 号，1874 年 4 月，第 8、9 页。

[2]　《英京书籍博物院》，载《海外拾遗》，裘廷梁辑《白话丛书》第一集，光绪二十七年石印，第 52 页。

[3]　［美］金楷理口译，姚棻笔述：《西国近事汇编》卷三，癸酉年上海机器制造局刊印，第 1 页。封面题“光绪癸酉年翻译”，然癸酉年实为同治十二年。

[4]　梁启超：《读西学书法》，载梁启超著，夏晓虹辑《〈饮冰室合集〉集外文》下册，北京大学出版社，2005，第 1167 页。

略》一书，寄往教会新报馆。《教会新报》第271卷将花之安自序及华人王谦如所题序刊诸报端，并在卷首前言中介绍说："书中有西学译著，圣教各种经书，兼天文、地理、算学、格致、海防、文学、武备、国史、医理等书之名。"[1] 事实上，花之安该年完成的《德国学校论略》中所列"西学译著书目略"的分类为：圣经、经解、道学、历算、数学、地舆、游历、格致、艺器、海防、武备、医学、志乘、交制，并无"文学"类。[2]《教会新报》所说"文学"的内容无从得知。

与这种"文学"指称不够固定相比，艾约瑟的"文学"用法所指则具体得多。此时，艾约瑟延续了此前对希腊历史文化的介绍，《亚里斯多得里传》一文中说道："当中国成周安烈之世，为泰西希腊国文学弥盛之时。耶稣降生前三百八十四年，亚里斯多得里生于希腊国之斯大该拉城。……亚力散大嗜文学，重诗人，喜习医道之术，兼务格致之功，皆亚之所教也。"[3]"文学"包含诗，也涉及医道和格致。

国人对外国的认识不仅来自新闻报道，还从直接交往中获取知识。1872年11月23日总理各国事务恭亲王等奏，因法国使臣热福理（Geofroy François Louis Henride）函称"法国文学苑"备书籍供给同文馆肄业泰西文字之用，希望与之交换书籍。[4]"法国文学苑"

---

[1]　《德国学校论略书（序目录并序篇）》，《教会新报》第271期，1874年1月24日。

[2]　花之安：《德国学校论略》，同治十二年镌，羊城小书会真宝堂藏板，第60页。

[3]　艾约瑟：《亚里斯多得里传》，《中西闻见录》第32号，1875年4月，第8页。

[4]　宝鋆等修：《筹办夷务始末（同治朝）》卷八十八，载沈云龙主编《近代中国史料丛刊》第62辑611，第8100页。

与《海国图志》中的“文学馆”相似，指法国的学术研究机构。

1874年夏，供职于江南制造局的郑昌棪得到英人麦丁富得力所辑书，后与林乐知将之翻译为《列国岁计政要》。其中记“法国学校”称：“国学有文学部大臣主持，乡间无塾，百分内有三十分不读书。”[1]“文学部大臣”掌管国学教化之事。记载英国学校：“英国夙号文献之薮，近二十五年文学更盛。一千八百七十年，议院议定新章，凡属英之本省暨威立士地方一乡一镇，皆设初学义塾。”[2]记俄国学校“文学经费，由国库拨给银款一百五十四万一千八百六十三磅”。[3]“文学”用来指文教、教化，与《外国史略》中的“文学大臣”相似。

从1875年开始，由美国北长老会牧师范约翰（John Marshall Willoughby Farnham）在上海创办的《小孩月报》连载《游历笔记》一文，“将前时返美国，所记各处经过的山川形势，风土人情，逐段详载”[4]。其中记载经过日本所见明治初年效法西国的维新之政就包含“文学”，原文说：“现在日本许多事情效法西国，造铁路、开公司，一切例法、政治、刑罚、文学、制造、印书、房屋、道路、桥梁（石踏步改为平桥便于车行），无不照西国的法子。”[5]又记载

---

[1]　［英］麦丁富得力编纂，［美］林乐知口译，郑昌棪笔述：《列国岁计政要》卷之三，载《丛书集成续编》第51册，新文丰出版公司，1989，第274页。

[2]　［英］麦丁富得力编纂，［美］林乐知口译，郑昌棪笔述：《列国岁计政要》卷之五，载《丛书集成续编》第51册，第329页。

[3]　［英］麦丁富得力编纂，［美］林乐知口译，郑昌棪笔述：《列国岁计政要》卷之七，载《丛书集成续编》第51册，第370页。

[4]　《游历笔记兼地球说略》，《小孩月报》第10期，第2页。

[5]　《游历笔记（兼地球说略，前几次略将中国游历之处登载报上，现在要离开中国周游地球一转后来仍回中国也）》，《小孩月报》第17期，第7页。

希腊国“古时百姓，都循规蹈矩，又有许多圣人写许多诗文，讲许多性理。又有人写天文、算法、地理、史鉴、列传、医道、博物、志异、文学、言辞、兵法等类，以后传至各国，作为西国文学之基。”[1] 所说“文学”既可用来指政事类型，又可指具体学问类别，还有如艾约瑟所说“西国文学”一类的宽泛含义。

第三节 “采西学”议论中的“文学”

庚申之变后，冯桂芬提出“采西学”的建议，[2] 西学西法逐渐受到重视，相关议论中蕴含着不同的“文学”认识。

受西力冲击，中国原有的科举考试、学校、书院制度受到质疑，华夷观念的颠倒易位，催生对保守中国文物制度的忧虑。1869 年，有消息称江苏巡抚自京师陛见回任后，因京城天文馆开办未果，欲奏请在中国各处挑选少壮文童二百人，前往各西国学习各等技艺。《上海新报》发表评论说：“惟是文童在中国从师受读经书，读毕文理通顺者，固不乏人，然未必尽人皆如是也。倘自幼出洋或五六年或六七年，于西国语言文字及天文技艺等学考教固精，他日返棹中华，于中华语言文学或恍如隔世，不俨然一外国人耶。”为此，设想将文童分为数群，由熟悉经书、文理优者一人，率领幼童若干人，同往各西国，“每日于学习西国各学之后，仍教习中华书籍文理，庶文童中书籍文理已有可观者，固无足畏，同在

[1] 《游历笔记》，《小孩月报》第 4 卷第 6 期，第 2 页。

[2] 冯桂芬：《采西学议》，载《校邠庐抗议》下卷，《续修四库全书》第952册，上海古籍出版社，1995，第 541 页。

未解中国文理者，虽于外国本事学成，亦不致抛荒中华书籍文理。是中西学问两不相妨矣"。[1] 则"中华语言文学"大抵等同于"中华书籍文理"。

与派文童出洋的设想相比，变革科举考试的办法更切中时弊且影响广泛。1873年11月，《申报》连续刊文论考试之事，认为考试取士之制为尽善尽美，但以制艺取士却有不足。针对专以制艺取士、限制人才的弊病，指出："古人之文学、政事，原同一致，后人之文学、政事，竟判两途。"[2] 其补救之法，"似当以圣门四科为首务，其余凡能有益世事者，皆可列为一科，以搜取多士，较之专用制艺者，似可多得英才"。[3] 孔门四科成为突破制艺取士、汲取西学的思想资源，以探寻"文学"与"政事"的结合之道。不过"文学"的含义还是遵从古义。

报纸议论多流于空谈，而由西人倡议设立的格致书院则立见实效。1874年3月，英国驻上海领事麦华陀（Sir Walter Henry Medhurst）建议创设格致书院，"欲以西学训导华人"[4]。随后引发学习西学的讨论。3月24日，《申报》刊文对拟创格致书院一事发表评论，认为中国制造事业不如西人的主要原因是，"今中国之所谓文人者，不过高谈制艺，动则曰吾代圣贤立言也。上焉者则为理学，空言性道而已；次焉者则为文学，专工词章而已；又次焉者，

---

[1] 《中外新闻》，《上海新报》新式第240号，己巳年七月十四日，载沈云龙主编《近代中国史料丛刊三编》第59辑581—590（07），文海出版社，1990，第2044页。

[2] 《考试论中》，载《申报》1873年11月14日，第1页。

[3] 《考试论下》，载《申报》1873年11月15日，第1页。

[4] 《拟创建格致书院论》，载《申报》1874年3月16日，第1页。

则为博学，穷年考据者而已”。[1]“理学”空言性道，“文学”专工词章，“博学”穷年考据，主要是指治学的偏重，而非门类。

上海格致书院创立后，厦门欲模仿设立格致书院采纳西学。《申报》刊文介绍西国书院之制，欲救中国多因袭而少创新之弊，说道：“西国之于人才也，其所以作育鼓励者，法较备于中国。……各书院之中，新旧各项之书，无不齐备，天文、地理、测算、制造、耕种、商贾、开采、泛海、文学、武备等书，项项俱全。”[2]“文学”是众多西国图书分类之一，与《教会新报》中的用法相似。

与成为书籍类别相关，“文学”也逐渐用来指西学科目。1871年，曾国藩等人会奏派遣子弟赴美学习，至1874年已分批前往。[3]针对赴洋学习靡费巨大的问题，福州船政学堂法国教习迈达（L. Medard）上书左宗棠，畅言采西学的必要，并指出在本国建设学堂优于遣派幼童留学，“盖西学分为两途，曰文学，曰艺学。文学者，如蠟丁飞蠟各古文，西人重之，如中人之经史也。艺学者，如算学、格致、化学、天文、绘事等学是也。西国童子，约自十五岁，始习艺学，兼读古文，至年二十而学完。中人之习西学，宜读艺学亦明矣。惟将西国兼读文学之时，改读中国经史可也。是中国读书童子，亦可按照外国学堂课程，教以西学。”[4]拉丁、希腊语是西学的本源，与“艺学”相对的“文学”，类似于以古文字文辞为基础

[1]　《再书拟创格致书院论后》，载《申报》1874年3月24日，第1页。

[2]　《论造就人才》，载《申报》1875年9月2日，第1页。

[3]　中国科学院近代史研究所史料编辑室、中央档案馆明清档案部编辑组编：《洋务运动》二，上海人民出版社、上海书店出版社，2000，第153-161页。

[4]　迈达：《上左文襄公书（同治十三年四月亲呈兰州军次）》，载《覆瓿赘谈》，据光绪二十一年刻本影印，林庆彰主编《晚清四部丛刊》第六编63，文听阁图书有限公司，2011，第14-15页。

的经史之学。

另一种设学方案则以“文学”取代旧有的词章，成为专门之学。1863 年 3 月 11 日，李鸿章奏请仿照同文馆之例，于上海添设外国语言文字学馆。[1] 冯桂芬制定的《上海初次议立学习外国语言文字同文馆试办章程十二条》中，规定功课“分经学、史学、算学、词章为四类”[2]。但在 1875 年 11 月 6 日《万国公报》选录上海《益报》的《广方言馆记略》一文中，“词章”却换成了“文学”，称：“上海之广方言馆为西学而设也……始创则李爵相主其议，冯中允桂芬定其规。馆分四，曰经学、曰史学、曰算学、曰文学。学生必择端谨聪颖子弟，年在十四以下者充其选。……各因其质之所近而各为专门之学。”[3] 虽然1870年广方言馆移至上海机器制造局后，课程有所修改，在词章部分增加“课文”的详细内容，[4] 但并未出现以“文学”取代“词章”的情况。在后人的回忆中，广方言馆课程也是“分经学、史学、算学、词章为四类”。[5] 如此看来，文学与词章的置换，只是出现于和外国关系密切的媒体人的心目中。

---

[1] 《署理南洋通商大臣李奏请设立上海学馆折稿（同治二年正月二十二日）》，载杨逸等著，陈正青等标点《海上墨林 广方言馆全案 粉墨丛谈》，上海古籍出版社，1989，第 108 页。

[2] 《上海初次议立学习外国语言文字同文馆试办章程十二条》，载杨逸等著，陈正青等标点《海上墨林 广方言馆全案 粉墨丛谈》，第 111 页。

[3] 《广方言馆记略（选〈益报〉）》，《万国公报》第 8 年第 361 卷，1875 年 11 月 6 日。

[4] 《计呈酌拟广方言馆课程十条》，载杨逸等著，陈正青等标点《海上墨林 广方言馆全案 粉墨丛谈》，第 120 页。

[5] 毛祥麟：《快心醒牖录》卷一，光绪二十一年上海书局石印本，载林庆彰主编《晚清四部丛刊》第五编 88，第 36-37 页。

西学地位上升，学习外国语言文字成为评判“文学之士”的重要标准。1874年11月12日《申报》刊文说，学习外语“可于将来办理外务，为一妥便。……西人之论士也，以为于学内应兼通各异邦之语言文字，方可称为文学中之佳士也”。[1] 1875年，有消息说，中国王大臣及通商各大臣奏请西学设科，并请简派钦差往东西各洋，商酌通商大小各事，以后再设领事诸官前往外国。8月3日，《申报》刊文以英国为例，说明学习外国语言文字的重要：“其与中国通商而后，凡英国文学之士与贸易之人，大半能通中国语言文字。”[2]“文学之士”当指有学问之人。

此时所认为的学习西学，很大程度是指学习外国的语言文字。有人怀疑学习西学虽有王大臣奏请朝廷允准，恐仍归于不能举行，《申报》载文说：“中国因欲学其制造开采之法，已将其化学、算术、制造、开采以及各项有用之书，翻绎为华文，皆有益国计民生之学。……令人习其语言文学，再将其治国、理财、用人、练兵以及各项有用诸书，尽行翻绎，俾可行于中国，与圣教不相悖者。……然欲翻绎，必先能通其语言文字始。”[3]“语言文学”与“语言文字”通用，学习外国语言文学被视为翻译西书的前提。其“文学”不似今日所认为的专门，其“文字”也并非时下所以为的狭隘。

向西人学习的同时，西人身任武事者必兼有“文学”的经验也被接受。1875年12月，《申报》连续刊文与人讨论武科改制问题，认为武科“最妙当选读书人，使之兼文武，而后能济事也。……

[1]《士崇实学》，《申报》1874年11月12日，第1页。

[2]《阅〈万国公报〉录载中国王大臣请设西学科目各疏书后》，《申报》1875年8月3日，第1页。

[3]《论学习西学事》，《申报》1875年8月4日，第1页。

查泰西各国，重文士兼重武弁，其身任武事者，必兼有文学。中国则以文学为重，故人家子弟，令其读书则欣然，令其当兵则戚然。……用武科甲，究不如练文武兼备之人也”。[1]“文学”与武事相对，被认为是武臣所应当兼习之事，其意当与现在的有文化相近。

晚清西学入华之初，主要偏重格致、天文、算学等实学领域，令中国人产生西学重实际的印象，因此有人反思中国格致之学偏于无形的因由。1876年6月22日，金陵董觉之参观格致书院后，著论总结中国古代之格致，认为格致之学有有形、无形之别，中国自古重有形之格致，“及武侯造木牛流马，运动如生，图式虽存，而得其传者盖寡。自时厥后，讲求文学之朝，蒸蒸日上。晋讲字学，唐取诗学，宋尊理学，元尚画学，明重经学，惟于制器尚象之学，能殚心竭虑，专门名家者仅有其人矣”。[2] 其中“文学”指除格致以外的学问，晋代字学、唐代诗学、宋代理学、元代画学、明代经学都包含其中，因士人日重文事的无形之学，导致有形的格致实学日趋衰微。这是“文学”流变中的又一种情况。

结　语

综上所述，自19世纪前期始，西人来华所造成的语言、文化接触，使“文学”的所指能指发生显著变化，“文学”概念与往昔

---

[1]　《答来书》，《申报》1875年12月2日，第1页。

[2]　金陵董觉之：《论格致之学》，《格致汇编》第1年第7卷，1876年8月，第11页。

大不相同，但又有所混淆。来华西人出于传教、通商及学习中国语言的需要，所使用的各种“文学”概念均与西文西事对应。而中国发行的报刊中，“文学”观念因事而异；在“采西学”的议论中，人们对“文学”各有取舍，既有前所未见的西学科目，又有延续古代的用法。旧义与新变共同发挥影响，这是中国的官绅出游带来新事物、新观念之前，晚清“文学”流变的主要特征。

中国学问的发展原本自有统系，并无作为分科之学的“文学”。近代受外来影响，固有“文学”的复杂含义仍然长期制约着人们的认识，并影响“文学”成为分科之学后的学术重建。1876 年，《申报》刊载一组文章讨论官员考试中“政事”与“文学”的取舍关系。有人来稿反驳官员不必试“文学”的观点说：“经济不从学问而来，终是苟且涂饰。……岂但文官须学，即如吴之吕蒙、唐之李勣、宋之狄青，何莫非折节读书而后成其为一代名将。……至谓李、杜文章，有唐冠冕，沈湎迂拘，为政必非所宜。引之为文学、政事不能相通之证，此乃拾人牙慧，皮相之谭，乌足以知李、杜？……赵宋积弱，其病在空言理学，而非偏重文学。王介甫乃用违其才之过，倘使列侍从之班，文章华国，足媲韩、苏，又何致来吕惠卿辈逢迎附会，流毒无穷。”[1] 文学与政事相对，是沿袭孔门四科的用法，近似于学问与经济的关系，但又与理学对举，转而特指李、杜所擅长的文章之学，足见随着语境的复杂，用法也相应变化。

正如 19 世纪前期“文学”概念的演化所显示的那样，近代中国的“文学”观念与学科意识的演生受到古今、中西不同因素的影响。其表现不仅在概念的内涵外延上，涉及思想深处的知识资源，都有对旧学、新知不同程度的迎拒。清末章太炎在东京讲学时，于

[1]　呆呆子：《驳官员不必试文学论》，《申报》1876 年 4 月 22 日，第 1 页。

分科框架下讲授“国学”。他认为“文学者，以有文字著于竹帛，故谓之文，论其法式谓之文学。”又说：“推论文学，以文字为准，不以彣彰为准。”[1] 他对“文学”的解释从“文”“彣”等字义的训释出发，旨在针对阮元、刘师培一系以骈俪为文章正统的主张，同时批驳了时流受日本影响以美为“文学”特质的观点，最大范围地“定谊”了“文学”的范畴。在后来受西洋文学观念影响的趋新者看来，“章先生是位小学家，他只拘于故训，不以主观的眼光，去看文学的本体；所以他把文字 Language 同文学 Literature 两件事浑合在一处”[2]。这种看法似乎吻合今日的观念，却已不能理解前人的立说旨趣及依据。20 世纪关于《中国文学史》的写法及中国文学系的课程内容的争议，都与古今、中西不同知识资源影响下“文学”含义的歧异多变有着直接关系。

[1] 章氏学：《文学总略》，《国粹学报》第 67 期，1910 年 6 月 26 日，“文篇”。

[2] 罗家伦：《什么是文学？——文学界说》，《新潮》第 1 卷第 2 号，1919 年 2 月 1 日，第 186 页。

第二章　清季学制改革与经学

由于学术界分科治学与教育界分科设学的事实早已确立，今人看待经学，理所当然地以文、史、哲等学科分类加以衡量。值得注意的是，这些分类的框架与办法并非中国固有，传统中国本来不重专门知识，也不分科。[1] 中学在近代中国经过分类办法的调试而发生剧变，而体现中国学问独特性的经学转至若存若亡，以至于有学者断言经学就此退出历史舞台。究其原因，恰与清末分科观念的引进以及有系统的学堂取代旧学关系密切。

自清末壬寅、癸卯学制出台，以西方学术分类衡量中国固有学术，破坏了经学本身的地位价值。[2] 为了适应分科教学系统，经学不得不改头换面，原有形态和功用均发生变化。这种分科的“经学”与原本之“经学”其实是形似而实不同。而经学地位的变化，

---

[1]　傅斯年就指出，“中国学问向以造就人品为目的，不分科的”。傅斯年:《改革高等教育中几个问题》，载傅斯年著，陈槃等校订《傅斯年全集》第 6 册，联经出版事业公司，1980，第 22 页。

[2]　蒙文通:《论经学遗稿三篇 · 丙篇》，载《经学抉原》，上海人民出版社，2006，第 209 页。钱穆也持有类似观点，认为若把近代西方学术分类眼光加以分析，便没有了经学独立的存在。钱穆:《中国学术通义 · 四部概论》，载《钱宾四先生全集》第 25 册，联经出版事业公司，1998，第 3 页。

导致中国的知识体系前后两分，影响不可谓不深远。

清季以来，经学的退出可谓大势所趋。在中西学乾坤颠倒的背景下，许多固有事物和经学一样，被视为贫弱落后的根源，遭到抛弃。民国时期的教育史研究，常把经学在学堂学制中的存在和“复古”“保守”等字眼联系在一起。[1] 身处分科治学进程中的学人，即便注意到传统学问的衰微与西方制度的输入有关，却已不能摆脱分科观念的表述方式制约。[2] 此后，学界对于分科治学与设学的办法有所警醒，开始检讨以此看待固有学问出现的问题，并注意到晚清学制变革带来的负面影响。[3]

第一节　经学进入学堂

经学进入学堂的大背景，是近代中西学的交融碰撞。晚清以

---

[1]　如留美博士郭秉文的《中国教育制度沿革史》（商务印书馆，1916），即认为经学课程的存在是近代新旧教育过渡时期的产物，将经学从学制体系内的退出定位为学校制度的进步。

[2]　如熊十力讲解孔门四科之时，便套用了哲学、社会科学、政治学与文学的观念来做诠释。见熊十力：《读经示要》，南方印书馆，1945。

[3]　1975年，钱穆重新检讨中、西学的关系，指出若用西学办法衡量，便没有了传统经学的存在。钱穆：《中国学术通义·四部概论》，载《钱宾四先生全集》第25册，2004，第3页。左玉河在《从四部之学到七科之学——学术分科与近代中国知识系统之创建》（上海书店出版社，2004）一书中，梳理了西式分科观念的输入及近代中国旧学纳入西式学科体系的尝试。2010年，桑兵在《分科的学史与分科的历史》（载《中山大学学报（社会科学版）》2010年第4期）中，点明经过清季民初的分科教学与治学，“中国的所有思想学术文化被按照西洋统系分解重构”，导致此后的中国固有学问有无统系，已然成为问题。继而，桑兵在2012年发表的（转下页）

降，为救亡图存，西学及与之相应的教育观念、方法、制度等先后被引入中国，新式学堂随之出现。在学堂近半个世纪的发展历程中，最初西学只是作为科举的补充。但在科举制度始终不能兼容西学的情况下，清廷决心从科举取士转为学堂育才，纳科举于学堂，以学堂兼容中、西学。由此，经学原本的独尊地位发生变化，进入学堂变成与文、史等平行的一门分科。学堂教学形式上兼容中、西学，实质上却是按照西式分科治学与设学的办法整合中学。

晚清传统教育观念与教学机构经历极大变迁，导致经学的旧有教育模式也随之断裂。与现代意义上的学校差别很大，清后期，大部分书院和府、州、县学等王朝学校机构旨在为科考服务，并无教养之实，"教学"的职能严重弱化。一般而言，旧学知识的养成，主要是通过书塾或书院而来。即"教学"主要由书塾和书院承担，尤以书塾为主。

清代人才拔擢，科举出身被视为正途，而"四书五经"又是科考的重要内容。从事举业的群体数目庞大，而识字认字、诵读经书以及学习制艺必然需要稳定的教育途径。除去家学熏陶，学塾对旧学的养成有极大的作用。幼童往往在其中先接受简单的识字认字，继而被教读"四书五经"，循序渐进。翻阅晚近学人的年谱和回忆录，大多数人都是通过学塾奠定研治中国旧学的根基。

依照类型和等级，学塾大致分为蒙馆、经馆两种，前者着重识

（接上页）《科举、学校到学堂与中西学之争》（载《学术研究》2012年第3期）中，指出近代自纳西学于科举到纳科举于学堂的历时性变迁，导致中国文化发生形似而实不同的断裂。

字发蒙，后者侧重研习经典古籍和制艺之学。[1] 不同学塾的教育内容，虽然各有特色，但教学程式一般要经历开蒙、开读、开讲、开笔等几个过程。开蒙即生徒入塾之初，主要认字和念读《三字经》《百家姓》《千字文》等书。进入开读阶段，则开始要求诵读“四书五经”，塾师强调念诵，讲解极少，甚至不讲。在念过一两部经书后，塾师才开始给入塾学童讲解，即为开讲。最后是学作文章的开笔阶段，塾师教学制艺，令生徒揣摩科举闱墨。[2]

“四书五经”的学习过程，对多数学童而言就是熟读成诵。据齐如山回忆，他所在学馆每天有四次上课时间，而上课情形大致如下：第一次早晨六点至八点钟左右，主要是念熟书，并混习已念过书。第二次早饭后八点多钟至十二点，主要写大字、小字，添念新书。第三次是冬天午饭后至五点钟左右（夏天则改为四点至七点钟左右），主要温熟书，兼念诗。第四次是晚上八点至十点钟，主要是温读熟书。所以，入塾学童对于学塾经历的主要印象，往往就是每日只是念书背书，“除生的书之外，所有念过的书，都要每本温一小部分”。[3]

中国初始经籍简少，故汉名士有读书精熟之说，魏经生有读书百遍之法。自六朝尚对策，唐取帖经，两宋尚词科并记注疏子史，北宋又设神童科，幼稚即记多经，于是学童读书务为苦读强记。[4]

---

[1]　有关书塾类型和教育内容、办法的讨论，见左松涛：《近代中国的私塾与学堂之争》，生活·读书·新知三联书店，2017，第171－176页。参见蒋纯焦：《一个阶层的消失：晚清以降塾师研究》，上海书店出版社，2007，第37页。

[2]　齐如山：《中国的科名》，辽宁教育出版社，2006，第216－217页。

[3]　齐如山：《中国的科名》，第218页。

[4]　张之洞：《筹定学堂规模次第兴办折》，载赵德鑫主编，吴剑杰、周秀鸾等点校《张之洞全集》第4册，武汉出版社，2008，第94页。

经过朱熹等人“书只贵熟读，别无方法”的宣扬，清代书塾教学大都接受诵读可使终身受益的观念。熟读成诵，在各地有程式化的趋向，而且打着“借鉴古人读书成功经验”的烙印[1]。多数塾师不详细讲解字义或经义，只是要求学童通篇背诵。背完一本，继而开始新的一本经典的学习。中国传统学问注重述而不作，真正“原创性”的著述不多。经籍数量、篇幅有限，让诵读得以可行。按照欧阳修的说法，以中人之资，日读三百字，四年即可读完“四书五经”。以八岁入学计算，不怠荒学业，年至十五，未有不能成诵者。[2] 传统旧学的训练以此为根基，受益终生。学童于学塾中记诵经典，待经文烂熟于胸后，再对经义揣摩研习。

由于清代科名思想极重，科考影响了书塾中的教学趋向，也导致对于不同经书修习程度的差异。清代科举考试，最重“四书”，使得“四书”成为各学塾要求必须诵读的主要部分。因为各地塾师的观念、方法不一，经书修习的具体次序也并不一致。如许德珩回忆家馆读书的经历，是先《诗经》，又读《左传》，然后才读四书。[3] 叶圣陶则是先读“四书”，然后《诗经》《易经》。[4] 虽然所读经书的种类、顺序并不完全一致，仍然可见修习“四书”是两人共同的经历。

一般而言，除了“四书”外，“五经”之中以《诗经》《书经》为多数书塾所重，《易经》等书研习相对少。1905 年，曾任直隶师

[1]　严修在《劝学示谕》中列举古人读书经验，点明劝经书成诵，见陈景磐、陈学恂主编:《清代后期教育论著选》下册，人民教育出版社，1997，第 354 页。

[2]　《倪嗣冲呈请大总统提倡经学教育的有关文件》，载中国第二历史档案馆编《中华民国史档案资料汇编第三辑 · 文化》，凤凰出版社，1991，第 18 页。

[3]　许德珩:《许德珩回忆录:为了民主与科学》，中国青年出版社，2001，第4页。

[4]　商金林编:《叶圣陶年谱》，江苏教育出版社，1986，第 4 页。

范学堂教习的儿崎为槌曾对28名15至20岁的中国学生进行调查，发现18人书塾所学的大体情况以“四书”、《书经》为多，其他诸书皆不如。[1]

科举考试影响了书塾的教学内容，而学童通过诵读打下旧学根底后，再由经师宿儒指导获得研究经学的门径，并因学派学风的不同而治经办法各异。按照周予同的说法，“如果他是一位经古文学者，他要劝你先从文字训诂入手，就是说要先读《说文》《尔雅》这类文字学的古书；如果他是一位经今文学者，他要劝你先留意孔子的微言大义，就是说要先读《春秋公羊传》《礼记·王制》篇这类偏于典章制度的古书；如果他是一位宋学家，他又要劝你先明白儒家的道德修养的方法，就是说要先读《大学》《中庸》《论语》《孟子》这些书。”[2]

上述情况，是传统修习经书的大致办法，也是晚清官绅规划新式学堂经学课程的重要参照。不过，新式学堂与学塾在所学内容、程度衔接、培养方向等方面差别极大。一方面，新式学堂中西兼顾，不能如同学塾只重中学。另一方面，新式学堂引入西式分科设学框架，导致进入新式学堂的经学发生了极大变化。

早期的在华教会学校为了吸引中国学生，已经注意到中西课程并重，加授经学等中国传统知识。传教士们认识到经学在中国的特殊地位，及其背后担负的维系伦理纲常的功能，“儒家圣人认识到家庭、国家、社会的有机联系，他们提出‘五伦’。渗透中国新教

[1]　[日] 儿崎为槌:《清国学生思想界の一般（承前）》，载《教育研究》1905年4月1日。

[2]　周予同:《怎样研究经学》，载朱维铮编校《周予同经学史论》，上海人民出版社，2010，第437页。

育的基督教将仔细地保留这些教训中一切正确的东西……中国经典著作极大部分包含着圣人关于政治、家庭和社会关系的原则的教训。自古以来精通这些教训是加官晋爵、求取荣华富贵的条件。”[1]所以，为了迎合中国学生的需要，经书在教会学校和教会大学中得有一席之地。如同传教士自己所言，“我们不能和经书相处，而我们不能不和它相处。”[2]

由于传教士对于学习基督教书籍、中国经书和西方自然科学等方面的考虑不同，导致各教会学校设置经学课程的办法存在差异。在习读哪些经书方面，明显受到清代科举考试的影响，“四书”基本成为必读，有些地方兼及“五经”。有些学校将全部“四书五经”列为中文课程，要求学生熟记，并练习写文章，准备参加科举考试。而另一些学校，则只教“四书”。时间安排上各地更难统一，有些学校给学生一半或更多的时间学习经书，而一些学校用来学习经书的时间却很少。[3]

教会学校多是沿用西式分科、分级设学的办法，所以经学不仅纳入教学体系，而且有了层级上的安排。像山东登州文会馆分备斋、正斋两级，大致对应小学、中学程度。备斋程度较低，主要学习《孟子》《诗经》《大学》《中庸》。程度较高的专斋，则习读《礼记》《书》《左传》《易》等。[4]上海圣约翰大学附属中学，国学课程分国文、历史、地理、经学等项。经学先学《孟子》，再修

---

[1]　[美]谢卫楼:《基督教教育对中国现状及其需求的关系》，载朱有瓛主编《中国近代学制史料》第四辑，华东师范大学出版社，1993，第107、112页。

[2]　[美]潘慎文:《论中国经书在教会学校和大学中的地位》，载朱有瓛主编《中国近代学制史料》第四辑，第126页。

[3]　同上。

[4]　王元德、刘玉峰:《文会馆志》，潍县广文学校印刷所，1913。

习《左传菁华录（中华本)》。[1] 福建鹤龄英华书院，分预科（两年）与正科（四年）两级。预科第一年学《论语》，第二年习《孟子》《左传》。正科第一年《左传》《孟子》，第二年《左传》。[2] 高等程度的上海圣约翰大学，分设中、西学斋，西学斋不设经学课程。中学斋又分备馆、正馆两级。中学斋正馆三年，第一年《论语》《周礼政要》，第三年《春秋三传》。中学斋备馆四年，第二年《孟子》，第三年《礼记》节读。[3]

传教士们甚至就教会学校如何开展经学教育的问题，有过专门讨论。在 1890 年的在华传教士大会上，传教士们明确提出教会学校的教学计划除了基督教书籍和西方自然科学外，还应该包括中国经书。令一些传教士头痛的问题，已经不是应否教授儒学经典，而是怎样教授。[4]

潘慎文认识到中国人学习语言、文学的唯一途径，即是通过学习经书，并尝试从西学分科的角度衡量中国固有的经学，认为“所有大量的中国文学、历史和哲学作品，都被经书的文风和道德原则所笼罩”。传教士的真正问题不是“中国经书在我们教会学校中有没有地位，而是它应属于什么地位”。继而从教学内容、时间程度、意义等方面思考经学课程的具体设置，“它和我们来中国教学相比，

---

[1] 《圣约翰大学附属中学章程》，载朱有瓛主编《中国近代学制史料》第四辑，第 325 页。

[2] 《福州鹤龄英华书院章程》，载朱有瓛主编《中国近代学制史料》第四辑，第 336—337 页。

[3] 《圣约翰书院章程》，载朱有瓛主编《中国近代学制史料》第四辑，第 439 页。

[4] 关于潘慎文教育思想的论述，参见胡卫清：《传教士教育家潘慎文的思想与活动》，《近代史研究》1996 年第 2 期。

其相对的重要性是什么？要给学生多少时间上的比例来学习经书？是否应该学习“四书五经”？如果不是，哪些部分可以省略，或只要学习一部分？如何教学？要逐字地牢记住吗？或者还有更好的方法？对其中国异端教学论和伪科学如何抵制？除了熟记之外，又如何能激发和发展学生的其它智能，尽管学习经书会受到思想束缚和感觉迟钝的影响。在女子寄宿学校中，要学多少经书？在全日制学校中允许花多少时间学习本国书籍。”[1]

传教士对于如何嫁接中国固有学问于教会学校，进行了初步探讨，注意到如何协调经学与西学课程的关系。提出经学教育的有关方案，涉及课程安排的时间、程度、方法等具体问题。潘慎文认为“四书五经”在教会学校中应有其地位，并开展教学，但必须突出西方自然科学和教育方法的价值。因此各学科的重要程度应依次为基督教书籍、西方科学和中国经书。就经学教育而言，主张每个学生应熟记“四书”、《诗经》和《史记》。至于学习方法，强调中国长期形成的熟读成诵做法，“这种学习方法经历了若干世纪的检验，学生要是不能从记忆中引用‘四书’‘五经’的任何一段，要想在政府考试中竞争胜利是无望的”。他建议保障经学课程的开展时间，至少要给学生三分之一而不超过二分之一的时间学习经书。在学生进行学习时，要给他们讲解有标准注释的全部“四书五经”，要求学生能背诵、讲解，并重复学习以求熟练。当学生能够不费力地讲解四书时，要掌握写文章的秘诀以获得科考应试能力，“那些期望

[1]　［美］潘慎文：《论中国经书在教会学校和大学中的地位》，载朱有瓛主编《中国近代学制史料》第四辑，第128页。

参加政府考试的学生必须成为写文章的能手”。[1]

一些教会学校的经学教育取得了不错的结果。学人研究指出，马礼逊教育会的中文教育（主要是“四书”），与中国私塾相比并不逊色。[2] 徐汇中学堂学生程度优秀者，入场参与科举考试，也多有入泮。[3] 但与书塾相比，教会学校经学教育取得的效果有限。一方面，教会学校修习经书的时间有限，最多只有书塾三分之一或一半的时间来教学生，致使教会学校中全面教读经书不可能实现。另一方面，教会学校学生在习读经书的同时，还要兼顾西学、神学等课程，精力分散。因此，当时的中国士绅不让孩子进教会学校读书，并不仅仅或者说主要不是反对基督教，还因为教会学校不符合他们期望的教育目标，“教会学校所提供的经典教学，未能使学生达到应付科举考试的水平，认为它培养出来的毕业生常常不能写出使人满意的文言文。”[4]

教会学校的经学教育，虽然在培育学生旧学程度上的直接作用有限，却对后来的新式学堂教育造成了影响。一方面，把经学当成一门分科的事实，影响了晚清的办学人员。如卢茨在综述近代基督教大学的历程中所讲，“基督教教育工作者和教会学校同对西学有兴趣的中国官员和官办的专门学校之间的接触，促进了西方意识形

[1]　[美] 潘慎文:《论中国经书在教会学校和大学中的地位》，载朱有瓛主编《中国近代学制史料》第四辑，第 129－130 页。

[2]　吴义雄:《马礼逊学校与容闳留美前所受的教育》，《广东社会科学》1999 年第 3 期。

[3]　《〈徐汇中小学校刊〉记徐汇中学校史》，载朱有瓛主编《中国近代学制史料》第四辑，第 226 页。

[4]　《[美] J. G. 卢茨记在华基督教大学的产生与发展过程》，载朱有瓛主编《中国近代学制史料》第四辑，第 175 页。

态和知识在中国的传播”。教会学校的设学方法，为晚清新式学堂的开办提供了经验借鉴。另一方面，部分传教士对于经学的态度，影响了趋新教育家对旧学的评判。一些传教士用他们在中国所观察到的习俗，而不是用中国传统的理想来评价中国遗产，认为19世纪中国的文明是受传统束缚而死亡了的，中国文明必须改变，“中国教育的主要目的之一是教人尊重传统，而教会教育的主题则在于改造传统。中国遗产失之片面，需要改变，一直是传教士教育的主题”。[1] 这种用西化观念看待中国传统历史文化，并把固有学问视作僵化的做法，为后来新教育家继承，以之否定传统学问价值，以求全面引进西学。

不过，一般而言，清政府对于外国在华学校一直采取既不承认也不管辖的方针。[2] 中国人自办的新式学堂，有着自己的理念用意和发展轨迹。新式学堂出现后一段时间，大多自行其是，并缺乏统一的规定，导致教授内容、学时安排、方法理念等千差万别，《清史稿》称其为“无系统时期”。清季新式学堂开办，以培养应对世变的专门人才。然而，各学堂主事者如何在开展西学的同时兼顾中学，以及对固有学问进行课程上的设置和安排，成为始终未能妥善解决的难题。

清廷最后确立了“中体西用”的解决方案。但实际上，学堂是先有了“西用”之学，然后再逐步确立“中体”观念。反映在学堂课程层面，语言、技术类学堂初兴之时，重在引进西学，经学并未成为科目。甲午后，肄习普通学的新式学堂开始大量出现。分科观

---

[1]　《[美]J. G. 卢茨记在华基督教大学的产生与发展过程》，载朱有瓛主编《中国近代学制史料》第四辑，第175-176页。

[2]　参见关晓红：《晚清学部研究》，广东教育出版社，2000，第322页。

念为官方办学所接受，与西学对应的中学在一些学堂中被不断界定，经学也成为按照西方学术观念被分解的中学课程之一。

同治元年（1862）开办的京师同文馆，被视为中国近代新教育的肇端。[1] 同文馆的创办初衷，是应对外交需要培养外语人才，故所教所学仅限于外国语言文字。所谓“阁束六经，吐弃群籍”，于中国旧学一概不问。[2] 是为新式学堂中“西用”早于“中体”的明证。之后相继开设的语言、技术学堂也标明学习西学。这样安排，看似与中学无涉，可是随着西学的社会地位不断上升，而且在学堂内部有先到之便，中学开始受到冲击。

朝野上下，关于中、西学的问题被不断拿出来讨论。被称为早期维新派的冯桂芬为了“攘夷”，提出“以中国之伦常名教为原本，辅以诸国富强之术”[3]。之后，郑观应等人也提出类似主张。直至1898年张之洞《劝学篇》问世，将“旧学为体，新学为用，不使偏废”的观念系统阐发。[4] 戊戌期间，冯、张二人的著述由光绪皇帝先后诏发，风行于世，“中体西用”的观念为朝野上下所接受。在这一观念逐步确立的过程中，一些新式学堂随之将经学等中学课程增设起来。官员在举办技术类学堂时，重申可以中国之心思通外国

[1] 丁韪良：《同文馆记》，《教育杂志》第27卷第4号，1937年4月10日。

[2] 梁启超：《变法通议·学校总论》，载陈景磐、陈学恂主编《清代后期教育论著选（下册）》，第439页。

[3] 冯桂芬：《制洋器议、采西学议》，载《校邠庐抗议》，上海书店出版社，2002，第49–57页。

[4] 参见余英时：《中国思想传统的现代诠释》，联经出版事业公司，1987，第522页。

之技巧，不可以外国之习气变中国之性情。[1] 中体的问题进入学堂。尤其是甲午战争前后，电报、医学、铁路、矿务等技术学堂相继创办，开始贯彻中体西用思想。两广电报学堂规定，学生除学习西学外，兼课“四书五经”，以知礼义。南京矿务铁路学堂、江南储材学堂的学生也要兼习经史，习《春秋》《左传》等。

起初，无论新式学堂还是书院，课程中的经学、经史等名目，不过是相对西学而提出的中学“代表”，分科还只是一个模糊的观念。办学堂者一面抱有中国传统不分科的治学取向，一面拼合西学。甲午后，情况发生了变化，如梁启超所说，“中学为体，西学为用”成为流行语。此前中西学的主辅位置明确，此后却强调二者不可偏废，是为甲午后的新知。[2] 朝野上下也逐渐接受西方的学术分科观念，各书院开始“定课程”，以大学堂为首的普通学堂明确将中学分科设置。

甲午战后出现学习一般西学知识的普通学堂，且发展很快。[3] 其课程设置不同于语言技术类学堂，中西学课程的种类大幅度增加，西学课程中增添了政治、伦理等内容，中学课程中废除了八股词章，增加了掌故、史地、通鉴、律法等内容。1896 年，管理官书局大臣孙家鼐议复开办京师大学堂，提出学问宜分科，不立专门，终无心得。分科治学，成为朝廷认定的办学方针。人们不断尝试用分科的

---

[1] 沈葆桢:《察看福州海口船坞大概情形折》，载吴元炳辑《沈文肃公（葆桢）政书》，沈云龙主编《近代中国史料丛刊》初编第 6 辑（54），文海出版社，1967，第 714 页。

[2] 参见罗志田:《西潮与中国近代思想演变再思》，载《变动时代的文化履迹》，复旦大学出版社，2010，第 10－11 页。

[3] 据统计，1895 至 1899 年间创办的 100 余所新式学堂中，普通学堂占 84 所。乐正:《从学堂看清末新学》，硕士学位论文，中山大学，1985。

办法来规划中学，导致中学课程名目渐多。[1] 戊戌年张之洞在《劝学篇》中，为应对新学不得不讲而中学过于繁难的状况，提出易简之策以救中学。所列举的中学各门，为经学、史学、诸子、词章、理学等，并寄希望于学堂专师以之纂成专书，初步显示了其主张的中学课程分类。[2] 大学堂章程将普通学课程分为经学、理学、中外掌故学、诸子学和初级的算学、格致学、政治学、地理学以及文学、体操等十种，为全体学生必修科目。[3] 至此，中学划分的课程名目已先后有经学、史学、文学、掌故之学、舆地之学、理学、诸子学等数种。此后，传统学术在学堂中所分学科大致未脱离这个范畴。

中学已然分科，各科孰轻孰重的问题自然走上台面。经学地位重要，在一些学堂的开办章程和办法中得到体现。大学堂确立以中体西用为立学宗旨，明文规定经学是各学根本，“经学所以正人心，明义理，中西学问皆以此为根柢。若不另立一门，何以为造端之地？”[4] 湖南正始学堂章程规定，立学中西并务，以经义为归宿，故先学群经。不能遍者，则以六经为卒业。[5] 但一些学堂设课时，标榜为各学基础的并不仅仅是经学，而是经、史等学并列，经学的

---

[1] 《议复开办京师大学堂折》，载麦仲华编《皇朝经世文新编》卷五，《学校上》，沈云龙主编《近代中国史料丛刊》初编第 78 辑（771），文海出版社，1972，第 376 页。

[2] 张之洞：《守约》，载赵德鑫主编，吴剑杰、周秀鸾等点校《张之洞全集》第 12 册，第 169－171 页。

[3] 后孙家鼐因课程门类太多，有所精减。将理学并入经学为一门，诸子、文学皆不必专立一门。见朱寿朋编：《光绪朝东华录》第 4 册，中华书局，1958，第 4155－4157 页。

[4] 《管理大学堂大臣孙家鼐折》，载《戊戌变法档案史料》，沈云龙主编《近代中国史料丛刊》续编第 32 辑（317），文海出版社，1976，第 285 页。

[5] 《正始学堂大概章程》，《湘报》第 176 号，1898 年 10 月 14 日。

地位并未凸显。像天津中西学堂中学课程就强调讲读经史之学。[1]这固然是由于时人分科观念模糊，中学的经、史划分不清，也因为经、史等传统学问的地位在清季发生了转变，这一点在日后的学制章程中得到了体现。

分科设学下的经学教育，与旧时相比有了明显变化，注意到中西教法的差别，提出用新法教授初学蒙童。[2]方法上开始强调讲解，主张“略变从前教育之法，减其记诵之功，益以讲解之业”[3]。形式上一些学堂尝试分级设置，经学等中学课程有了简单的层级分别和衔接。天津中西学堂为最早分级设学的新式学堂。其二等学堂即“外国所谓小学堂”，主要讲求“四书”等学。头等学堂即“外国所谓大学堂”，在熟悉“四书”的基础上进一步讲求经史。除了分级设学外，一些独立的一级制新式普通学堂，还初步与其他学校形成衔接关系。1896 年，钟天纬设立上海三等公学，内分蒙馆、经馆，实为外国的小学堂。按其规划本意，依南北洋头、二等学堂例，经馆即三等学堂，蒙馆即四等学堂。[4]其中，蒙馆以识字明义为主，经馆则专读“四书五经”，兼习英文。实则自蒙馆、经馆、二等、头等学堂诸阶段，将小学至大学堂各阶段衔接起来，而经学教育在经馆以上各阶段课程中得到贯彻。

---

[1]　盛宣怀:《拟设天津中西学堂章程禀》，载麦仲华编《皇朝经世文新编》卷五，《学校上》，沈云龙主编《近代中国史料丛刊》初编第 78 辑（771），第 389－390、394－395 页。

[2]　钟天纬:《学堂宜用新法教授议》，载朱有瓛主编《中国近代学制史料》第一辑下册，华东师大出版社，1986，第 582 页。

[3]　《论说 · 拟教育办法画一条例》，《湖南官报》1902 年 5 月 30 日。

[4]　《上海三等学堂重刻本》（1903 年），载朱有瓛主编《中国近代学制史料》第一辑下册，第 578、590 页。

此时进入新式学堂的经学课程，仍旧呈现混乱状态。虽然中体西用的办学取向得到官方认可，但人们认为各专门学堂不过是在书院之外另设机构专习语言文字、机械制造、农工商矿等类知识，“操众事以效其职业”[1]，偏重专门之学，经学等中学课程仍多不设。早期师范学堂的情况略有不同，结果却大同小异，如南洋公学师范馆虽然规定中西兼学，因来学者“于国学素具根底，故国学并不上课”。[2] 各普通学堂兼顾经史，自成一统，科目课程五花八门，以何经启蒙，各阶段应读何书，多自定章程，互不衔接。随着学堂数量的增加和学务规模的扩大，制定全国统一学制，资为程式，来规范全国各级各类学堂的科目、学级与学时设置，便成为新教育发展的内在需求。

第二节　经学进入学制的考量

经学进入学制，首创于张百熙，经张之洞修订得以完善。自 1902 至 1904 年，张百熙、张之洞等人建构的壬寅、癸卯学制先后颁行。其办法规仿日本，学界多有讨论。然而，近代中西乾坤颠倒，学习欧美与日本的求强之路与传统“礼失求诸野”的取径大不相同。晚清官绅对于在西式分科设学框架内怎样体现“中体”，即经学等固有课程如何安排的问题上，颇费思量。欧美诸国学制办

---

[1] 《胡聘之请变通书院章程折》，载朱有瓛主编《中国近代学制史料》第一辑下册，第 156 页。

[2] 《杨耀文记各院（班）概况》，载朱有瓛主编《中国近代学制史料》第一辑下册，第 526 页。

法，并无经学。作为学制仿行对象的日本，对于经学进入学制和学堂产生了怎样的影响，值得仔细探究。

欧美各国学校宗教相关课程的开设，为清季一些官绅所留意，以此作为新式学堂保存中国固有学问的参照。传教士对西方学制的介绍，是国人最初了解相关信息的主要渠道。德国传教士花之安于同治十二年（1873）著《泰西学校论略》（亦名《德国学校论略》或《西国学校》），介绍德国学校制度。其后，狄考文、李提摩太、丁韪良、林乐知等人也先后发表了一些专门介绍西方学制情形的著述，有助于朝野上下了解他国学校规制。这些著述，对于外国宗教课程的开设情况多有涉及，影响了关注西式教育制度的中国官绅。

宗教课程的存在为旧学保存提供了一定的依据。张之洞的《劝学篇》即注意到外国各学堂必诵读耶经的现象，后来拟订癸卯学制《学务纲要》，又提出："外国学堂有宗教一门，中国之经书，即是中国之宗教"[1]。不过，张之洞毕竟了解经学不同于外国宗教，所以在强调保存经学时，又把经书看作古学之一种，比附"西国最重保存古学"[2]的说法。

西学分科当中并无经学的事实，使得部分采纳西式教育观念者主张取消经学，"喜新蔑古，乐放纵而恶闲检，惟恐经书一日不废"[3]，导致清季在分科设学框架内如何安置传统学问之事争议不断。恰在此时，甲午战败反而激发朝野上下学习日本变法革新，适时提供了另一重要参照。日本模仿西方维新成效显著，又长期受中

---

[1] 《学务纲要》，载朱有瓛主编《中国近代学制史料》第二辑上册，华东师大出版社，1987，第 83 页。

[2] 《学务纲要》，载朱有瓛主编《中国近代学制史料》第二辑上册，第 84 页。

[3] 同上。

国文化的影响，易获得国人的认同。

制定壬寅、癸卯学制，主要是仿效日本学制。一些有来华经历的日本教育界人士，对于晚清教育改革如何处理旧学的问题，有所关注，可是态度却大相径庭。庚子年间，曾游历中国的日本《教育时论》主笔辻武雄撰写了《支那教育改革案》，专门邮送数百册于清廷朝野上下，强调中国教育方法必须改革，否则“人才之盛恐未可期，富强之基亦未易望”。而孔子之教为“人伦之大本”，“支那三千年之道德全系孔教所维持，是以学业修身须以孔教为主”。[1]可是，曾任直隶师范学堂教习的儿崎为槌在所撰《清国学生思想界之一般》一文中，从一个日本教习的角度来审视中国学生习读经书的过程、方法与效果，兼与日本教育制度做比较，却认为“要把支那四百余州、四亿人口导向文明，实际上是一件不可能的事。拯救支那的道德，除大兴新学外别无其他”。实际上是建议中国学生抛弃“非实用性”的经学，转向西学。[2]

儿崎为槌和辻武雄两人态度相反，恰与明治初、中期日本教育界对待儒学的不同态度相似。江户时代，书塾与寺子屋大都以“四书五经”为主。明治初期，日本推行欧化政策，江户时代的教育办法迥异，在彻底洋化的偏激主张下，提倡用西学取代中国儒学。1872年的太政官《文告》，甚至宣告儒学不能救国，要清算儒学。直至1879年前后，围绕德育问题，儒学才重新抬头。明治中期，随着东洋道德和西洋艺术口号的提出，《教育敕语》宣告恢复儒家

[1] 《辻武雄:支那教育改革案》，载璩鑫圭、唐良炎编《中国近代教育史资料汇编·学制演变》，上海教育出版社，1991，第185-186页。

[2] ［日］儿崎为槌:《清国学生思想界の一般（承前）》，《教育研究》1905年4月1日。

价值观念，注重道德伦理，并推动各学校设立以传统儒学为主的修身科。在天皇主导下，日本的道德之学又变成以孔学为主。[1]

整体而言，庚子之后的日本教育模式，以 1886 年颁布的《学校令》及各项修正令为基础，确立了西式分科设学的近代学校制度。中小学以普及西学为主，只有读书识字、修身等科目还保留一些“四书五经”的内容。就高等教育阶段而言，传统中国的学说除了被放进专门研究中国古典的汉学科目外，还被放入分科的文学（主要仍是汉学）和历史（东亚历史）[2]。为了对应西式分科，井上哲次郎等人将哲学东洋化，把经学纳入重新建构的东洋哲学体系。[3] 是以，日本设学，经学主要被放在哲学和汉学分科中进行教学和研究。

清末东渡考察日本学制者极多，对日本设学如何处理中学的做法多有留意。考察时，姚锡光注意到日本大学校分为文、理、法、农、工、医六科，文科之中，汉文属焉。[4] 关赓麟具体考察了东京帝国大学的学科设置，其文科大学分为哲学、汉学、国文学、史学、国史学、言语学、独逸文学、英文学、佛兰西文学等九科。哲学与国文学都设有汉文学科，而汉学分经学、史学、文学专修科，

---

[1] 有关明治时期儒学复活的讨论，参见王桂:《日本教育史》，吉林教育出版社，1987，第 142－152、167－174 页。

[2] 具体课程设置，参见日本近代教育史事典编集委员会编:《日本近代教育史事典》，平凡社，1971，第 27－128、230－242 页。

[3] 日本教育史研究者也注意到近代明治时期西洋思想之东洋化，参见［日］小原国芳:《日本教育史》，吴家镇、戴景曦译，商务印书馆，1935，第 177 页。

[4] 姚锡光:《东瀛学校举概》，载王宝平主编《晚清中国人日本考察记集成·教育考察记》（上），杭州大学出版社，1999，第 11 页。

科目互有不同。[1] 日本师范学校与此类似，以汉文科讲授经学。朱绶考察日本男子高等师范，文科分为伦理、汉文、教育、国语、历史、英语、哲学、地理、理财、体操等九科。[2] 王景禧考察小石川区大塚窪町高等师范学校，学科分为预科、本科与专修科，本科与专修科都列有国语汉文类，“听汉文讲师宇野哲人讲授《左氏传》及《老子》，学生皆极意体会”。因而认为日本高等学堂仍注重汉文。[3]

部分在日华人学校，则设置了专门读经的学科。如横滨的商立中国大同小学校，由中华会馆专为教育在横滨经商的中国子弟及游学人员而设，分寻常、高等两科，课程内容与日本小学校略异。高等课程分读本、修身、史学、地理、日文、英文、理科、写字、文学、算学、体操、绘图、唱歌等项，读本课主要就是读“四书”。[4]

日本保存旧学的做法，被刻意找出，作为维护经学的依据。缪荃孙认为日本维新以后，国中的古礼相沿不废，“于学校特设一科，所谓国粹保存主义也”[5]。并以此批判中国新学家诋毁古礼的行为。林炳章则发现，日本文部省审定修身教科书，“杂引我六经诸子

[1] 关赓麟:《日本学校图论》，载王宝平主编《晚清中国人日本考察记集成·教育考察记》(上)，第181页。

[2] 朱绶:《东游纪程》，载王宝平主编《晚清中国人日本考察记集成·教育考察记》(上)，第114页。

[3] 王景禧:《日游笔记》，载王宝平主编《晚清中国人日本考察记集成·教育考察记》(下)，第638页。

[4] 关赓麟:《日本学校图论》，载王宝平主编《晚清中国人日本考察记集成·教育考察记》(上)，第212页。

[5] 缪荃孙:《日游汇编》，载王宝平主编《晚清中国人日本考察记集成·教育考察记》(下)，第528页。

语”。而日本汉学名家，亦不乏其人，保存国粹、注重德育的议论，更数见不鲜，“知孔教之精，亘古不可磨灭。所谓日月经天，江河行地，非浅流所能增损。”[1]

由于明治初年视儒学为无用，到《教育敕语》颁布后才重新提倡以儒学培养旧道德，日本国内对于教育界如何处理儒学的态度经历了极大的变迁。是以日本教育界人士对于中国学制内是否设经学，态度、意见也不统一，“此邦有识者或劝暂依西人公学，数年之后再复古学；或谓若废本国之学，必至国种两绝；或谓宜以渐改，不可骤革，急则必败。”[2]

罗振玉东游日本，获日本贵族院议员伊泽修二告知，新式教育不可抛弃经学：“今日不可遽忘忽道德教育，将来中学校以上，必讲《孝经》、《论语》、《孟子》，然后及群经。”[3] 胡景桂考察早稻田大学，校长大隈重信提示，中国开办教育，要把经史融入新式教育，“宜先颁明诏，将五经、四书有关伦理者另编读本，史鉴中易感动人心者，撮其要领编为修身书。此非废弃经史、割裂经史也。将来专攻文科者仍责令全阅，不过藉此简易之编，以一天下之志趣，以正天下之人心。”[4] 二者的意见，反映了官方对于以儒学培养道德的态度，强调经学的道德教化作用，但是否开设经学专门，则有细致

---

[1]　林炳章：《癸卯东游日记》，载王宝平主编《晚清中国人日本考察记集成·教育考察记》（下），第556、580页。

[2]　吴汝纶：《答贺松坡》，载施培毅、徐寿凯校点《吴汝纶全集》第三册，黄山书社，2002，第407页。

[3]　罗振玉：《扶桑两月记》，载王宝平主编《晚清中国人日本考察记集成·教育考察记》（上），第222页。

[4]　胡景桂：《东瀛纪行》，载王宝平主编《晚清中国人日本考察记集成·教育考察记》（下），第608页。

的分歧。

京师大学堂总教习吴汝纶接触过众多日本教育家，获知中国教育当以变革为主。东京帝国大学文学科教授井上哲次郎告诉吴汝纶：“教育不应时事，则无其效。孔子之教大好，然今日则见其未备。”汉学家大槻如电强调日本也不能尽弃汉文，只欲弃无用文字，而旧学如科举重八股等可弃者颇多，“旧染积习，用力骈俪，所谓无益世道人心者。今而不废，恐不能新入智识也”。两者意见各有侧重，却一致认为中国旧学不能应时用。

尽管如此，日本教育家大多并不赞成完全抛开经学，提出以中西兼顾为宜。尤其是从道德培养的角度出发，更要注重经学。日本高等师范学校教授长尾槙太郎认为：“今时当路，皆知西学之为急，而汉学则殆不省”，因学徒脑力有限，“姑择其急耳，然其弊则至忘己”。建议吴汝纶将学堂各阶段中、西学课程合理分配，“今贵国设西学，欲汉洋两学兼修，患课程之繁，小中学、高等学校（大学预备校）课程半汉文、半西学，而晋入大学则专修其专门学，则庶乎免偏弃之忧。”曾担任文部省官员并参与制定《教育令》的田中不二麻吕则强调，无论大小学堂，课本宜行酌量。如道德不取耶稣，而取孔孟之教。[1] 东京帝国大学教授法学博士高桥作卫并未与吴汝纶见面，却专门作《与北京大学堂总教习吴君论清国教育书》，建议中国振兴学制，“宜以孔道为学生修德之基”[2]。

日本教育界对于中国旧学是否以及如何纳入新式学堂提示意

[1] 吴汝纶：《东游丛录》，载王宝平主编《晚清中国人日本考察记集成·教育考察记》（上），第367、375页。

[2] 《高桥作卫：与北京大学堂总教习吴君论清国教育书》，载璩鑫圭、唐良炎编《中国近代教育史资料汇编·学制演变》，第193－194页。

见，除了借帮助中国改革使之接受东洋化的西学以便掌控东亚思想界的话语权外[1]，还有现实考虑。1900年前后，日本国内的高等教育开始扩张，在东京、京都两所帝国大学的基础上，增设九州大学及东北大学，导致汉学科急需教师。有研究指出："正是在帝国大学设置分科大学并引入讲座制，及高等教育规模扩大的大背景下，文部省为培养胜任与中国相关讲座的教授，开始对华派遣留学生。"[2] 这使得日本国内对中国的新式教育如何容纳旧学不能不有所留意。

考察日本学制办法后，官绅对于经学和学堂关系的认识出现了分化。由于明治初期与《教育敕语》颁布后日本对于儒学的态度截然不同，导致晚清国人同样标榜学习日本教育经验，却各有取舍。

一些考察人员在参考日本学制的基础上，开始考虑如何把经学课程具体规划到学堂中去。罗振玉草拟的《学制私议》，对于各阶段学堂经学课程的内容进行划分，主张"将五经、四子书分配大、中、小各学校，定寻常小学第四年授《孝经》、《弟子职》，高等小学校授《论语》、《曲礼》、《少仪》、《内则》，寻常中学校授《孟子》、《大学》、《中庸》，并仿汉儒专经之例专修一经，其余诸经为高等及大学校研究科，不得荒弃，以立修身道德之基础。"[3] 项文瑞

---

[1]　大隈重信1903年在早稻田大学校友会上提到中国教育问题，"对于中国，除外交和政治以外，还可以通过同文同种的关系，对其进行扶助诱导和开发。"《大隈伯的对清教育谈》，转引自吕顺长《清末中日教育文化交流之研究》，商务印书馆，2012，第326－327页。

[2]　谭皓：《近代日本对华官派留学史研究（1871－1931）》，博士学位论文，北京大学，2014。

[3]　罗振玉：《学制私议》，载王宝平主编《晚清中国人日本考察记集成·教育考察记》（上），第238页。

考察日本学校后，为上海闵行镇务敏学堂草拟办法，分为修身、读经（讲解）、字课（作文）、习字、历史、地理、算学、体操、读古文词、图画、理科、英文等项，读经教授以《论语》《孟子》《礼记》《周礼》《左传》五种为要，每教室所读，齐班最善。否则，未读者令听讲后即读，已读者但令细心听讲，并在诵读后默写，“听毕令默写，其益比读更多，而班渐可齐”。[1]

另一些人则认为，日本明治维新，步入文明国家，一大原因就是明治初年从重汉学转为“采取欧美诸国教育新法”[2]。关赓麟注意到，日本江户时期盛行汉学，学校课本概用中国“四书五经”，“迨西洋文物输入之顷，稍知汉学之无用，乃一变其制度”，最终“十余年间，文明思想播于全国”。日本卫生学从身体角度出发考虑学童教育，“生徒之脑髓未全发达，而遽责以高尚精密之学问，及使之修业为时过久，则不特无益，且足以害其体魄。……近来诸卫生家，咸以小学校授业之法仍过高尚，且以极暂之时刻，使记多门之学科，必有害也。”[3] 相关论述多为后来的新教育家所沿用，效仿学习日本明治初期移植西学，成为普及教育的强国之道，而保护儿童身体则是反对小学堂读经的科学依据。

与日本明治教育政策先去汉学后又提倡的调整不同，晚清教育改革最初就确定将经学列入学制，予以重视。

西学入华，中学地位渐趋动摇，此消彼长，引发时人忧虑。

[1] 项文瑞：《游日本学校笔记》，载王宝平主编《晚清中国人日本考察记集成·教育考察记》（上），第 439 页。

[2] 谢洪赉：《最新中学教科书瀛寰全志》，商务印书馆，1903，第 166–170 页。

[3] 关赓麟：《日本学校图论》，载王宝平主编《晚清中国人日本考察记集成·教育考察记》（上），第 170 页。

1898年皮锡瑞考察时务学堂，“观诸生言洋务尚粗通，而《孟子》之文反不通”，慨叹“中学将不亡耶？”[1]1903年恽毓鼎科考阅卷，也发现西学的冲击之大，“各房二场卷，往往颂扬东西国为尧舜汤武，鄙夷中国则无一而可，至有称中朝为支那者。西学发策之弊，一至于此。”[2]

中学消亡的趋势引起官方重视，清廷在学习西法、开办新政的同时，强调中学为“根柢之学”。1901年，新政上谕发布，虽为改革起见，却着重指出三纲五常不可变。[3]之后张之洞、刘坤一奏准的《江楚会奏变法三折》，实际成为新政变革早期的具体方案，三折中的《变通政治人才为先遵旨筹议折》列举了学制改革办法，同样重申经学乃为立国立教之本，万不可废，“总之，中华所以立教，我朝所以立国者，不过二帝、三王之心法，周公、孔子之学术”。并规划了立学的初步设想，试图将经学融入各阶段学堂。[4]

清季兴学，各省督抚管理学务的权限甚大，遵旨条陈新政办法时，讲求西学、不废经书成为共鸣。设立新式学堂的过程中，则主张增设经学课程以保存旧学。1901年11月，袁世凯奏办山东大学堂，依照外国大、中、小学堂程度，分别设立备斋、正斋、专斋三等，并另设蒙养学堂。经学作为学堂科目的要项，纳入各阶段

[1] 皮锡瑞：《师伏堂未刊日记》，载清华大学历史系编《戊戌变法文献资料系日》，上海书店出版社，1998，第637页。

[2] 史晓风整理：《恽毓鼎澄斋日记》，浙江古籍出版社，2004，第220页。

[3] 中国第一历史档案馆编：《光绪宣统两朝上谕档》第26册，广西师范大学出版社，1996，第460-462页。

[4] 张之洞：《变通政治人才为先遵旨筹议折》，载赵德鑫主编，吴剑杰、周秀鸾等点校《张之洞全集》第4册，第9-12页。

学堂。[1] 清廷推广山东大学堂办法，各地参照山东模式设学，影响遍及全国。江苏南菁书院改办学堂，比照大学堂程度的专斋，经学成为一科。[2] 而办学享有大名的张之洞在湖北期间，规划了简单的学制框架。划分学堂为普通、专门两种，专门学堂则有农、工、方言、师范、仕学院等项。普通学堂再按照文、武之别，分设小学、中学、高等学堂三级。在普通小学堂、文普通中学以及高等学堂各阶段，都设有专门的经学课程。湖北办学要旨还明确提出“幼学不可废经书”，并作为学堂的“防弊要义”。[3]

然而，各地设学方法多有不同，经学课程如何规划，也未取得一致。如小学堂是否读经的问题，即存在争议。有人提出四书、经、史乃根本之学，要办小学堂，先以四书、经、史、政治专书为主。[4] 也有人主张学生在未进中学堂之前，旧学功课十当去九，“即都不事，亦无不可”[5]。对于西式分科设学办法尚属懵懂的国人，意识到需要统一详细的学制章程来规划各地学务，详订设学办法。由此，壬寅、癸卯学制诞生，经学纳入学制，成为西式架构下的一门分科课程。

---

[1] 《东抚袁中丞奏办山东大学堂折》，载杨凤藻编《皇朝经世文新编续集》卷五，学校上，沈云龙主编《近代中国史料丛刊》初编第79辑（781），文海出版社，1966，第365—379页。

[2] 《江苏学政李殿林奏为江苏江阴南菁书院遵改学堂并拟试办章程事》，中国第一历史档案馆藏宫中档朱批奏折，文教类，档案号：04-01-38-189-06。

[3] 张之洞：《筹定学堂规模次第兴办折》，载赵德鑫主编，吴剑杰、周秀鸾等点校《张之洞全集》第4册，第87—95页。

[4] 《扬州府秦州罗牧猷通禀兴建小学堂章程》，《湖南官报》1902年5月26日。

[5] 《拟教育办法画一条例》，《湖南官报》1902年5月30日。这篇文字是严复所作，载王栻主编：《严复集》第三册，书信，中华书局，1986，第562—565页。

第三节　学制颁布与经学分科

《钦定学堂章程》规划的壬寅学制，主要仿照日本设学办法，划分普通学堂与专门学堂的体系，并以分科观念对原有中学课程进行规划。设经学虽然是官方定论，具体到各类各级学堂是否设置、如何设置，仍是新学制要解决的难题。

新学制中设不设经学的问题，张百熙早有判断。在1902年的《奏办京师大学堂疏》中，他主张大学堂先办预备科，功课“略仿日本之意”，以经、史隶属政、艺二科下之政科，“四书五经……自应分年计月，垂为定课”。[1]显示其已有在分科之下设立经学课程的主张。学制出台前，张百熙曾与张之洞电商内容，获得后者提示新学制下设经学的粗略办法：就内容而言，“四书五经”以及注疏解说等皆列为学堂课程；就层级而言，小学堂主要读“四书”，中学后兼习“五经”，中小学阶段只习专经，通大义，直到入专门学后，再循序渐进，博考群经传注、诸家解说。[2]这些建议，在学制中有一定程度的反映。

壬寅学制系统分为普通、专门两种，经学课程在各级各类学堂章程中程度不同地得到体现。整个学制体系中，普通学堂除大学院（不立课程）以及高等学堂艺科、大学堂预备科艺科外，其余各阶段皆设经学课程。专门学堂则规定师范学堂按照大学堂师范馆章程办理，列有经学课程。实业学堂偏重专门，大学堂仕学馆学生于经

[1]　张百熙：《奏办京师大学堂疏》，载朱有瓛主编《中国近代学制史料》第二辑上册，第832–835页。

[2]　张之洞：《致京张冶秋尚书》，载赵德鑫主编，吴剑杰、周秀鸾等点校《张之洞全集》第10册，第358页。

史诸学素有研究，皆不设。各学堂所设经学课程名目分别为：普通学堂的中、小、蒙学堂称为“读经”，高等学堂政科与大学堂预备科政科称为“经学”；作为大学分科之一的文学科下设经学目。专门学堂的师范学堂与大学堂师范馆课程也称为“经学”。

与上述张之洞的建议相似，经学的教学内容中小学阶段只是读经，至高等与专门学堂阶段，再修习传注解说。学制章程秉承清代重理学和书塾大都以“四书”开蒙的传统，普通学堂蒙小学堂阶段先读“四书”。小学堂至中学堂，读完“五经”。中学堂毕业，则“十三经”读毕。高等学堂阶段，续讲各经自汉以来注家大义。分科大学因未办理，未定课程，但其预科下的政科与高等学堂程度相同。在分科大学阶段，专列经学目。专门学堂中的师范学堂仿照大学堂师范馆章程办理，列有考经学家家法一项。自小学堂、中学堂而至高等学堂、大学堂预备科，经学的传授以定钟点、定内容的方式在学制体系内得到贯彻。

经学的教授与考验办法，各阶段不一。蒙学堂阶段改变了传统经学的传授方式，强调教授之法，以讲解为要，诵读次之。为保护儿童脑力，背诵只需择紧要处，严戒遍责背诵。但为免儿童遗忘，又督令每天、每月均要温习所授课程，实则仍在强调熟记，只不过条件放宽。小学堂、中学堂阶段读经课程，则无此变通，仍将经书成诵视为可遵循的办法。至高等学堂阶段后，重在修习传注解说。大学院则主个人研究，不主讲授。至于各阶段经学课程的考验办法，蒙学堂主要就平日讲授，随举问之，使学生口答或笔答。除常日间日考问外，每旬每月又须多发数问考验所学。并有升学考试一项。自小学堂以上各阶段，除日常考课外，有升班考试、年终考试与卒业考试三种，经学等各门功课分数计算办法，就平日与考试分数平均核算。相较于旧日，书塾只有日常考课与科举考试，新式学堂的经学“应考检验次数”实际上有较大幅度增多。

将经学课程系统规划到各级各类学堂中去，是壬寅学制的首创。因为西方学科中并无经学，所以只能自我统筹，无成法可资借鉴。而且相较于旧学教育有很大不同，书塾、府州县学到国子监并无层级的递升，新学制将经学课程纳入从蒙小学堂到大学堂各阶段的系统教学中去，有了教学内容、学时安排与层级次序的递升衔接，使得经学成为类似西式教育的课程门类和分科。学堂教习须按照统一规定实施教学，不能全部听塾师、山长的一家所言。

在新学制的框架内，各阶段教学安排的重心明显不同。就课时比重看，层级越低，中学课程的比重越大。随着学堂层级渐高，西学课程比重相应提高，超出中学课程。详见以下两表：

表 2.1　壬寅学制中、小学堂“中学”各科时刻表[1]

	蒙学堂（4年）	寻常小学堂（3年）	高等小学堂（3年）	中学堂（4年）
读经讲经	6	6	6	3
修身	6（前二年） 4（后二年）	6	2	2
中国文学	12	5	6	3
中国历史	3	6	5	3（包含外国历史）
每周各科总时刻	36	36	36	37（前二年） 38（后二年）

[1]　本文各表均依据《钦定学堂章程》与《奏定学堂章程》（多贺秋五郎编：《近代中国教育史资料·清末编》所影印章程，文海出版社，1976）内容制定。《钦定学堂章程》蒙学堂、寻常小学堂、高等小学堂以十二日为一周，但六日即完成一个循环，故表一蒙学堂、寻常小学堂、高等小学堂每周总时刻以六天计算。中学堂每周总时刻则按星期计算。余各表每周时刻均按星期计算。

表 2.2　壬寅学制高等学堂、大学堂预备科“中学”各科时刻表

	伦理	经学	诸子	词章	中外史学	中外舆地	每周各科总时刻
高等学堂政科	1	2	1	2	3	3	36
大学堂预备科政科	1	2	1	2	3	3	36

高等以上各学堂的课时安排，显然西学多，中学少，这与张百熙及其所用拟定章程之人的态度有关。张百熙在应新政改革上谕的奏疏以及进呈学堂章程的奏折中，显示了对于“参考西制”的偏重。所重用的参与谋划学制章程的沈兆祉、李希圣等人，也勇于革新，使得时人谓“北京大学堂中皆新党人物”。[1] 这些因素反映在学制课程中，就是“新”多于“旧”，“西”多于“中”。尤以大学分科章程表现最为明显，仿照日本设文学科，将经学列为文学科七目中之一目。即经学虽列入学堂课程，却以西学分科办法来处理，大学分科所定的政治、文学、格致、农业、工艺、商务、医术七科更像是学术分类，“中学”只能依附其中。而高等学堂艺科与大学堂预备科艺科不设经学内容，政科所习中学内容不到三分之一，显示了在分科越来越细的高等以上学堂，重心在学习专门西学。大学堂师范馆学生后来回忆，当时所读课程并非传统经典，“现代科学是占最大成份的”[2]。

细察中学的各分科课程，经学对于传统中学的重要性也没有得

[1]　方志钦主编，蔡惠尧助编：《康梁与保皇会》，天津古籍出版社，1997，第104页。

[2]　邹树文：《北京大学最早期的回忆》，载朱有瓛主编《中国近代学制史料》第二辑上册，第960页。

到体现，史学和文学的地位却有所提升。从上面两表来看，经学的课时安排相对较少，占每周全部课时的比重分别为蒙小学堂1/6，中学堂3/37－3/38，高等学堂政科与大学堂预备科政科2/36，大学堂师范馆1/36。读经课程的课时，相较文学与史学持平甚至不如。

这一情况，一方面不能忽略桐城派的影响。吴汝纶被张百熙礼聘为首任京师大学堂总教习，有学者认为：受其影响，教育界直隶一脉多宗桐城古文。在直隶人脉的作用下，壬寅学制较少读经内容。[1] 赴日考察教育期间，吴汝纶提出学堂设中学的办法，“国朝史为要，古文次之，经又次之”[2]。这大不同于张之洞等人所宣扬的“中体西用”以经学为宗的论调，将史、文的地位提升到经之前。宣扬古文的重要性，显然与吴汝纶桐城派大家的身份有关。据其弟子所言，他治经主张“因文以求经意”，“欲穷经者必求通其意，而欲通其意必先知文”。[3] 甚至认为习古文才是学堂保存中学的关键，并以姚选古文为学堂必用之书，“即西学堂中亦不能弃去不习，不习则中学绝矣”。[4]

另一方面，新学制经、史课时的安排与吴汝纶提出中学“以国朝史为要”的大背景，正是清季经学地位的式微和史学地位的上升，即所谓由经入史。1902年梁启超称：“今日泰西通行诸学科中，为中国所固有者，惟史学”，显示在近代修习西学，史学具有较易

[1]　关晓红:《晚清学部研究》，广东教育出版社，2000，第186页。

[2]　吴汝纶:《与张尚书》，载施培毅、徐寿凯校点《吴汝纶全集》第三册，第437页。

[3]　贺涛:《桐城吴先生经说序》，载施培毅、徐寿凯校点《吴汝纶全集》第四册，第1168页。

[4]　吴汝纶:《致严复》，载郑逸梅、陈左高主编《中国近代文学大系》第9集，第23卷，《书信日记集一》，上海书店出版社，1992，第76－77页。

比附的学科优势。而科考改章，废八股，改试策论，使得史学地位得到提升，经世之风与国粹思潮，也让史学显得日益重要。[1] 原来作为实学而并称的经史之学，在西方学术分科视野下的学堂科目设置中，又进一步各自独立为经学和史学课程。

壬寅学制出台后，其经学课时比重偏低以及趋新的取向，先是引起朝臣不满，有报纸刊出枢臣在朝房痛诋学堂章程、课程不善的消息。[2] 清廷随即做出反应，增派荣庆为管学大臣，《清史稿》认为朝廷此举用意在“百熙一意更新，荣庆时以旧学调济之”。[3] 各地接获章程后，也出现了质疑的声音。张之洞依据湖北学堂办法，对学制中的读经安排明确提出两个问题：学堂功课既繁，是否需要限制读全经？读经定有次序，但学生程度不同又当如何处理？[4]

1903 年 6 月，张百熙与荣庆会奏请派张之洞会商学务，以补《壬寅学制》之不足。[5] 在张之洞的主持下，新的癸卯学制诞生。

癸卯学制，是张之洞在借鉴日本学制的基础上，将湖北办学经验与个人治学观念相结合，对壬寅学制进行修订的产物。相比壬寅学制，不仅修订了中学的分科办法，调整了各类各级学堂经学课程

[1] 关于经学和史学地位嬗变的问题，参见周予同《有关中国经学史的几个问题》，载朱维铮编《周予同经学史论著选集》，上海人民出版社，1983，第 695 页。关于经、史关系的阶段分期，参见罗志田《清季民初经学的边缘化与史学的走向中心》（载罗志田：《权势转移：近代中国的思想、社会与学术》，湖北人民出版社，1999，第 303－341 页）对清季经史关系以及从“通经致用”到“通史致用”的梳理。

[2] 《时事要闻》，《大公报》第 264 号，1903 年 3 月 18 日，第 3 页。

[3] 赵尔巽等撰：《清史稿 · 荣庆传》卷四百三十九，列传二百二十六，中华书局，1977，第 12401－12402 页。

[4] 张之洞：《致京管理大学堂张尚书》，载赵德鑫主编，吴剑杰、周秀鸾等点校《张之洞全集》第 11 册，第 76 页。

[5] 朱寿朋编：《光绪朝东华录》第五册，第 5036－5037 页。

的比重和内容，而且在学堂不同阶段分别撰述通例或研究办法，完善了学科化的授经程式。更创设经科大学，将各经专门研究。鉴于章程含有太多张之洞办学经验和治学办法，以至于有人指学堂章程“名曰章程，实公晚年学案也”[1]。

实际上，奉命会商学务的三大臣之间关于经学课程的主张并不统一。张之洞对经学课程的设计，荣庆与张百熙的意见就截然不同，暗合《清史稿》对二人新旧的划分：荣庆认为初等小学读经功课，课时仍旧太少，建议增加[2]；张百熙及其下属则认为经学、词章内容增加过多，隐约抵制。[3]各方意见不合，会议多次，未能定议。不过，张之洞奉旨会商学务，实际上成为新学制的主持者，终究以其意见行事。[4]

1904年1月奏准的《奏定学堂章程》(因尚在癸卯年，又称癸卯学制)，无论整体系统还是经学设置，都承接了壬寅学制的部分内容，如仿照日本学制，学堂统系分为普通、专门两块，学科设置采取分科办法规划中学，读经次序方面主张先以“四书”开蒙，中小学堂阶段只是读经，高等以上各学堂才开始研究经学注疏，读经方法小学阶段都强调讲解，以及增加考试作为检验经学教学效果的办法等。但两者在各阶段的教授内容、办法等细节方面，存在很多差异。

---

[1] 许同莘编:《张文襄公年谱》，载北京图书馆编《北京图书馆藏珍本年谱丛刊》第174册，北京图书馆出版社，1999，第95页。

[2] 《癸卯十一月十三日致荣华卿尚书》，载《张文襄公函牍未刊稿》，中国社会科学院近代史研究所藏张之洞档案，档案号：甲182-393。

[3] 《时事要闻》，《大公报》1903年8月1日、1903年8月17日、1903年8月21日、1903年8月24日。

[4] 《时事要闻》，《大公报》1903年8月17日。

癸卯学制普通学教育层级与壬寅学制不同，先设学前教育性质的蒙养院，再分为三段六级。第一阶段初等教育，分为初等小学堂与高等小学堂两级。第二阶段中等教育，包括中学堂一级。第三阶段高等教育，包括高等学堂或大学预科，分科大学与通儒院。师范教育分为初级与优级，程度分别对应中学堂与高等学堂。实业教育进一步细化，各项实业学堂均分为高、中、初三等。此外，还有译学馆、进士馆、仕学馆等。

癸卯学制普通与专门学堂的经学课程内容都有所增加。普通学堂除蒙养院与政法、文学、医、格致、农、工、商等七个分科大学外，自小学堂至经科大学皆设经学课程。高等学堂阶段不像壬寅学制有政科、艺科设与不设的区别，所分三类皆设经学课程。壬寅学制中文学科目下的经学更是直接列为分科大学之一，通儒院也将经学列为专科。专门学堂则初级师范学堂完全科设读经讲经，简易科不设；优级师范公共科与分类科皆设，加习科不设。大学堂师范馆，照优级师范章程办理。实业学堂分为农、工、商三种，仍旧偏重专门，与学生素有根柢的大学堂进士馆、译学馆等皆不设经学课程。

各学堂所设经学课程名目也有所变化：普通学堂中、小学堂经学课程名为“读经讲经”，高等学堂为“经学大义”，经科大学分为十一门：周易学、尚书学、毛诗学、春秋左传学、春秋三传学、周礼学、仪礼学、礼记学、论语学、孟子学与理学。专门学堂则初级师范学堂完全科设“读经讲经”，优级师范公共科设“群经源流”，分类科设“经学大义”。

同时，癸卯学制比壬寅学制更加详细地制定了中小学堂读经的步骤和教授办法，将学生每年应读经书字数标出，使得各学堂便于掌控学生的读书进度。就各阶段教授办法而言，小学堂时期为保护儿童脑力，强调经学课程以讲解为最要。但与壬寅学制不同的，只是“记性较钝学生”不强责背诵，一般学生仍主张“每日所授之经，必使成诵乃已”。故小学堂每星期经学课程十二点钟，一半时间读经，一半时间用来挑背及讲解。中学堂科目增多，每星期读经六点钟，挑背及讲解三点钟。为加深记忆，中小学堂均有每日半点钟温经时间，属于自习性质，不计入学堂时刻。高等学堂以上阶段，转为讲授经学大义。到了经科大学，各经的专门研究重在自学而非授课，“为教员者不过举示数条，以为义例，听学生酌量日力，自行研究”。

各阶段经学课程，张之洞皆订有通例或研究办法，实际上完善了新的教育系统内的授经办法：中小学堂讲经，主张先明章指，次择文义，务须平正明显，切于实用，忌“繁难”与“好新恶奇”。高等学堂则由于经义奥博无涯，学堂晷刻有限，只讲诸经大义。[1]直至分科大学阶段，才开始研究。大体上遵循三个主要步骤，即先明各经源流及流派；次以群经、诸子和史学等以证该经；再次以外国科学等证该经等。由于张之洞一方面兼采汉宋，另一方面则主张中西会通，各阶段课程并无明显划分汉宋壁垒，又注意将西用之学与经学研究结合起来。同时强调通经致用，将群经总义定为“宜将经义推之于实用”，各经研究“务当与今日实在事理有关系处加以考究”。

至于经学课程的检验办法，因各学堂考试种类较壬寅学制增加，分为临时、学期、年终、毕业、升学五种，使得考试检验随之增多。其中毕业考试内容规定尤其细致，分内、外两场。外场口

---

[1]　所谓讲大义，即“切于治身心、治天下者谓之大义。凡大义必明白平易，若荒唐险怪者乃异端，非大义也。”张之洞：《守约》，载赵德鑫主编，吴剑杰、周秀鸾等点校《张之洞全集》第12册，第169页。

试各学科分类，内场笔试则头场须试经论。经学课程的检测方式，一方面继承了科考形式，一方面增加了口试与检查学科讲义的内容。[1]

此外，癸卯学制修订了壬寅学制中小学阶段的课时比重，经学课程大幅度增加，蒙小学堂、高等小学堂和中学堂分别由1/6、1/6、3/37−3/38，增加到2/5、1/3、1/4左右。详见下表：

表2.3 《奏定学堂章程》中、小学堂“中学”各科时刻表

	初等小学堂（5年）	高等小学堂（4年）	中学堂（5年）
读经讲经	12	12	9
修身	2	2	1
中国文学	12	12	4（前二年）；5（第三年）；3（后二年）
中国历史	1	2	3（第一年）；2（后四年）（包含外国历史）
每周各科总时刻	30	36	36

高等学堂阶段取消原来政科、艺科设与不设的区别，各分类皆列有经学课程。更创设经科大学，列有专经研究。除了普通学之外，专门学堂的经学比重也有所增加。初级师范学堂完全科经学授讲课时、程度等同于中学堂，优级师范学堂分类科程度等同于高等学堂，课时略减。但无论初级师范还是优级师范，经学课时比重都超过壬寅学制中大学堂师范馆的规定。显示中学分科首重经学。故

[1] 关于学堂考试与立停科举的关系，参见关晓红：《殊途能否同归：立停科举后的考试与选材》，《“中央研究院”近代史研究所集刊》第59期，2008年3月。

该章程的立学宗旨阐明：无论何等学堂，均以忠孝为本，以中国经史之学为基。[1] 作为全学纲领的《学务纲要》，也多处提到经学万不可少，明确表示对经学的偏重。

癸卯学制虽然整体增加了各阶段经学课程，但中小学堂阶段诵读的经书内容，却较壬寅学制有所减少。这是因为在中西并学的情况下，张之洞主张要保存中学，必须守约易简以救之。[2] 在学堂功课既繁的情况下，不得不限制读全经。[3] 壬寅学制规定，自中学堂后，“十三经”全部读毕。癸卯学制则规定至中学堂毕业为止，春秋只读《左传》，《礼记》《仪礼》《周礼》只读节本，《尔雅》不读。实际上“十三经”中只读十经，且有三经只读节本，所学内容减少甚多。详见下表：

表 2.4　壬寅、癸卯学制中小学堂读经内容比较表 [4]

	壬寅学制				癸卯学制		
	蒙学堂	寻常小学堂	高等小学堂	中学堂	初等小学堂	高等小学堂	中学堂
第一年	孝经、论语	诗经	尔雅、春秋左传	书经	孝经、论语	诗经	春秋左传

[1] 《光绪二十九年十一月二十六日（1904.1.13）张百熙、荣庆、张之洞重订学堂折》，载朱有瓛主编《中国近代学制史料》第二辑上册，第 78 页。

[2] 张之洞：《守约》，载赵德鑫主编，吴剑杰、周秀鸾等点校《张之洞全集》第 12 册，第 169 页。

[3] 张之洞：《致京管理大学堂张尚书》，载赵德鑫主编，吴剑杰、周秀鸾等点校《张之洞全集》第 11 册，第 76 页。

[4] 本表参考周东怡：《清末学制における「読経講経」科目の設置およびその内容について》，《アジア地域文化研究》2010 年第 6 期。但周表关于癸卯学制中初等小学堂第二、三年所读经书内容有误。

续表

第二年	论语、孟子	诗经、礼记	春秋左传	周礼	论语、学、庸	诗经、书经	春秋左传
第三年	孟子	礼记	春秋三传	仪礼	孟子	书经、易经	春秋左传
第四年	大学、中庸			周易	孟子及礼记节本	易经及仪礼节本	春秋左传
第五年					礼记节本		周礼节训本

到了高等学堂以上阶段，讲授经学大义的内容也有变化。张之洞早于《书目答问》经部下阐明："经学、小学书，以国朝人为极，于前代著作，撷长弃短，皆已包括其中"[1]。故一反壬寅学制读汉以来注家大义的规定，主张各经注疏等以国朝诸家之书为要。详见下表：

表 2.5　壬寅学制、癸卯学制高等学堂经学科目内容比较表

	壬寅学制		癸卯学制		
	政科	艺科	第一类	第二类	第三类
第一年	书、诗、论语、孝经、孟子自汉以来注家大义	无	《钦定诗义折中》《书经传说汇纂》《周易折中》		
第二年	三礼、尔雅自汉以来注家大义	无	《钦定春秋传说汇纂》		
第三年	春秋三传、周易自汉以来注家大义	无	《钦定周礼义疏》《仪礼义疏》《礼记义疏》		

[1]　范希曾补正，徐鹏导读：《书目答问补正》，上海古籍出版社，2001，第1页。

癸卯学制的章程条文，大都认为出自陈毅之手。[1] 但其中经学课程的规划，据张之洞身边幕僚所记，全部由张亲自操刀，“学务纲要、经学各门及各学堂之中国文学课程，则公手定者也。”[2] 此言确非泛论，学制中的一些主张，在张之洞早期著述和奏稿中都有所体现，“张氏烙印”极为明显。如没有放弃作《劝学篇》时对康有为借公羊而谈变法的警惕性，言讲《春秋》，必须《公羊》《穀梁》《左传》三传并习。小学堂读经主张讲解经文宜从浅显，深奥者入高等学堂再研习，并强调高等小学堂必读《诗》《书》《易》数经，类此的做法言论，可寻迹于张之洞此前所上《筹定学堂规模次第兴办折》。[3] 而中小学阶段读《周礼》、《仪礼》与《礼记》主张用节本，也早在接获壬寅学制时便已提出。[4] 通过癸卯学制，张之洞得以将湖北经验和个人治学办法落实到全国的学务规划中去。

壬寅学制未及完全施行，直至癸卯学制颁布，新旧教育的衔接转换开始走向实践。作为旧学代表，经学变成一门分科，本就尊崇

[1]　胡思敬：《大臣延揽不慎》，载《国闻备乘》，上海书店出版社，1997，第 55 页。另见王国维：《奏定经学科大学、文学科大学章程书后》，《教育世界》第 118、119 号，1906。

[2]　许同莘编：《张文襄公年谱》，载北京图书馆编《北京图书馆藏珍本年谱丛刊》第 174 册，第 87 页。

[3]　该折提出：“经文古奥，幼年读之，明其义理之浅者，长大以后，渐解其义理之深者。若幼学未经上口，且并未寓目，中年以往，必更苦其奥涩，厌其迂远，岂耐研寻”。张之洞：《筹定学堂规模次第兴办折》，载赵德鑫主编，吴剑杰、周秀鸾等点校《张之洞全集》第 4 册，第 94 页。

[4]　张之洞：《致京管理大学堂张尚书》，载赵德鑫主编，吴剑杰、周秀鸾等点校《张之洞全集》第 11 册，第 76 页。

地位下降。在历经史学与诸子学的挑战后，经学在学堂中与西学各分科“等量齐观”，无疑会引起时人的关注和讨论。

第四节　对于“经学分科”的反应与评议

经学分科的设置是要按照西方学制整合传统旧学，因而成为新学制被关注的焦点。身处清季教育变局中，时人虽然尚未注意到经学进入学制后的剧变，却对以学制调试旧学的方案产生了疑虑。经学规划是否合适，与其他学科的关系怎样，众说纷纭。学制中经学课程的设置，立意很高，但最终要落于实处。作为学堂教育参与主体的教习与学生，展现了各自对于经学分科的接受程度。随着学制的推行，经学课程的实施效果，背离了张之洞的初衷。各方评价，也出现了质疑和否定的倾向。

学制立意强调分科治学，但在实际规制中，经学却存在于多门学科的课程之中。如修身、人伦道德等科，主要内容就是“四书”等经学大义。史学与中国文学等课程的开展，也离不开经学。如保存中国文辞的目的，是为了便于读古经籍；研究中国文学，也离不开群经；研究史学，《左传》是重要内容；等等。这显示新学制的分科治学精神，并不能完全体现中学本身的关联，反而一定程度削弱了经学作为学科存在的独特性和必要性，引发对经学与各科关系的讨论。

讨论主要围绕两个方面展开：一是经学、伦理与修身的共存问题。修身、伦理的内容多取自“四书五经”大义，与读经课程有一定程度的重复，“夫四书五经，何者非修身，何者非伦理？吾不知此外更以何者为修身、伦理也”[1]。故时论认为，或将经籍大义归并入修身[2]，或将修身、伦理归入读经课[3]。一是经科、文科大学的分置存在争议。两次学制对分科大学的规划本就不同，壬寅学制参照日本大学分类办法，经科纳入文学科下。癸卯学制则将经学与理学放入专为中国固有学术而创设的经科大学，史学与文学放入可以对应西学分类的文科大学。王国维看过大学堂分科章程后，认为经学与文学内容联系密切，“必欲独立一科，以与极有关系之文学相隔绝，此则余所不解也”。[4]不赞同将经科与文学科分列，主张废置经科，仍放入文学科下。若想表达尊经之意，则将文学科置于各分科大学之首即可。

对于分科规划意见分歧尚在其次，癸卯学制过重经学，争议更大。一些趋新报刊认为，奏定学堂章程过于强调旧学，必强学生读“十三经”“二十四史”，“更令萦心于旧学之经说”。[5]王国维则进一步揣测张之洞的本意，认为分科大学、经学文学二科章程为“张尚书最得意之作”，为“学术上所素娴者”忠实陈其意见，且公忠体国，以扶翼世道人心为已任，惧邪说之横流、国粹之丧失，故详订教授细目及其研究法，“于此二章程中尤情见乎辞矣”。[6]

除了在野的舆论，朝堂之上对于学制中经学课程的设置也有所

---

[1]　史晓风整理:《恽毓鼎澄斋日记》，第250页。

[2]　《奏定小学堂章程评议》，《时报》1904年5月22日。

[3]　《上学务大臣条议》，《湖南官报》第603号，1904年3月25日。

[4]　王国维:《奏定经学科大学、文学科大学章程书后》，《教育世界》第118、119号，1906。

[5]　《时评》，《警钟日报》1904年8月1日。

[6]　王国维:《奏定经学科大学、文学科大学章程书后》，《教育世界》第118、119号，1906。

关注。清廷早在新政初期，就将不废经学的办学态度明确下来。所以，各种官方讨论皆在设经学的前提下进行。癸卯学制出台前，三位会商学务大臣虽主张不同，分歧只是在如何设的问题上。学制颁布后，言官对学制提出的商榷，也在此前提下进行。御史左绍佐奏称，学生宜专习一经，不可删改经文，与学制章程规定“各学堂课程，四书五经皆读全文”之意吻合。[1] 御史张元奇奏请“蒙学但课中文，俟考入中学堂后再习西国语言文字”，直言小学堂不应习洋文，以免占学生读经时刻。[2]

抛开设制的立意高远与议论的纸上谈兵，学制颁布影响最大的，其实是“今之学林”无不由新章而变。[3] 学堂的教习与学生是直接感受新学制所带来变化的主体。

此时的经学教习，多系旧学出身。张之洞等人奏准的递减科举折预想到，“经生寒儒，文行并美而不能改习新学者，可选充各学堂经学科、文学科之教习”。从一些学务调查的结果来看，旧学的功名程度往往决定其所传授学堂的层级，一般中小学堂经学教习举、贡、廪、增、附皆有，高等学堂以上则多为举人出身。而有一定门第、文名之人，更易获得教席[4]。多数经学教习入学堂后，因少经师范熏陶，不过将原来应试的东西拿出来宣讲充数而已。如某

---

[1]　中国第一历史档案馆藏档案，军机处录副奏折，文教类，学校项，7213-51，胶片号：537-3276。

[2]　刘锦藻编：《清朝续文献通考》卷一百二，学校九，浙江古籍出版社，2000，第8609页。

[3]　语出许同莘编《张文襄公年谱》，时人评价张之洞学制参与规划一事，“今之学林，殆无不由公而变”。《北京图书馆藏珍本年谱丛刊》第174册，第162页。

[4]　公奴：《金陵卖书记》，载张静庐辑注《中国现代出版史料》甲编，中华书局，1954，第399页。

地中学堂宣讲经学一门，由教习将向所撰述经解等类抄给阅看。[1]保定广昌县小学堂以举人李得龄为教员，日以经义课士。[2]湖北所设南省中学，其教习类皆八股老秀才，竟不知黑板为何物。[3]这样的情况相当普遍。一些地方要专为这些教员补习速成师范。情况稍好一点，则教习等稍微接触西学知识，如江西高等学堂教习唐咏霓，即以周礼发问，与西政、西艺相比附。[4]有文名的经师宿儒，常就自己所宗，抒己所长。王闿运执教江西大学堂（实为高等学堂），“所讲论语独辟思想”。[5]

各地主讲席者，不乏怀抱“宗经卫道”自觉的人。苏州中学堂聘曹元弼为经学教习，其说“要以黜异端、息邪说为宗主”。[6]甘肃文高等学堂教习刘尔炘主讲经学，声誉甚高，平时对学生也很爱护。但一旦发现学生有“欺君罔上、叛道离经”的言行，即严加责打。[7]为了挽救世道人心，有人甚至主动在学堂讲授经学。1905年，河南禹州三峰实业学堂山长王锡彤，自发为实业学堂学生教《论语》。[8]恽毓鼎则打算修改小学堂章程，专以“四书五经”为主。[9]

---

[1]　《本国纪闻》，《警钟日报》1904年7月13日。

[2]　朱有瓛主编：《中国近代学制史料》第二辑上册，第234页。

[3]　《学界纪闻》，《警钟日报》1904年12月5日。

[4]　杨士京：《前江西高等学堂革命运动之回忆》，载朱有瓛主编《中国近代学制史料》第二辑上册，第652页。

[5]　《学界纪闻》，《警钟日报》1904年9月6日。

[6]　《本国纪闻》，《警钟日报》1904年7月23日。

[7]　《清末甘肃文高等学堂的片段回忆》，载朱有瓛主编《中国近代学制史料》第二辑上册，第672、675页。

[8]　王锡彤：《抑斋自述》，河南大学出版社，2001，第115–117页。

[9]　史晓风整理：《恽毓鼎澄斋日记》，第250页。

学堂学生对经学课程的态度，略有差异。革命性较强的《警钟日报》认为新的学制章程悉以“压制学生、闭聪塞明为宗旨”。[1]一些趋新的学生，如河南高等学堂和杭州武备学堂学生反对阅读《小学》《孝经》，或他们认为是“不急之务”的性理书，甚至哄堂罢课。[2]但这一时期的多数学堂直接由书院、书塾转化而来，学生对修习熟悉的经学课程并无不适。且中学、高等以上各学堂开办之始，无合格生源，只能招考秀才、廪生等入学，使得各学堂学生有功名之人极多。如京师大学堂师范馆 1906 年共有学生 321 人，旧学功名出身者 243 人。[3]这些学生已具文史根柢，反而对于西学知识有陌生感。故多能接受经学课程，沉静好学，有“尊经”遗风。[4]像杭州府中学堂学生对经史课程乐于听讲，并以笺注《春秋大事表·序》获誉而引以为荣。[5]甚至出现过完全相反的情形。保定直隶高等学堂本来注重国学，因总教习注重西学，而师生皆不满，与其“长久存在着矛盾”。[6]

科举的存在，也影响了学堂学生对经学课程的态度。癸卯学制虽然规定凡在各学堂肄业学年期内，均不得应科举考试，却准予毕

---

[1] 《学界纪闻》,《警钟日报》1904 年 9 月 3 日。

[2] 桑兵:《晚清学堂学生与社会变迁》，学林出版社，1995，第 72 页。

[3] 房兆楹:《清末民初洋学学生题名录初辑》，精华印书馆股份有限公司，1962，第 78-136 页。

[4] 陆殿舆:《四川高等学堂纪略》，载朱有瓛主编《中国近代学制史料》第二辑上册，第 618 页。

[5] 项士元:《杭州府中学堂之文献》，载朱有瓛主编《中国近代学制史料》第二辑上册，第 549 页。

[6] 《北洋大学事略》记直隶高等学堂，载朱有瓛主编《中国近代学制史料》第二辑上册，第 630 页。

业学生参与乡会试，使得经学课程可作为学生毕业后应试的积累。而科举只凭“一日之短长”，学堂必“累年之研究”，相较之下，科举考试对一些渴望更快得到出身的学生来说，诱惑更大。虽然学制禁止，各地对在读学生参加科考并没有严格执行禁令，或即便严禁，也有学生改名应试。[1] 故一些地方的学堂学生，对读经课程的态度因有利举业而颇为踊跃。每逢考试之期，学生花费精力读经温经，且占用其他科目时间于读经上。1904 年县考在即，淮安县山阳小学“上英文课者不过居十之二三，上算学课者不过十之四五，每月逢各书院开课之日，则无一上英文算学课者”，学生莫不手持经义一册，“揣摩吟诵焉”。[2]

在张之洞看来，新的学制章程，一方面增加新学，“皆科举诸生之所未备”；另一方面则科举所尚之旧学，“皆学堂诸生之所优为”，使得新式学堂兼具“中体”和“西用”之学。就经学而言，较旧时“讲读研求之法皆有定程”，尤加详备，有序有恒，因而对新学制下的学堂育才和旧学训练，期望很高。不过，各地对分科设学的理解和实施需要时间，新旧知识的并行共存，不是单靠学制可以轻易解决的问题，这些都导致学制实行的效果不佳，其教授办法和教育质量渐为人所诟病。立停科举后，学堂成为维系经学教育的唯一渠道，当人们习惯性地用科举时代的标准去衡量学堂中的经学教育时，评价自然很难正面。

随着学制的推行，再度引发对于经学消亡的忧虑。恽毓鼎认为“南皮总督真吾道罪人也”，理由即是“近来中外学堂皆注重日

[1]　报纸曾经登出台州官学堂学生为应试改名事情，《学界纪闻》，《警钟日报》1904 年 12 月 15 日。

[2]　《地方纪闻》，《警钟日报》1904 年 4 月 23 日。

本之学，弃四书五经若弁髦，即有编入课程者亦不过小作周旋，特不便昌言废之而已。”并因此预言，“不及十年，周孔道绝，犯上作乱，必致无所不为。”[1] 而分科太多，显然减少了学生修习经学的精力。1906 年刘汝骥在慈禧召见时，指陈直隶办学的毛病，除了糜费太多外，要项之一，便是“中学堂以上学科太杂，于经学反多荒废”。[2] 1906 年孙家鼐也提出：“学堂偏重西学，恐经学荒废，纲常名教，日益衰微。拟请设法维持。”[3] 张之洞规划学制经学课程时，曾经自信地表示：“若按此章程办理，则学堂中决无一荒经之人，不惟圣教不至废坠，且经学从此更可昌明矣”。但学制实行一段时间后，显然与他的预期差之甚远。

清季学制出台，分科设学与教学有了具体操作的方案。作为一门分科，新式学堂中的经学改头换面，已然不同于原有形态。在教育上采用分科办法的同时，近代学人也以分科框架条理中国固有学问，形成各种各样的分科方案。[4] 不过，学人分科治学，必须经过报刊媒体的传播才能影响社会，学堂分科教育，则彻底影响了一代又一代人对于经学的认知。

---

[1] 史晓风整理：《恽毓鼎澄斋日记》，第 250 页。

[2] 刘汝骥：《丙午召见恭记》，载《陶甓公牍》卷一，示谕，官箴书集成编纂委员会编《官箴书集成》第 10 册，黄山出版社，1997，第 1-2 页。

[3] 《清实录》第 59 册，中华书局，1987，第 454 页。

[4] 学界对此已有梳理，参见左玉河：《中国旧学纳入近代新知识体系之尝试》，载郑大华、邹小站主编《思想家与近代中国思想》，社会科学文献出版社，2005，第 214-252 页。

结　语

甲午之后，中学在新式学堂中被划分为经学、史学等项课程。壬寅、癸卯学制的出台，使得学堂分科成为制度。学制框架内的经学，在各阶段学堂中有了内容、层级安排的衔接和递升。随着新学制的实施，经学在“以西方学术之分类来衡量”的路上也越走越远。接踵而来的立停科举，原有王朝学校体制废除，“不废经学”的重任更多落在了学堂的经学课程上。但学制施行的效果不如人意，变成一科的经学，很难担负维系圣教和支撑中学的重担，于是人们开始重新思考保存旧学的办法，存古学堂由此登上历史舞台。

蒙文通反思经学在近代的境遇，指出自清末壬寅、癸卯学制出台，西学的分科系统和教育框架就破坏了经学本来的地位与价值，“自清末改制以来，昔学校之经学一科遂分裂而入于数科，以《易》入哲学，《诗》入文学，《尚书》、《春秋》、《礼》入史学，原本宏伟独特之经学遂至若存若亡，殆妄以西方学术之分类衡量中国学术，而不顾经学在民族文化中之巨大力量、巨大成就之故也。其实，经学即是经学，本自为一整体，自有其对象，非史、非哲、非文，集古代文化之大成、为后来文化之先导者也。”[1] 就此而言，经学进入学制前后截然不同，学堂中的经学，已经不复本来面貌。

值得注意的是，经学进入学堂学制，虽然是近代经学地位形态演变的主要脉络，却并不能涵盖经学问题的所有层面。科举停罢之后，由于朝野官民对于中西学的认知不同，使得学堂体系外仍以学塾、家学等形态存在大量未经分科条理改造的“经学”。只是随着时间的推移，这些独立于学堂体系外的经学传授，也逐渐被吸纳进

[1]　蒙文通:《论经学遗稿三篇 · 丙篇》，载《经学抉原》，第 209、212 页。

学堂（校）而渐趋消融瓦解。

经过近代学制分科框架的改造，传统学问被逐步肢解，后人逐渐习惯用西式观念看待中国传统文化，以至于民国时期的常识类读物如此描述国学："从内容上看，也就是哲学、文学、史学等等的东西"。[1] 对于经学的认知同样如此，"至于经之性质，《诗经》有文学之性质，《书经》有政治史之性质，《易经》有哲学之性质，三礼有典章制度史之性质，《春秋》有编年史之性质"。[2]

在日益为人所接受的分门别类的眼光下，传统学问渐失本相，所以钱穆谈及中西文化差异，着重指出："中国重和合，西方重分别。民国以来，中国学术界分门别类，务为专家，与中国传统通人通儒之学大相违异"，致使"循至返读古籍，格不相入"。[3] 有感于此，民国时期不少学人反思并检讨用西洋系统调试中国传统学问的做法，却难觅两全之道。

清廷在引入西式分科学制整合中西学术的同时，本希望借助学堂经学课程，使学堂兼顾道德教化与文化传承。然而，分科办法下的经学丧失了原有形态和性质，其特殊地位和固有办法也限制其有效的融入学堂，变成一科的经学在政体易嬗的背景下，更无力承担载道与传道的重任，从学制体系内退出成为必然。经学进出学堂与学制的过程，呈现了清季民初经学演变的重要脉络。经过西学的整合，经学丧失其本，渐至沦为"绝学"。

---

[1] 曹朴：《国学常识》，文光书店，1948，第 2 页。

[2] 朴安：《何谓经学》，《民国日报》1926 年 8 月 28 日，第 9 版。

[3] 钱穆：《现代中国学术论衡》序，生活·读书·新知三联书店，2001，第 1 页。

第三章　中国考古学的形成

明末清初的中西文化交流，令欧洲学者对人类历史产生了新的看法；中国学者则在晚清的西学入侵中，普遍感到有必要重新梳理对人类早期历史的认识。这一过程伴随着“物质观念”的兴起，研究中国古史需要借助甚至主要依靠古物的看法逐渐占据了古史论辨的中心。尽管对古经籍的怀疑加深，对古物的信任加剧，但古物究竟表达了一个什么样的历史过程，仍是一个言人人殊的问题。

清季学人并未具备“为学术而学术”的意识，反而自觉地将对现实的关怀纳入古史表述当中，重建历史的工作浸透了强国富民的企图。《国粹学报》的众多撰述者均关注工艺美术的发展，在先秦文献中寻绎有关中国工艺技术的历史，作为建构新史实际也是建设新国家的理由。章太炎尽管也具有同样的现实关怀，却试图削弱工艺技术在国史上的重要性，转而强调“文”是核心，是真“知”史的唯一途径。国粹派学者在此显示出其内部的深层分裂，并指示了此后史学观念中大略对峙的两类思路。

与中国自身学术转变同时，欧美汉学对中国历史的研究也出现从文字、文献结合实物的综合研究，向更重分工的专门化演变。受此专门化趋势的影响，现代中国的考古学科孕育诞生。从安特生发现河南仰韶村遗址，到中央研究院史语所考古组发掘殷墟，一整套发掘和整理办法使独立的实物研究成为可能，由考古遗存重建古史的目标逐渐实现。这一过程正体现出实物研究在中国现代史学史上的地位。

考古专业在20世纪的大发展，为古史研究添加了无数新材料。但究竟是文字材料还是实物材料更具革命性，却存在不同看法。近二三十年众多叙述中国现代考古学[1]史的著作都以王国维《最近二三十年中国新发见之学问》为开端。[2]此文与稍早时抗父发表的《最近二十年间中国旧学之进步》[3]相似，叙述了甲骨、简牍、敦煌卷轴、内阁档案等新史料的问世及研究经过。有学者认为，王国维在《古史新证》中揭橥的"二重证据法"，"从理论和方法上为中国的现代考古学奠定了基础"。[4]但李零教授却认为："王国维讲的'二重证据法'，所谓有'纸上之史料'是指《诗》、《书》等古书；'地下之材料'是指殷墟甲骨和商周金文。即使时间扩大一点，再加上西域汉简、敦煌卷子，其研究也还是以文字为中心。这些发现基本上都是非发掘品，或者虽经发掘（如斯坦因发掘的西域汉简），也不是从考古学的角度去研究。……后来的考古学，其实是外来的学问。它提供的是又一种证据，即第三重证据。"并且分析说，之所

[1]　关于"现代考古学"的内涵，参见李济：《现代考古学与殷墟发掘》，《中央研究院历史语言研究所安阳发掘报告》第2期，1930；夏鼐：《五四运动与中国近代考古学的兴起》，《考古》1979年第3期。近二三十年大陆考古学界多用"近代考古学"的名称，此处从民国时期李济的说法。

[2]　如陈星灿：《中国史前考古学史研究（1895－1949）》，生活·读书·新知三联书店，1997，第16页。

[3]　抗父：《最近二十年间中国旧学之进步》，载东方杂志社编《考古学零简》，商务印书馆，1923。

[4]　李学勤：《疑古思潮与重构古史》，载《重写学术史》，河北教育出版社，2002，第217页。

以会把王氏的“地下之材料”混同于广义的考古材料，主要源于中国本有的学术传统和习惯。即，“我们是以传世古书为本，进而求诸古文字材料，进而求诸考古实物，以前之所见解释后之所出，以后之所出印证前之所见（这有一定合理性，但也有很多弊病）。我们是把古文字材料当传世古书的延伸，把考古材料当古文字材料的延伸（比如殷墟发掘是导源于殷墟甲骨的发现，这就是很好的理由）”。也就是说，“传世古书是第一种，古文字材料是第二种，考古材料是第三种，这才是近代史学的认识过程。”[1]

这种把文字与实物的研究分别开来的观念，实际是在安特生发掘仰韶村到中研院史语所考古组发掘殷墟前后逐渐兴起的，傅斯年与李济都曾对考古学的“新方法”做过阐述，旨在区别同样掘地的其他做法，这为后来“考古学”的学科观念树立了模范。

到底古“文”与古“物”何者更近“信史”。章太炎在《文学总略》中称：“夫命其形质曰文”；对“物”则解释为：“《说文》：‘物，万物也。牛为大物，天地之数起于牵牛，故从牛。’念古文言物者，非斥万物。汉世多言物色。《左氏春秋》说：‘百官象物而动。’杜《解》曰：‘物犹类也。’《正义》曰：‘类谓旌旗画物类也。’《乡射礼》、《大射仪》说设物曰：‘物长如笱，其间容弓，距随长武，若丹若墨，度尺而午。’此皆以物为画象，其本义当为牛之毛物。……有杂采者，通曰物。……诸仪容通曰物。……引而伸之，说物为类，万物者，犹言万类矣。”[2] 故“文”与“物”较，更具“本质”意义。

---

[1]　李零：《简帛古书与学术源流》，生活·读书·新知三联书店，2004，第10页。李零自己的研究既不局既也不主张局限于某一学科。

[2]　章太炎：《说物》，载《章太炎全集》（四），上海人民出版社，1985，第40-41页。

如此解“物”，还见于王国维。[1] 1926年，梁启超在清华研究院讲授《中国历史研究法补篇》时，曾将与通史相对应的专史分为五种类型，其中之一即“文物的专史”，包括政治、经济、文化三个方面，[2]“夫文物所寄，岂惟经籍，建筑彝器雕刻书画，其显象也。”[3]梁启超虽将建筑彝器雕刻书画与经籍并列为“文物所寄”，但明白提示出在时人观念里，两者仍有“显”“隐”之差别。这与后世直接视古经籍建筑等“物质”形象为“文物”的概念大相径庭。[4]

尽管数十年来“文物”联辞已具有了特定的意义，但“文”与“物”字面下隐含意义的差别与联系仍然活跃在当代学者的思维之中。1988年，考古学家俞伟超在《中国文物报》上发表了一篇文章:《文物研究既要研究“物”，又要研究“文”》。[5] 他说，我们国家五十年代学习苏联，曾把考古学研究的内容，理解为仅仅是研究物质文化史，“实质上也就是研究生产力”。但“许多考古学遗存或是文物，绝不仅仅能反映出当时的生产力情况”，“还有当时人们的精神世界以及社会组织状况”，他盼望后一种类型的研究在整个考古学科中的比例增加起来。这种“物质文化”与“精神文化”的区分同章太炎“文”“物”的区分固然有别，却也存在相似之处。

将考察的时段从清末延伸到民国，其所谓的学科知识体系已与

---

[1]　王国维:《释物》，载《观堂集林》卷六，中华书局，1959，第287页。

[2]　梁启超:《中国历史研究法补编》，载《饮冰室合集》专集之九十九，中华书局，1989，第32-33页。

[3]　梁启超:《清史商例初稿》，载《饮冰室合集》专集之三十一，第11页。

[4]　谢辰生:《文物》，载《中国大百科全书·文物博物馆》，中国大百科全书出版社，2004，第1-2页。

[5]　俞伟超:《文物研究既要研究“物”，又要研究“文”》，载王然编《考古学是什么》，中国社会科学出版社，1996，第133-136页。

今日相近，中国“考古学”作为一门学科，正是在这一知识体系内建立的。唯讨论的内容并不仅仅在于考古学科的定义范围及其建立过程，事实上对它的定义因人因时而异。李济等人在20世纪30年代初提出“现代考古学”这一观念，当时便有学者持异议，到1950年代考古学内部更有一次较大范围的“反动”。故本章侧重于中国史学研究中围绕上古历史与工艺史的观念变化，及其背后种种对“信史”与历史研究性质的理解，分析清末民初学术分科变局中的思想动态，尤其是“文”“物”与“信史”的关系问题。

第一节　中国上古史的真相

明清中西文化交流为欧洲学者讨论人类历史提供了比较的材料。[1] 但伴随其史学的发展，中国史籍载记中的圣王先哲事迹也引起诸多疑问。黑格尔即对中国古史说过这样的话：“他们的历史追溯到极古，是以伏羲氏为文化的散播者、开化中国的鼻祖。据说他生存在基督前第二十九世纪，所以是在《书经》所称唐尧以前；但是中国的史家把神话的与史前的事实也都算做完全的历史。”[2]

鸦片战争前后，一个生活于广东的法国人这样议论中国历史：

---

[1]　17、18世纪欧洲学者的世界历史观念曾因对中国的了解而产生很大的变化，参见许明龙：《17、18世纪欧洲对中国古代史的研究及其后果》，《世界历史》1991年第5期；张国刚、吴莉苇等：《明清传教士与欧洲汉学》，中国社会科学出版社，2001，第195-225页。明清之际在华传教士与中国基督徒关于人类单一起源的说法以及中国士人的反驳，参见［英］冯客：《近代中国之种族观念》，杨立华译，江苏人民出版社，1999，第68页。

[2]　黑格尔：《历史哲学》，王造时译，上海书店出版社，2001，第119页。

“我不想谈神话故事，那些一万八千年的纪、地皇、人皇，所有那些无人了解的神秘年代，我只想谈为理性的人所接受的历史，也就是说天朝帝国的半信史和信史，从伏羲皇帝开始，也就是公元前2953年。要解释我的怀疑主义，只需要无数理由中的一条：怎么能够相信七百五十年的时间内只有九位统治者？这么一来，平均每位统治者岂不是统治了八十三年？”[1]

欧洲人根据《旧约》宣扬地球从创始至今只有六千年的说法传到中国，同样引起了“理性的”中国人之置疑。王炳燮《读江慎修数学补论》说：“江氏专崇西说，所见极偏。天地开辟年数远不可知，邵子元会之说，虽未可信，亦何至遽信西洋人谬说而谓开辟以来止六千余年耶？此类疑莫能明，虽圣人有所不知，而谓西洋人独知之乎？”[2]

上古时代的情形究竟怎样？王炳燮虽批评西洋人的谬说不可信，但将创世历史置于“不可知”之列的办法，却不足餍人。此时在华西人根据现代地质学、人类学等新兴科学讲述上古地球和人类历史，不但为中国人闻所未闻，也与《圣经》等西方古典相去万里。例如由华蘅芳笔述的中国第一部地质学译著《地学浅释》。[3]游历欧洲的清朝士人，则常常在博物馆内见到新奇的古生物陈列。

---

[1]　[法] 老尼克：《一个番鬼在大清国》，钱林森、蔡宏宁译，山东画报出版社，2004，第217页。类似此书作者的欧洲人大概早已接受了较新的知识，对于欧洲从前以《圣经》为基础建构古史的方式亦应有所排斥，因《圣经》所记载的古人大有活到几百岁的。

[2]　王炳燮：《毋自欺室文集》，光绪乙酉（1885年）刊，载沈云龙主编《近代中国史料丛刊》第237册，台湾文海出版社，1985，第126页。

[3]　[英] 雷侠儿：《地学浅释》，[美] 玛高温口译，华蘅芳笔述，江南制造局刻本，无年代信息，但华衡芳的“序”作于同治十二年即1873年。

例如曾纪泽[1]、李圭[2]，并借助古生物来解释中国古籍中神话色彩浓厚的“龙”与“凤”。

19世纪后半期，以英法为主的欧洲人在埃及、巴比伦等地探索古物与古史，[3]竟部分证明了《圣经》记载与古迹相合，这大约是在华传教士根据《创世记》讨论中国历史的原因之一。例如《万国公报》上先后刊文，介绍《圣经》可以帮助中国人弄清盘古始祖的来历，[4]以及西王母、广成子、西夏等古籍所载人名地名的真确情形，[5]并以中国典籍大略可信，不需“如埃及、巴比伦等国掘地以寻石瓦之碎块而倍加工夫以究其古文之秘妙”。[6]英人韦廉臣撰《古初纪略》，引“地下枯骨及各项器具”为根据，证明《旧约》叙述可信。[7]

韦廉臣据《圣经》叙述上古时代人群的分流与移动，慕维廉则称英国数处“巨石堆垛”的古迹为“古教中祭坛遗迹，印度、波斯亦间有之，可证此教昔时本自东而西也。”[8]英国人金斯密（T. W. Kingsmill）[9]将中国传说的周文王等故事与印度、希腊、条顿等民

[1]　曾纪泽:《出使英法俄国日记》，岳麓书社，1985，第251－252页。

[2]　李圭:《环游地球新录》，岳麓书社，1985，第285－287页。

[3]　参见拱玉书:《西亚考古史：1842—1939》，文物出版社，2002。

[4]　《盘古氏论》，《万国公报》第7年339期，1875年6月5日。

[5]　《参史考》，《万国公报》第8年356期，1875年10月2日。

[6]　《参史考》，《万国公报》第8年362期，1875年11月13日。

[7]　韦廉臣:《古初纪略》，《万国公报》第9年第404卷，1876年9月9日。

[8]　慕维廉译:《大英国志》，载《西学大成》第4册，醉六堂书坊印，王韬等序作于光绪十四（1888）年，第1页。

[9]　参加过亚洲文会的外国人名中英对照，参见王毅:《皇家亚洲文会北中国支会会员表》，载《皇家亚洲文会北中国支会研究》，上海书店出版社，2005，第207－403页。

族传说比较，认为中国文化与雅利安人相关，后者可能是中国人的来源。[1] 花之安（Ernst Faber）认为中国历史的可靠记载始于《春秋》一书。[2] 艾约瑟不同意花之安所说的中国纪年和中国文字不早于公元前 800 年的观点，金斯密也不同意，但他的意见是时间定得还太早。通过对文字形式的研究，并结合洪堡关于中国与西亚隔着不可逾越的大沙漠的论点，一个署名 G. S. 的评论者认为，西亚不可能是中国人种的摇篮。[3] 19 世纪末德、日等国学者的铜鼓研究也影响到国人，如梁启超即采其铜鼓研究的结论来证明中国先秦时百粤族的族属。[4]

梁启超曾说："中华民族为土著耶？为外来耶？在我国学界上，从未发生此问题。问题之提出，自欧人也。"[5]1890年后，拉克伯里关于中国文化起源于巴比伦的观点广泛流传。但在汉学界，同之前金斯密和花之安的观点一样，有很多反对意见。[6] 不过，拉克伯里就巴比伦古碑进行的研究在中国广为传播。[7]

戊戌前后译自日文的历史书，虽多分段讲述，然"上古"部

---

[1] T. W. Kingsmill, "The Legend of Wen Wang, Founder of the Dynasty of the Chows in China", *Journal of the North China Branch of the Royal Asiatic Society*, New Series, no.8, 1874.

[2] Ernst Faber, "Prehistoric China", *Journal of the North China Branch of the Royal Asiatic Society*, vol.24, 1889–1890.

[3] G. S., "Critique of Prehistoric China", *T'oung Pao*, vol.2, 1891.

[4] 梁启超:《历史上中国民族之观察》，载《饮冰室合集》专集之四十一，第 9–10 页。

[5] 梁启超:《中国历史上民族之研究》，载《饮冰室合集》专集之四十二，第 2 页。

[6] G. Schlegel, "China or Elam", *T'oung Pao,* vol.2, 1891, pp.244–246.

[7] 如《博物新闻》之《早年古石》，《格致汇编》第 6 年，1891，第 35 页。

分的史迹，仍或缺或简单地由神话载记组成。[1] 而东文学社刊印的《支那通史》则明确地说："自唐虞而上，邈不可考"，"且汉人恐当非支那土人"。[2]《欧罗巴通史》的上古部分首述约公元前 2500 年的埃及诸国，因有金字塔和象形文字为证。[3] 1901 年出版的《西洋史要》以"精确"为鹄的，"故有史以前之事，屏不载"。[4]

此时，古物研究作为一门现代学科的形象在中国开始出现，如"稽古学"。[5] 地质学书籍中记载的地球与人类古老历史也丰富了时人对上古史事的认识。如康有为 [6]，谭嗣同 [7]，夏曾佑 [8]，徐维则、顾燮光 [9]。更能反映古物研究对史学具革新意义的例子，是 1903 年王景沂编写的一部《科学书目提要初编》，在《地学浅释》的条目下注明："近代地学家考验物质，剖毫析芒，以知人类托始至近亦在

[1]　如［日］冈本监辅：《万国史记》，慎记书庄，1897；［日］桑原騭藏：《东洋史要》，樊炳清译，东文学社，1899。

[2]　［日］那珂通世：《支那通史》，东文学社，1899。

[3]　［日］箕作元八、峰岸米造：《欧罗巴通史》，徐有成、胡景伊、唐人杰同译，东亚译书会，1900。

[4]　［日］小川银次郎著，樊炳清、萨端同译：《西洋史要》，金粟斋，1901。

[5]　《西学启蒙》十六种（共十六册），上海图书集成印书局，1898。

[6]　《万木草堂口说》，康有为1896年于万木草堂讲课时学生的笔记，原笔记者不详，见姜义华、吴根樑编校《康有为全集》第 2 集，上海古籍出版社，1987，第 273、277 页。

[7]　谭嗣同：《石菊影庐笔识·思篇》，载蔡尚思、方行编《谭嗣同全集》（上册），中华书局，1981，第 131－132 页。《石菊影庐笔识》为谭嗣同 30 岁以前的著作集，故其写作年代不晚于 1895 年。

[8]　梁启超：《亡友夏穗卿先生》，载《饮冰室合集》文集之四十四（上），第 19－20 页。

[9]　徐维则辑、顾燮光补：《增版东西学书录》，北京图书馆出版社，2003，第 220－221 页。

五十万年以前，盖影响之利及科学者甚繁焉。读是书者将藉以考见太古穷递变化之理，非可与志怪搜神诸书同类而讽诵之也。”[1] 也就是说，考究人类远古的历史不应从“志怪搜神诸书”中寻找材料，而应由新起的诸科学来担纲了。

1900 年上海广学会出版的《万国通史前编》，便是一本据新学问而建新史的示范。该书第一册名《太古志》，作者在自序中说，史学即要“居今以稽古，竟委而穷源”，因此考究太古时期的历史尤其重要。然而太古之时，人民“皆不识不知，顺帝之则，传世历数千年之久，迄无文字以纪事，实书策之流传绝少，即考据与征引俱穷，可奈何？乃近有格致家善能蒐罗古迹，与其日用行习之物，遂可上溯太古之崖略，而稍知其人之情状。于是古迹与用物也者，一没字之史也。”

该书称：“信史之肇始，各国皆无过四千岁”，四千年以前的历史则需地下古迹说明。西方的格致家明白地层形成的道理，因此“思从山脚之地逐层考验而下，即历代揣摩而上。夫土层犹书叶也，书之纪事，自古迄今，逐叶翻新；土之纪事，则由今溯古，逐层转旧。”而且“学问最深之博士毕生以掘地作读书”，“出身大书院之名流，躬往山边督工发掘，甚至手自助力以取真凭”，“欧亚非美各洲皆有人遵其道而行之，且共著书立说，互相质证确切不移。从此未有书契以前之古事彰明较著，不啻有史乘之留遗。”其后文所述太古史事，即从这些格致家们的著作中摘选而来。[2]

古物研究逐渐成为时人鼓吹的内容，如刘师培宣讲的社会学便

[1]　王景沂：《科学书目提要初编》，北洋官报局，1903。

[2]　［英］蔡尔康纪述：《万国通史前编》，李思辑译，上海广学会，1900。

包括“掘地术”。[1] 光绪二十八年（1902 年）制定的《奏定大学堂章程》中，“古生物学”被定义为“考究发掘地中所得之物品，如人骨兽骨刀剑砖瓷以及化石之类，可以为史家考证之资者”。[2]1905 年出版的《(最新中学教科书）地质学》说：“欲寻人类之元始，必合历史博古地质三学而参究之……博古学者治人类进化史每分为三代”，把关于石铜铁三期说的内容归为“博古学”一类。[3] 这也表明时人已经注意到考察人类历史需要多学科合作，古代人类遗迹和现代“未开化”民族的调查材料，文献记载的历史与地质学、考古学、古生物等等掘地掘出的材料结合一起，开始成为国人理解古史、证明古史的工具。

第二节 信史与“文”“物”

1880 年，出使欧洲的曾纪泽在与某欧人谈及上古历史时说：“孔子删书，断自唐虞，自时以上，虽有相承之说，中国人未尝据信也。”[4] 数年之后，康有为在《民功篇》一文里，也表达了对古史载记的怀疑，并推测从伏羲到尧舜时代之间仅有百余年。[5] 他自述

---

[1] 刘师培：《论中土文字有益于世》，《国粹学报》第 46 期，1908 年 10 月 14 日。

[2] 《奏定大学堂章程》，载舒新城编《中国近代教育史资料》中册，人民教育出版社，1981，第 572－625 页。

[3] 赖康忒：《(最新中学教科书）地质学》，包光镛、帮逢辰译述，商务印书馆，1905。

[4] 曾纪泽：《出使英法俄国日记》，岳麓书社，1985，第 319 页。此事时为 1880 年。

[5] 康有为：《民功篇》，载姜义华、吴根樑编校《康有为全集》第 1 集，第 13－14 页。

曾在1887年编写《人类公理》一文，“兼涉西学，以经与诸子，推明太古洪水折木之事，中国始于夏禹之理”。[1]

在流传至今的《万身公法书籍目录提要》里，稍具体地透露出康有为的依据在于“格致家将地球逐渐考验，知地球自始生以来，历六万年，然后有人类，自有人类以至今日，则不过四千余年耳。”[2] 以地球为一个整体，康有为在论“政教文物之盛”的国家之先后时，也考虑到了地理地形的因素。《康子内外篇》称，“以地球论之，政教、文物之盛，殆莫先于印度矣”，因为印度“于昆仑为最近，得地气为最先，宜其先盛也”。中国、波斯、犹太、欧洲皆以距昆仑远近决定兴盛的先后。但这样的看法也不确定，因为他接着说“以政教、文物为莫先于印度，未敢知也。墨西哥、秘鲁近掘得前世城郭、殿宇、文字，其无人通之，盖已经一劫矣。”他推测这些遗迹的时代大约在五千年前即伏羲神农之前，“何以见之？以地球论之，今日昆仑是为地顶，亚、欧二洲占地独多。当日墨西哥、秘鲁盛时，其洲地必广大，造地运过矣。田为沧海，故今日为太平海，陷于彼而突于昆仑之盛，亚墨之消也。故墨西哥、秘鲁政教必先于印度也。”对于人类生存状态也有一些奇特的看法，如距太阳近的地方，只有草木繁盛，因人不能忍受太热，引西人所说地下“煤为大木所化”证明；距太阳远的地方则出产大禽大兽，可以西伯利亚出产巨兽骨证明。[3]

---

[1]　康有为:《康南海先生自编年谱》，载蒋贵麟主编《康南海先生遗著汇刊》第22册，宏业书局，1987，第18页。

[2]　康有为:《万身公法书籍目录提要》，载姜义华、吴根樑编校《康有为全集》第1集，第271－274页。

[3]　康有为:《康子内外篇》，载姜义华、吴根樑编校《康有为全集》第1集，第198－199页。

在《孔子改制考》一书中，康有为称："六经以前无复书记。夏、殷无征，周籍已去，共和以前，不可年识，秦、汉以后，乃得详记。……夫三代文教之盛，实由孔子推托之故"。[1] 王汎森已经指出："《新学伪经考》是全盘推倒古文经的信史性，而《孔子改制考》一书从深一层看即是全盘推倒今文经及先秦诸子的信史性。康有为又认为所有出土的地下史料都是刘歆集团伪造来配合他的造伪活动的，故几乎所有上古史料的信史性皆被他推翻了。"[2]

在康氏门人记录的1896年万木草堂课堂笔记中，可以看到康有为几乎完全接受了某一类西方观点。他说，"地球自洪水以前一大劫。溯洪水之初，或为日所摄，或为他行星所触，人类几绝。禹之治洪水，不过因势利导。是时日力之摄息，地球之轨平，洪水必退，禹不过疏其未退者耳。洪水之劫，通地球皆同，可知不独中国为然。观西人所考俱断于洪水后，便知。""人之生约在五千年前"[3]。"昆仑者，地顶也。知地顶之说，而后可以知人类之始生。""现考人类之生，未过五千年，总之，去洪水不远。或者，洪水以前之人，皆为洪水所灭。以历国史记考之，人皆生于洪水之后，计自洪水至孔子二千年，自孔子至今二千九百余年。印度开国最古，波斯亦开国甚早，盖近昆仑也。""近来所开煤矿，至五十里尚有煤，二里外无人骨。""荒古以前生草木，远古生鸟兽，近古生

---

[1]　康有为：《孔子改制考》，载姜义华、吴根樑编校《康有为全集》第3集，第2–3页。

[2]　王汎森：《古史辨运动的兴起》，允晨文化实业股份有限公司，1987，第194–195页。王汎森还指出，康有为在论述周末创教改制的实况时，倾向于依靠诸子的说法（第271页）。

[3]　康有为：《康南海先生讲学记》，张伯桢记录，载姜义华、吴根樑编校《康有为全集》第2集，第217–218页。

人。人类之生，不能过五千年。”“洪水以前，政教无可考，《禹贡》一篇，既平洪水之文。”“黄帝至今六千年。”“洪水后方有人，无五千年以上之人骨。”[1] 这些课堂笔记未能将康有为当时的观点周详地叙述出来，内中似乎还有彼此龃龉之处，如一会儿说人类出现未过五千年，一会儿讲黄帝至今有六千年，但大体承认洪水以后人类出现有五六千年的历史。

这种看法似来源于《旧约》，并掺杂较新的证明方法，如发掘人骨。朱一新和康有为讨论今古文经的可信与否时，曾涉及于此。当朱一新将《旧约》书九册归还康有为时，附信一封，说："观君详论，足资启发。惟其书半系寓言，而君以迹象求之，未免方凿圆枘。中土古时为寓言之说者亦多，至庄、列之徒，大畅其风，流毒后世。惟儒教则不然，一字一言，必征诸实。宪章祖述，好古敏求，毫无师心自用之敝，此所以为万世之准则也。君于其当信者疑之，而可疑者反信之，视中西为一辙，混庄、释为同源，鄙人之所以不能无献替者耳。”[2]

朱一新认为西人研究上古史“穿凿附会”，“断难凭信”，并将此与“中土讲钟鼎古文者”联系起来，认为两者之弊相类似。西人考古依赖的石柱文字如同中土商鼎周彝，“出于赝选者半，出于燕说者半，以博好古之名则可耳，其言岂果足征信哉？”[3] 其论说围绕着何者可信、何者不可信展开，强调儒教“一字一言，必征

---

[1]　康有为:《万木草堂口说》，载姜义华、吴根樑编校《康有为全集》第2集，第254、271、273、276–277页。

[2]　康有为、朱一新:《与朱一新论学书牍》，载姜义华、吴根樑编校《康有为全集》第1集，第1058页。

[3]　同上。

诸实”。而康有为从今文改制的角度出发，固然无法接受此说，不过对朱一新怀疑商鼎周彝真实性的说法却早已表示一致。在《广艺舟双楫》里，康有为透露出他受西学影响的一元化思路。他说：“文字之始，莫不生于象形”，仓、沮创造的“科斗”“虫篆”，皆出于象形，古籀和小篆中都保留不少象形字。不仅中国如此，“外国亦莫不然。近年，埃及国掘地，得三千年古文字，郭侍郎嵩焘使经其地，购得数十拓本，文字酷类中国‘科斗’、‘虫篆’，率皆象形。以此知文字之始于象形也。”[1] 康有为虽然认为郭嵩焘得到的埃及象形文字“与中国钟鼎略同”[2]，仍然坚持钟鼎和古文都是刘歆伪造的，“所采多春秋战国旧物，故奇古可爱”[3]，学习书法可以参考，但不能用来探讨经义。即使古物上确有三代文字，“历世既邈，又字多异体，势难尽识”。“故谈金石学者，未有不自欺而附会者也”。[4]

康有为认定刘歆制造了伪钟鼎，后世好古者复又“勉强傅合杜撰伪作”于金石之学，对“西人之考古”却似无微词，由此招致朱一新的一番辩难。不过，康门弟子梁启超大约在当时已经觉察到师

[1]　康有为：《广艺舟双楫》，载姜义华、吴根樑编校《康有为全集》第1集，第402页。

[2]　康有为：《新学伪经考》，载姜义华、吴根樑编校《康有为全集》第1集，第682页。

[3]　康有为：《广艺舟双楫》，载姜义华、吴根樑编校《康有为全集》第1集，第427页。

[4]　康有为：《新学伪经考》，载姜义华、吴根樑编校《康有为全集》第1集，第687页。

说的武断和不足，[1]故在讨论上古历史时，大约因此而有所取舍。

梁启超在《中国史叙论》中提出将洪水时代定为有史与史前的界线，对应中国古史，即黄帝到夏禹的时代。康有为主张人类历史不过五六千年，其论说间常有矛盾，如黄帝以来即有接近五千年。至于洪水以前有无人类，他也没有论定。梁启超此说，将中国本有的传说和历史纪年与西方传来的流行观点结合，把有史和无史阶段的界线放在“洪水”时期，即“黄帝至夏禹”时期，实际上是对康有为观点的修正，也是对典籍记载的孔子以前事迹的部分认可。

有史之后，文献的作用毋庸置疑，而史前则需要依靠“物质上之公例”来论述。梁启超引用“欧洲考古学会”“近所订定而公认”的“史前三期”说，证明“中国虽学术未盛，在下之层石未经发见，然物质上之公例，无论何地皆不可逃也”。并以此说为“比例”，考察中国史前史。[2]

戊戌前后章太炎所作的文章，也透露出接受西学“公例”的苗头，如《读管子书后》，即主张管子已“深识进化之理”。他指出“百工”所出与文明同步发展，如欧人发掘出石铜铁制的刀具，表明渐趋文明和“侈靡”。[3]只是章太炎接受西说是以“中国固有”

---

[1]　梁启超：《清代学术概论》，载《饮冰室合集》专集之三十四，第5页。王汎森也指出不能将康有为的研究视为学术性质，应充分考虑到他的政治目的。王汎森：《古史辨运动的兴起》，第210-211页。

[2]　梁启超：《中国史叙论》，载张品兴主编《梁启超全集》第2卷，北京出版社，1999，第452页。

[3]　章太炎：《喻侈靡第二十一》，《訄书》初刻本，载《章太炎全集》（三），第42-44页。汤志钧说此文1897年发表于《经世报》第3册，“收入《訄书》原刊本，改题《喻侈靡》，除文字有损益外，末后并加附识”。汤志钧编：《章太炎年谱长编》，中华书局，1979，第48-49页。

为前提，提出应从“管、庄、韩”等“道家”处寻求古史真相。[1]他认为道家识进化之理的原因，在于道家出自史官，“固知考迹皇古”。

章太炎认为治国史应“以古经说为客体，新思想为主观”。在他看来，上世瞽史巫祝或保章灵台所作的文字，皆是史实多于神话。后世治史的人，越知经训便做得越好。因在廓清神话等尘翳之后，能以“新理”贯彻。但他所讲的“新理”却并非“新思想”。后者大略指西方传来的心理、社会、宗教以及发掘“洪积石层”等学问，这些学问“发明天则，烝人所同，于作史尤为要领”。[2]而前者，则根基于“古经说”。

在他看来，史学与其他学问不同，须有“征”，始终需要前后印证，而不是看合不合逻辑。若事实与已知的成例不同，有“颠倒因果以应类例者”，即是错误。他认为“今世社会学者多此病”。[3]

因此，章太炎提出的撰写新通史的材料中，以语言文字为最重要。不久后，他以反对掘地和甲骨钟鼎文著名，实际上也是出于他的语言文字之学的立场。章太炎认可“汉碑隶书”“石鼓钟鼎”的文字多少可以考察，只是“五帝时器”文字与形制诡异不辨，因此对于由来已久的金石考证还是有相当的赞同。刘师培作《论考古学

---

[1]　章太炎:《致吴君遂书八》，转引自汤志钧编:《章太炎年谱长编》，第141页。王汎森认为，章太炎在1908年左右有一转变，在此之前他对中学与西学的看法与王仁俊相似，即认为中学里本有西学的内容。见王汎森:《章太炎的思想（1868－1919）及其对儒学传统的冲击》，时报文化出版事业有限公司，1985。

[2]　章太炎:《中国通史略例》，《馗书》重订本，载《章太炎全集》（三），第328－333页。

[3]　章太炎:《徵信录下》，载《章太炎全集》（四），第56－60页。

莫备于金石》一文，比较详细地说明了这种文字上的“考古学”。[1]章太炎对刘师培在文字考古的方法上有相知之感。他说：“音韵通，文字可以略说，则小学始自名其家。然达者能就其声类，以知通转，比合雅诂，穷治周、秦、两汉之籍，而拘者惟分析字形，明征金石，若王筠之徒，末矣！苗夔稍知声音，亦肤浅无心得。莫友芝、郑珍、黎庶昌辈，皆宝玩碑版，用意止于一点一画之间，此未为正知小学者。”[2]他对当时甲骨文的发现与考释不能认同，在一定程度上，也是从治小学的方法来看的。

康有为相信“中国自有文字以来，皆以形为主，即假借、行草，亦形也，惟谐声略有声耳。故中国所重在形。外国文字皆以声为主，即分篆、隶、行、草，亦声也，惟字母略有形耳”。[3]而章太炎在《国故论衡》中首先便申明以中国文字为象形的说法并不确切，“小学者，国故之本，王教之端，上以推校先典，下以宜民便俗，岂专引笔画篆、缴绕文字而已”，书契并非出自八卦或结绳，故在小学的形体、故训、音韵三者中，应强调声音。[4]

在他看来，掘地或钟鼎碑版对治史有小补，却不能“得大体”“助人事记载”。他曾说，中国哲学即诸子学，有“特别的根本”，因为“外国哲学，是从物质发生的，譬如古代，希腊、印度的哲学，都以地火水风为万物的原始”，所以很精。中国哲学却是从人事发生的。“人事原是幻变不定的，中国哲学从人事发出，所

[1]　刘师培：《论考古学莫备于金石》，《国粹学报》第35期，1907年11月。

[2]　章太炎：《说林下》，载《章太炎全集》第4册，第120页。

[3]　康有为：《广艺舟双楫》，载姜义华、吴根樑编校《康有为全集》第1册，第405页。

[4]　章太炎：《国故论衡》，上海古籍出版社，2003，第41—43页。

以有应变的长处，但是短处却在不甚确实”。他认为西洋哲学的发展有其限度，而从人事发出的中国哲学，因人事是心造的，可从心实验。且心人人皆有，故中国哲学即使到很高程度，仍可用理学家“验心”的方法来实验，这是中胜于西的地方。[1]

大约正是这种中西对峙有别的观念，令他不断批评比附中西的学说。他还特别提出，相同的东西不一定是中国学于异域，[2] 如戴震作《孟子字义疏证》，即发自本国学术渊源，“王守仁以降，唐甄等已开其题端，至戴氏遂光大之”。那么，有人说这是“取法于欧罗巴人言自由者”，便是无稽之谈。[3]

在此情形之下，章太炎一方面承认国史的不足，称唐以后史书，“纪传泛滥，书志则不能言物始”，“中夏之典，贵其记事，而文明史不详，故其实难理”；若以《世本》辅《春秋》则“近之矣”。[4] 另一方面仍以国史记载为据，批评“物质上之公例”，如《越绝书》记载轩辕时以石为刀，黄帝时用玉为兵器，禹时以铜为兵器，最后出现铁兵。而器物、礼仪乃至外形，都可能从有用者转变为无用者，保持竞争力的关键在于“合群”。[5]

将工艺史视为历史编纂的组成部分是这一时期众多学人所鼓

---

[1]　章太炎:《说新文化与旧文化》，转引自汤志钧编《章太炎年谱长编》，第618页。

[2]　章太炎:《信史》，载《章太炎全集》第4册，第60−64页。

[3]　章太炎:《徵信录上》，载《章太炎全集》第4册，第55−56页。

[4]　章太炎:《尊史第五十六》，《訄书》重订本，载《章太炎全集》第3册，第313−320页。

[5]　章太炎:《原变第十三》，《訄书》初刻本，载《章太炎全集》第3册，第26−29页。

吹的内容，如梁启超[1]，刘师培[2]，陆绍明[3]。马叙伦在文章中点明："工业之衰，实文化进退之征，而国家存亡之兆也"。他认为《考工记》记载了中国上古工艺的发展，但后世"贵士而贱工"，至今则中国在工业上较欧美诸国落后太多。[4] 他所作《古政述微》《啸天庐古政通志》等文，也分别包括"工商微"[5]"艺术志序"[6]部分，讲百工创物、器具进化等。

不过，国粹派诸人在社会学的定例之上，又相当重视中国文字文献和"经验"的推论。他们认为上古工艺经过的阶段并不仅仅是石、铜、铁三期而已，还有骨器、角器、土器、木器等等。对各种器具的发明及其在民族之间的传播，均有较为详细的辨论，甚至顺序也可能与西人三期说不同。

曾为《国粹学报》撰稿的章太炎则突出地强调物质上的社会阶段说与中国文献相互印证，有可信处也有荒谬之处。如文献证明铜铁器之前还有陶器，能冶铸金属、生产农具之后才可能有农业，石器不一定先于铜器出现，使用铜器或铁器并不标示野蛮和文明的差别，等等。[7]

---

[1] 梁启超:《中国史叙论》，载张品兴主编《梁启超全集》第2卷，第448页。

[2] 刘师培:《论小学与社会学之关系》，《左盦外集》，载《刘师培全集》第3册，中共中央党校出版社，1997，第233-234页；刘师培:《古政原始论》，《国粹学报》第4、12期，1906年1月；《周末学术史序》，《国粹学报》第4期，1906年1月。

[3] 陆绍明:《古代政术史序·工商史序》，《国粹学报》第14期，1906年3月14日。

[4] 马叙伦:《中国工界》，《新世界学报》1903年第2期。

[5] 啸天子:《古政述微·工商微第七》，《国粹学报》第2期。

[6] 马叙伦:《啸天庐古政通志·艺术志序》，《国粹学报》第5期，1905年6月。

[7] 章太炎:《信史下》，载《章太炎全集》第4册，第64-68页。

与章太炎强调语言文字和国史重“人事”不同，蒋智由极力讽刺国人“从纸片上打官司”，不知学习西法，从“事迹实验”中获发明。在他看来，治古史“必先汇通群学”，而后眼光乃自不同。[1] 如面对各种化石，须先有一定学识，才能知其可贵。故相比而言，中国实为当时世界上“最不知考古之国”。[2] 他尤其批评那些“能读古书者”，自以为是认为中国古代学术早已包含了今世“新学”。[3]

善于从古典中钩稽索引的《国粹学报》诸人，未必承认这样的指控。许守微讨论“国粹”与“欧化”之间的关系，认为现代欧洲文明起源于中世纪的提倡古学复兴，“博士必习拉丁文字而后进，通邑大都设藏书楼，聚古籍恒数十万册。治地文学者，必考上古地层之土石；治史学者，必崇海洛特司之记载；治哲学者，必读德黎七贤之学说；治政治学者，必溯多头寡人之政体；治人种学者，必研挪亚亚当之遗迹”，故提倡国粹、提倡古学并不与“欧化”的大势相矛盾。[4]“要而言之，国粹者，精神之学也；欧化者，形质之学也（欧化亦有精神之学，此就其大端言耳）。无形质则精神何以存，无精神则形质何以立。”[5] 这似乎提示要先在“精神之学”的国粹中生发出“形质之学”的基础来。

有“精神”则“形质”立的意思，陈黻宸从另一角度加以说明。他说：人与种族的关系有两种解释，一种是人的性格才能皆从

---

[1]　观云：《世界最古之法典》，《新民丛报》第3期，1903年4月。

[2]　蒋智由：《中国人种考》，华通书局，1929，第72–73页。

[3]　观云：《中国之考古界》，《新民丛报》汇编第8册之杂评谈丛，1905。

[4]　关于国粹派“古学复兴”思想，参见郑师渠：《晚清国粹派：文化思想研究》，北京师范大学出版社，1997。

[5]　许守微：《论国粹无阻于欧化》，《国粹学报》第1期，1905年2月23日。

种族天生而来，另一种是历史形成的政治或组织造成了人种的差别，即使先天遗传不同，只要后天生活范围有限定，则人的性格等各方面都可以被重塑。在他看来，这两种解释都不得当，“与他族久相居处而犹不失本来之真面目者，其初必为文明独立之国，反是则靡而从耳。”这种由果溯因的办法落实到中国上古历史，则炎帝、有巢氏、伏羲等上古氏族固未断绝血脉，却为黄帝代表的国家文明所征服。[1] 这种“与他族久相居处而犹不失本来之真面目”的“文明独立之国”的证据，最重要的表现形式就是历史记载。因此，陈黻宸举出德、英等国的例子，以证明欧洲人学术发达多因其“爱古”而起。[2]

梁启超虽然接受从形态上分别人种的办法，却不认为形态分类是唯一的办法，尤其重要的区别还在于“有历史的人种，有非历史的人种”。历史的人种为能“自结”者，故能“排人”，能扩张本种以侵蚀他种；非历史的人种反之，逐渐陵夷衰微，至于澌灭。[3] 在各种民族中，“大抵凡无史民族，恒为其所遭值之境遇所宰制，对于外界而为被动者；凡有史民族，恒以自我宰制所遭值之境遇，对于外界为能动者”。黄帝之时，华夏民族形成，即为有史民族自力进化的结果。[4]

在《訄书》的《原人》篇里，章太炎以是否“有德慧术知”为

---

[1]　陈黻宸:《地史原理》(下)，载陈德溥编《陈黻宸集》，中华书局，1995，第597页。

[2]　陈黻宸:《经术大同说》(下)，载《陈黻宸集》，第550页。

[3]　梁启超:《新史学》，载《饮冰室合集》文集之四十一，第12页。

[4]　梁启超:《太古及三代载记》，载《饮冰室合集》专集之四十三，第7页。不久，梁启超即有文章说明“种族”与“民族”的区别，并主要围绕“民族”进行论述。见《历史上中国民族之观察》，载《饮冰室合集》专集之四十一，第1页。

“人”“民”的标准，故欧美的白人可与震旦黄种相等。在亚细亚，“礼义冠带之族，厥西曰震旦，东曰日本”，朝鲜或可算半个。“卫藏、天毒与西域三十六国，皆犹有顺理之性”，与神农、黄帝有关系，因此其种类与中国相比，还不失艾与蒿、橘与枳的距离。其他民族，“化皆晚、性皆犷”，只称“戎狄”。其划分“民”与“兽”的标准，即是否有“德慧术知”“礼义冠带”“文理条贯”等，并无具体说明。而其目的，只是分别种类。至于有人担心贵欧美而贱亚洲之戎狄会导致欧美人的侵略，章太炎辩解说，欧美白人与震旦人“其贵同，其部族不同”，因此不论贵的欧美还是贱的戎狄，都是要排拒的。[1] 故章太炎是在承认血缘区别之外，将有无“德慧术知”等条件视为区分人群高低贵贱的准则。

梁启超将黄帝视为“我种人”最先的首领，为中国有史时代之开端。并说：“黄帝起于昆仑之墟，即自帕米尔高原东行而入于中国。”[2] 但他不久后就对于黄帝族究竟从何而来的问题有所警惕，“我中国主族，即所谓炎黄遗胄者，其果为中国原始之住民，抑由他方移殖而来？若由移殖，其最初祖国在何地？此事至今未有定论，吾则颇祖西来之说，即以之为假定前提”[3]。语气中留有相当的余地。

章太炎同样对汉人来源的问题抱有疑惑，起初大略定在西域附近[4]，后则接受汉族源自巴比伦“加尔特亚”的说法[5]，到1910年，

---

[1]　章太炎：《訄书》初刻本，载《章太炎全集》（三），第21–24页。

[2]　梁启超：《中国史叙论》，载张品兴主编《梁启超全集》第2卷，第452页。

[3]　梁启超：《历史上中国民族之观察》，载《饮冰室合集》专集之四十一，第1页。

[4]　章太炎：《征信录上》，载《章太炎全集》第4册，第55–56页。

[5]　章太炎：《序种姓上》，《訄书》重订本，载《章太炎全集》第3册，第170–186页。

他又批驳了汉族从巴比伦来、中国地方土著为苗人、《易经》卦名即字书等观点[1]。但不管具体起源于何地，禹以后，诸夏自成一族，“人文盛”，与加尔特亚渐别，还将相邻部落分为夷狄貉羌蛮闽等，为表示自己的高贵，称他族为鸟兽。[2]

夏曾佑勉强接受中国种族是从巴比伦迁来的观点，同时又指出法、德、美等国学者数次在巴比伦故墟掘地，发见的证据表明古巴比伦人与欧洲之文化接近，而与吾族文化相去远，“恐非同种也”。但就古代典籍所载的内容看，其纪年、文字形象、神话内容等，中国与巴比伦确有相近之处。[3]

上述诸人实际上都无法认可单纯以形体外貌作为人种划分的标准，且都倾向于强调自禹或黄帝之后，汉民族或中国文化始独立兴盛。相比之下，刘师培更多地接受以形体外貌区别种族的观念。[4]既然“夷狄”之分非由主观产生，那么“华夏”族与其相异同样有其实在的体质特征，从上古遗留的物质遗存里寻找中国人的演变痕迹也就成为可能，甚至将是唯一可信的途径。黄节、蒋智由即把希望放在了“洪积石层”的发现上。

既然在禹或黄帝之后，中国境内已经形成一独立兴盛的文明种族，为何“处乎今日之世，以中国人与西人较，其粗者，日用之器物，如宫室舟车衣服饮食之类，其稍精者，学术之程度，如文字图画算术政治之类，其最精者，形体之发达，如皮毛骨格体力脑力之类，是数者，无不西人良而中国窳，西人深而中国浅，西人强而中

[1] 章太炎:《检论 · 序种姓上》，载《章太炎全集》第 3 册，第 360–372 页。

[2] 章太炎:《序种姓上》，《訄书》重订本，载《章太炎全集》第 3 册，第 170–186 页。

[3] 夏曾佑:《中国古代史》，河北教育出版社，2003，第 7–16 页。

[4] 刘师培:《攘书》，载《刘师培全集》第 2 册，第 4 页。

国弱也”？有时人认为，这是因为中西演进方向不同所致。[1]

因为“今有人动言中国不如各国之文明”，故有人提出要辨别文明的含义不在于“居处、被服、饮食，以及社会往来琐屑之节”，而是指“法制礼教与夫一切是非之监察，组织之经纬有条有理者言之”。不仅如此，“泰西文明，虽不自言得之于中国，然近之论者，谓文明之发源，始于黄河流域，而后及于恒河流域，由是而印度，而希腊，而罗马，浸淫蔓衍，以延被于欧美两洲，然则文明胚胎肇自于我。”“吾中国立国盖数千年，由渔猎时代，进而为农工商之实业时代，圣人代作……如官礼所载，今日泰东西之政治，所谓新发明者，盖十有八九与我相合。”[2] 虽然强调文明的重点在于“法制礼教”，言说中却流露出对“农工商之实业时代”的赞美，实际恐对以“居处、被服、饮食”等衡量社会状态的标准有着无意识的认同。

在汪康年看来，外人所说黄帝自小亚细亚来实不可信，而问题的根本在于是否相信史书。伏羲神农在黄帝之前，若讲黄帝从西来，战胜神农之裔、逐蚩尤，也就是凭空添出“黄帝杀尽古汉族之一段血史而后其说可能”。古书多言黄帝为少典之后，“今一概抹煞，奇乎不奇？”且我国从无吾种族从帕米尔来的记载，“黄帝神农诸帝，典籍可证，绝非荒渺无稽者可比。今以西人之言而欲将黄帝以前之史一笔抹杀，则谓羲农以后已与苗民同其窜逐乎？抑彼时

[1] 作者不详:《论中国人天演之深》,《东方杂志》第2年第1期,1905年2月28日。

[2] 作者不详:《论文明之名义》,《东方杂志》第4年第12期,1908年1月23日。

羲农余裔已无存乎？”[1] 他认为：“廉耻道丧，风节扫地，至今日而极矣”，原因之一就是“谓史书不足信”，谓古史善于渲染、全属虚伪等，“流传及于全国，于是引古为鉴之说悉去于胸中，而人人怀一不妨恣肆之心。盖世之所以导人于善而绝人于恶者，名也，史实为名之标准。今一力划除，使贪恶之徒皆有所恃而无恐，毒民之甚，固无过于此者。”[2]

汪康年认为人种西来说是以“西人之言”抹杀中国史书的记载，则主张人种西来的章太炎其实也是否定古史记载的一员。1910年，章太炎转而强调信史，使其历史知识理论更显融通。他提出史学的关键不在“合理”与否，而在合“期验”与否，有“征”与否，成为支持他信史、重语言文字等观念的重要支撑。不过，不信史书的风气已经遍及全国，除了蒋智由这样明确提出发展新学术才能有真考古的人外，国粹派诸人真正关注的焦点其实也不是在古史中钩稽索引，而是为“形质”欧化塑起“精神”的国粹。

第三节　考古学的专门化

20 世纪初，伴随对中国古籍所载古史的怀疑，欧洲汉学研究中出现越来越多的实地考察和古物研究范例。其中著名的有沙畹、卜士礼、福开森、劳佛等人。“中国纪念碑学会”在 1908 年成立，旨

[1] 汪诒年编：《汪穰卿（康年）先生遗文》，载沈云龙主编《近代中国史料丛刊》第 5 册，文海出版社，1966，第 84 页。

[2] 汪诒年编：《汪穰卿（康年）先生遗文》，载沈云龙主编《近代中国史料丛刊》第 5 册，第 69 页。

在保护中国境内的文化遗存。美国史密森研究院等机构则计划在中国建立类似希腊、罗马等地的考古学校。

在众多东西洋学者的影响下，罗振玉成为较早专注于中国物质文化遗产的学者。观罗振玉的早期著作，虽多“考古”，却只是碑刻与书籍的文字互证。[1] 至于关注到古物的形态等层面，则是在普遍提倡新史学之后，如收购明器、与甲骨同出的无字古物甚至古生物遗骸。在这种情形下，罗振玉发现，宋代金石学的规模较元明清的更为开阔。[2]

器物无文字，组织条理便成为问题。在 1912 年的一篇近似计划书的序文中，罗振玉将“金石文字之著录”分成三个部分：一石刻；二“古礼器及庶物铭识”；三“将为依物分类之书”，“若贞卜文字、若古匋文、若古兵、若符牌、若古器物范、若钞币、若范金释老氏象、若古明器、若泉布砖甓瓦当玺印封泥镜鉴之晚出者，各以类别，总名之曰集古图录”。[3] 在“依物分类”的《古明器图录》一书里，他又分明器为三部分：一是俑之属，附鬼神；二任器灶舍井厩杵臼牛车之属；三家畜之属。[4]《古器物学研究议》的十五类分

---

[1]　例如《读碑小笺》中的数则：第 87 条“杨汪隋时为国子祭酒、吏部尚书不误。王鸣盛轻于发难，而疏于考古”；第 96 条“内子本为卿妻通称，后人误以自称其妻”；第 126 条“公馆二字唐人习用”。见萧立文编：《雪堂类稿》，辽宁教育出版社，2003，第 30、33、41 页。

[2]　罗振玉：《权衡度量实验考序》，《雪堂校刊群书叙录》，载《罗雪堂先生全集》初编第 1 册，台湾文华出版公司，1968—1974，第 238-239 页。罗振玉：《雪堂藏古器物目录序》，载《罗雪堂先生全集》四编第 1 册。

[3]　罗振玉：《金泥石屑序》，《雪堂校刊群书叙录》，载《罗雪堂先生全集》初编第 1 册，第 156-157 页。

[4]　罗振玉：《古明器图录序》，载《罗雪堂先生全集》初编第 1 册，第 162-163 页。

法与此相同。

这种“依物分类”的做法看似自然而然，但罗振玉的意思却不那么简单。他说：“本朝经史考证之学冠于列代，大抵国初以来多治全经，博大而精密略逊。乾嘉以来，多分类考究，故较密于前人。予在海东与忠悫论，今日修学宜用分类法，故忠悫撰《释币》、《胡服考》、《简牍检署考》，皆用此法。予亦用之于考古学，撰《古明器图录》、《古镜图录》、《隋唐以来古官印集存》……诸书。”[1] 王国维也曾指出，“抽象与分类二者，皆我国人之所不长”。[2]

罗振玉对“古器物学”的发展有很高的期待。他认为“乾嘉诸儒大抵偏重文字，古器物无文字者多不复注意”。[3] 在致王国维的一封信里说：“近为《古器物识小录》……虽不尽精密，然为后学肇启山林，其效用不在发明殷墟文字之下。此书出，若有继起者，则古器物学必且有大昌之一日”[4]。

但罗振玉的“分类考究”与分科治学仍有程度的不同，尤其是在“国学”题目之下。他认为国学浩博，修习年限既不宜太短，且不宜“复加科学”。尽管他向张之洞提出的保存国学的建议中包括各省设国学馆一所，“内分三部，一图书馆，二博物馆，三研究所。因修学一事，宜多读书；而考古，则宜多见古器物。”他在《国学丛刊》杂志的创刊序言中，反对“道莫大于因时，事莫亟于致用，

[1]　罗振玉：《集蓼编》，载《罗雪堂先生全集》续编第二册，第760页。

[2]　王国维：《论新学语之输入》，载姚淦铭、王燕编《王国维文集》第3卷，中国文史出版社，1997。

[3]　罗振玉：《古器物识小录序》，载《罗雪堂先生全集》初编第7册，第2835页。

[4]　《1923年10月30日罗振玉致王国维信》，载王庆祥、萧立文校注，罗继祖审订《罗振玉王国维往来书信》，东方出版社，2000，第593-594页。

礼教足以致削，诗书不能救衰，古先学术必归淘汰”的观点，理由是现在书籍与古物都较从前更容易看到，“稽古之事”并非“今难于昔”。他将丛刊分为八项内容：经、史、小学、地理、金石、文学、目录、杂识，[1] 对“古先学术”仍然相当虔敬。对于张之洞领衔制定的大学堂章程，罗振玉认为：“文科宜增满、蒙、回、藏文，此皆我藩属，且为考古所必须。原课表皆无之，反有埃及古文。其实埃及文字虽亦象形，与我文字故非出一源也。”[2]

罗振玉编定《雪堂金石文字跋尾》后自叹：“倘异日者此数卷书得流传人间，后世或将以我为金石学家，予且无辞以谢之矣。”[3] 而他的本意，或以“美人伦厚风俗”为目标[4]，传布国学[5]。考古只是国学的一个部分，孔孟之道则为国学的核心。民国初年，他已有“讲明正学”的愿望，推举劳乃宣和沈曾植宣讲学术。沈曾植认为：“此事诚切要。然学有汉宋之分，又有朱陆之异，欲穷源竟委，亦至繁难”。罗振玉则认为：“汉宋诸儒，莫非祖述孔孟，今以孔孟为归，一扫前人门户纠葛可也”。[6] 1931 年夏，东北文化会请罗振玉讲考古学，而他认为“有清一代学术昌明”，改讲“本朝学术源

[1]　罗振玉：《国学丛刊序》，《雪堂校刊群书叙录》，载《罗雪堂先生全集》初编第 1 册，第 118–121 页。

[2]　罗振玉：《集蓼编》，载黄爱梅编选《雪堂自述》，江苏人民出版社，1999，第 31–32 页。

[3]　罗振玉：《雪堂金石文字跋尾序》，《雪堂校刊群书叙录》，载《罗雪堂先生全集》初编第 1 册，第 214–215 页。

[4]　罗振玉：《雪堂书画跋尾序》，《雪堂校刊群书叙录》，载《罗雪堂先生全集》初编第 1 册，第 215–216 页。

[5]　罗振玉：《集蓼编》，载黄爱梅编选《雪堂自述》，第 49 页。

[6]　罗振玉：《金州讲义录序》，《辽居乙稿》，载《罗雪堂先生全集》初编第四册，第 1408–1410 页。

流”。[1] 随后又讲孔孟，[2] 刊刻程易畴就伦常日用立说的《论学小记》。他说，“本朝治经主汉人，于训诂名物典章制度穷极精密，而于义理之学亦未尝遗弃。……程易畴先生为一代宗匠，而所著《通艺录》以《论学小记》及《论学外篇》冠其端。盖人之为学所以求知，求知所以淑行。易畴先生此书，皆就伦常日用立说，一扫空言心性之习及门户之争，根据孔孟，最切实精详”。[3]

然而，讲分类考究的古器物学与以义理为中心的儒学之间关系较为紧张。晚清各地买卖古物的风气盛行，影响渐至于破坏古迹古物，而罗振玉收集明器及其他古物，或在有意无意中为破坏的行为推波助澜。因此在收购古物的同时，他也呼吁保护古物。1908 年，罗振玉奉命视察山东等省学务，得知一个外国古董商试图将景教流行中国碑偷运出境，便极力促成学部及陕西地方官保护此碑，[4] 并向山东地方提出保存金石古物的要求。[5] 1915 年，罗振玉自日本返乡扫墓，沿途观察到大范围的盗墓现象，故对盛行的收藏风气表示担忧。他惊叹“名贤遗陇之遭发”，想要购回墓志、重行封墓。[6]

罗振玉回忆少年时代习古碑，乃是购买或者租借拓片。而清季的古物买卖使原本立足于金石文字考订的学问之事变了样。任职京师时，罗振玉向厂肆寻求关洛石刻拓片，已百不获十。悬高价向往

[1]　罗振玉:《集蓼编》，载黄爱梅编选《雪堂自述》，第 57 页。

[2]　罗振玉:《金州讲义录序》，《辽居乙稿》，载《罗雪堂先生全集》初编第四册，第 1408–1410 页。

[3]　罗振玉:《程易畴先生论学小记跋》，《辽居乙稿》，载《罗雪堂先生全集》初编第四册，第 1425–1426 页。

[4]　罗振玉:《集蓼编》，载黄爱梅编选《雪堂自述》，第 28–29 页。

[5]　《饬属保存境内金石》，《直隶教育官报》1909 年第 3 期。

[6]　罗振玉:《五十日梦痕录》，载黄爱梅编选《雪堂自述》，第 109、111 页。

来于中州地区的古董商求购，由此“新出之石渐能拓致，而出冢墓间者为独多”。[1] 山东、陕西与河南为古物荟萃之地，商人云集。罗振玉“尝闻我关津税吏言，古物之由中州运往商埠者，岁价恒数百万，而金石刻为大端。以此推之，其岁出之数可略知矣”。[2]

现代考古重在实地发掘，而非单纯收集古物。清末罗振玉收集甲骨时，曾派罗振常、范兆昌前往河南尝试挖掘，后又亲自实地调查，[3] 却从未发掘过。1923 年美国人毕士博来华，曾与罗联系商讨合作发掘事宜，最初可能把目标锁定在河北易县。[4] 但罗振玉派姚贵昉前往易县与当地乡绅谈判，却在购买民地还是使用官地等问题上产生龃龉。在写给王国维的信中，罗振玉说道:“该绅等实荒谬已极，弟乃怒而绝之。请将此情形转达伊博士请告毕博士，若渠不以为荒谬，弟即令姚赴京与伊、毕两君商之，弟不欲与易绅再谈此事矣。”[5] 于是便没了下文。

罗振玉一生收集整理刊布了大量古物资料，既延续了清代学术重金石文字的一脉，又是吸收新史学搜集实物材料的观念。但其专家之学的意识仍然让位于“讲明正学”，希望能够“美人伦厚风俗”。而大致同期的地质调查所，则没有“正学”的牵挂，在中国

---

[1] 罗振玉:《芒洛冢墓遗文序》,《雪堂校刊群书叙录》，载《罗雪堂先生全集》初编第 1 册，第 187－189 页。

[2] 罗振玉:《海外贞珉录序》,《雪堂校刊群书叙录》，载《罗雪堂先生全集》初编第 1 册，第 208－210 页。

[3] 罗振玉:《五十日梦痕录》，载黄爱梅编选《雪堂自述》，第 87 页。

[4] 傅振伦:《燕下都考古系年要录》，载《傅振伦文录类选》，学苑出版社，1994，第 637－647 页。

[5] 1923 年 9 月 29 日罗振玉致王国维信，载王庆祥、萧立文校注，罗继祖审订《罗振玉王国维往来书信》，第 591 页。

石器时代的发现和研究上开了先河。

地质调查所在发展学术而非单纯找矿开矿的思想指导下，对古生物学、地层学以及晚期地质史都采取研究的态度。这鼓励了任职于地调所的瑞典学者安特生涉猎石器时代遗存的发现和研究，甚至一度将主要精力投入考古工作中。

安特生把1921年发掘的河南省渑池县仰韶村遗址视为在中国发现的第一座史前村落。[1] 他认为仰韶村的规模，是一处“石器工业发达完备、足可供给该处人民之一切需要”的遗址。将仰韶村的遗物与现代汉族、蒙古族以及古史时期华夏族的物品相对比，仰韶器物似全为汉族遗迹，故安特生确定仰韶文化为“远古之中华文化”，由此推翻了中国无石器时代的假说。[2]

不过，安特生在比较仰韶出土物和其他地点出土物的同异时，却显示出思虑的粗糙。当时有郝步森和施密特两学者各持一种意见，郝步森认为“红陶器带黑色采纹，显与近东石铜时代诸址所发见者，同属一类”；施密特则说：“仰韶与安诺二处陶器相同之点并不充分，欲详为比较，除花纹样式外，如制造之技术、所用之采色、及表面磨光之程度，亦均须注意。安诺第一层之时期与脱里波留并非完全同时，盖安诺时代较古也。如欲确定河南陶器与西方诸地之关系，须先知河南古址之确定年代。不特与中国历史作比较，亦应与西方各地之时代作一比较方可。且花纹形式不必定为某种文化之特征，当从全体观之，方能确作根据。又欲定二处年代之先后，尤当注意于地层次序等确实可靠之证据，然后方能言及文化

[1] J. G. Andersson, *Children of the Yellow Earth*, London, 1934, p.163.

[2] 陈星灿：《中国史前考古学史研究》，第115–116页；安特生：《中华远古之文化》，袁复礼译意，《地质汇报》第5卷第1册，1923，第21–22页。

与历史之关系也。”[1] 虽然安特生也指出施密特的谨慎态度“深为可法”，但在实际论述中，更倾向于提出一个明确的假说，即中国文化极可能是西来。

为此，安特生不仅将劳佛所详细引用的中国古籍摈弃不谈，把论断完全建立在遗物基础之上，而且在众多遗物之中，又尤其地注重彩陶。这样的观念已经不仅仅是生物化石的类型学范围，而来源于欧洲美术史的传统。他先承认了陶器中鼎鬲样式与周代铜器相似，故定名为“华族远古之文化”，“又因红底黑花之陶器花样与近东诸地古代器物相似，故余暂时假定古来美术观念曾由近东次第东行以输入于远东者”。[2] 虽然在其初期研究成果里，有多处对这种假说表示慎重，可是其立论的简单化仍然影响深远。由安特生开始，讨论中国文化可以不再涉及中国古籍。

安特生的发现逐步公开，影响了大批中国学者。胡适对安特生似乎推崇备至：“安君是地质学者，他的方法很精密，他的断案也很慎重，又得袁君复礼君的帮助，故成绩很好。他说，旧日考古学者发掘古物，往往重在文字方面而遗其器物（如中国宋以来的金石学者），或重在美术而遗其环境（如英国初期之埃及学者），都是错的。他自己的方法，重在每一物的环境；他首先把发掘区画出层次，每一层的出品皆分层记载；以后如发生问题，物物皆可复按。”随后为其主编的《国学季刊》向安特生索文，并赞同安氏想在大学里

[1] 安特生：《中华远古之文化》，袁复礼译意，《地质汇报》第5卷第1册，1923，第25–26页。

[2] 安特生：《中国北部之新生界》，袁复礼节译，《地质专报》甲种第3号，1923。

开设“比较古物学”（Comparative Archaeology）课程的提议。[1] 梁启超在清华及高师两校讲演，说：“据近年地质学者发掘之结果，则长城以北，冰期时已有人迹。即河南中原之地，亦新发现石器时代之遗骨及陶器等多具，则此地之有住民，最少亦经五万年。”故此项发现可以成为证明中华民族为土著的一个证据。[2]

胡适之所以立刻注意到安特生批评“旧日考古学者”是重文字而遗器物，重美术而遗环境，又认为他的“方法很精密，断案也很慎重”，大约是对现代考古学早有领会。1912 年在美国康奈尔大学期间，胡适为增见闻，已经了解了一些从石器时代到古典时期的考古学研究。[3] 大约正由于此，他才对中国古史有截断众流的做法，并在安特生的研究尚未展开的 1920、1921 年便向开始疑古的顾颉刚指示“宁可疑而过，不可信而过”的宗旨[4]，提出要“将来等到金石学、考古学发达上了科学轨道以后，然后用地底下掘出的史料，慢慢拉长东周以前的古史”[5]。

胡适的怀疑古史似乎在地质学者那里得到了赞同。大约 1920

---

[1]　1922 年 4 月 1 日胡适日记，载曹伯言整理《胡适日记全编》第 3 册，安徽教育出版社，2001，第 600－602 页。

[2]　梁启超：《中国历史上民族之研究》，载《饮冰室合集》专集之四十二，第 3 页。

[3]　1912 年 10 月 4 日、18 日，1916 年 4 月 30 日胡适日记，载曹伯言整理《胡适日记全编》第 1 册，第 160－161、166－167 页；第 2 册，第 389 页。

[4]　1920 年 12 月 18 日胡适致顾颉刚，载顾颉刚编著《古史辨》第 1 册，上海古籍出版社，1982，第 15 页。

[5]　1921 年 1 月 28 日胡适致顾颉刚信，载顾颉刚编著《古史辨》第 1 册，第 22－23 页。对于胡适主张的古史应从《诗经》开始讲，与王国维“二重证据法”证明商史可靠之间的矛盾现象，参见罗志田：《文字、实物与知识：“二重证据法”提出前后对“地下材料”的认知》（大纲），2005 年 9 月复旦大学“中国现代学科的形成”国际学术研讨会论文。

年时丁文江还向胡适说:“把《禹贡》推翻了,我们地质学者就要同你拼命了。”但在安特生讲演后不到一个月,胡、丁同在安特生家吃饭夜谈时,丁文江却说:“商是可靠的,商以前的历史是不能不丢弃的了,《禹贡》也是不能不丢弃的了。”胡适听了当然“非常高兴”。[1]

然而,虽然胡适认为安特生立论谨慎,对其最为注重的中华远古文化西来的假说似乎并不惬意。在他看来,“与其用互相影响说,不如用平行发展说。前说可以解释那相似的花样与相同的用轮作陶器之法,而终不能解释那中国独有之空脚鬲。后说则既可以用‘有限可能’之理说明偶合,又可以用独有之样式为其佐证。”[2] 对于文化来源这个仍不太说得清楚的判断,他宁可倾向于中国独立发展。

此时正在疑古的顾颉刚大约很受胡适拿实物建设中国早期历史的观点的影响。他在著名的致钱玄同论古史信的序言中写道:“因为古代的文献可征的已很少,我们要否认伪史是可以比较各书而判定的,但要承认信史,便没有实际的证明了。崔述相信经书即是信史,拿经书上的话作为标准,合的为真,否的为伪,所以整理的结果,他承认的史迹亦颇楚楚可观。但这在我们看来,终究是立脚不住的。……我们现在既没有‘经书即信史’的成见,所以我们要辨明古史,看史迹的整理还轻,而看传说的经历却重。凡是一件史事,应当看它最先是怎样的,以后逐步逐步的变迁是怎样的。我们既没有实物上的证明,单从书籍上入手,只有这样做才可得一确当

---

[1] 1922 年 4 月 28 日胡适日记,载曹伯言整理《胡适日记全编》第 3 册,第 654 页。

[2] 1923年4月1日胡适日记,载曹伯言整理《胡适日记全编》第4册,第3页。

的整理，才可尽我们整理的责任。”[1] 崔述还可以拿经书来作信史，而“我们”既不相信经书，又没有实物上的证明，只好单单注意传说的经历了。

李宗侗认为顾颉刚、刘掞黎费劲地辩论“禹的存在”，而两造所引的书籍皆是那两句，实不足以解决这个问题。记载既不能给出一个圆满的答案，只好去问第二种材料—“古人直遗的作品”。“设以科学的方法严密的去发掘，所得的结果必能与古史上甚重大的材料。这种是聚讼多久也不能得到的。所以要想解决古史，唯一的方法就是考古学。”于是呼吁“努力向发掘方面走”。[2]

自民初起，大学章程便在分门设科的办法下，列出“考古学”等课目。北京大学、南京高等师范学校等，均有此类计划。北大在20世纪20年代先后成立了研究所国学门考古学研究室、古迹古物调查会、东方考古学会协会（与日本合作）等机构，组织调查和发掘。厦门大学、中山大学因北大的影响而成立考古学组织。南高师虽提出类似的主张，但在机构设置上，其国学院以国文系为核心，[3] 似一直没有发展自己的考古发掘或研究队伍。柳诒徵、陈训慈等人并非在赞不赞同发掘上与胡适等人立异，而是在掘地之外，是否“先认定中国史学之价值与中国文化之地位”上有不同。柳诒徵在《大夏考》一文中，订正前人以大夏在昆仑之西的错误。他说《说文》释“夏”为“中国之人也”，并不是指朝代的称号，故不能

[1]　1923年2月25日顾颉刚致钱玄同信，前面附有顾颉刚4月27、28日作的序和附启。此段话出于序，载顾颉刚编著:《古史辨》第1册，第59页。

[2]　李玄伯:《古史问题的唯一解决办法》，载顾颉刚编著《古史辨》第1册，第268—270页。

[3]　参见罗志田:《国家与学术:清季民初关于“国学”的思想论争》，生活·读书·新知三联书店，2003，第392—393页。

因禹以后国号为夏而疑禹之前无夏。他考订古代大夏的区域应在山西至甘肃一带，后世不详于此，故或称其东界为大夏，或称其西界为大夏，“其实固一国之境也”。[1] 柳文主旨实在批评中国文化西来说，与胡适不承认安特生的假设如出一辙；然以古籍为材料，证明尚无实物证据的夏的特征和范围，却与胡适相反。

稍稍晚起的清华国学研究院也展开了考古工作。在人类学博士李济的操作下，西阴村遗址成为“中国学者自己主持发掘的第一处史前遗址”。[2] 对于没有任何文字标识，甚至没有一件完整器型的散乱遗物，李济采用坐标记录、数量统计等办法，试图将这些“滞留在原始的阶段”的材料，整理达到“可以通俗地应用的程度”，他将这一过程比喻为“提炼”。[3]

西阴村的工作成就了李济作为考古学家的名声。[4] 在被傅斯年聘请到新建的中央研究院历史语言研究所任考古组主任后，李济又主持了规模巨大的殷墟发掘。傅、李对考古学作为一门专业的理解，塑造了此后数十年考古学的学科意识。这种专业意识也影响了后人对传统中国学问中“金石之学”的理解。

中国历史上对古器物与古文字的研究由来已久，并且在范围和方法上不断有所改变。晚清西学的冲击，使从事斯学的学者开始对比参考西方类似的学术研究。学科体制的建立促使热衷于金石之学的学者开始勾画一门独立的学科。“金石文字学”“金石学史”“金石

---

[1] 柳诒徵:《大夏考》，载柳曾符、柳定生选编《柳诒徵史学论文集（上）》，上海古籍出版社，1991，第 56 页。

[2] 陈星灿:《中国史前考古学史研究》，第 98 页。

[3] 李济:《殷墟陶器研究报告序》，载《考古琐谈》，湖北教育出版社，1998，第 190 页。

[4] 李济:《安阳》，河北教育出版社，2000，第 68 页。

学”等学科名称逐渐出现在时人的论述中。民初学者似已完全接受分科治学的观念，不断尝试撰写金石之学的教科用书，但对既往金石之学的叙述却无法达成共识。金石之学立足于现代学科之林的企图失败了，却在考古学史上留下了“曾经作为一门学科”的印迹。

第四章 “中国哲学”探源

古代中国有无哲学以及什么是“中国哲学”的问题，已经困扰国人一个多世纪，至今仍然争论不休，而且范围还有向海外蔓延之势。对此海内外学人研究甚多。[1] 不过，这一问题其实是“哲学”或“中国哲学”如何进入中国的衍伸，因而认识的关键，在于考究近代“哲学”以及“中国哲学”如何出现及传衍。就此而论，近年来无论史料的发掘爬梳还是史事的考订条理，都有长足进步。只是相对于问题本身，在重要的环节上还有未尽之义。限于篇幅，本章详人所略，着重探讨三个方面：1.“中国哲学”的产生；2. 中国人对“哲学”以及“中国哲学”的接受；3. 国人对于“中国哲学”的反省。

第一节 “东洋哲学”与“支那哲学”

“哲学”一词，由明治日本思想家西周助发明，已为学界所

[1] 参见葛兆光：《为什么是思想史》，《江汉论坛》2003 年第 7 期；《穿一件尺寸不合的衣衫——关于中国哲学和儒教定义的争论》，《开放时代》2001 年第 11 期；景海峰编：《拾薪集——“中国哲学”建构的当代反思与未来前瞻》，北京大学出版社，2007。

知。学人还分别指出两点，其一，西周的“哲学”仅指西洋，本来并不包括东洋。王国维称“哲学”一词是为了避开自然科学的“理学”，其实当时日本“理学”也是philosophy的译名，并不专指自然科学；西周将哲学定义为“诸学之上之学”（the science of sciences），“诸学”是指一切分科之学，而不单指自然科学；而且西周并未用“哲学”作为philosophy的专有译名以排斥“理学”。有学者认为：作为“明六社”的重要成员，西周将philosophy定译为“哲学”，而不延用“理学”之名，是为了与传统的“国学”、儒学等本土学问加以区别。为了打破早年“兰学”之“东洋道德，西洋艺术”的文化接受模式和扭转传统心态对西学的狭隘化理解，西周特别彰显了西学的整体性和完善性；这样，“哲学”就成为一种综合的方式，成为能与东洋学问全面比照的对应物。当时的启蒙思想家，以传统学术为“虚学”，以西洋哲学为“实学”，“哲学”的理解和定名，承载了对传统儒学的厌离和批判，对欧洲形态的仰慕和渴望。[1]

其二，虽然西周助早在1870年最先提出“哲学”译名，但只在课堂讲授时使用，由学生笔记的讲演录《百学连环》在其生前尚未发表；同时期的其他思想家大都沿用“理学”的译名，而西周助本人亦予认可；虽然1870年代“哲学”已经出现于报刊和演讲，直到19世纪80年代初井上哲次郎编撰《哲学字汇》时采纳西周所译的众多西方哲学术语，才使“哲学”成为日本学界普遍习用的译名。“理学”遂与哲学全然分家，用以专指各门自然科学。

上述两点，与“中国哲学”发源一事关系至为密切，同时也是

[1] 景海峰：《从“哲学”到“中国哲学”：一个后殖民语境中的初步思考》，《江汉论坛》2003年第7期。

理解古代中国有无“哲学”的关键。“哲学”虽然是西周用来对应 philosophy 的译名，其实任何语言的准确对译几乎不可能，而使用什么译名，更重要的是受所属文化及时代的影响制约。如果西周的“哲学”是为了凸显西学的整体及其特质，并与东洋学问相区别，那么“哲学”一词本身对于东洋学问就具有排他性。或者说，至少西周的本意，东洋学问不属于“哲学”的范畴。

对于东西学术的差异，西周等人已有明确意识。1877 年，西周在东京大学法理文学部发表演讲，批评日本的学问大都来自中国，且一味模仿，对于包括“哲学见解”在内的西洋学术亦取此种态度，呼吁后来者深究渊源，以致精微，发明新理。[1]

将“哲学”与东洋连接在一起，始作俑者应是东京大学，起重要作用的人物则是加藤弘之和井上哲次郎，由东京大学校友为主干组成的哲学会，则推波助澜。可以说，“哲学”在日本的普及，不仅因为《哲学字汇》，更重要的是，将“哲学”由他者的学问即西学，变成自己的学问，即东洋精神世界的重要组成部分。

三宅雄二郎在 1887 年 2 月出版的《哲学会杂志》第 1 册第 1 号发表《哲学范围辩》，其中谈到 1877 年 4 月东京大学文学部设立史学哲学政治学科，没有用当时仍然流行的“理学”作为 philosophy 的译名而改用“哲学”，是因为此时 science 已经固定用“理学”作译名，必须改用其他译名，以凸显 philosophy 的特异性，易与其他诸学相区别。如此一来，西周用以分别东西学问的蕴意无形消失，成为具有普遍性的学问。

东京大学文学部史学哲学政治学科开办之初，所开哲学课程只

---

[1] 《学问ハ渊源ヲ深クスルニ在ルノ论》，《学艺志林》第 2 册，1877 年 8 月，第 1–9 页。

有哲学史、心理学、道义学及一般哲学，同部的和汉文学科也只开设“欧米史学或哲学”，显然都在西洋方面，未及东洋。[1] 一旦“哲学”与“理学”的分别对应为philosophy与science固定化，并且变成教育分科，则哲学有无东西之别的问题浮现出来只是时间问题。1881年，东京大学文学部独立出哲学科，在第三、四学年课程中增设印度及支那哲学课。同时和汉文学科也在相同学年开设印度及支那哲学课。[2]

究竟是谁提出本来西周用于专指西洋学问的哲学具有普适性，因而西洋以外也有哲学，目前未见确切证据。三宅雄二郎在前引文章中论道，单就“哲学”而言，应指西洋哲学，但本来哲学分为东洋和西洋，东洋哲学包括支那、印度、波斯、犹太、埃及等，而西洋哲学包括希腊、罗马、英伦、独乙、佛兰西、伊太利等，其中支那印度与希腊罗马成抗衡之势。不过这样的认识为后来附加，担任支那哲学课的中村正直和岛田重礼，在汉文学方面固然出类拔萃，前者在明治思想界也有极高地位，对于如何讲授“支那哲学”却沿袭旧轨。其科目规定印度及支那哲学第三年讲授佛教儒教的大意纲要，教科书为《八宗纲要》《辅教编》《大学》《中庸》《论语》《孟子》，第四年纲要仍旧，加入老庄，教科书则增添《四教仪》《维摩经》《诗经》《书经》《易经》《老子》《庄子》。[3]

1882年，东京大学哲学科的科目纲要有所变化，（一）明确将哲学分为东洋及西洋两部；（二）从第二年学起讲授东洋哲学史。依

[1] 《东京大学法理文学部一览略（明治十一年）》，第26–29页。

[2] 东京大学法理文三学部编纂：《东京大学法理文学部一览略（明治十四年）》，丸屋善七，1882，第34–38页。

[3] 《东京大学法理文学部一览略（明治十四年）》，第94–97、174页。

据说明文字，东洋哲学史论述东洋哲学的沿革，以支那哲学和印度哲学为至要，而日本哲学主要出自支那哲学，支那后世哲学则大抵本于秦汉以前的哲学，所以首先要将孔孟老庄杨墨哲学的是非得失及其关系传统流派论证辨明，然后才能了解东洋一般哲学。如此，东洋哲学和支那哲学的概念框架似乎逐渐成形。尤其值得注意的是，所谓东洋哲学史，除印度一脉而外，主要即是中国哲学史。不过从具体内容看，仍是新瓶装旧酒，所列参考书目为《论语》《孟子》《杨子纂论》《大学》《墨子》《中庸》《荀子》《老子》《韩非子》《庄子》《杨子方言》《列子》《管子》《淮南子》。至于第三、四学年的印度、支那哲学，无论科目纲要还是教科书，均保持原封不动。[1]

中村正直认为通汉文理解西学可以事半功倍，岛田重礼虽然竭力维系儒学地位，也只是反对一味偏颇，他们出任支那哲学课教授，至少表明并不排斥这样的名义。至于维持原有的讲法，或许习惯使然，或许心中仍有东西学问的分界，因而讲授东洋学问，还依照原来的路径。1883 年增设的古典讲习科，并不开列支那哲学课程，反而回到经史子文的旧例，再加上法制。[2] 据中村正直报告，1881—1882 年度所指导的哲学第四年生仅有贺长雄 1 人，先讲庄子轮讲、诗经讲义等课，后又增加书经、老子。而岛田重礼所教哲学第三年生，课程为孟子、老子、荀子。[3] 可见他们都是在新的名义之下延续原有的讲学路数，没有尝试将东西学熔为一炉，或是借西法创造出新的“哲学”。

---

[1] 东京大学法理文三学部编纂:《东京大学法理文学部一览（明治十五年)》，丸屋善七，1882，第 113-114 页 。

[2] 东京大学三学部编纂:《东京大学法理文学部一览（明治十六年)》，丸屋善七，1884 ，第 50-54 页。

[3] 《东京大学第二年报》，第 221-223 页。

针对东京大学的“东洋哲学”说，中江兆民断言：“我们日本从古代到现代，一直没有哲学”，只有经学者和宗教家，并且点名批评加藤弘之、井上哲次郎等人，“自己标榜是哲学家，社会上也许有人承认，而实际上却不过是把自己从西方某些人所学到的论点和学说照样传入日本”[1]。中江兆民的这些话，虽然引起关注“中国哲学”史的学人注意，却着重于“哲学”的有无，而忽略本事。其实中江兆民此番话确有实指，批评的是以东京大学为主导而发生的“哲学”泛化，并指明主要代表人物为加藤弘之和井上哲次郎，背后的史事恰是认识“中国哲学”发源的关键。

井上哲次郎是东京大学最早专攻哲学的学生，1880 年 7 月毕业，本来希望留学欧洲学习哲学，因有人反对未能实现。这时支持其留学计划的东京大学三学部综理加藤弘之嘱其编撰《东洋哲学史》。此举与东京大学哲学科后来增加东洋哲学史课程显然有着密切联系，鉴于中村正直、岛田重礼的相对被动，这一变化当出于加藤弘之主动，而相关科目纲要的说明文字，很可能也是出自加藤的意思。如此，则加藤在哲学由单纯西洋转为东西各有的进程中起了至关重要的作用。

加藤提出的设想能否实现，还须找到合适的具体人选。东京大学哲学科虽然增设东洋哲学史课程，但缺少胜任的师资，此后两年内并没有实际开课。这时抱着编撰东洋哲学史目的进入文部省编辑局的井上哲次郎，因为以编纂教科书为主业的该局不承认《东洋哲学史》是教科书，不能如愿，又与文部省的官僚主义不相适应，仅仅一年，便专门找到加藤弘之，表示文部省不适合自己。加藤于是

---

[1] ［日］中江兆民：《一年有半 · 续一年有半》，吴藻溪译，商务印书馆，1997，第 15–16 页。

提议其到东京大学来编纂《东洋哲学史》。1882年3月，井上哲次郎就任东京大学文学部助教授，先到该校编辑所专门从事《东洋哲学史》的编纂，等到书稿大部分写出，才开始讲义。[1]

目前没有证据显示井上哲次郎的《东洋哲学史》是否付梓，2003年出版的《井上哲次郎集》未收入此书。不过，此书肯定以文本的形式存在过。与井上同事兼同行的岛田重礼不仅曾经阅读，而且做出评价。1884年，井上哲次郎终于实现留学德国的夙愿，岛田重礼在《送井上君迪之欧洲序》中写道：

> 大学助教井上君迪，素覃心西洋哲学，旁涉经史百氏，曾著东洋哲学史，自孔曾思孟，至杨墨老庄申韩之徒，凡关哲学者，囊括罔遗，论学术之醇疵，辩流派之原委，虽时有不合者，其言凿凿有稽，绝不为架空凭虚之说。余读之，适然惊叹，伟其天分甚高，学殖甚富也。……然人之才学，随境而长，君迪年少而气锐，海外之行，不止今日，他年行数万里之路，读数万卷之书，学殖益富，才识益进，至欧人称曰哲学东矣，则其适然惊叹者，岂惟余辈而已乎哉。[2]

借由岛田重礼的文字，可以获悉，1. 井上哲次郎的确写出了《东洋哲学史》；2. 该书基本内容，主要是中国古代“哲学”，尤其是上古“哲学”；3. 与中村正直、岛田重礼等人不同，井上对西洋哲学颇有知识，所讲经史诸子，已经不是中国或日本固有讲法，而

---

[1]　《井上哲次郎自传》，载［日］岛薗进、矶前顺一编纂《井上哲次郎集》第8卷，株式会社クレス，2003，第8-9页。

[2]　《篁村遗稿》卷中，岛田均一刻本，1918，第3-4页。

是以“哲学”为取舍组织，虽然时有不合，假以时日，却可引西洋哲学东行。

由于文本的缺失，不易深究井上哲次郎用西洋专属的“哲学”来条理东洋思想的目的及做法。然而天缘巧合，与之相关的两位人物的作为，或许有助于理解其本意。一位是担任井上哲学史教师的美国人フェノロサ，另一位是井上大学的同班同学且同室学习的冈仓天心。井上自称フェノロサ对其哲学兴味的加深，以及思想倾向给予很大影响，虽然语焉不详，将西洋学问对应于东洋当是题中应有之义。フェノロサ和冈仓天心是明治日本创立所谓“东洋美术”的最重要人物，尽管两人观点有所不同，后来更分道扬镳，却分别建构出与西洋美术对应的“东洋美术”。此事后来看似轻而易举，自然而然，但在近代的东亚，在西学的冲击之下，人们往往因为无法对应门类繁多的西学而根本怀疑固有文化的价值。这样的对应一方面可以面对西学重建对于固有文化的自信，一方面则有助于在东亚取得话语权。冈仓天心的“东洋美术”，目的之一，就是重构以日本为中心正统的东亚美术传统，压抑中国等其他东亚国家“美术”的地位。而后来中国的学人正是在冈仓天心的传人大村西崖等人的影响下，确立文人画的美术价值，才避免国画陷入国学、国医等等国字号事物的尴尬。当然，如此一来，也难免用了西洋的美术眼光重估固有的作品，并陷入日本式话语的笼罩。

相比之下，井上哲次郎或许没有冈仓天心那样显著的政治目的，而且两人的“东洋哲学”与“东洋美术”有着显著差异，后者还要分别东亚各国的高下，前者主要是用哲学框架重新条理中国古代思想。不过，就“哲学”而言，井上哲次郎的抱负绝不亚于冈仓天心之于“东洋美术”，留欧途中，他赋诗道：“自此所期唯一事，西洋哲学欲穷源。”其间又于梦中得句：“壮图千杰出，哲学万雄兴。”[1] 其实际的影响则与冈仓天心相当近似。主要体现于三方面，其一，使“哲学”由他者变成自己的事物，大幅度扩张了“哲学”在日本思想学术界乃至全社会的影响。其二，通过重新条理解读东亚的思想，获得掌握了在“哲学”架构下解释东亚历史学术文化的主导权。其三，由于其“东洋哲学”以中国古代思想为主干，因而实际上建构起一套“中国哲学”的体系。

1883 年 9 月，井上哲次郎按照所建构的系统在东京大学讲授《东洋哲学史》，听讲者包括井上圆了、三宅雄二郎、日高真实、棚桥一郎、松本源太郎等十余人。[2] 其中好几位成为在日本鼓吹“哲学”尤其是“东洋哲学”和“支那哲学”的骨干。1884 年，由井上圆了发起，于东京大学创立哲学会，会员包括加藤弘之、西周助、中村正直等 29 人，在纯正哲学的名义下，将哲学定义为统合一切学问的至高无上地位，并形成印度、支那、西洋各家哲学对应交流的格局，以便共同探究真理。[3] 该会通过举办演讲、发行杂志、编辑书籍等活动，加速扩大哲学的影响。后来又推加藤弘之任会长，外山正一任副会长，三年间开会 26 次，会员发展到 70 人。所举办的演讲除西洋哲学外，还包括印度哲学及佛教（9 次），中国及东洋哲学（3 次）。其中第二次会由井上哲次郎演讲“支那哲学概论”，第 17 次会由岛田重礼演讲“东洋哲学概略”，有贺长雄演讲“孔门

[1] ［日］福井纯子：《井上哲次郎日记》，《东京大学史纪要》第 11 号，1993 年 3 月，第 25 页。

[2] 《井上哲次郎自传》，载［日］岛薗进、矶前顺一编纂《井上哲次郎集》第 8 卷，第 8 页；《巽轩年谱》，载岛薗进、矶前顺一编纂《井上哲次郎集》第 8 卷，第 74 页。

[3] ［日］加藤弘之：《本會雜誌ノ發刊ヲ祝シ併セテ會員諸君ニ質ス》，载《哲学会杂志》第 1 册第 1 号，1887 年 2 月 5 日，第 1–4 页。

哲学或考”，[1] 不仅明确了“支那哲学”的概念，而且确立了日本哲学界西洋、印度、支那三分天下的局面。

以往学人认为幕末明治初期日本的中国学限于朱子和阳明学，而井上哲次郎的“支那哲学”，则包括孔孟和诸子，这不仅已经下至清学，而且对后来中国学人多以诸子学对应哲学产生影响。

“哲学”概念的泛化甚至滥用，在哲学会内部也引起反弹。会员西村茂树质疑将学问与宗教相混淆，尤其郑重指出：“哲学”本是西洋的学问，所谓印度哲学、支那哲学等等，其实是将各自不同的东西混为一谈，将佛学、儒学称为“东洋哲学”，恰如将“哲学”称为西洋佛学或儒学一样荒唐。“哲学”旨在探究真理，与儒、佛诸贤长于学德、追求修身养性截然不同。他主张日本的哲学应着重于三方面，其一，教育后进；其二，用哲学方法考察东方事物；其三，在东方发明新规。[2] 西村的问题极为重要，虽然当时并未得到广泛认同，“哲学”在东亚继续扩张版图，但也时时遭遇不相凿枘的情形，因而在后来的一个多世纪中，有识之士不断用不同的方式或从不同的角度反复提出，考验着哲学界的智慧。

第二节 泰西哲学与中国固有学问

“哲学”以及“中国哲学”进入中国的大致进程，前人已经有

[1] [日] 井上圆了：《哲學ノ必要ヲ論シテ本會ノ沿革ニ及フ》，《哲学会杂志》第1册第2号，1887年3月5日，第41—44页。

[2] [日] 西村茂树：《质疑》，《哲学会杂志》第1册第10号，1887年11月5日，第517—529页。

所描述。[1] 其时中国经过抗拒西潮的节节败退，不仅中西乾坤颠倒，而且进入由东学而西学的阶段，接受者有之，附会者有之，困惑者有之，不以为然者亦有之。仔细分别，中国学人接受“哲学”之始，持异议者主要是就“哲学”一词能否准确翻译 philosophy 的本意，以及如何安置这一概念背后的学科架构，如文廷式和严复。因为此前中国用于philosophy的译名已有多种，指向相近，含义各异，症结在于对西学的认识把握各不相同。其实欧洲各文化系统不同学科的内涵外延，错综复杂，并无所谓同一的西学。接触点和取径因人而异，见解自然有别。

最早将中国古代学说如儒学视同泰西 philosophy 的，其实是来华西人或早期汉学家。至于接受日本发明的“哲学”，主要从三个方面，一是介绍日本的哲学，如黄遵宪对东京大学哲学政治及理财学科的介绍；康有为《日本书目志》在《理学门》专设“哲学”一类，收书 22 种，图史等门也著录了一些哲学书目。二是新式学科的建制，包括教育和学术两方面，如宋恕、蔡元培、吴汝纶等人，要建立新的学科系统，必须将哲学安置到适当位置。三是学习或翻译泰西哲学。这时基本还是将“哲学”视为他者的事物，尚未内化，也就不存在是否适应中国固有学问的问题。

如果说蔡元培、王国维等人在教育和学术的学科建制方面影响中国人接受“哲学”起了很大作用，梁启超则不仅迅速传播“哲学”概念，更重要的是沿用日本人的“支那哲学”，作为所办报刊的专栏名称，将中国固有的各种思想学说纳入“哲学”的框架之中。1897 年梁启超读了《日本书目志》，已经注意到哲学。戊戌政变亡走日本，很快就与日本的哲学界建立联系。1899 年 1 月 2 日

[1]　陈启伟:《哲学译名考》,《哲学译丛》2001 年第 3 期。

出版的《清议报》第二期即开辟“支那哲学”专栏，刊登谭嗣同的《仁学》及梁启超的校刻序。稍后，梁启超的序又刊登在3月10日出版的《哲学杂志》第14册第3号上，该刊说明是应作者的要求而登。同年5月13日，梁启超参加了日本哲学会的春季“会合”，与日本“诸贤哲相见”，并向日本同仁介绍了康有为“所言哲学之一斑”，包括“关于支那者”和“关于世界者”。显然，由日本哲学界加工成形神兼备的“支那哲学”，使得本来就容易附会的梁启超不假思索地照单全受，并向国内士林和青年学生广泛扩散。

不过，并非所有中国人都顺理成章地接受“哲学”，或者说还有如何接受以及接受什么的问题。1902年9月，《新世界学报》发刊，主办者为是年5月杭州中学堂风潮离校的教师陈黻宸和退学师范生汤尔和、马叙伦、杜士珍等人，该报分为经学、史学、心理学、伦理学、政治学、法律学、地理学、物理学、理财学、农学、工学、商学、兵学、医学、算学、辞学、教育学、宗教学等十八门，不少栏目名称，一直沿用至今，唯独心理学一门，所刊登的用现在观念看多为“哲学”内容。据陈黻宸所撰该报《叙例》：“周秦大家，东西哲学，梵辞精奥，语录杂糅，斯皆心理学之荦荦大端欤。”[1] 可见其并非不知哲学之名，也不排斥哲学，只是认为应以心理学涵盖哲学。

《新世界学报》的分法和与此相关的说法，引起《新民丛报》的质疑，在评介时专门提出讨论，指其栏目分类“颇欠妥惬”，

如其中心理学者一门，最为鄙意所不敢苟同。统观三号，其心理学门皆论哲学也。日人译英文之Psychology为心理学，

[1] 《新世界学报》第1号，1902年9月2日，第2页。

> 译英文之 Philosophy 为哲学，两者范围，截然不同。虽我辈译名不必盲从日人，然日人之译此，实颇经意匠，适西文之语源相吻合，未易遽易之也。吾度著者未尝不知东籍中此两字之区分，然其意以为一切哲学，皆心识之现象也。故吾不从东译，而定以此名。鄙人窃以为误矣。哲学之大别，有唯心与唯物之两派，物者正心之对待也。今惟以心学名之，不几将唯物论全行抹杀乎。若以为所研究之客体，虽有心物之殊，而能研究之主体，惟在人心，故定以此名，然则宗教学、政治学、法律学，乃至一切无形有形之学，何一非以吾心研究之，然则并此诸学而名心理学可乎。且既以 Philosophy 冒此名，则于 Psychology 又将以何语译之。此吾所不敢苟同也。Psychology 与 Ethics（即伦理学）皆为 Philosophy 中之一门，吾以为宜立哲学一门，而以心理、伦理皆入之，似为得体矣。[1]

对于《新民丛报》的批评，《新世界学报》全面回应道："人群进化之渐，即从人人神经所已有之物，徐以引入所未知之途。故陈义不嫌其过高，而名词必从其所习。中人向解哲字颇狭，鄙意如英文之 Philosophy，日人虽译为哲学，中人宜译为理学。古书理字范围甚大，鄙人尝谓世人专指宋儒为理学，荒谬无其伦比。鄙报初欲设理学一门，而以周秦汉宋各学暨东西哲学家言尽入之，然终以世人误解理学已久，未易领会，而中国古文，皆以心范围一切，鄙报宗旨，不欲人尽废古书，故不敢遽从东译，而暂定以此名。亦自知其名义未当，徒以诱世苦心，因时通变，即大教所谓未尝不知东籍

[1]　《新世界学报一、二、三号》，《新民丛报》第 18 号，"绍介新著"，1902 年 10 月 16 日，第 100 页。

此中两字之区分，以为一切哲学，皆心识之现象者，不觉自忘其龃龉不安也。若英文之 Psychology 为心理学，以读我中国古书，亦似多窒碍难通之处，则亦以古人之文，皆以心范围一切故也。唯心唯物，出佛氏旧文，然佛书视心字范围亦甚大，其言唯心者，亦暂对惟〔唯〕物而言耳。《大学》以知与物对，即佛氏亦有以识以性与物对者。然则英文之 Psychology，舍心理亦未必无语可译矣。”并针对《新民丛报》所有无形有形之学皆以心研究，而不能都称为心理学的质疑，认为各种学都可以哲学研究之，因而日人各科学均有相应哲学之名，若立哲学门而仅以伦理、心理入之，也失之太狭。[1]

陈黻宸是清季主张分科治学的先行者之一，认为“夫彼族之所以强且智者，亦以人各有学，学各有科，一理之存，源流毕贯，一事之具，颠末必详。而我国固非无学也，然乃古古相承，迁流失实，一切但存形式，人鲜折衷，故有学而往往不能成科。即列而为科矣，亦但有科之名而究无科之义”。并且相信“科学不兴，我国文明必无增进之一日”[2]。只是如何具名，仍有偏重东译与古书的取舍。

除了对“哲学”的译名有所质疑，那一时期的中国人对于无论是泰西还是支那的“哲学”，接受起来都没有迟疑。首次公开和正面的争议冲突，1903 年出现在张之洞、张百熙和王国维之间。前人关于此事，多将二张视为一体，而放进中西新旧进步保守的解释框架。其实反对者以张之洞为主动，各自的旨意并不相同。1902 年

[1] 《答新民丛报社员书》，《新世界学报》第 8 号，“答书”，1902 年 12 月 14 日，第 115–117 页。

[2] 陈黻宸：《京师大学堂中国史讲义》，载陈德溥编《陈黻宸集》（下），中华书局，1995，第 675 页。

10月底，湖广总督张之洞和湖北巡抚端方上《筹定学堂规模次第兴办折》，提出办学要旨八条，其中第八条为防流弊，其要义有三，一曰幼学不可废经书，二曰不必早习洋文，三曰不可讲泰西哲学。“中国之衰，正由儒者多空言而不究实用，西国哲学流派颇多，大略与战国之名家相近，而又出入于佛家经论之间，大率皆推论天人消息之原，人情物理爱恶攻取之故。盖西学密实已甚，故其聪明好胜之士别出一途，探赜钩深，课虚骛远，究其实，世俗所推为精辟之理，中国经传已多有之。近来士气浮嚣，于其精意不加研求，专取其便于己私者，昌言无忌，以为煽惑人心之助，词锋所及，伦理国政，任意抨弹。假使仅尚空谈，不过无用，若偏宕不返，则大患不可胜言矣。中国圣经贤传，无理不包，学堂之中，岂可舍四千年之实理，而骛数万里外之空谈哉。”[1]

按照张之洞的看法，哲学仍是泰西所有，与先秦名学、佛家经论相似，别出心裁，不图实用，学堂应究实理，不尚空谈。而他所担忧的，则是新学士子借此昌言煽惑，任意抨弹伦理国政。所指实事至少有二，一是梁启超《清议报》借“哲学”名义进行宣传，二是据说其时上海通日文者如叶瀚等，“往往自谓通教育、哲学两科，凡理化动植无不当行，辄挟所知以难人”[2]。而流亡海外的保皇会和上海国会人士，正是张之洞的心腹大患。新党对哲学的偏好借重，自然成为张之洞的一块心病。

不久，管学大臣张百熙遵旨议奏张之洞的奏折，他比照《钦定

---

[1]　苑书义、孙华峰、李秉新主编:《张之洞全集》第2册，河北人民出版社，1998，第1500－1502页。

[2]　中国蔡元培研究会编:《蔡元培全集》第15卷，浙江教育出版社，1998，第286页。

学堂章程》，认为高等学堂应设诸子、名学科目，“诸子一门，列入四部，此中国数千年相传之旧学。其说往往与西人之哲理学相通，可为文学专科之参考……至于名学一科，中国旧译为辨学，日本谓之论理，与哲学判分两派，各不相蒙，共大旨主于正名实，明是非，尚无他弊。盖哲学主开发未来，或有骛广志荒之弊，名学主分别条理，迥非课虚叩寂之谈。此钦定章程中所以必取名学，而哲学置之不议者，实亦防士气之浮嚣，杜人心之偏宕，与该督等用意正同。”[1]

清季学制多仿日本，而在整个系统之中，哲学仅及高等以上，至于学问分科方面，哲学的归属与所属，或哲学与其他学科的关系，各家看法有别。如蔡元培和吴汝纶所据日本人士的讲法，即有所不同。况且还有哲学与诸子的中西属性问题。张百熙回应张之洞，顺势之外，也有不以泰西哲学为普世性学问之意，进而说明取名学而弃哲学的用心。实则其并不像张之洞那样排斥哲学，据光绪二十八年《京师大学堂译书局章程》，依照西学通例，翻译课本，分为统挈（分名、数两宗）、间立（分力、质两门）、及事（治天地人物）三科，此外各种专门专业之书，包括哲学在内，“但使有补于民智，则亦不废其译功”。[2]

二张的两折披露，“于是海内之士，颇有以哲学为诟病者”。已经沉浸于哲学数年的王国维写了《哲学辩惑》，从五个方面论证哲学为有益无害之纯粹科学，不能以防流弊为名因噎废食，不可以有

[1] 朱有瓛主编:《中国近代学制史料》第2辑上册，华东师范大学出版社，1987，第66页。

[2] 北京大学校史研究室编:《北京大学史料》第1卷，北京大学出版社，1993，第195－196页。

无实用为断；中国讲求教育，而教育的真善美即为哲学各科的主旨；哲学为中国固有之学，诸子、六经及宋儒之学，多深入哲学问题。中国古书散乱残缺难解，西洋哲学则系统严密，治中国哲学，必在深通西洋哲学之人。为此，他强调“专门教育中，哲学一科，必与诸学科并立”。为了避免国人不知哲学性质而诟病其名义，他主张“正名”为“理学”，以息争论。[1]

《钦定学堂章程》大学堂于文学科下，已设理学之目。虽然未必如王国维所论，是用哲学观念讲理学问题，至少符合宋儒所讲也是中国固有哲学的观点。后来王国维又发表《奏定经学科大学文学科大学章程书后》等文章，继续抨击张之洞指哲学为有害无用之外，尤其强调外来哲学不仅与中国古来学术相容，而且为研究固有学术必需的参照。只有兼通世界学术，才能发明光大我国学术。张之洞不仅排斥哲学，且摈弃诸子，局限理学于道德哲学，而西洋哲学与中国哲学的关系，与诸子哲学之于儒教哲学相等。因此，他主张文科大学增设理学科（即哲学），并在其他各科增设“哲学概论”等课程。[2]

除了严复等少数人外，近代国人大都缘着东学的途径接受哲学，连反对哲学最力的张之洞，虽然对新名词不以为然，也是典型的东学派。今人论及近代中日两国维新与洋务的差距，更多着眼于制度经济学务军事等能够目验的层面，实则在精神世界的学术文化领域，两国不仅时间相差20年，而且日本已经建立起一整套包括名词在内的体系，循着日本富强之道前行的中国人，很难摆脱其控制。

王国维的批评当然无法改变张之洞的看法，清季新式学制体系

---

[1] 傅杰编校：《王国维论学集》，中国社会科学出版社，1997，第216-219页。

[2] 傅杰编校：《王国维论学集》，第376-382页。

中一直没有哲学的正式合法位置。但这并不意味着哲学在当时的思想界没有影响。相反，在海内外各种中文报刊上，哲学成为不少人介绍和讨论的话题，翻译介绍之外，用哲学的观念解释中国古代思想者也不乏其例，如1905年王国维的《国朝汉学派戴阮两家之哲学说》(《政艺通报》)，1906年刘师培的《中国哲学起源考》(《国粹学报》)，1907年王鼒炜的《哲学家荀卿》(《新译界》)等。同时，哲学也没有因为张之洞的禁止而完全绝足于新式学堂。一些民办学堂课程中早有哲学一项，官办的北洋师范学堂奏定章程中，地理历史类分科应授科目赫然列有“哲学”[1]。1907年江苏教育总会上书学部，请改南菁高等学堂为文科高等学校，其本科分哲学、文学两部，分别招生，文学部也开设哲学概论课程。[2] 1910年学部所奏《改定法政学堂章程》，其正科的政治门课程，包括政治哲学。[3] 京师大学堂虽然没有哲学课程，译学馆所藏教科书，也包括《西洋哲学史》《哲学泛论》《宗教哲学》，而大学堂要求购办的书籍，则有《日本阳明学派之哲学》《日本古学派之哲学》《哲学及心理学辞林》《哲学历史》《哲学二案》《哲学简史》等多种。[4] 而清华学堂开设十类专修课程，其中第一类即哲学教育类，学生可以自行选择，作为专门课程。[5]

---

[1] 朱有瓛主编:《中国近代学制史料》第2辑下册，第373页。

[2] 《江阴文科高等学校办法草议》，载朱有瓛主编《中国近代学制史料》第2辑上册，第600页。

[3] 朱有瓛主编:《中国近代学制史料》第2辑下册，第495页。

[4] 北京大学校史研究室编:《北京大学史料》第1卷，第262−263、492、502−507页。

[5] 吴宓著，吴学昭整理注释:《吴宓日记》第1册，生活·读书·新知三联书店，1998，第39页。

第三节　“中国哲学”的取向

张之洞的排斥态度，反而促使人们努力争取哲学的合法地位，与哲学相关的其他问题很难得到展现。1914 年北京大学设中国哲学门，开中国哲学史课程，哲学正式合法进入学制体系。这一变化，使得哲学很快升温，成为民初相对沉闷的思想界活跃的先声。1916 年到 1919 年，谢无量的《中国哲学史》和胡适的《中国哲学史大纲》等一批哲学著作先后出版，原来被列入另册的哲学开始风光起来，引起社会广泛关注的同时，也成为争论的焦点。

胡适《中国哲学史大纲》的做法，“以为我们若想贯通整理中国哲学史的史料，不可不借用别系的哲学，作一种解释演述的工具。”“我所用的比较参证的材料，便是西洋的哲学。”蔡元培为之作序，更加断言：“我们要编成系统，古人的著作没有可依傍的，不能不依傍西洋人的哲学史。所以非研究过西洋哲学史的人不能构成适当的形式。”[1] 这正是落实先前王国维的主张。

不过，这时王国维已经反省早年的论断，认为用西洋哲学观念不能理解古人之说：

> 如执近世之哲学以述古人之说，谓之弥缝古人之说，则可；谓之忠于古人，则恐未也。夫古人之说，固未必悉有条理也。往往一篇之中时而说天道，时而说人事；岂独一篇中而已，一章之中，亦得如此。幸而其所用之语，意义甚为广莫，无论说天说人时，皆可用此语，故不觉其不贯串耳。若译之为他国语，则他国语之与此语相当者，其意义不必若是之广；即

---

[1] 欧阳哲生编：《胡适文集》第 6 册，北京大学出版社，1998，第 155、182 页。

令其意义等于此语，或广于此语，然其所得应用之处不必尽同。故不贯串不统一之病，自不能免。而欲求其贯串统一，势不能不用意义更广之语。然语意愈广者，其语愈虚，于是古人之说之特质，渐不可见，所存者其肤廓耳。译古书之难，全在于是。[1]

章太炎、刘师培、梁启超等人乃至蔡元培，都逐渐察觉西洋哲学与中国固有思想的不相凿枘，放弃早年随意的附会，转取慎重的态度。1916 年曹恭翊著《儒哲学案合编》（1918 年 1 月出版），亦将中国儒学与欧洲哲学分开写，而不用哲学观念看儒学。

针对胡适、冯友兰等人的中国哲学史著作，立场态度各异的学人纷纷提出批评，反复指出中国的思想和西方的哲学明显有别。1928 年，张荫麟撰文评冯友兰《儒家对于婚丧祭礼之理论》：“以现代自觉的统系比附古代断片的思想，此乃近今治中国思想史者之通病。此种比附，实预断一无法证明之大前提，即谓凡古人之思想皆有自觉的统系及一致的组织。然从思想发达之历程观之，此实极晚近之事也。在不与原来之断片思想冲突之范围内，每可构成数多种统系。以统系化之方法治古代思想，适足以愈治而愈棼耳。”[2]

金岳霖《冯友兰中国哲学史上审查报告》进一步论道：

欧洲各国的哲学问题，因为有同一来源，所以很一致。现

[1] 王国维：《书辜氏汤生英译〈中庸〉后》，载《静庵文集》，辽宁教育出版社，1997，第 150-151 页。

[2] 张荫麟：《评冯友兰〈儒家对于婚丧祭礼之理论〉》，《大公报 · 文学副刊》1928 年 7 月 9 日，第 9 版。

在的趋势，是把欧洲的哲学问题当作普通的哲学问题。如果先秦诸子所讨论的问题与欧洲哲学问题一致，那么他们所讨论的问题也是哲学问题。以欧洲的哲学问题为普遍的哲学问题当然有武断的地方，但是这种趋势不容易中止。既然如此，先秦诸子所讨论的问题，或者整个的是，或者整个的不是哲学问题，或者部分的是，或者部分的不是哲学问题；这是写中国哲学史的先决问题。这个问题是否是一重要问题，要看写哲学史的人的意见如何。如果他注重思想的实质，这个问题比较的要紧；如果他注重思想的架格，这个问题比较的不甚要紧。若是一个人完全注重思想的架格，则所有的问题都可以是哲学问题；先秦诸子所讨论的问题也都可以是哲学问题。至于他究竟是哲学问题与否？就不得不看思想的架格如何。……“中国哲学”这名称就有这个困难问题。所谓中国哲学史是中国哲学的史呢？还是在中国的哲学史呢？如果一个人写一本英国物理学史，他所写的实在是在英国的物理学史，而不是英国物理学的史；因为严格地说起来，没有英国物理学。哲学没有进步到物理学的地步，所以这个问题比较复杂。写中国哲学史就有根本态度的问题。这根本的态度至少有两个：一个态度是把中国哲学当做中国国学中之一种特别学问，与普遍哲学不必发生异同的程度问题；另一态度是把中国哲学当做发现于中国的哲学。[1]

金岳霖表面的两可，在傅斯年已有明确答案。后者早年认为，与以自然科学为基础的西洋哲学相比，以历史为基础的中国哲学根

---

[1]　金岳霖：《冯友兰〈中国哲学史〉上册审查报告》，载冯友兰《中国哲学史》，附录，上海书店出版社，1990，第1-8页。

本不算是哲学。1926年他听说胡适要重写《中国古代哲学史》，表示自己将来可能写“中国古代思想集叙”，而且提出若干“教条”，包括：1.不用近代哲学观看中国的方术论，“故如把后一时期，或别个民族的名词及方式来解它，不是割离，便是添加。故不用任何后一时期，印度的、西洋的名词和方式。”2.研究方术论、玄学、佛学、理学，各用不同的方法和材料，而且不以二千年的思想为一线而集论之，“一面不使之于当时的史分，一面亦不越俎去使与别一时期之同一史合”。[1] 稍后他与顾颉刚论古史，又说：

> 我不赞成适之先生把记载老子、孔子、墨子等等之书呼作哲学史。中国本没有所谓哲学。多谢上帝，给我们民族这么一个健康的习惯。我们中国所有的哲学，尽多到苏格拉底那样子而止，就是柏拉图的也尚不全有，更不必论到近代学院中的专技哲学，自贷嘉、来卜尼兹以来的。我们若呼子家为哲学家，大有误会之可能。大凡用新名词称旧物事，物质的东西是可以的，因为相同；人文上的物事是每每不可以的，因为多是似同而异。现在我们姑称这些人们（子家）为方术家。思想一个名词也以少用为是。[2]

傅斯年回国后在中山大学任教时写了《战国子家叙论》，开篇即论“论哲学乃语言之副产品，西洋哲学即印度日耳曼语言之副产品，汉语实非哲学的语言，战国诸子亦非哲学家”，他认为：

---

[1] 《傅斯年致胡适》，1926年8月17、18日，载杜春和、韩荣芳、耿来金编《胡适论学往来书信选》下册，河北人民出版社，1998，第1264－1265页。

[2] 欧阳哲生编：《傅斯年全集》第1卷，湖南教育出版社，2003，第459页。

> 拿诸子名家理学各题目与希腊和西洋近代哲学各题目比，不相干者如彼之多，相干者如此之少，则知汉土思想中原无严意的斐洛苏非一科，“中国哲学”一个名词本是日本人的贱制品，明季译拉丁文之高贤不曾有此，后来直到严几道、马相伯先生兄弟亦不曾有此，我们为求认识世事之真，能不排斥这个日本贱货吗？[1]

对于傅斯年等人的批评，胡适起初有些抵触，后来却不仅接受，而且态度更为彻底，不用哲学史的名称，一律改称思想史，甚至到处讲哲学系应该关门。不过，其他学人并未放弃对金岳霖所说另一种可能性的追求，熊十力甚至认为，说中国没有哲学，是西方人贬低中国。他和冯友兰、牟宗三等相继努力发掘总结提升中国哲学的体系，以求建立中国哲学的系统。当然，也有海内外学者认为，冯友兰、熊十力的努力，仍然在史学与哲学之间徘徊，未能真正变成哲学；而牟宗三虽然建构成型，却使中国历史上的哲学变成西方哲学的资料。言下之意，这样的努力还是作茧自缚。

冯友兰抗战期间撰写的“贞元六书”，是其建构中国哲学的代表作。朱光潜《冯友兰先生的新理学》（冯友兰:《新理学》，商务印书馆1939年）论道：

> 中国哲学旧籍里那一盘散沙，在冯先生的手里，居然成为一座门窗户牖俱全底高楼大厦，一种条理井然底系统。这是奇迹，它显示我们：中国哲学家也各有各的特殊系统，这系统也许是潜在底，不足为外人道底，但是如果要使它显现出来，为

[1]　欧阳哲生编:《傅斯年全集》第2卷，第251、253页。

外人道，也并非不可能。看到冯先生的书以后，我和一位国学大师偶然谈到它，就趁便询取意见，他回答说，“好倒还好，只是不是先儒的意思，是另一套东西”。他言下有些歉然。这一点我倒以为不能为原书减色。冯先生开章明义就说：“我们现在所讲之系统，大体上是承接宋明道学中之理学一派。……我们说‘承接’，因为我们是‘接着’而不是‘照着’宋明以来理学讲底。因此我们自号我们的系统为新理学。”他在书中引用旧书语句时尝郑重地声明他的解释不必是作者的原意，他的说法与前人的怎样不同。这些地方最足见冯先生治学忠实底态度，他没有牵强附会底恶习。他“接着”先儒讲而不“照着”先儒讲，犹如亚里士多德“接着”柏拉图讲而不“照着”他讲，康德“接着”休谟讲而不“照着”他讲，哲学家继往以开来，他有这种权利。[1]

建构中国哲学，势必要用哲学观念处理古代思想。如果以为有助于理解古人，如近代学人所致力，不仅徒劳无功，而且陷入越有条理系统，去古人真相越远的尴尬。若用哲学观念发明古代思想，目的不在标榜认识古代，而是直接面向现在和未来，或许能循着新儒家的旧途径，丰富提升中国人的思维能力。犹如深通佛教的宋儒，避名居实，取珠还椟，“采佛理之精粹，以之注解四书五经，名为阐明古学，实则吸收异教”[2]，则有益于增强民族智慧。这也是“哲学”在中国所起的实际效用。

---

[1] 朱光潜：《冯友兰先生的〈新理学〉》，《文史杂志》第1卷第2期，1941年3月1日，第23页。

[2] 吴宓著，吴学昭整理：《吴宓日记》第2册，第102页。

结　语

跨文化传通本来就是误会，中国没有 Philosophy，哲学是东亚人心中的 Philosophy。同样，欧洲也没有“哲学”，更没有“中国哲学”。认为中国没有“哲学”就不高明的观念，显然受到进化论的影响，其实与欧洲没有儒学、理学大同小异，无所谓先进落后之分。明治日本借用汉语创造“哲学”，试图对应 Philosophy 之外，起到掌握东亚汉字文化的话语权的作用。因此“哲学”在明治日本和中国的语境不同，含义各异。不过，“东洋哲学”与“支那哲学”同时给东亚尤其是中西学乾坤颠倒的中国提供了重估（无论是附会还是用外来系统条理本来史事）固有文化的机缘。就此而论，“中国哲学”及“中国哲学史”有三类：1. 用哲学概念重装历史上的思想。这也是迄今为止一般中国哲学史的取径。如此可以附会 Philosophy，却于理解古人思想无益，而且无论成败，内外均不讨好。2.“哲学”和“中国哲学”的发生及其进入中国后的发展演化，后一方面，包括“哲学”与“中国哲学”两部分。这也是撰写中的“中国哲学”史的主题及主旨。3. 面向未来，用 Philosophy 以丰富和发展现代中国人的思维。第二类史事已经体现第三类努力，只是取向或有可议。三者互有重叠，往往不易分别，但还是各有侧重。“哲学”在中国的前途如何，后一领域的成效无疑至关重要。

甲午之战固然是近代中日两国竞争发展的重要分界，其实早在 1880 年代，日本发明了一套对应西学的概念，在语言支配思维定律的制导，已经预设了后来掌控东亚话语权的格局。这不仅导致清季新政和宪政时期中国全面学习日本或通过日本学习西方，甚至一度在清政府的决策层出现非东学莫属的情形，而且一直影响着近代以来中国人的精神世界，此后中国人实际是发汉音，说日语，用西思。尽管后来看似留美学生的影响日益扩大，留欧学生在学术思想的深度方面更胜一筹，可是日本对中国知识界思想界的辐射作用长期持续。相当于日本大正时代的民国北京政府时期，包括北京大学教授在内的中国知识人，参考、借鉴甚至模仿东学著述，仍是相当普遍的情形。五四时期的东西文化论战，与西相对的是东而不是中，便是东西两洋分立的表征。只是其时日本对华野心日渐暴露，加上二十一条的刺激，国人一般不愿称引。这也是坊间甚多抄袭传闻的起因。受此制约，国人一方面得以重建重估文化价值，一方面则深陷日本式对应西学解读中学的缠绕和困扰。迁延演变至今，这些概念名词已经成为人们不言而喻的认识前提或工具，正本清源诚非易事，拨乱反正似无可能，而因陋就简，则犹如戴上有色眼镜，了解过去，认识现在，展望未来，均不免变形变色，无法为世界展现中国思想文化的本意。就此而论，在思想学术领域来一次以复古为创新的文艺复兴，已经迫在眉睫。

第五章　中国现代政治学的建立：北京大学政治学科的早期历史

学科的形成既是知识建构的过程，也是社会运动与制度规训的结果。沃勒斯坦（I. Wallerstein）指出，当前在社会科学领域主导着的学科划分“反映了自由主义意识形态的巨大胜利。这当然是因为自由主义意识形态曾经（现在也）掌握着资本主义世界经济体系的意识形态的主控权”[1]。作为现代社会科学的一个分支，政治学在美国率先获得了发展，并在 19 世纪末和 20 世纪越出了美国，成了一般性的政治学。[2] 各民族、国家原有的政治学传统因此而受到挑战、破坏乃至重组。如 19 世纪在日耳曼地区兴盛一时的国家学（Staatswissenschaft），到了 20 世纪 20 年代终归衰败，被包括政治学在内的主流的分类社会科学（Sozialwissenschaften）所取代。[3]

---

[1] ［美］沃勒斯坦：《否思社会科学：19 世纪范式的局限》，刘琦岩、叶萌芽译，生活 · 读书 · 新知三联书店，2008，第 17 页。

[2] 参见［美］格林斯坦、［美］波尔斯比编：《政治学手册精选》上卷，竺乾威、周琪等译，商务印书馆，1996，第 23 页。关于政治学在美国的发展过程，参见 Anna Haddow, *Political Science in American College and Universities*，*1636–1900*, New York, Appleton-Century, 1939；Albert Somit & Joseph Tanenhaus, *The Development of American Political Science: From Burgess to Behavioralism*, Boston, Allyn and Bacon, 1967。

[3] ［美］华勒斯坦等：《学科 · 知识 · 权力》，刘健芝等编译，生活 · 读书 · 新知三联书店，1999，第 224 页。

近代中国的学术分科，无疑也是欧美势力在世界范围内扩张的结果。至于现代意义上的政治学是怎样传入中国，并在中国新式教育体制中确立其学科地位，进而建立起一系列相应的学术机制，应当依据史实来加以揭示。以往的研究，主要将政治学史定位于政治思想史，如燕京大学政治学系教授张锡彤曾撰文叙述鸦片战争前后大约30年间中国人对于西方政治知识的介绍。[1] 类似在知识论和思想史层面上描述的中国政治学史此后并不少见。最近的研究方向则是从晚清出版的词典、图书目录、各类丛书、新式学堂的课业中来考察政治学的词汇交流与观念变迁史。[2] 但是知识与思想只是学科的一个层面，此外尚须关注人、物与制度等因素，有学者认为作为一门独立学科的中国政治学基本形成于民国初年。[3]

毋庸置疑，近代学术的中心在形式上已经转移到大学与研究机构。由于在中国近现代教育与学术史上的独特地位，北京大学被视为研究中国现代学科形成史的典型，成为学人探讨中国现代学术机构与学术发展的焦点课题。[4] 关于政治学，有人指出："北大是中国

---

[1] Chang His-t'ung, "The Earliest Phase of the Introduction of Western Political Science into China," *The Yenching Journal of Social Studies*, 1950(1), pp.28–29.

[2] 代表性的研究成果如孙青：《晚清之"西政"东渐及本土回应》，上海书店出版社，2009。

[3] 俞可平：《中国政治学百年回眸》，《人民日报》2000年12月28日。

[4] 这方面的研究成果主要有：刘龙心：《学术与制度：学科体制与现代中国史学的建立》，远流出版公司，2002；陈以爱：《中国现代学术研究机构之兴起：以北京大学研究所国学门为中心的探讨（1922—1927）》，台湾政治大学，1999；Lin, Xiaoqing Diana, *Peking University: Chinese Scholarship and Intellectuals 1898–1937,* Albany, State University of New York Press, 2005。

政治学的发源地，也是学者寄望发展的重镇；一叶知秋，‘政治学与北大’可谓‘政治学与现代中国’的缩影；政治学的兴衰浮沉，正是学术与政治互动的典型案例。”[1] 然而，此论所依据的《北京大学政治学与行政管理系系史（1898—1998)》，大体上只是由师生名录、课程表等编排而成的资料集。检索为数可观的北大校史论著资料[2]，尚未见专文探讨政治学在北大的形成发展史。鉴于前人研究的不足，本章在借鉴前人成果的基础上，注重从历时性和系统性两方面来考察北京大学的政治学科是如何建立起来的。

第一节 议设京师大学堂：立学宗旨与教学分科

传统儒学的通经致用精神，因时代与环境的变化而时隐时显。自清道咸以后，内乱外患频仍，“人士渐知徒讲考证之学，不足以救亡。于是忧时之士，群欲改弦更张，重树学风，以救时弊”。[3] 乾嘉考据之学由盛而衰，经世学风即应运而生。孟森认为：“嘉、道以后，留心时政之士夫，以湖南为最盛，政治学说亦倡导于湖南。”[4] 其时经世之学有二脉，一是龚自珍、魏源等宗西汉公羊家法，二是曾国藩提倡宋儒义理之学，均与湖南关系匪浅。由于“义理专重人生，而独缺政治。国藩又增经济一目，经国济民，正为治

---

[1] 何子建：《北大百年与政治学的发展》，《读书》1999 年第 5 期。

[2] 参见北京大学校史馆编：《北京大学校史论著目录索引（1898—2003)》，北京大学出版社，2004。

[3] 谢国桢：《近代书院学校制度变迁考》，载胡适等编辑《张菊生先生七十生日纪念论文集》，商务印书馆，1937，第 282 页。

[4] 孟森：《明清史讲义》下，中华书局，1981，第 618 页。

平大道，即政治学”。[1] 曾国藩的这一补充尽管更多的是迫于时代的需要，却因此可以衔接先秦孔门四科中的政事和言语，对儒学本身亦颇为重要，盖义理、辞章、考据甚少顾及“澄清天下”这一传统重任。[2] 这为以后对接西方政治学提供了方便之门。

经世之学的兴起既因早期儒家“内在理路”的演进发展，更缘于西潮冲击的影响。“在中国文化处于优势的时代，儒家治国平天下的工具大致以经典、史学、历代掌故（政治）为范畴；但当国势衰弱时，经世主义者并不反对引进外来的有效工具，因而成为接受现代化的动力。”[3] 鸦片战争后至同光之际，经世致用者注重接受西方的工艺制造之学，对中国传统的治平之道仍抱有信心与优越感。而西方政治学说由进入国人视野，到逐渐被理解与接受，不但取决于国人自觉的需要，也与传教士的传播有关。传教士在传教的同时，顺带将西方的政治知识介绍到中国。

经世学风与西方政治知识的输入，二者结合，开阔了士大夫的知识视野，有助于他们以新的眼光来看待与讲求传统的经世之学，使之具有中西杂糅的色彩。1891 年，康有为开设万木草堂，“以孔学、佛学、宋明学为体，以史学、西学为用，其教旨专在激厉气节，发扬精神，广求智慧”。所授学科分为义理之学、考据之学、经世之学和文字之学。其中，经世之学包括“政治原理学”“中国

[1]　钱穆：《中国现代学术论衡》，生活·读书·新知三联书店，2001，第 203 页。

[2]　罗志田：《近代中国史学十论》，复旦大学出版社，2003，第 9 页。

[3]　苏云峰：《张之洞的经世思想》，载“中央研究院”近代史研究所编《近世中国经世思想研讨会论文集》，“中央研究院”近代史研究所，1984，第 532 页。

政治沿革得失”“万国政治沿革得失”“政治实应用学”“群学”。[1]其门生梁启勋回忆，“当时，他对列强压迫、世界大势、汉唐政治、两宋的政治都讲。每论一学、论一事，必上下古今，以究其沿革得失，并引欧美事例以作比较证明”。[2]可见所授经世之学以中学为主，并涉及西方政治知识。受康有为影响，学徒“每轻视八股，于考据训诂，亦不甚措意，惟喜谈时务，多留意政治，盖有志于用世者”[3]。

“乙未和议成后，士夫渐知泰西之强，由于学术”[4]，对言西法者重“艺”轻“政”的现象进行批评。梁启超在《时务报》上撰文指出:“变法之本，在育人才；人才之兴，在开学校；学校之立，在变科举；而一切要其大成，在变官制。”此前所办洋务学堂，“言艺之事多，言政与教之事少。其所谓艺者，又不过语言文字之浅，兵学之末，不务其大，不揣其本”。“今日之学，当以政学为主义，以艺学为附庸。政学之成较易，艺学之成较难；政学之用较广，艺学之用较狭。使其国有政才而无艺才也，则行政之人，振兴艺事，直易易耳，即不尔而借才异地，用客卿而操纵之，无所不可也；使其国有艺才而无政才也，则绝技虽多，执政者不知所以用之，其终

[1]　梁启超:《康南海先生传》，载《饮冰室合集》文集第3册，中华书局，1936，第62、65页。

[2]　梁启勋:《“万木草堂”回忆》，载朱有瓛主编《中国近代学制史料》第1辑下册，华东师范大学出版社，1986，第240页。

[3]　卢湘文:《万木草堂忆旧》，载朱有瓛主编《中国近代学制史料》第1辑下册，第249页。

[4]　梁启超:《戊戌政变记》，载《饮冰室合集》专集第1册，中华书局，1936，第27页。

也，必为他人所用”。[1] 当时张之洞也在《劝学篇》中主张：一要“新旧兼学。《四书》、《五经》、中国史事、政书、地图为旧学；西政、西艺、西史为新学。旧学为体，新学为用，不使偏废”；二要“政艺兼学。学校、地理、度支、赋税、武备、律例、劝工、通商，西政也；算、绘、矿、医、声、光、化、电，西艺也。……大抵救时之计、谋国之方，政尤急于艺。”[2]

经世思想的复兴，成为推动晚清兴学的重要动力。1896 年 6 月 12 日，刑部左侍郎李端棻奏请在京师建立大学堂。光绪皇帝遂令总理衙门议奏。总理衙门随后议复，除了赞同李端棻的主张，并提请“饬下管理书局大臣察度情形，妥筹办理”[3]。管理书局大臣孙家鼐从定宗旨、造学堂、学问分科等六个方面议复开办京师大学堂事宜。消息甫经传开，各方立即关注。姚文栋、熊亦奇，以及寓华教士狄考文、林乐知等就大学堂（或称“总学堂”）的办学宗旨与课程设置等建言献策。尽管朝臣对兴办大学堂事宜屡有议奏，但由于保守势力的阻挠而缺乏实质进展。1898 年 2 月 15 日，御史王鹏运复奏请开办京师大学堂。6 月 11 日，谕令“军机大臣、总理各国事务王大臣，会同妥速议奏”[4]。6 月 26 日复令军机大臣、总理各国事务王大臣会同议奏，迅速复奏，毋再迟延。[5] 后者乃草定章程八十

---

[1] 梁启超：《变法通议》，载《饮冰室合集》文集第 1 册，中华书局，1936，第 10、19 页。

[2] 苑书义等主编：《张之洞全集》第 12 册，河北人民出版社，1998，第 9740 页。

[3] 《总理衙门议复李侍郎推广学校折》，载王学珍、郭建荣主编《北京大学史料》第 1 卷，北京大学出版社，2000，第 22-23 页。

[4] 《光绪二十四年四月二十三日为举办京师大学堂上谕》，载王学珍、郭建荣主编《北京大学史料》第 1 卷，第 43 页。

[5] 同上。

余条，缮单呈览。7月3日，奉谕准照所议办理，派孙家鼐为管理大臣。8月4日，命孙家鼐妥议大学堂章程，克期具奏，后者随即奏复筹办大学堂情形。8月9日，又谕令孙家鼐“按照所拟各节，认真办理，以专责成”。[1] 9月21日，政变突作。10月1日，谕令大学堂保留。

以上为大学堂筹办过程的大概情形，从中可以考察有关设学宗旨及学科规划的各种观念意见。李端棻在奏请推广学校折中建议:“京师大学，选举贡监生年三十以下者入学，其京官愿学者听之。学中课程，一如省学，惟益加专精，各执一门，不迁其业，以三年为期。其省学、大学所课，门目繁多，可仿宋胡瑗经义、治事之例，分斋讲习，等其荣途，一归科第，予以出身，一如常官。”省学“学中课程，诵经史子及国朝掌故诸书，而辅之以天文、舆地、算学、格致、制造、农桑、兵、矿、时事、交涉等书，以三年为期”。[2] 可见其立学宗旨是要培养体用兼备的经世之才。相比之下，军机大臣会同总署议奏的大学堂章程的立学宗旨和课程规划更为明确具体。“夫中学，体也，西学，用也。二者相需，缺一不可，体用不备，安能成才。”故“中西并重，观其会通，无得偏废”。学堂功课分为溥通学和专门学两大类。溥通学包括经学、理学、中外掌故学、诸子学、初级算学、初级格致学、初级政治学、初级地理学、文学、体操学。高等算学、高等格致学、高等政治学（法律学归此门）、高等地理学、农学、矿学、工程学、商学、兵学、卫生

[1] 《光绪二十四年六月二十二日为孙家鼐奏大学堂大概情形谕》，载王学珍、郭建荣主编《北京大学史料》第1卷，第48页。

[2] 《刑部左侍郎李端棻奏请推广学校折》，载王学珍、郭建荣主编《北京大学史料》第1卷，第21页。

学等十种专门学，俟溥通学卒业后，学生每人各习一门或两门。[1]

事实上，不仅李端棻的奏折是由梁启超代为起草的[2]，军机大臣会同总署议奏的章程也出自梁启超之手[3]，故在内容上接近梁启超制订的湖南时务学堂学约。梁启超认为当时“中国所患者无政才也”，故将培养经世之才列为时务学堂的主要目标。在他看来，“凡学焉而不足为经世之用者，皆谓之俗学可也。居今日而言经世，与唐宋以来之言经世者又稍异，必深通六经制作之精意，证以周秦诸子及西人公理公法之书以为之经，以求治天下之理；必博观历朝掌故沿革得失，证以泰西希腊罗马诸古史以为之纬，以求古人治天下之法；必细察今日天下郡国利病，知其积弱之由，及其可以图强之道，证以西国近史宪法章程之书及各国报章以为之用，以求治今日之天下所当有事；夫然后可以言经世。”[4] 时务学堂“所广之学，分

[1] 《总理衙门奏拟京师大学堂章程》，载王学珍、郭建荣主编《北京大学史料》第 1 卷，第 82 页。

[2] 闾小波：《强学会与强学书局考辨——兼议北京大学的源头》，《北京社会科学》1999 年第 1 期。

[3] 康有为记章程起草经过：“自四月杪大学堂议起，枢垣讬吾为草章程，吾时召见无暇，命卓如草稿，酌英美日之制为之，甚周密，而以大权归之教习。”（中国史学会主编：《戊戌变法》第 4 册，上海人民出版社，1957，第 150 页。）梁启超亦自称：“当时军机大臣及总署大臣，咸饬人来属梁启超代草，梁乃略取日本学规，参以本国情形，草定规则八十余条，至是上之。”（梁启超：《戊戌政变记》，载《饮冰室合集》专集第 1 册，第 27 页。）罗惇曧亦言此稿出自梁启超之手。（罗惇曧：《京师大学堂成立记》，《庸言》第 1 卷第 13 号，1913 年 6 月 1 日。）相关内容另可参见茅海建：《从甲午到戊戌：康有为〈我史〉鉴注》，生活 · 读书 · 新知三联书店，2009，第 512–515 页。

[4] 梁启超：《湖南时务学堂学约》，载朱有瓛主编《中国近代学制史料》第 1 辑下册，第 297 页。

为两种：一曰溥通学，二曰专门学。溥通学，凡学生人人皆当通习；专门学，每人各占一门”。“溥通学之条目有四：一曰经学，二曰诸子学，三曰公理学（此种学大约原本圣经，参合算理公法格物诸学而成，中国尚未有此学），四曰中外史志及格算诸学之粗浅者”；“专门学之条目有二：一曰公法学（宪法民律刑律之类为内公法，交涉公法约章之类为外公法），二曰掌故学，三曰格算学。”[1]

约在总署议奏大学堂章程之际，梁启超亦受命办理译书局事宜。奉到上谕后，梁启超上书进呈译书局章程十条。光绪随后谕令：“现在京师设立大学堂，为各国观瞻所系，应需功课书籍，尤应速行编译，以便肄习。该举人所拟章程十条，均尚切实，即着依议行。”[2] 可见译书局的职责在为大学堂编译教科用书。因此，该章程也可以反映梁启超对相关功课的认识及其对大学堂分科的影响。章程中提道：“掌故学拟略依三通所分门目而损益之。每一门先编中国历代沿革得失，次及现时各国制度异同。”“诸子中与西人今日格致政治之学相通者不少，功课书即专择此类加以发明，使学者知彼之所长皆我之所有。”“初级算学、格致学、政治学、地学四门、悉译泰西日本各学校所译之书。”[3] 这里所说的政治学显然是指西学，而诸子学与掌故学都不纯粹是中学，梁启超从中看到了与西学相通之处。

当然，孙家鼐先后关于大学堂筹划的意见及所拟章程也值得注

[1]　梁启超：《湖南时务学堂学约》，载朱有瓛主编《中国近代学制史料》第1辑下册，第298页。

[2]　《就译书局事上谕》，载王学珍、郭建荣主编《北京大学史料》第1卷，第193页。

[3]　《梁启超奏译书局事务折》，载王学珍、郭建荣主编《北京大学史料》第1卷，第21页。

意。孙家鼐先是强调京师大学堂的立学宗旨必须是“中学为主，西学为辅；中学为体，西学为用”；并将学问依次分为天学、地学、道学、政学、文学、武学、农学、工学、商学、医学等十科。受中、西学主辅、体用论的影响，明确政学科以中学为主，“西国政治及律例附焉”。[1] 后又针对总署议奏的大学堂章程，认为原奏普通学门类太多，中材以下断难兼顾，主张将理学并入经学，诸子、文学皆不必专立一门，子书有关政治、经学者附入专门，裁去兵学。关于经史功课书的编辑，孙家鼐指出：“若以一人之私见，任意删节割裂经文，士论必多不服。盖学问乃天下万世之公理，必不可以一家之学而范围天下。……此外，史学诸书，前人编辑颇多善本，可以择用，无庸急于编纂。惟有西学各书，应令编译局迅速编译。”明显针对康梁，意在提醒光绪皇帝谨防梁启超借主持译书局之便将康有为的经说塞进教科书中。[2] 尽管背后存在着人事与权力之争[3]，但是关于立学宗旨和学科分门并无多少歧见，大体上都主张在“中体西用”的前提下来安排学科次第。孙家鼐还建议“进士、举人出身之京官，拟立仕学院”，其课程设置不能同于普通学生。“既由科

[1] 《孙家鼐议复开办京师大学堂折》，载王学珍、郭建荣主编《北京大学史料》第1卷，第23-25页。

[2] 孙家鼐此前已奏请“康有为书中凡有关孔子改制称王等字样，宜明降谕旨，亟令删除”（《奏请译书局编纂各书请候钦定颁发并请严禁悖书事》，载王学珍、郭建荣主编《北京大学史料》第1卷，第190页）。

[3] 康有为关于此事记述甚详，参见《康南海自编年谱》，载中国史学会主编《戊戌变法》第4册，第150-151页。孙家鼐为了不让康有为当大学堂总教习，建议由远在德国的许景澄担任这一职务（《孙家鼐为大学堂总教习事请旨遵行疏》，载王学珍、郭建荣主编《北京大学史料》第1卷，第305页）。对此，孔祥吉有所探讨。（参见孔祥吉：《晚清史探微》，巴蜀书社，2001，第77-94页。）

甲出身，中学当已通晓。其入学者，专为习西学而来，宜听其习西学之专门。至于中学，仍可精益求精，任其各占一门，派定功课，认真研究。……以期经济博通。”[1]

在议设大学堂的过程中，无论由梁启超捉刀的李端棻的奏折和总署议奏的章程，还是孙家鼐先后之议复，都立足于体用论以期造就经世之才，也即所谓“政才”。然若仔细揣摩梁启超《西学书目表》的分类观念以及他写的《〈西政丛书〉叙》，可知梁氏此一时期所言之“政”，乃指一切关乎民事的制度与活动，如国际公法、官制、农政、矿政、工政、商政、学校、律例、兵政、船政，作为历史陈迹则见之于掌故与史志。而见之于教学分科名称的“初级政治学”和“高等政治学”，其意涵较之“政”，显然大为缩小，可能是受日本学校章程影响，“政治学”是指一种具体的教学科目。至于孙家鼐提出的十科分类，其中的“政学”范围较之梁启超的“政”，明显狭窄，这从1897年孙家鼐编辑的西学类书《续西学大成》中也可见一斑。该类书将西学分为算学、测绘学、天学、地学、史学、政学、兵学、农学、文学、格致学、化学、矿学、重学、汽学、电学、光学、声学、工程学等18类。其中，政学类所收书籍为《富国精言》《富国养民策》《富国理财说》；史学类所收书籍为《中西交涉通论》《中西近事图说》《交涉通商表》《中西纪载》《中西大局论》《中西通商原始记》《中国筹防记》《西域回教考略》《中国新政录要》；文学类所收书籍为《德国学校论略》《泰西实学精义》《新学刍言》《西学渊源记》《心智略论》《思辨学》《心学公理》《心才实用》《西国行教考》。[2] 可见梁启超的“政”学大致可以涵

[1] 《孙家鼐奏覆筹办大学堂情形折》，载王学珍、郭建荣主编《北京大学史料》第1卷，第47页。

[2] 孙家鼐编:《续西学大成》，飞鸿阁书林，光绪二十三年（1897）。

盖孙家鼐的“政学”“史学”“文学”三类书籍。值得注意的是，其中“政学”类书籍并不能被视为今人所理解的经济学，而是更切近时人的“经济”即经国济世之学。[1]

孙家鼐在1898年8月9日奏复的八条建议也非定章。此后不久，孙家鼐又奏请派江南道监察御史李盛铎、翰林院编修李家驹等前往日本考察学务。[2]然而数天之后便发生了政变，维新期间光绪皇帝所颁布的变法措施多被停废，倒是京师大学堂的筹办得以延续。大学堂正式开办于光绪二十四年底。[3]章程规定：大学堂学生分入仕学院、中学、小学三类。每月考课，分制艺试帖为一课，策论为一课，一月两课。入仕学院者不责以月课，如有愿应月课者听其自便。仕学院愿习洋学者，从洋教习指授考试。愿习中学者，自行温理旧业，惟经史、政治、掌故各项，务宜专认一门。每日肄习何书，涉猎何书，均应有日记，有札记，以资考验。功课宜分经义、史事、政治、时务四条按日札记，翌日上堂呈分教习评阅。[4]而实际情形据说是：开学之初，“学生不及百人，分《诗》、《书》、

---

[1]　参见方维规：《“经济”译名溯源考——是“政治”还是“经济”》，《中国社会科学》2003年第3期。

[2]　《孙家鼐奏派员赴日考察学务折》，载王学珍、郭建荣主编《北京大学史料》第1卷，第131页。

[3]　关于京师大学堂开办的日期，向来说法不一（参见庄吉发：《京师大学堂》，台湾大学文学院，1970，第19–22页）。王晓秋经过研究指出，京师大学堂正式开学于1898年12月31日。（王晓秋：《京师大学堂开学日期考》，《光明日报》1998年6月26日。另见氏著《近代中国与世界：互动与比较》，紫禁城出版社，2002，第391页。）巴斯蒂随后根据法国外交部档案，确证了这个日期。（[法] 巴斯蒂：《京师大学堂的科学教育》，《历史研究》1998年第5期，第49页注释5。）

[4]　《京师大学堂规条》，载朱有瓛主编《中国近代学制史料》第1辑下册，第668–671页。

《易》、《礼》四堂、《春秋》二堂课士，每堂不过十余人。《春秋》堂多或二十人。兢兢以圣经理学诏学者，日悬《近思录》、朱子《小学》二书以为的。”“已亥秋，学生招徕渐多，将近二百人，乃拔其尤者，别立史学、地理、政治三堂。其余改名曰立本，曰求志，曰敦行，曰守约。……已亥改堂后，中小学合并，惟仕学院名尚在，分隶史学、地理、政治三堂。维时各省学堂未立，大学堂虽设，不过略存体制。士子虽稍习科学，大都手制艺一编，占毕咿唔，求获科第而已。”总教习许景澄希望有所匡正，曾笑语孙家鼐“公办学堂，太偏于理学”。[1]

御史吴鸿甲乃以学生实际入学人数少而教习名目繁多、靡糜费太甚、“章程多未妥善”等为由状告大学堂，慈禧遂下令整顿。[2]尽管大学堂方面辩称所指各条均与事实不符，但受此屈辱，孙家鼐便称病告假，旋即开缺。1899 年 7 月 17 日，慈禧任命许景澄代理大学堂事务。次年 2 月 11 日，谕令许景澄详折具奏京师大学堂“教习学生究竟作何功课，有无成效”。后者奏称：其上任后，“添派专门教习，以广讲授，并督饬总办提调等员，就原定功课，详加考察，敷定现行详细章程，刊播条目，俾便各学生一体遵守。……分设经史讲堂，曰求志、曰敦行、曰立本、曰守约，计四处；专门讲堂，史学、政治、舆地，计三处，算学讲堂三处，格致、化学各两处。另设英文学堂三处，法文、德文、俄文、日本文学堂各一处。……该学生录取入堂，先令研究经史，遵用《御纂七经》《御

[1]　喻长霖：《京师大学堂沿革略》，载朱有瓛主编《中国近代学制史料》第 1 辑下册，第 683–684 页。

[2]　《光绪二十五年三月二十七日为整顿大学堂谕》，载王学珍、郭建荣主编《北京大学史料》第 1 卷，第 49–50 页。

批资治通鉴》为讲授准绳，经义务阐儒先实理，不尚琐屑考据之说，读史必究历代得失，不尚记诵典故。经史讲解明晰者，再拨入政治舆地等堂。西学则以算学及西文为基，俟算学门径谙晓，再及格致化学等事。……每月考课，试以策论制艺一次，综计优劣，逐月榜示。西学每季考课一次，至半年通行甄别一次，以定奖黜”。[1]由此可见，此时的大学堂教育相当于宋代胡瑗的“经义”“治事”之分斋教学，“政治”教育大约仍局限于传统的“治事”层面。

义和团势盛，许景澄于1900年7月8日奏请暂行停办京师大学堂。除了指明学生告假四散、办学经费困顿因素之外，还认为“溯查创设大学堂之意原为讲求实学，中西并重，西学现非所急，而经史诸门本有书院官学与诸生讲贯，无庸另立学堂造就，应请将大学堂暂行裁撤，以符名实”。[2]许景澄的建议很快被采纳，加上八国联军的侵略，大学堂因此停办了年余。

第二节　法政科大学的规划及设立

1901年冬，“迫于时变，维新之论复起”。次年初，清政府正式下令恢复京师大学堂，并任命张百熙为管学大臣。张百熙受任后向朝廷奏称：“今日而再议举办大学堂，非徒整顿所能见功，实赖开拓以为要务，断非因仍旧制，敷衍外观所能收效者也。”并提出推广

[1]　北京大学、中国第一历史档案馆编：《京师大学堂档案选编》，北京大学出版社，2001，第86-88页。

[2]　《吏部左侍郎许景澄奏请暂行裁撤大学堂折》，载北京大学、中国第一历史档案馆编《京师大学堂档案选编》，第89-90页。

办法五条，建议大学堂“暂且不设专门，先立一高等学校，功课略仿日本之意，以此项学校造就学生，为大学之预备科”；另设速成科，分为仕学馆和师范馆，令官员及举贡生监等入馆学习。[1]

为拟定学堂章程，张百熙博访周咨各方意见。如通过驻美大使伍廷芳向美国学堂商取授课章程13本，包括《哈瓦特大学堂课程总录》《可伦比亚大学堂课程全例》《可伦比亚大学堂政治科课程全例》等。[2] 札委湖北候补知州魏允恭赴鄂省考察学务。[3] 又派大学堂总教习吴汝纶等前往日本考察学务。[4] 但据说“奏定各学堂章程，多出沈兆祉手”[5]。

《钦定学堂章程》规定大学堂由大学院、大学专门分科和大学预备科三级构成，附设仕学馆与师范馆。大学院主研究不主讲授，不立课程。大学分科课程略仿日本例，定为科目大纲。分科次序为：政治科、文学科、格致科、农学科、工艺科、商务科、医术科。各科之下又分为若干目，政治科包括政治学、法律学二目。预备科课程分政、艺两科，习政科者卒业后升入政治、文学、商务分科；习艺科者，卒业后升入农学、格致、工艺、医术分科。各省高等学堂课程照此办理。政科科目包括：伦理、经学、诸子、词章、算

---

[1] 《张百熙奏筹办京师大学堂情形疏》，载王学珍、郭建荣主编《北京大学史料》第1卷，第52-53页。

[2] 《驻美大使为送美国各有关学堂授课章程事咨京师大学堂》，载王学珍、郭建荣主编《北京大学史料》第1卷，第132—133页。

[3] 《湖北巡抚为京师大学堂委员赴鄂考察学务事咨覆大学堂》，载王学珍、郭建荣主编《北京大学史料》第1卷，第288页。

[4] 《外务部为派员出洋考察学务事咨复大学堂》，载王学珍、郭建荣主编《北京大学史料》第1卷，第132页。

[5] 罗惇曧：《京师大学堂成立记》，《庸言》第1卷第13号，1913年6月1日。

学、中外史学、中外舆地、外国文、物理、名学、法学、理财学、体操。

由于仕学馆开办在即，该章程对仕学馆的课程做了较详细的规定。所设课程包括算学、博物、物理、外国文、舆地、史学、掌故、理财学、交涉学、法律学、政治学。以上各科，均用译出课本，由中国教习及日本教习讲授。仕学馆的学习时间为三年，其中政治学及其相邻课程分年学习的内容规定详见表 5.1。[1]

表 5.1　仕学馆政治学及相邻课程分年学习内容

分年内容 / 课程类别	第一年	第二年	第三年
政治学	行政法	行政法	国法、民法、商法
史　学	中国史典章制度	外国史典章制度	考中外治乱兴衰之故
掌　故	国朝典章制度沿革大略	现行会典则例	考现行政事之利弊得失
理财学	通论	国税、公产、理财学史	银行、保险、统计学
交涉学	公法	约章使命交涉史	通商传教
法律学	刑法总论分论	刑事诉讼法、民事诉讼法、法制史	罗马法、日本法、英吉利法、法兰西法、德意志法

仕学馆的课程“趋重政法”，史学与掌故的内容基本上都是关于典章制度与政事，区别似乎只在古今。而列在“政治学”名目下的却是行政法、国法、民法和商法，可见在时人的分科观念中，作

[1]　《钦定京师大学堂章程》，载璩鑫圭、唐良炎编《中国近代教育史资料汇编·学制演变》，上海教育出版社，1991，第 235－242 页。

为具体课程的“政治学”，其讲授内容还属于法律的范畴，政、法之间似乎并不存在比较明确的界限。

《钦定学堂章程》不久被张之洞主持制定的《奏定学堂章程》取代，后者规定大学分为八科：经学科、政法科、文学科、医科、格致科、农科、工科、商科。经学特立一科，且置于各科之首，体现了张之洞倡导的“中体西用”思想。政法科仅次于经学科，反映了张之洞对于政法学的重视。早在1898年初，张之洞就派姚锡光等人到日本考察学校，要求“将政治学、法律学、武学、航海学、农学、工学、山林学、医学、矿学、电学、铁道学、理化学、测量学、商业学各种学校，选材授课之法，以及武备学分枪、炮、图绘、乘马各种课程，或随时笔记，或购取章程赍归，务详勿略，藉资考镜”。[1] 姚锡光回国后即向张之洞详细汇报了日本学校情况，其中提到，“专门各学校凡分六科，曰文科，曰法科，此两科专讲内治外交之法，故日本大小诸文官多自文科法科出身之人”[2]。之后张之洞又派罗振玉、刘洪烈等去日本考察教育，借鉴日本的教育制度。1902年10月，张之洞与湖北巡抚端方会衔上奏《筹定学堂规模次第兴办折》，作为湖北的兴学指南。拟设立仕学院，令本省各官讲求中西各门政治之学。中学讲国朝掌故、湖北地理水利、算学、条约四门，西学讲理化、法律、财政、兵事四门。[3]

就在颁布《奏定学堂章程》的同时，清政府又颁布了《学务纲

[1] 《札委姚锡光等前往日本游历详考各种学校章程》，载苑书义等主编《张之洞全集》第5册，河北人民出版社，1998，第3560页。

[2] 姚锡光：《东瀛学校举概》，载王宝平主编《晚清中国人日本考察记集成：教育考察记》，杭州大学出版社，1999，第11页。

[3] 苑书义等主编：《张之洞全集》第2册，河北人民出版社，1998，第1488-1502页。

要》，阐述教育宗旨，涉及法政教育的规定有二条：一是“参考西国政治法律宜看全文”；二是“私学堂禁专习政治法律”。“除京师大学堂、各省城官设之高等学堂外……其私设学堂，概不准讲习政治法律专科，以防空谈妄论之流弊。”前一条是针对民权自由派的，谓其“殊不知民权自由四字，乃外国政治、法律、学术中半面之词，而非政治法律之全体也。若不看其全文，而但举其一二字样，一二名词，依托附会，簧鼓天下之耳目，势不至去人伦无君子不止”。同时也批评保守派因“恐启自由民权之渐”而反对学堂设政法科，“此乃不睹西书之言，实为大谬。……至学堂内讲习政法之课程，乃是中西兼考，择善而从，于中国有益者采之，于中国不相宜者置之，此乃博学无方，因时制宜之道”。[1]

《奏定学堂章程》规定政法科大学分政治门与法律门。政治门科目又分为主课和补助课，主课包括政治总义、大清会典要义、中国古今历代法制考、东西各国法制比较、全国人民财用学、国家财政学、各国理财史、各国理财学术史、全国土地民物统计学、各国行政机关学、警察监狱学、教育学、交涉法、各国近世外交史、各国海陆军政学；补助课包括各国政治史、法律原理学、各国宪法民法商法刑法、各国刑法总论。并列举了各科目讲习法略解。[2]政治门的课程设置体现了以下特征：第一，中国古今历代法制考、各国海陆军政学、交涉法、大清会典要义、警察监狱学等课程的授课钟点较多，这是张之洞重视经世致用的思想反映，既要鉴古知今，更

[1]　舒新城编：《近代中国教育史料》第2册，中华书局，1928，第16－18页。

[2]　《奏定大学堂章程》，载璩鑫圭、唐良炎编《中国近代教育史资料汇编·学制演变》，第339－348页。

要切于时用[1]；第二，课程内容广泛，涉及政治制度、军政、警察监狱、教育、财政、统计、外交、法律等与国家活动相关的各个方面，即所谓“中西各门政治之学”。这与中国传统的“经济”即“经世济民”的含义大致相当。“一般而论，20世纪前汉语中的‘经济’一词，基本上属于传统范畴。”[2]如张之洞论科举变革：“第一场试以中国史事、本朝政治论五道，此为中学经济”；第二场试以时务策五道，专问五洲各国之政、专门之艺。政如各国地理、官制、学校、财赋、兵制等类，艺如格致、制造、声、光、化、电等类，此为西学经济。[3]其所谓“经济”甚至超出了他言下的“政”之范围。第三，课程设置包括讲习法，主要受日本大学制度的影响，但是并不希望照搬照抄，不仅将大清会典要义、中国古今历代法制考作为政治门的重点课程，即使是日本的课程，名称亦多有更改，并表示教科书应自行编纂。[4]再比较政治门与法律门的课程名称，不难看出，政治门的课程比法律门的课程宽泛得多，包括法律、经济、财政、教育、统计、外交等，而法律门的课程则局限于法律领域，显得比较单纯而专门了。大体上可以说，法律是在政治范

---

[1] 张之洞在《劝学篇》中就主张：“政治书，读近今者。政治以本朝为要。百年之内政事，五十年以内奏议，尤为切用。”（苑书义等主编：《张之洞全集》第12册，第9730页。）

[2] 方维规：《“经济”译名溯源考——是“政治”还是“经济”》，《中国社会科学》2003年第3期。

[3] 张之洞：《劝学篇》，载苑书义等主编《张之洞全集》第12册，第9750页。

[4] 张之洞此前在《筹定学堂规模次第兴办折》中即指出，教科书为学务中最重要之事，关系至巨，不可不慎。即使是舆地、动植、理、化各科，虽译用外国书，亦须详加酌改：一曰义类，二曰名词，三曰文法。（苑书义等主编：《张之洞全集》第2册，第1497页。）

畴之下。

大学堂重开之后，分科大学迟迟未能开办，有关政法的课程主要在仕学馆讲授。光绪二十八年年底，谕令自次年“会试为始，凡一甲之授职修撰编修，二、三甲之改庶吉士用部属中书者，皆令入京师大学堂分门肄业”[1]。光绪二十九年正月，进士馆开学。由张之洞主持制定的《奏定进士馆章程》载明：“设进士馆，令新进士用翰林部属中书者入焉，以教成初登仕版者皆有实用为宗旨；以明彻今日中外大局，并于法律、交涉、学校、理财、农、工、商、兵八项政事，皆能知其大要为成效。”开设课程15门，其中必修科目11门，即史学、地理、教育、法学、理财、交涉、兵政、农政、工政、商政、格致；其他为随意科目，包括西文、东文、算学、体操。“所列各科学，均系当官必须通晓之学。”“各该员可于日课余暇之时自将会典则例及国朝掌故之书，择其于职务有关者自行观览考究”。[2] 进士馆的课程绝大部分属于“西政”，教员亦多为在洋毕业之留学生[3]。由于仕学馆与进士馆所学课程基本相同，光绪三十年四月，以仕学馆归并进士馆。

随着大学堂预备科和各省高等学堂陆续开办，分科大学的设立被提上了议事日程。1905年8月15日，大学堂总监督张亨嘉奏请朝廷饬令学务大臣妥议分科大学办法。学务大臣随后奏称，八科大学目前骤难全设，拟先设政法科、文学科、格致科、工科，此外四

[1]　朱寿朋编，张静庐等校点：《光绪朝东华录》第5册，中华书局，1958，第144页。

[2]　《奏定进士馆章程》，载王学珍、郭建荣主编《北京大学史料》第1卷，第153–155页。

[3]　《政务处奏更定进士馆章程折》，载王学珍、郭建荣主编《北京大学史料》第1卷，第157页。

科，以次建置。[1] 但直到1908年8月，学部一方面鉴于即将毕业的大学堂预科学生需要进入分科大学继续深造，另一方面考虑到预备立宪时期，亟须从速开办分科大学以养成各项人才，乃奏请遵照奏定大学堂章程设立各分科大学，并奏请派遣翰林院编修商衍瀛、学部专门司主事何熽时前往日本考察大学制度。[2] 10月28日，大学堂总监督刘廷琛咨呈学部，主张既要"规全局"，又要"筹学科之次第"。[3]

创办分科大学为学部筹备宪政第二年应办要件。1909年3、4月间，学部具奏筹办分科大学，经宪政编查馆复核允准在案。据称，当时摄政王载沣"对于组织分科大学一事，极为注重"。[4] 6、7月间，学部又奏请遴派分科大学监督，奉旨允准。嗣后各监督先后到堂，与大学堂总监督刘廷琛详细讨论筹备事宜，并赴学部会商开办方法及聘请教员问题。学部侍郎严修"提议各学开办方法，应由各科监督详拟妥章，由部核准施行。至于敦聘教员一举，应由本部咨行各省督抚、出使各国钦使，物色留学各国精于专门科学人员，保送到部。然后本部奏请钦派大员考试，合格后，即奏派为各

[1]《学务大臣奏请设分科大学折》，载王学珍、郭建荣主编《北京大学史料》第1卷，第197页。

[2]《学部奏请设分科大学折》，载王学珍、郭建荣主编《北京大学史料》第1卷，第197—198页。

[3]《大学堂为开办分科大学致学部呈文》，载王学珍、郭建荣主编《北京大学史料》第1卷，第198—199页。

[4]《开办分科大学之布置》，《教育杂志》第1年第2期，宣统元年二月二十五日，"记事"，第7页。

科教员，以崇体制而重学务”[1]。到1909年底，除了医科，其余各科计经科、法政科、文科、格致科、农科、工科、商科，拟分门择要先设。其中法政科拟二门全设。[2] 1910年2月14日，京师大学堂各分科监督、提调及各正副教员等召开第一次监学会议，核定各教员功课表，并派定书目。[3]

1910年3月31日，分科大学开学，计学生102人，其中法政科12名。[4] 之后各科学生陆续入堂，“至四月十九日止，共三百八十七人”。[5] 分科大学入学资格规定，法政科以师范第一类（即国文外国语部）学生及译学馆毕业学生预科法文班学生升入。[6] 据《教育杂志》记载，分科大学各科教员，除经、文两科用本国人外，其余均聘用东西洋教习（二十名），以英、法、德三国语文教授，令学生直接听讲。[7] 其中法政科大学聘请教员情况详见表5.2。[8]

---

[1]　《分科监督之会商》，《教育杂志》第1年第6期，宣统元年五月二十五日，“记事”，第40页。

[2]　《学部奏筹办分科大学情形折》《学部奏筹办京师分科大学并现办大概情形折》，载王学珍、郭建荣主编《北京大学史料》第1卷，第200、201页。

[3]　《教育杂志》第2年第2期，宣统二年二月二十五日，“记事”，第11页。

[4]　《东方杂志》第7年第3期，宣统二年三月二十五日，第47页。

[5]　《〈教育杂志〉记宣统二年（1910）分科大学情形》，载朱有瓛主编《中国近代学制史料》第2辑上册，华东师范大学出版社，1987，第859页。

[6]　《京师大学堂学生数（1902—1911速成预备及分科大学学生数）》，载朱有瓛主编《中国近代学制史料》第2辑上册，第920页。

[7]　朱有瓛主编：《中国近代学制史料》第2辑上册，第918页。

[8]　据《职教员名单》，载王学珍、郭建荣主编《北京大学史料》第1卷，第332-343页；李贵连主编：《百年法学——北京大学法学院院史》，北京大学出版社，2004，第40-41页。

表 5.2　法政科大学聘请教员情况

林　棨	日本早稻田大学政治经济科毕业。宣统元年正月就职法政科大学监督，民国元年四月离职。
王家驹	日本法政大学法科毕业。宣统二年正月就职，民国二年六月离职。
程树德	日本法政大学法政速成科毕业。宣统二年正月就职，民国元年四月离职。
李　方	美国康伯立舒大学法律科毕业。宣统二年正月就职，民国四年六月离职。
王基磐	宣统二年二月就职，民国元年四月离职。
陈　箓	法国巴黎大学法学士。宣统二年二月就职，宣统三年四月离职。
沈觐扆	留学比利时财政大学。宣统二年二月就职，同年九月离职。
震　鋆	宣统二年七月就职，同年十一月离职。
王宝田	宣统二年十二月就职，宣统三年四月离职。
徐思允	宣统三年二月就职，民国元年八月离职。
嵇　镜	日本早稻田大学法科毕业。宣统二年四月就职，民国元年四月离职。
冈田朝太郎	东京帝国大学法学士，德、法、意等国留学，东京帝国大学法科教授。宣统二年三月就职，同年十二月辞职，民国二年九月复来校，民国四年七月离职。
白业棣	宣统二年三月就职，民国元年四月离职。
芬来森	宣统二年正月就职，民国六年九月离职。
博德斯	英国人。宣统二年四月就职，民国二年六月离职。
科　拔	宣统二年十月就职，民国元年十二月离职。
巴　和	法国人。宣统三年四月就职，民国六年六月离职。

限于资料，尚不清楚法政科大学的课程设置是否还遵照《奏定大学堂章程》的相关规定，以及实际的教学情况，但是从学生入学

资格的规定以及教师的学术背景来看，法政科所授课程无疑主要是东西洋的法政之学。

第三节　法科改革及其学术化转向

辛亥革命爆发后，各科学生多有散归者，京师大学堂于无形中停办。1912 年 2 月 26 日，袁世凯令严复任京师大学堂总监督，接管大学堂事务。[1] 严复受任后于 3 月 29 日召开教员会议，"提议各科改良办法，议将经、文两科合并，改名为国学科。各科科目亦均有更改，闻尤以法政科为最甚。盖国体变更，政体亦因之不同故也。" [2]

将经文二科合为一科，严复的理由不同于王国维纯从学术上的立论[3]。他说："比者，欲将大学经、文两科合并为一，以为完全讲治旧学之区，用以保持吾国四、五千载圣圣相传之纲纪彝伦道德文章于不坠，且又悟向所谓合一炉而冶之者，徒虚言耳，为之不已，其终且至于两亡。故今立斯科，窃欲尽从吾旧，而勿杂以新；且必为其真，而勿循其伪，则向者书院国子之陈规，又不可以不变，盖所祈响之难，莫有踰此者。……更有进者，古圣贤人所讲学而有至效者，其大命所在，在实体而躬行，今日号治旧学者，特训诂文

[1]　孙应祥：《严复年谱》，福建人民出版社，2003，第 387 页。

[2]　《严总监召集教员会议》，《申报》1912 年 4 月 8 日。

[3]　王国维认为：经学、文学本不可分。若出于尊经之意，不欲使孔孟之书与外国文学为伍，"莫若发明光大之。而发明光大之之道，又莫若兼究外国之学说"。（《王国维：奏定经学科大学文学科大学章程书后》，载潘懋元、刘海峰编《中国近代教育史资料汇编 · 高等教育》，上海教育出版社，1993，第 11 页。）

章之士已耳。故学虽成，其于社会人群无裨力也。”严复且以陈三立为办理此科的属意人选。[1] 既以国学科为“完全讲治旧学之区”，“尽从吾旧，而勿杂以新”，似乎也就意味着中国传统的政治之学只能在国学科中讲治，而不与法政科的政治学羼杂。

5月3日，教育总长蔡元培呈请大总统将京师大学堂改名为北京大学校；大学堂总监督改称大学校校长，总理校务；分科大学监督改称分科大学学长，分掌教务；“其余学科，除经科并入文科外，暂仍其旧。俟大学法令颁布后，再令全国大学一体遵照办理，以求完善而归统一。”[2] 似乎是要将严复的学科改革置于统一部令之下。当时全校分文、法、商、农、工等科，每科各置学长一人，严复自兼文科学长，以张祥龄为法科学长。[3]

北京大学校于5月15日开学，然而次日严复就在与夫人朱明丽的信中表示：“事甚麻烦，我不愿干，大约做完这半学期，再行扎实辞职。”[4] 严复所面临的麻烦不仅是办学经费，更棘手的是政治与人事纠葛。辛亥革命前，严复就与同盟会革命党人持有不同政见。除了历史上的芥蒂，又因南北之争、府院之争等种种外部矛盾，严复以及由旧政权所遗留下来的大学堂与以蔡元培为首的教育部自然

---

[1] 严复：《与熊纯如书》，载王栻主编《严复集》第3册，中华书局，1986，第605页。

[2] 蔡元培：《为北京大学堂改称并推荐严复任校长呈》，载高平叔编《蔡元培全集》第2卷，中华书局，1984，第162页。

[3] 公时：《北京大学之成立及其沿革》，《东方杂志》第16卷第3号，1919年3月15日。

[4] 王栻主编：《严复集》第3册，第776页。

也就容易发生摩擦冲突，乃至教育部竟有停办北大之议。[1] 在此情况下，严复向教育部条陈《论北京大学校不可停办说帖》，借以挽回舆论；然大学的内容缺点，久为社会所洞悉，因之又具呈《分科大学改良办法说帖》，以资补救。

在《分科大学改良办法说帖》中，严复提到法科的现存问题及其改革办法："法科原分政治、法律两门。政治门用英文教授，法律门用法文教授，定八学期毕业。现已届第四学期，拟将旧班结束，每门各择一二主要学科。如此则本年年终可以毕业。作为法科大学选科毕业生，另行组织新班，以本国法律为主课，用国文教授。以外国法律比较为补助课，用英文及德文教授。其原因，各国法律学校无不以本国法律为主者。吾国自共和立宪以来，所有成文法虽少，然如约法及参议院法，皆现行之法律。此后参议院通过之法案必将日增，皆学者所当购贯。若外国法律与吾国前朝成宪，只以藉资考镜，研究法理而已，不能作为主要科目也。其必用英、德两国文者，以近时法律分两大派，一为罗马法派，德国最为发达；一为习惯法派，始于英国，美国沿之。故二国文字不可缺也。学生程度以有普通法学知识，精于中文，兼通英文或德文，能直接听讲者为合式。此法科拟定改良办法之大略也。"[2] 由此可推知，法科大学设立之初虽有政治、法律之分门，但大致都以讲授外国法律为主，政治学置于法科之下。而严复的法科改良办法似也未能落实。到蔡元培接掌北大的时候，法科还是讲外国法，分为三组：一是德、日法，

[1]　参见张寄谦：《严复与北京大学》，《近代史研究》1993 年第 5 期；皮后锋：《严复辞北大校长之职的原因》，《学海》2002 年第 6 期。

[2]　严复：《分科大学改良办法说帖》，载王学珍、郭建荣主编《北京大学史料》第 2 卷上，第 30 页。

二是英美法，三是法国法；教员中能授比较法的只有王宠惠和罗文干。[1]

鉴于北大学生抗议，教育部打消了停办北大之议，而与严复仍冲突不断。9 月 19 日，严复写信给甥女何纫兰说："大学校事虽麻烦，然舅近者日必到校，实是渐已就绪，可望实力进行。不幸教育部多东学党人，与我本相反对；部薪折半，而大学堂全支，已是气愤不过。近又见舅得总统府之顾问官，以为月入必丰，于是更加 嫉，百般设法动摇，欲令部中将大学校长更易。"[2] 迫于种种压力，严复不久便辞去了校长职务。严复对于由留东学人主导的教育制度深不以为然，辞职不久后他致信熊纯如说，"方今吾国教育机关，以涉学之人浮慕东制，致枵窳不可收拾，子弟欲成学，非出洋其道无由"。[3]

严复辞职后，直到 1916 年底，教育常受政潮冲击与牵制，北大人事变动频繁，法科当不例外。在此期间，袁世凯提倡孔孟陆王之学，对法政教育取实用与压缩政策。在《颁定教育要旨》(1915 年 1 月）中，袁世凯将"崇实"定为教育要旨之一，强调"政治学、法律学、教育学等，皆立国之大本大原也，不得徒为理论之竞争，必体察国俗民情，以定实地施行之准则"。[4] 又于《特定教育纲要》(1915 年 1 月 22 日）中指出："法政教育，原以造就官治与自治人才。乃改革以来，举国法政学子，不务他业，仍趋重仕宦

[1]　蔡元培：《我在教育界的经验》，载高平叔编《蔡元培全集》第 7 卷，中华书局，1989，第 199 页。

[2]　王栻主编：《严复集》第 3 册，第 844 页。

[3]　王栻主编：《严复集》第 3 册，第 607 页。

[4]　璩鑫圭、唐良炎编：《中国近代教育史资料汇编 · 学制演变》，第 762 页。

一途，至于自治事业，咸以为艰苦，不肯担任。故仕途则日见拥杂，政治受不良之影响，自治则人才缺乏，毫无着手之方。时弊如斯，故法政教育亟应偏重造就自治人才，而并严其入宦之途。”因此规定大学以理、工、医、农为先，文、商次之，法最末；法政学校，“以养成自治人才为主，科目偏重自治……教授理论之外，兼以多知事实为主。毕业后，不得与以预高等文官考试及充当律师之资格”。并要求教育部妥定办法，通咨各省施行，“一以促自治事业之发展，一以防仕途之嚣杂”。[1]

政治对于学术的影响显然不可低估，故袁世凯复辟失败为北大法科的改革提供了新的契机。1916年底，蔡元培被任命为北京大学校长。他初到北大时发现：“学生对于专任教员，不甚欢迎，较为认真的，且被反对。独于行政、司法界官吏兼任的，特别欢迎；虽时时请假，年年发旧讲义，也不讨厌，因有此师生关系，毕业后可为奥援。所以学生……对于学术，并没有何等兴会。”[2]《时报》也指出：“北京大学，因位置首都之关系，学者官吏思想，殆已深入而不可拔。再大学校教员，又多系现任及候补行政官吏兼任，在主其事者，视为不得已之交换应酬；而受其业者，亦希冀为他日之攀援门径，以故缺课之弊，时有所闻，月所不免。”[3]

鉴于这种状况，蔡元培在就任演说中就开始强调大学为研究

---

[1]　璩鑫圭、唐良炎编：《中国近代教育史资料汇编·学制演变》，第779页。

[2]　蔡元培：《我在教育界的经验》，载高平叔编《蔡元培全集》第7卷，第198－199页。

[3]　《北京大学校之沿革（录时报）》，《东方杂志》第14卷第4号，1917年4月15日。

高深学问之机关，并将矛头指向法科。[1] 随即于国立高等学校校务讨论会上提议改革大学学制。在他看来，欧洲各国高等教育学制以德国为最善，“其法科、医科既设于大学，故高等学校中无之。理工科、商科、农科，既有高等专门，则不复为大学之一科。……我国高等教育之制，规仿日本，既设法、医、农、工、商各科于大学，而又别设此诸科之高等专门学校，……同时并立，义近骈赘。且两种学校之毕业生，服务社会，恒有互相龃龉之点。殷鉴不远，即在日本。”又认为，文、理二科专属学理，其他各科偏重致用。因而主张大学专设文、理二科，其法、医、农、工、商五科，别为独立之大学。[2] 大学改制案成立后，内部阻力极大，外界的质疑亦未停止。1918 年 4 月 15、16 日，蔡元培连续在《北京大学日刊》上发表《读周春岳君〈大学改制之商榷〉》，关于“学”“术”分校做详细解释，[3] 从中可见其分出法科的计划既因为他对法科腐败现实的厌恶与失望，也由于他对所谓“学”“术”不同性质的认识。

1918 年 10 月 30 日，蔡元培又在专门以上学校校长会议上提出了新的学科组织方案。新计划仍本其大学注重学理不在应用之旨，改用废门改系分组的办法，以期各种学术的沟通。[4]“分大学

---

[1] 蔡元培:《就任北京大学校长之演说》，载高平叔编《蔡元培全集》第 3 卷，中华书局，1984，第 5 页。

[2] 蔡元培:《大学改制之事实及理由》，载高平叔编《蔡元培全集》第3卷，第130-133 页。

[3] 蔡元培:《读周春岳君〈大学改制之商榷〉》，载高平叔编《蔡元培全集》第3卷，第 154 页。

[4] 《在专门以上学校校长会议提出讨论之问题》，载高平叔编《蔡元培全集》第3 卷，第 209-210 页。

本科为五组，第一组分数学、物理、天文三系；第二组分化学、地质、生物三系；第三组分心理学、哲学、教育学三系；第四组分中国文学、英国文学、法国文学三系；第五组分经济学、史学、政治学三系。第一、二组为甲部，第三、四、五组为乙部，预科二年毕业，就甲、乙两部中习一部之共同科学毕业升入本科（按：疑此句原文标点有误，作者予以重新标注）。本科第一年仍习共同科，至第三年乃习分组选科，四年毕业。其各系之组盖就文理二科所列之科目，而益以其他之基础科学并融通文理两科界限，期得完全明确之精深学术，专为养成学者起见，其关于实用一面者则另立分科大学，如法科大学则专研法律，分国际、民法、刑法。如现在属于经济政治二门，则列入本科范围，与法科无涉”。[1]

这一新的改制方案，形式上要将清末以来仿照日本建立的大陆派法科制度[2]转换为英美派的法科制度。“在大陆派方面的法律学校，都是以法律、政治、经济三门包括在一个学院内，统称叫做法学院。……英美派的法律教育制度便与大陆派大不相同，像美国的大学，每以一法律系单独成立一个学院，和文学院、理学院并立，而以政治、经济二种学科包括在文学院之内。”[3]政治系里通常是不

---

[1]　《国立北京大学之内容》，载王学珍、郭建荣主编《北京大学史料》第2卷下册，第3156页。

[2]　梁鋆立说：“原来我国的所谓法学院，包括法律、政治、经济三系，脱胎于法国，而不是纯粹的法国式。”（梁鋆立：《对于商务印书馆大学丛书目录中法律及政治部分之商榷》，《图书评论》第2卷第2期，1932年10月1日。）朱家骅更明确指出：“我国法学院的制度，直接仿自日本，间接采自法国。”（朱家骅：《法律教育》，法律教育委员会编，1948，第23页。）

[3]　孙晓楼：《法律教育》，商务印书馆，1935，第51–52页。

设法学课程的。[1] 但是就蔡元培办北大的指导思想来看，则受德国大学观念的影响。在德国，大学历来包括神、法、医、哲四个学院，从康德起，大学中的哲学院就被视为一切科学研究的中心，最纯粹地体现了大学的目标，而其他三个学院实质上只是哲学院的分支，是应用性的、职业性的训练场所。[2] 蔡元培就曾明确地表示他在北大推行的改革是朝着德国大学的理想化目标前进的。他说："惟二十年中校制之沿革，乃颇与德国大学相类。盖德国初立大学时，本以神学、法学、医学三科为主，以其应用最广，而所谓哲学者，包有吾校文、理两科及法科中政治、经济等学，实为前三科之预备科。盖兴学之初，目光短浅，重实用而轻学理，人情大抵如此也。十八世纪以后，学问家辈出，学理一方面逐渐发达。于是哲学一科，遂驾于其他三科之上，而为大学中最重要之部分。……本年改组，又于文、理两科特别注意，亦与德国大学哲学科之发达相类。所望内容以渐充实，能与彼国之柏林大学相颉颃耳。"[3] 由此可见，蔡元培希望把原先属于法科的政治学门由重应用转变为重学理，发展进入他理想中的哲学科。

由于各方意见分歧甚大，阻力重重，最终蔡元培未能实现其将法科与国立北京法政专门学校并成一科、专设法律的设想。[4] 而本科文理合并、分组选科的方案则由全国专门以上学校校长会议通过，并经教育部认可。1919 年 12 月 3 日，北大评议会通过《北京

[1] 郭闵畴：《清华与法学》，《国立清华大学校刊》第 68 期，1929 年 5 月 15 日。

[2] 陈洪捷：《德国古典大学观及其对中国大学的影响》，北京大学出版社，2002，第 151－163 页。

[3] 蔡元培：《北大二十周年纪念会演说词》，载高平叔编《蔡元培全集》第 3 卷，第 115 页。

[4] 蔡元培：《我在北京大学的经历》，《东方杂志》第 31 卷第 1 号，1934 年 1 月。

大学内部组织试行章程》，此系根据教育部全国教育调查会议决大学改制由北大先行试办而制定。本教授治校之宗旨，该章程规定北大内部各机关的组织与职能：一、评议会，司立法；二、行政会议，司行政；三、教务会议，司学术；四、总务处，司事务。大学各科分成五组十八个系，其中第五组包括史学系、经济学系、政治学系、法律学系。对于该章程，《申报》评价极高，称："欧洲大学组织，有得模克拉西之精神而乏效能。美洲大学反之。北大合欧美两洲大学之组织，使效能与得模克拉西并存，诚为世界大学中之最新组织。"[1]

第四节　现代政治学科的建立

蔡元培改造北大，为政治学在北大的学科结构中规划了新的位置。随后在政治学系的实际发展过程中又出现了不少新的变化，诸如教师队伍的学术职业化、课程体系与内容的转变、专业学术组织与期刊的创办，这些都促成了现代政治学科在北大的建立。

一、教师的职业化与学术化

蔡元培入主北大之初曾指出："大约大学之所以不满人意者，一在学课之凌杂，二在风纪之败坏。救第一弊，在延聘纯粹之学问家，一面教授，一面与学生共同研究，以改造大学为纯粹之学问研

[1]　《北京大学新组织》，《申报》1920年2月23日；《教育杂志》第12卷第4期，1920年3月15日。

究机关。救第二弊，在延聘学生之模范人物，以整饬学风。”[1] 其延聘教授虽“兼容并包”，但倾向于“旧学旧人不废，而新学新人大兴”[2]，并规定凡教授在校外机关兼职者一律改为讲师。[3] 这些举措有助于改善北大的师资结构，并引导其走向职业化与学术化。先后被聘为政治学系教授的李大钊、高一涵、张慰慈、陈启修、王世杰、周鲠生、顾孟馀等，均可谓“新人”。

除了新旧之别，还有东西洋之分。1918 年底，有人撰文指出北大法科教员的变动趋势：“在前清光宣之际，文科一部分以桐城派之古文家最有势力，法科则东洋留学生握有实权。……法科近来英美留学生势力较盛，然东洋留学生仍不失其固有之地盘。”[4] 几年之后，政治学系仍以东洋留学生居多数，且多毕业于日本帝国大学，[5] 而具有英、美学术背景的教员在学术地位与影响力方面则渐呈上升趋势。蔡元培后来说：“北大关于文学、哲学等学系，本来有若干基本教员，自从胡适之君到校后，声应气求，又引进了多数的同志，所以兴会较高一点。……在社会科学方面，请到王雪

---

[1]　《复吴敬恒函》，载高平叔编《蔡元培全集》第 3 卷，第 11 页。

[2]　张申府：《回想北大当年》，载陈平原、夏晓虹编《北大旧事》，生活·读书·新知三联书店，1998，第 181－182 页。

[3]　相关规定载王学珍、郭建荣主编：《北京大学史料》第 2 卷上册，第 421－425、169－170、1683 页。

[4]　静观：《国立北京大学之内容（续）》，《申报》1918 年 12 月 29 日。据《国立北京大学分科规程》（北京大学，1916），当时法科教员共 28 人，其中外籍教员 4 人，其余本土教员中，留日 8 人，留美 5 人，留英 4 人，留法 1 人，兼有留学日、德经历 3 人，兼有法、英留学经历 1 人，另 2 人无留学经历。可资印证《申报》上的观察。

[5]　参见 1922 年 6 月编的《国立北京大学职员录》及教员履历表，载王学珍、郭建荣主编《北京大学史料》第 2 卷上册，第 378－379、386－400 页。

艇、周鲠生、皮皓白诸君；一面诚意指导提起学生好学的精神，一面广购图书杂志，给学生以自由考索的工具。”[1] 蔡元培的事后评说显然是基于学术的立场。事实上，他在北大时就一再强调学问至上的原则，希望学生“于研究学问以外，别无何等之目的”[2]。他不仅反对将大学作为职业训练场所，也不赞成学生参加政治运动。他说：“我对于学生运动，素有一种成见，以为学生在学校里面，应以求学为最大目的，不应有何等政治的组织。其有年在二十岁以上，对于政治有特殊兴趣者，可以个人资格参加政治团体，不必牵涉学校。”[3]

事实上，王世杰、周鲠生、燕树棠、皮宗石等北大法科教授不仅留学背景相似，对待现实政治的态度也都比较温和，且相互接近。他们的政治主张主要发表在《太平洋》和《现代评论》等杂志上，因而被称作“现代评论派”。同属“现代评论派”的还有高一涵、陶孟和等北大政治学系教授。受英美资产阶级自由主义影响，他们主张社会改良，不赞成暴力革命，认为学生的主要任务是完成学业，塑造自己，反对他们参与社会运动。[4] 而陈启修、顾孟馀、李大钊则倾向于马克思主义与新俄社会，并鼓励学生参加社会政治

[1]　蔡元培：《我在北京大学的经历》，载高平叔编《蔡元培全集》第6卷，中华书局，1988，第354-355页。

[2]　蔡元培：《读周春岳君〈大学改制之商榷〉》，载高平叔编《蔡元培全集》第3卷，第150页。

[3]　蔡元培：《我在北京大学的经历》，载高平叔编《蔡元培全集》第6卷，第353页。

[4]　孔祥宇：《〈现代评论〉与中国政治》，博士学位论文，北京师范大学历史系，2003，第36页。

运动。[1] 在1925年8月发生的反教育部长章士钊运动中，北大教授内部分成两派意见，以胡适为首的留学英、美派与由李石曾领头的留学日、法派，明争暗斗，互不相让。在政治系内，可见顾孟馀为一派，周鲠生、王世杰、高一涵、张慰慈等为另一派，陶孟和、燕树棠、皮宗石等法科教员也站在后者方面。顾孟馀时任北大教务长，在促成评议会议决与教育部脱离关系一案中起了积极作用。而周鲠生等人则主张北大“应该早日脱离一般的政潮与学潮，努力向学问的路上走，为国家留一个研究学术的机关”，教师可以以个人的名义作学校以外的活动，但不要牵动学校。[2]

从学术职务来看，亦可见王世杰、周鲠生在法、政两个学系的地位上升。根据1920年4月北大评议会讨论通过的《评议会规则修正案》，评议会议决的事项包括各学系的设立废止及变更、校内各机关的设立废止及变更、各种规则、各行政委员之委任、学校预算等。[3] 权力如此之广大，评议员的职位自然举足轻重，成为激烈争夺的对象。时人即指出：“北京大学虽为校长制，但一切设施，实由评议会主持，故该评议会力量极大。每届改选，各教授靡不极力

[1]　如顾孟馀在北大建校二十七周年纪念演讲中说：“本校学生有意识的参加政治社会运动，在我看来，不能不算是进步。在中国现在的社会里，智识界的责任太重，不容我们放弃。况且学生参加政治运动，可以得到许多经验，于学问也狠有益处。个人主义，不但在中国不能普及，就是在他的产生地——西欧——也已经破产了。……自救的方法，就是脱除个人主义。”（《北大学生会周刊》1925年12月17日创刊号，载王学珍、郭建荣主编《北京大学史料》第2卷下册，第3208-3209页。）

[2]　详见王学珍、郭建荣主编：《北京大学史料》第2卷下册，第2995-3002页。关于当时北大教员的派系之争，参见陈翰笙：《四个时代的我》，中国文史出版社，1988，第28-29页。

[3]　王学珍、郭建荣主编：《北京大学史料》第2卷上册，第161页。

竞争。”[1]1927年之前法科评议员的构成与变动情况大致是：1920年顾孟馀、陈启修、李大钊等开始当选评议员。1924年，王世杰和周鲠生当选。次年，两人继续当选，高一涵同时当选，而李大钊、陈启修都不再当选。1926年，周鲠生仍当选评议员。不仅如此，自1923年到1927年，在几次政治学系教授会主任或系主任选举中，周鲠生均以绝对多数票当选[2]；与此同时，法律学系主任则由王世杰担任。由于是教授民主选举，持续当选似可反映他们在法科具有相当深厚的人脉关系和学术理念共识。他们对待政治与学术的观点接近，且掌控了学术行政职位，因而对于北大法科的学术制度与研究风气的转变当有不小的推动作用。蔡元培后来说：“北大旧日的法科，本最离奇……通盘改革，甚为不易。直到王雪艇、周鲠生诸君来任教授后，始组成正式的法科，而学生亦渐去猎官的陋见，引起求学的兴会。”[3]而就政治学系的课程内容来看，也正是在此期间发生了由国家学向社会科学的重大转变。

二、课程变革：由国家学转向社会科学

北大政治系课程，“自民国六年以来，数经改变”，到1923—1924年度才基本稳定下来。1917—1918年度法科政治门课程表中，

---

[1]　《北大评议会改选 徐炳昶等十二人当选》，《晨报》1926年11月21日；载王学珍、郭建荣主编：《北京大学史料》第2卷上册，第147页。

[2]　见《北京大学日刊》1923年9月24日、1924年4月23日、1926年4月3日报道。

[3]　蔡元培：《我在教育界的经验》，载高平叔编《蔡元培全集》第7卷，第199页。李书华也说，周鲠生、王世杰等人的到来，对于“法科方面的充实及提高课程水准，贡献颇多”。（李书华：《七年北大》，载陈平原、夏晓虹编《北大旧事》，第93、100页。）

必修科目包括政治学、宪法、政治史、东洋史、民法、刑法、经济学、政党论、财政学、平时国际法、保险统计算学、政治学史、行政法、商法、战时国际公法、农业政策、工业政策、商业政策、统计学、外交史、社会学、社会政策、殖民政策、林业政策等；随意科目有日文、经济学、中国法制史、中国通商史等。此后两个年度变化不大，而1920—1921年度的课程则变动较大，其要点有：实行单位制；兼用年级制与选科制；减去若干种政策学，增加史学系科目之选修；新设现代政治及演习。[1] 次年度课程又有较大变动，将原有必修科中的宪法、行政法、民刑商法、经济学原理、财政学皆改为选修科目。据称此次变动缘于政治系各年级学生的建议：其一，入政治系者，其志多不在考试做官，故高等文官考试必要之科目，不可强令人人俱习；其二，入政治系者其志或在研究高深的政治学理；或在为社会服务，故不必强令其学习漠不相关之学科如商法、民法、刑法及经济原理、财政学等，以耗费其可以不必耗费的宝贵光阴。

1922—1923年度的课程大体上延续了上一年度的课程，政治系学生周杰人因对其不满而草拟了《修改政治系课程意见书》。周杰人认为“政治与法律固有关系，而经济实为政治变动之本源，其关

[1] 陈启修在北大第二十三年开学日的演说词中特别提到添设这两门课程的原因与目的。“添设演习一门，以后关于政治学理，教员和学生可以常常有共同研究的机会。”“我国青年近来虽然对于政治上已有责任的觉悟，对于实际政治也总算多少发生一点影响，但是总说得不到真正的解决，就是因为没有学理的研究。要谋真正解决，非先共同研究不可。”添设现代政治的讲座，是“因为现代的政治问题日趋复杂，如劳农政府、巴黎和会、国际联盟等等亟待研究的很多。加以现在的社会，无论如何，总还脱离不开政治，所以实在不能不研究。”（载《北京大学日刊》1920年9月17日）

系尤为密切”，因此建议除了将政治性的法律科目列入必修，其他法律课程或删除，或列为选修，而主张将财政学总论改为必修，并增添中外经济史、财政史、社会主义史、国际金融等经济类课程。系主任陈启修答应将其意见书提供给教授会在议定1923—1924年度课程时参考。1923年6月16日，政治系教授会议决政治系新课程：（甲）必修科目：政治学（国语讲演）、政治学（英文选读）、社会学、经济学原理、政治学史、政治及外交史、宪法（比较的）、国际公法、行政法、财政学总论、民法总则、演习；（乙）选修科目：统计学、社会立法、刑法总论、西洋经济史、商业及农业政策、市政论、第二外国语、日文、现代政治、经济学史、社会主义史。可见新课程将具有较强政治性的法律科目如宪法、行政法、国际公法均列为必修，删去商法，民法只保留民法总则作为必修，刑法只设刑法总论作为选修，并增加了经济学史、社会主义史等科目，似乎是吸收了周杰人的意见，但主要还是上一年教授会议决的1922—1923年度课程变更案的延续。此次修订后的新课程至1925—1926年度基本未变。[1] 1926—1927年度的课程亦甚少变动，必修科目仅增加了“现代政治”一门。[2]

以上为1917—1927年间北大政治系课程因革概况，总体上看，前后变化较大。1921年度之前的课程中，必修科目庞杂，其中法律、经济类科目较多，这样的课程结构大体上还是在抄袭日本的法

---

[1] 以上关于北大政治系课程的论述，参见周杰人：《修改政治系课程意见书 陈启修附识》，《北京大学日刊》1923年6月16日；《政治学系课程指导书》，《北京大学日刊》1923年9月19日；《政治学系课程指导书》，《北京大学日刊》1924年7月19日；《政治学系课程指导书》，《北京大学日刊》1925年9月24日。

[2] 《政治学系课程指导书（十五年度至十六年度）》，《国立北京大学十五年度课程指导书》（单行本），北京大学档案馆藏。

科大学课程。如在东京大学1917—1918年度的政治学科课程中，必修科目有：宪法、政治史、经济学总论、国际公法、民法、刑法、经济学（英语）、国家学（法语或德语）、国法学、行政法、国际公法、经济政策、统计学、民法、商法、政治学及政治学史、外交史、财政学；选择科目包括：经济史、法制史、社会学、货币银行论、殖民政策、西洋法制史、工业经济及社会政策、国际私法、法理学。[1] 到1923—1924年度，东京大学法学部政治学科的课程依然偏重法律类与经济类科目。[2] 这是因为东京大学法科受德国国家学的影响甚深。而"德人之观念，政治无他，不属于经济则属于法律，故德国的大学中没有政治学的分门，大学生用的二种教本是：一为学理，一为政策"。[3]

从1920—1921年度开始，北大政治学系的课程做了比较大的调整，先是精简政策类的课程，接着将一些法律类课程从必修科目中移出或直接删除，一方面突出了政治学本身的主体课程，另一方面也注意勾连社会学、经济学、历史学等其他社会科学。这种课程变化的趋势也体现在作为核心课程的"政治学"的教科书——张慰慈编写的《政治学大纲》[4] 中。张慰慈将科学分为社会的科学与自然的科学两大类，社会的科学又分为"研究人与人的关系"以及

---

[1] 《东京帝国大学一览》（1917—1918），东京帝国大学，1918，第106-107页。

[2] 《东京帝国大学一览》（1923—1924），东京帝国大学，1924，第115-116页。

[3] 马亮宽、王强选编：《何思源选集》，北京出版社，1996，第135页。

[4] 张慰慈早年与胡适为上海澄衷学堂同学，后去美国留学，回国后任教于北大。在北大政治学系，他似乎一直担任"政治学"这门课的教学，《政治学大纲》就是他的授课讲义。《政治学大纲》初版于1923年，到1930年已印至第8版。

“研究个人的动作和智识”两个方面，前者包括社会学、经济学、政治学，后者包括心理学、伦理学等，而这两个方面最后又都归属于哲学。政治学作为一种社会科学，主要研究有政治组织的人群社会中的现象与事实，它与社会学差不多，没有很大的区别，只有范围的广狭之别以及与国家的关系是否直接而已。因此在介绍政治学与其他社会科学的关系时，他首先介绍了政治学与社会学的关系，接着依次是政治学与历史、经济学、伦理学的关系，没有提到法律学。关于研究政治学的方法，张慰慈受当时正在美国兴起的行为主义心理学（Behavioristic Psychology，张慰慈将其译为“作动的心理学”）的影响，认为应该把人看作国家的主体，把一切政治看作人类心理作用的表征，结合心理学的、历史的、比较的、实验的方法来研究政治现象。[1] 换个角度来看，张慰慈对政治学的学科定位的理解，也可能正是北大政治学系课程调整的重要原因之一。

三、研究所、学会及学术期刊的创设

蔡元培掌校期间，研究所在北大渐次设立。1917 年 11 月和次年 7 月，《北京大学日刊》先后公布了北京大学《研究所通则》《研究所办法草案》和《研究所总章》，就研究所的设立、任务、组织、办法、刊物出版、书籍杂志管理等做了规定，构筑了北大研究所的规章制度。先行拟设九门研究所，其中就包括法科的政治学门。到 1917 年底，法科各研究所筹备工作基本就绪，各设主任教员一人主持研究事务。[2] 研究所拟办事项分为：一、研究学术（甲）特别问

---

[1] 张慰慈：《政治学大纲》，商务印书馆，1923，第 1−30 页。

[2] 《法科学长报告书》，《北京大学日刊》1917 年 12 月 22 日。

题，（乙）中国旧学钩沉，（丙）其他；二、审定译名；三、译述名著；四、介绍新书；五、悬赏征文。[1] 研究员分为通常研究员和通信研究员，在研究所教员的指导下，择定题目，再由教员指示研究方法及参考书籍，展开研究；通过集会或通信方式进行报告、讨论与批评，以此来督查与改进研究状况；研究论文提交研究所教员共同审阅，通过者由研究所交付图书馆保存，或采登月刊，其未经通过者，由各教员指出应修正之处，发还著者自行修正。[2]

1920 年 7 月 8 日，学校评议会通过《研究所简章》，对原有的各研究所进行改组，规定暂设国学研究所、外国文学研究所、社会科学研究所、自然科学研究所。研究所仿德、美两国大学的研讨班（Seminar）办法，为专攻一种专门知识之所。[3] 是年冬至次年秋，蔡元培赴欧美考察大学教育及学术研究机关。[4] 回国后即指出，欧洲大学偏重提高，美国大学偏重普及，但近年来彼此也都注意普及与提高，希望北大在提高与普及两方面都要倍加努力。[5] 蔡元培随后向评议会提出研究所组织大纲案，被通过。此案将各个分立的研究所统一为国立北京大学研究所，作为向将来设立的大学院的过渡机构，下设自然科学、社会科学、国学、外国文学四门。[6]

---

[1] 《法科研究所现拟办理之事项》，《北京大学日刊》1917 年 12 月 21 日。

[2] 《法科四年级及研究所之研究手续》《文法科通信研究手续》，《北京大学日刊》1917 年 12 月 21 日。

[3] 《研究所简章》，《北京大学日刊》1920 年 7 月 30 日。

[4] 蔡元培：《西游日记》，载高平叔编《蔡元培全集》第 7 卷，第 324－371 页。

[5] 《在北大欢迎蔡校长考察欧美教育回国大会上的演说词》，载高平叔编《蔡元培全集》第 4 卷，中华书局，1984，第 79 页。

[6] 《校长布告》，《北京大学日刊》1921 年 12 月 17 日。

但是由于学校“图书异常贫薄，一切可供专门研究之材料，如各种国内外统计、公牍、学术期刊之类，尤形缺乏”，社会科学研究所迟迟不能设立。直到 1922 年 11 月，顾孟馀、燕树棠、周鲠生、王世杰、何基鸿、陈启修等法科教授联名致函校长蔡元培，建议“应即成立社会科学研究所筹备处，即由该处筹设一种‘社会科学记录室’（即各大学之 Archiv），一面购置本国、西洋及日本等国社会之定期刊行物，一面设法搜积其他研究材料”，希望学校拨给房间与开办费用。[1] 获准后旋即拟订《法政经济记录室组织规则》，经评议会通过，并由校长邀集三系教授互推王世杰为书记。记录室组织规则规定：法律、政治、经济三系教授，均为记录室记录员；记录员的职务为搜集、购买并整理一切关于法政经济之研究资料。[2]

在创设研究所的同时，政治学会、法律学会、经济学会、社会科学研究会等各种学会组织也纷纷成立。1921 年 2 月，政治学系学生曾青云等发起成立了政治研究会。[3] 研究会采取分组研究法，暂设共产制度、代议制度与苏维埃制度、联邦制度、地方制度、财政制度五组，由会员自由认定加入。[4] 经与《北京大学日刊》商定，

---

[1]　《顾孟馀教授等拟设社会科学记录室公函》，《北京大学日刊》1922 年 11 月 22 日。

[2]　《法政经济记录室组织规则》，《北京大学日刊》1922 年 12 月 22 日。

[3]　《组织“政治研究会”缘起》，《北京大学日刊》1921 年 1 月 29 日；《政治研究会成立略记及简章》，载王学珍、郭建荣主编《北京大学史料》第 2 卷中册，第 1554—1555 页。

[4]　2 月 17、21 日，政治研究会两次开会讨论研究方法问题，在导师高一涵、陈启修、陶孟和、张祖训、王世杰等指导下，通过了《政治研究会“研究方法”总则》。陈启修、陶孟和、张祖训、王世杰等略谓，“吾人调查现代政治颇觉烦难，须用剪报法，将中外报纸上政治材料分类剪集，以便讨论”。（载《北京大学日刊》1921 年 2 月 19 日、1921 年 2 月 23 日）

特辟“学术研究”一栏以发表会员研究或翻译成果。政治研究会后改名北大政治学会。1923 年 11 月 5 日通过的会章载明，“本会以讨论政治问题研究政治学理为宗旨”，会务分为读书、翻译、编著、讨论问题、敦请名人讲演。另制定会务施行细则，明确各项会务的具体进行方法，其中尤其强调导师的指导作用。[1] 而导师王世杰、周鲠生等则注重引导北大政治学会朝着学术化方向发展。1923 年 11 月 17 日，王世杰、周鲠生、燕树棠出席政治学会导师欢迎会，“对于为学方法言之甚详”。周鲠生希望同学应当注意两点：“一、宽大的基础，二、专门的研究。盖只有后者而无前者，常不免研究时各自为说，不能统观全豹，德国式学者大都如是。英美即不然，所谓研究专门学问，非习之者自始即当专门也，只于此专门所须要之一般基本学问均富有后，再从事专门之研究而已，尤以各学均无根基之诸君，更不宜蹈自始即专门之弊。……基础既固，专门易为功矣。”[2]

为了促进北大师生从事学术研究与交流，蔡元培还推动创办了《北京大学月刊》等学术期刊。[3] 1919 年 1 月创刊的《北京大学月刊》采用分门编辑的原则，“稿之内容，属某学门者，请先送本学

[1] 《北大政治学会会章》，《北大政治学会会务施行细则》，《北京大学日刊》1923 年 11 月 22 日。

[2] 《北大政治学会欢迎导师会各导师谈话纪录》，《北京大学日刊》1923 年 11 月 22 日。

[3] 蔡元培在为《北京大学月刊》撰写的发刊词中提到北大发行该刊的本意有三个要点：一尽北大同人力所能尽之责任，从事研究，贡献学术；二破学子专己守残之陋见，为其提供交换知识之机会；三释校外学者之怀疑，使之“知北大兼容并收之主义，而不至以一道同风之旧见相绳矣”。

门研究所主任处。由主任汇集，以送于编辑者。”[1]《北京大学月刊》的取材，“以有关学术思想之论文纪载为本体，兼录确有文学价值之著作”；“注重撰述。间登译文，亦以介绍东西洋最新最精之学术思想为主。不以无谓之译稿，填充篇幅”。[2]《北京大学月刊》第6号附有一则《编辑人声明》，其中提到陈启修的《国内平和底基础》一文，因为过于谈时事，所以弃之。可见其取材的学术尺度。在总共出版的9期《北京大学月刊》中，学术论文在所刊文章总量中所占比重高达96%左右。

1922年2月，蔡元培提议“以研究所四学门为基础，每一学门出一种杂志”[3]。北大月刊随后在《东方杂志》上刊登特别启事，宣布将废止《北京大学月刊》，改刊自然科学、社会科学、国学和文学四种季刊。[4] 1922年11月，北京大学《社会科学季刊》创刊，其“编辑略例”称：本刊“所载文字，泛及政治、经济、法律、教育、伦理、史地以及其他社会科学，但俱以含有学理上兴味者为限”；“本刊循一般科学季刊之通例，于论著外，并注重学术新书之绍介与批评”。在大体上正常出版的前14期论文中，以学科分类计，偏重于法政方面；从个人发表成绩看，周鲠生、王世杰、燕树棠位列前茅，发表篇数分别为12、10、10，三人合计差不多占到法律与政治学类论著的70%。

从蔡元培为《北京大学月刊》撰写的发刊词中可见其目的在于

[1]《北京大学月刊缘起》，《北京大学月刊》第1卷第1号，1919年1月。

[2]《编辑略例》，《北京大学月刊》第1卷第1号。

[3]《在北大研究所国学门委员会第一次会议发言》，载高平叔编《蔡元培全集》第4卷，第157页。

[4]《北京大学月刊特别启事》，《东方杂志》第19卷第6号，1922年3月25日。

以学术期刊作为改造北大、使之走向学术化的配套设施，事实上现代学术期刊作为新型的学术载体，不仅为学者提供了公开发表与交流学术的渠道，也能以其编辑体例以及刊载论文的示范影响而起到学术规范、凝聚学科自我意识、促进学科成长的作用。因此有人评价说，《北京大学月刊》是中国现代期刊史上最具典型意义和最富大学学报形态及特征的学术刊物，在近世中国学术由旧到新的转变中，影响了一代学术。[1]

结　语

综上所述，现代政治学科在北大的建立经历了一个从无到有、由知识变动与学术建制相互作用的复杂过程。清末，经世思潮与“中体西用”论结合，一方面催生了京师大学堂等新式教育机构，以此来接纳与讲授西学，另一方面又将传统的经学大义作为立学之本，注重义理与掌故。在此中西学剧烈碰撞的大变局时代，政治学的概念相当模糊不定，既有中国传统的政治与学术观念，也有对应于“Politics”“Political Science”“Staatswissenschaft”等种种西文术语的中文译词，还有来自日本的“政治学”“国家学”“国法学”等等名词。然就京师大学堂的规划实施来看，政治学主要是以“政”或“政学”的名目来指称一切经世济民的事务，在历史上为钱谷兵刑盐漕河工之类，相当于《皇朝经世文编》所涵摄的内容，到了近代则主要指“西政”，也即梁启超在《西学书目表》中所列举的兵

[1]　宋月红、真漫亚:《蔡元培与〈北京大学月刊〉——兼论蔡元培对北京大学的学术革新》,《北京大学学报（哲学社会科学版)》1997 年第 6 期。

制、兵学、船政、工程、农学、矿政、工艺、史志、学制、法律、商政等等。经世的事务虽有今古之别，但儒家先哲认为“古者圣人即身示法、因事立教，未尝于敷政出治之外，别有所谓教法也。所习者，修齐治平之道；所师者，守官典法之人。政治与学问，固未尝分也”。[1] 所谓政学相通，为官之道也就是治国之道，所以既要讲求义理，正心术，发扬弘毅，又要通达世务，注重实学，这正是大学堂的立学宗旨，从梁启超经孙家鼐到张之洞都可以说是一以贯之。孙家鼐尤其注重理学，然目标皆在为朝廷培养经世之才，也即政才，仕学馆和进士馆的教学实践就清楚地说明了这一点。办学者的指导思想实质上固然还是停留在中国传统的政治概念上，但是新式学堂在体制上毕竟不同于原有的官学与书院，大学堂的分科大学就是在借鉴日本学制的基础上设立的，因而法科大学政治学门所设课程科目不同于以往，教师也主要为留日学生，所用“政治学”教科书自然也多来自日本。此时，日本的政治学主要受德、奥国家学的影响[2]，其中所蕴含的政治概念不同于中国传统的政治概念，如曾在法政大学法政速成科受教于东京大学政治学讲座教授小野塚喜平次的吴兴让就指出：“政治二字，我国所称者，若钱谷兵刑盐漕河工之类，与各国所称者大异。各国之称政治，必关系于国家根本者，方足当之。我国经史子集所散见合乎各国政治范围者虽多，然未尝别树一帜，名为政治专学而加以研究，即如言经济家，取经世

[1]　崔龙：《唐茹经先生政治学》，“政治学可以救国论第四”，大东书局，1938，第 1 页。

[2]　参见［日］大塚桂：《近代日本の政治学者群像——政治概念论争をめぐって》，劲草书房，2001，第 9-22 页。

济民之义，而范围亦属狭隘，所谓关于国家根本者，则寥寥焉”。[1]中国传统的政治概念，主要是围绕如何治民的问题展开的，不同于欧陆的政治学传统，后者主要关心国家、主权、法律等更具本质性的理论问题[2]，涉及政权的性质与组织形式。正因为如此，清末统治者对于法政教育才会顾虑重重，害怕触及自由民权，力求将其约束在国家治理的应用层面。戊戌变法失败后，大学堂虽有所谓“政治”讲堂，但并不讲求西政；“新政”期间，在颁布《奏定学堂章程》的同时，又立《学务纲要》，严格限定法政教育的范围，在相当长的时间内，禁止开设私立法政学堂。

进入民国，严复拟设国学科为完全讲治旧学之区，同时针对法科所拟改革方案，则突出本国法制的主体地位，而以外国法律与本国前朝成宪藉资考鉴。政治学于此别为两途，传统政治之学只于国学科中讲治，法科的政治学无疑划入西学系统。袁世凯则强调法政教育的目标重在造就自治人才，反对徒为理论之争与奔逐仕途，大抵不出传统儒学德行、政事之说教。其实传统儒学所提倡的“学而优则仕，仕而优则学”并非没有其合理之处，然其末流则趋重仕宦，丢失了经世精神。至民国初年，在科举社会所养成的猎官心态依然根深蒂固，梁启超因此批评道：“现在教育未脱科举余习也。现在学校，形式上虽有采用新式教科书，而精神上仍志在猎官，是与科举尚无甚出入也。”[3]大体上，中国传统学术“本于致用”，“一切

---

[1]　吴兴让：《法政学报序》，《北洋法政学报》第1册，光绪三十二年八月上旬。

[2]　［美］格林斯坦、［美］波尔斯比编：《政治学手册精选》上卷，第38页。

[3]　梁启超：《中国教育之前途与教育家之自觉》，《教育公报》第4年第2期，1917年1月。

学问必以政治治平大道为归宿”[1]，而如何对待“求是与致用”“学术与政治”，正是近代中国士人能否走向专门家、中国现代学术如何建立所经历的主要关卡之一。[2] 及蔡元培出任北大校长，努力矫正学风，尤其针对法科的腐败现象，通过人事改革及一系列的学科建置，为北大建立了现代大学体制，并着力引导学术的职业化，促使教育者划清学术与政治的界限。

从北大政治学所处的学科位置来看，经历了由隶属于“政治科”到“政法科”“法政科”“法科”再到独立的政治学系的变化过程[3]。先是政治的概念涵盖了法律的内容，这体现了戊戌时期“政”“艺”两分法下“政”的广博性，也切合时人所谓“法国国政学堂”的“诸政治学”观念。而由于日本的法政之学先采法国派，后转向德国派[4]，作为仿照日本大学制度所建立的北大法政学科，

---

[1]　萧公权：《中国政治思想史》，辽宁教育出版社，1998，第 824 页；钱穆：《中国现代学术论衡》，生活 · 读书 · 新知三联书店，2001，第 195－215 页。

[2]　参见陈平原：《中国现代学术之建立——以章太炎、胡适之为中心》，北京大学出版社，1998，第 28－63 页。

[3]　王健、端木正此前已注意到中国近现代法律、政治教育中“法”“政”“法政”“政法”等名词演变的现象，参见王健：《中国近代的法律教育》，中国政法大学出版社，2001，第 264－265 页；《端木正文萃》，中山大学出版社，2004，第 18－19 页。

[4]　1882 年，日本政府首脑伊藤博文率代表团赴欧美各国考察宪政，最后选择了德国的模式，制定了《大日本帝国宪法》。于是作为阐述德国宪政模式的国法学和行政法学的主要学者如拉邦德（P. Laband）、耶利内克（G. Jellinek）、莫尔（R. von Mohl）、迈耶（F. F. von Mayer）等人的著作与学说对明治后期日本的法政学界产生了重大影响。用法理学的方法来研究政治是德国学者的一大特色，19 世纪后期为适应普鲁士立宪君主制的现实，德国公法学中盛行“国家法人说”，提倡这种学说的主要代表人物耶利内克认为国家是法人，政治科学是一种法律规范的科学（Staatsrechtslehre），政治概念即法律概念，国家的宪法和行为只是法律现象。

无疑也间接受到德国国家学派的影响，法的地位越发突出与被强调，以致政治学最终被定位于法科之下。蔡元培虽然仰慕德国大学的学术性，并以德国大学作为北大改革的理想化目标，却希望通过“废门改系”“分组选科”，将政治学恢复到德国古典大学的哲学科中去。然而，进入各专门学科层次的改革也受制于各学科的自身力量，政治学科在学术职业化的同时，也被纳入社会科学化轨道。这首先体现在1920年代北大政治学系的课程体系改革中，一方面一些“政策”类与法律类科目被剔出必修科目，甚至选修科目，另一方面则加强与各相关社会科学的学科联系，这在张慰慈编写的《政治学大纲》等教科书里也有体现。与此同时，法科研究所也朝着成立社会科学研究所的方向改组，并先行成立了“社会科学记录室”，搜集各种国内外统计、公牍、学术期刊之类材料，以便进行实证研究。

以上变化的人脉背景在于20世纪20年代北大政治学系的师资结构的变化，以胡适为核心的留学英美派占据了主导地位，自然会影响到课程的规划设置。规章规定，各科各学系的课程规划由该科、系的教授会民主议定，由教授会主任或系主任具体执行，而实际运作虽然未必完全如此，但无论哪一种情况，英美派都居于有利地位。然而更为重要的原因还在于世界学术潮流的变迁。随着工业化、城市化和专业化的发展，“自19世纪末叶以来，美国已成为社会科学方面的专业化和建立职业组织的卓越的集中地”；与此同时，欧洲大陆政治学的概念和思维风格，如关心国家、主权与法律，以及倾向于从历史中寻找政治“法则”，逐渐衰落了，许多政治学家把社会学而不是历史或法律看作政治学最同源的研究领域。[1] 20

[1]　［美］格林斯坦、［美］波尔斯比编：《政治学手册精选》上卷，第23－51页。

世纪 20 年代初，北大政治学系开始实现由德、日国家学流派向这种美国流的政治学的转变，这正是判断现代意义上的政治学科在北大建立的重要参照。与此同时，研究所、学会、学术期刊等一系列相应的现代学术建置也陆续出现，尽管还不够充实与完善，但这已经属于任达（Douglas R. Reynolds）所说的与今天中国相同的“现实序列”[1]了。这些现代学术建置反过来又促进了学术的专业化与职业化，强化了各自学科的身份意识。至此，在仅仅 20 年左右的时间里，通过北大这一个案，大体上可以看出中国传统的政治概念以及政治之学的传授方式是如何让位于来自欧美的政治科学的。1923 年，唐文治有感于东西洋政治学与中国国情凿枘不合，而中国政治学又晦塞已久，乃辑成《政治学大义》四卷，分奏疏、函牍、本论三类，希望其门生透过昔贤的言行功业等以往陈迹，心知其意以求因事制宜。[2] 此举本为传统讲授政治学之常轨，而不久之后恐怕就成空谷足音了。

[1]　[美] 任达：《新政革命与日本：中国，1898—1912 年》，李仲贤译，江苏人民出版社，1998，第 215 页。

[2]　唐文治：《政治学大义序》，载《茹经堂文集》卷四，《民国丛书》第 5 编第 94 种，上海书店出版社，1996，第 10-15 页。

第六章 中国地学会与科学地理的构建（1909—1911）

清季学界华洋新旧杂糅，各家观念歧异，竞相争锋。光宣之际，新学渐有一统之势。其时中国科学方兴，学理尚极浅显，趋新者以鼓吹新知、构建科学为己任。乘势而起的中国地学会，以构建能与世界争先并进的科学地理为号召，几乎将新学地理名家尽数囊括，成为新学地理的旗帜，专门社团的代表。如此有组织有系统地努力构建科学地理，即使在清季群起建设新知识的潮流时趣中也不大多见，对中国地理学科的形成及学术的发展流变有着重大影响。

既往学界对中国地学会构建科学地理已有所关注，但受派系眼光及研究观念的限制，认识与实情相去甚远。[1] 而且关注的目光大都集中于中国地学会引入科学新知的一面，对其深受传统观念与行

---

[1] 典型的如身为竞争者的张其昀《近二十年来中国地理学之进步》[《科学》第19卷第10期（1935年10月）至第20卷第7期（1936年7月）] 认为，中国地学会对地理学的主要贡献在历史地理学；曾为中国地学会后进的张天麟（《张相文对中国地理学发展的贡献——纪念“中国地学会”成立七十周年》，《历史地理》创刊号，1981）、林超（《中国现代地理学萌芽时期的张相文和中国地学会》，《自然科学史研究》1982年第2期）则认为，中国地学会的创建是中国现代地理学产生的重要标志，并推动其发展。

事的影响，追求专门、古雅的另一面取向，以及为挽国难致富强，以学术研究参与时事时政等面相，少有注意，难以全面深入地理解中国地学会在华洋新旧学理以及学术理想与政治现实之间的纠结与挣扎。尽可能地搜集史料，将其置入近代中国华洋新旧杂糅的历史现场，全面考察中国地学会构建科学地理的事实，方能理解前人的意图，并体会创业者筚路蓝缕的艰辛。

第一节　兴调查植根基

清季学界华洋新旧争锋，如何取舍至为关键。趋新者认为中学不足以应变局，倡言“因为是旧学问不好，要想造成那一种新学问;因为是旧智识不好，要想造成那一种新智识”[1]。日俄战后，国人深感日本对中国持侵略主义，忧虑新学步趋日本，断言“人而无精神上之独立，则人将非人；国而无学问上之独立，则国将不国”，若早得教育、学问的独立，“日本人虽有野心，奈何我国人”[2]。光宣之际，以“留学东西毕业专门者，及毕业本国高等以上学堂者”[3]为主体的专门学者群体形成，各类科学学会蜂起，构建新知识的条件初步具备。

由趋新地理学者组建的中国地学会，认为人类聚族求存，而天

[1]　《论本报第三年开办的意思》，《杭州白话报》第3年第1期，1903年7月，第1页。

[2]　韩梯云:《注日本高田早苗之支那教育论》，《直隶教育杂志》第2年第18期，1906年11月30日，第5页。

[3]　李守郡:《清末结社集会档案》，《历史档案》2012年第1期。

演剧烈，“势不能各守封疆，无相侵夺”，故疆域随民族的盛衰而盈缩，“然溯厥由来，亦惟地理上之知识优劣不齐”。近世以来，中国外交失败，边事日亟，“虽欲画疆自守，聊固吾圉，而犹不可得”。今日地理虽为学校重要学科，学者兢兢业业“披舆图，考疆索，分经析纬”，但相比西人调查水陆要地“以资生利用者”[1]，尤不足言，以致出现“近世地理诸书大抵译自外国，凡外人之所述者则复冗无节，外人所未述者则漏略弗详”[2]的尴尬局面，亟须调查兴学，以俾竞争求存。

其时在国人的认知中，不仅地理，“西人各种事业皆以调查为起点”，甚至“俱有一种调查之学问”，“至于各种专门学会及一切企业会社，尤以调查为专务焉”[3]。有鉴于此，朝野上下热议调查之事。中国调查事业刚刚兴起，只能通过外人的调查来了解自国，关于地理学者对于调查尤其感到重要。或者痛言：“鄙人有心于蒙古久矣，寄居异国，不能身入该地，从事调查，而又鲜国书参考，苦极苦极。不得已功课之暇，访问游蒙诸日友，及涉览外人之著作”[4]。而外人在华调查，限于中国地大，又有种族、语言、时间、交通诸多不便，范围有限。来华调查的外人抱怨道：“盖外人旅行于中国内地，甚为困难。所可调查者，仅沿官道一线，及其附近之地而已。”且调查者又非必为专家，“其所报告大抵据土人传说”[5]，欲以此为

[1] 《地学协会启》，《大公报》（天津）1909 年 9 月 22 日，第 2 张第 3-4 版。

[2] “自序”，见罗汝南撰、方新校绘《中国近世舆地图说》，宣统元年（1909）广东教忠学堂石印本。

[3] 《顺直咨议局预备议案》，《大公报》（天津）1909年11月2日，第2张第3版。

[4] 《蒙藏宗教谭》，《东方杂志》第 7 年第 1 期，1910 年 3 月 6 日，第 1 页。

[5] 《中国矿产》，史廷飏译，《地学杂志》第 1 年第 1 号，1910 年 3 月 1 日，第 4 页。

基础构建科学地理，显然不够。

中国地学会认为，中国面积广阔，地理环境复杂，举行全国范围的调查仅靠个人力有不逮，政府又不作为，唯有合群分测，因此定调查为会员的义务。为了推行调查，决定会所暂时设在天津，日后拟在京师设干会，各省设分会，由此推及各府州县，以方便调查。

中国地学会重视调查，发展学术以外，兴学战、保利权亦是重要考量。海通以来，西人屡屡来华调查，“北自天山，西北至卫藏，东南际海，中国官吏或有所未至，欧人之车辙马迹，已无不交错于道”[1]。光宣之际，国势愈衰，外人来华调查几无忌惮。1909年6月21日，有报道称入藏外人“无一而非野心家也”[2]，西藏不亡何待；6月23日，又谓日本政府数年来派法政学生赴中国调查，福建、两广、云贵皆已完成，“以视我特设之调查局，其呈功为奚若也”[3]。反观中国，因地理不明，内政不修，外交失利，于是有人起而呼吁，“非正疆域无以策治理之方，非勘边界无以戢侵越之渐，非悉险要无以筹攻守之法”[4]，视地理学及其相关调查为治国卫疆守土的重要凭借。随着本地人办本地事的地方自治主义兴起，各地纷纷设立调查会，调查本地各项事业，助力官绅办事。缘此中国地学会决定以调查兴学，资益内政外交为主要事业。

西人认为，地理学成为独立学科的条件之一，是拥有专门报刊。甲午战后，国人兴学会办报刊，倡议维新，鼓吹新学，但多政

[1]　王与龄：《忠告上篇》，《昌言报》第10册，1898年11月19日，第2页。

[2]　《外人入藏如此之多》，《民呼日报》1909年6月21日，第2页。

[3]　《日本调查浙江详情》，《民呼日报》1909年6月23日，第2页。

[4]　《皇朝舆地通纪例言》，《申报》1898年7月26日，第2页。

论而少专门。1910年前后，舆论认为专门报刊与学术关系甚大，“盖实业专门之学日盛，则其报日多，报日多则实业专门之学愈盛”[1]。中国地学会在发起时，即将编辑杂志列入章程。正式建立后，选举有编辑部长、编辑员。1909年10月3日，中国地学会开会讨论会务，自承应办事项甚多，暂时因经费支绌不能全部筹办，先按期出版杂志作为交通联络的机关。杂志的编辑由会员尽义务，印刷费由张相文垫付，又预定下次会议筹议“发行杂志办法”，审定“调查册式样及条目”[2]。

1910年3月1日，中国地学会正式出版会刊《地学杂志》，作为学会内外发表研究、交流学术以及推行全国调查的机关刊物。《地学杂志叙例》写道：外人游历我国，辄就调查编著图说，“归以饷其友群，或转而溉其馀沥于我国”。国人游域外，对彼邦“则耳熟焉，而未能详也”。域外且不论，国内“间有之亦略而弗赡，否则十年数十年以上之陈述无当于目前事实，否则日记月报一见再见而弗能为继，否则偏隅撮壤传闻异辞而未窥乎全局，皆非所以观变迁审形势也”。人类合群居住，“竞争应事而生”，为唤醒国人，特办专刊，“拟以见闻所得，汇录杂志。其体裁则略依史例，变易其规，经以中夏，纬以列邦”，内容注重民生、物产、疆域沿革，“国际为尚，教材次焉”[3]。其后，中国地学会发布启事，谓政学军商各界君子有调查所得、见闻所及，请予赐稿，“以期互相研究，交换知识”[4]。

---

[1]　高松如：《农会报序言》，《湖北农会报》第1期，1910年5月23日，第1页。

[2]　《开会续志》，《大公报》1909年10月5日，第1张第6版。

[3]　《地学杂志叙例》，《地学杂志》第1年第1号，1910年3月1日，第1页。

[4]　《启事》，《地学杂志》第1年第2号，1910年3月30日，前附页。

《地学杂志》出版后，各界对其期望甚殷，舆论称，世界愈进化需要专门人才愈多，“假令承学之子咸知自奋，则专科杂志之出也，适足以投其所好而已”。中国地学会诸君共同努力，“至吾国地学之发达，吾亦将于是杂志之风行卜之矣”[1]。中国地学会会员马登瀛、贾树模认为，地理是施治的基础，“且非知其最近情形不能应用。而吾国地理学图书或取材古籍，或则恃外国之本，实不免明日黄花及以讹传讹之弊。自有此会会员各尽调查之义务，有《地学杂志》以报告全国，从前之弊可一扫而空矣”[2]。

中国地学会虽然极力推动国内调查，可是经费匮乏，连维持会务所需的每月 200 大洋，尚需张相文补贴，调查计划举步维艰。1910 年 5 月 8 日，中国地学会总理、直隶提学使傅增湘致函各省提学使以及直隶各学堂，称地理涉及甚广，“非联络各省、各属不足以广调查”，今就《地学杂志》“以为交通之机关”[3]，交换各地地志，合力调查全国，而实际意图则是售卖杂志，获得维持会务与推行调查的经费。然而，《地学杂志》是受众有限的专门杂志，获利维持会务尚且勉强，求其用于全国调查，不啻杯水车薪。1911 年 3 月 20 日，中国地学会禀请直隶总督陈夔龙出面筹款，谓调查全国、编译杂志，“挹注为难，故东西各邦皆由其国家主之”，今日国家财政支绌，“拟即普告海内名公巨卿、通人学士量力捐助，请大帅登高而呼”，“异日地学昌明，与世界各国争先并进，皆大帅维持之力

[1] 《地学杂志》，《教育杂志》第 2 年第 5 期，1910 年 6 月 16 日，第 2-3 页。

[2] 马登瀛、贾树模:《新疆行程记》，《地学杂志》第 2 年第 11 号，1911 年 2 月 18 日，第 2 页。

[3] 《三月二十九日总理傅咨送各省提学史、札饬直属各学堂稿》，《地学杂志》第 1 年第 4 号，1910 年 5 月 28 日，第 1 页。

也”。陈夔龙批示：“由本大臣捐助银圆伍百元，以资提倡。”[1]

中国地学会的调查计划所以难行，经费之外，人才缺乏亦是重要原因。其时趋新人士多为旧学出身，通过杂志、译书改宗西学；留学日本归国的则多为速成师范毕业生，未经过专业训练，又缺乏仪器，期望其进行专业性的调查，也是强人所难。清季《地学杂志》刊载的会员调查报告，仅有张相文的《大梁访碑记》《粤西琐谈》《冀北游览记》《滦阳纪行》《豫游小识》，英华的《关外旅行小计》，马登瀛、贾树模的《新疆行程记》等寥寥数篇。而且各家作文的目的，以文学知名的张相文主要是仿古与回忆旧闻，英华为病后散心，马登瀛、贾树模因为有事于新疆顺道而为，既非以调查为目的，又未进行实测，类皆重文采轻专门，未脱固有游记的窠臼。

当然，近世以来，中国国难日亟，学者难以独善其身，即使寻奇探幽的文字，亦不免涉及时势艰危的内容。直到 1930 年代，张其昀还不免慨叹：“地理学固有赖于游历，但世人所发表之游记，其足称为地理著作者实甚少。余曾言从前游记之作，每重文辞之美，留连光景，低回陈迹。是其所长，而今日学术之所尚则异焉。”[2]

中国地学会的调查计划搁浅，致使《地学杂志》所载调查报告多系译文，详外略内，加上国事艰危，救国心切，欲实行调查，时间难裕，只能采用旧有，自己痛批的“略而弗瞻”“陈迹”及“传闻异辞”等弊病自然难以避免。章太炎批评清季学术详于域外略于内政，“有清末叶，国事纷扰，外侮日迫，有志之士，欲唤醒国人

[1] 《二月上北洋大臣直隶总督部堂陈禀并批》，《地学杂志》第 2 年第 14 号，1911 年 5 月 18 日，第 1 页。

[2] 张其昀：《近二十年来中国地理学之进步（续）》，《科学》第 20 卷第 6 期，1936 年 6 月，第 453 页。

迷梦，故对于域外记载，不厌其详，其流弊至使内政要点，处处从略”[1]。其实，详外略内也有不得已的苦衷。中国地学会会员苏莘论及调查全国之事，“以土地如此之广大，实测者百什不及一”，而“分省分道分县实行调查”[2]，必须有强大的人才、财力支撑。遗憾的是，中国二者皆十分窘迫，调查自然难行。

第二节　引入东西洋学理

中国地学会建立时，适逢中西学术异势。早在1906年2月，在华传教士就已经察觉到中国的变化，谓:“时至今日，华人之讲求洋务者众矣，仿效西法，崇尚西学者亦日益多。”[3]引入西学，较引入西法少了政治方面的障碍，所谓“惟学科之研究，器械者也”，可以移花接木，因此学术的引入“交易之性质耳，无所谓权利于其间也”[4]。而欲谋学问独立，首先又要引进学理作根本的改革。中国地学会认为地理旧籍不足用，科学还处于萌芽时期，尚极幼稚，引入东西学理是构建新知识的前提。其时，国人对此多有认同，雷铁厓称:“中国数千年来安于旧有学识，方自得为文明大国。今日欧

---

[1]　章太炎:《在金陵教育改进社演讲劝治史学并论史学利弊（一九二四年七月上旬)》，载章念驰编订《章太炎演讲集》，上海人民出版社，2011，第283页。

[2]　苏莘:《地学丛书序》，载张相文编订《地学丛书》，民国十七年铅印本，第1页。

[3]　《商原》，《益智汇编》1906年2月，转引自刘望龄编:《辛亥首义与时论思潮详录》上卷，华中师范大学出版社，2011，第183页。

[4]　韩梯云:《注日本高田早苗之支那教育论》，《直隶教育杂志》第2年第18期，1906年11月30日，第2页。

潮东渐，民智渐开，乃觉人之文明优于我，我不追风步影，以求其可立于竞争之地位，则必归于天演之公理。此近日吾国民之心理也。”[1]

中国地学会规定，《地学杂志》刊文以国际为尚，意欲引入外来学理，兼通中西。纯粹学理代表学术的高度与成就，又是致用的基础，成为中国地学会输入的主要内容。引进外来地学学理，自以西洋为首选，若德国自然地理、法国人文地理、美国气象学之类。只是这时中国尚无在欧美学习地学归国的留学生，国人通西文者又无专门知识，求能够胜任纯粹学理翻译者相当困难。中国地学会只能将名誉赞成员德瑞克（N. E. Druke）在学会的演讲，以《论地质之构成与地表之变动》为名刊发，聊胜于无。德氏称，中国地学“古有发明”，因未被学者列为专科研究，“故后世卒鲜进步”。当今地理范围极广，关系各科甚深，研究地理学“须先明与地理关系最切之地质学”，盖地理学以考察山脉、海洋及生物分布为主，“而其生成及作用”无不关系地质学。自己讲演的依据，即一由实地考察所得，一就地质学学理推断而来。此前中国锁国，旅行求学者绝少，故地理学不发达，现在中国地学会提倡实地调查，各处情形不难明白。“况地质学精则山海之成因，生物之分布，皆可推覆而明其故。地理学之进步，不难一日千里矣”[2]。

德瑞克的讲演之外，其时刚从哈佛大学化学系毕业的中国地学会会长张相文之子张星烺，翻译了美国唐雷（Tylee）的《地轴移

[1]　雷铁厓：《谠言（一九一〇年十二月九日）》，载唐文权编《雷铁厓集》，华中师范大学出版社，1986，第130页。

[2]　德瑞克讲演、王世英口译、耿兆栋笔述：《论地质之构成与地表之变动》，《地学杂志》第1年第1号，1910年3月1日，第1-9页。

动说》。文章以抽象理论解释现实中的国界争端，指出地球有绕日、自旋两种移动，其中自旋每24小时1周，速率每小时约1000英里。地球自旋带来的极点变动、纬线变迁，导致国家间边界改变，极易引起国际争端。如美国与加拿大边境有一段以北纬49度为界，若因纬线变迁发生争端，"虽依公法裁决，然习惯之地址，必因实测之纬度，生出许多纠葛，可预言也"[1]。而其移动的规律，因地球"质体"不一，不能拘泥于一说，至今未有定论。由石焕如自东文转译的《人类起源之时代》，则是柏林大学地理学教授宾古在日本东京帝国大学的演说，内容主要是提倡综合各学科研究人类的起源。[2]

西洋学理的引入，因地理距离与语言障碍，颇受阻隔。不过，中国地学会很有些留日、知日的会员，熟知东京地学会及其会刊《地学杂志》的情形，所以引入的学理大体来自东学。时人称："世界文化最高之国，无过于英法德美奥者。而东方新兴之国，厥惟日本"[3]。中国地学会编辑员史廷飏翻译的中村清二《极光之成因》，认为从极光的地理分布来看，距离地磁极愈近愈多。其出现的频度与太阳黑子的活跃度有密切联系，"黑点多时极光亦多"，且周期皆为11年。其结论是："盖所谓极光者，即空气上层极稀薄处所存之一种真空放电也。以真空放电之故，而使地磁气变动，又使大气发

---

[1] ［美］唐雷：《地轴移动说（续前）》，张星烺译，《地学杂志》第1年第9号，1910年11月21日，第7页。

[2] 宾古演讲、石焕如译：《人类起源之时代》，《地学杂志》第2年第16号，1911年9月12日，第1-7页。

[3] 陆费逵：《论各国教科书制度（1910年）》，载陈元晖主编，璩鑫圭、童富勇编《中国近代教育史资料汇编（教育思想卷）》，上海教育出版社，2007，第875页。

光。极光之现，实由于此。”[1]

1910年5月28日，《地学杂志》刊发可权译佐藤传藏的《冰河原始论》，指出冰河期的生成，前人“或谓当归于天文学者，或谓当归于地理学者”。主天文学者，可信的如克罗尔，根据“地球轨道变化”与“春分点之前进”，阐释冰河生成的原因，“未必能十分勘透，然其中固含有许多真理”。主地理学者，则大多“主张陆海变迁、洋流改道与陆地高度之增加，因使气候寒冷，为冰河发见的理由”，以与克氏相争。今世学术进步，鄂雷斯合天文、地理二家学说解释之，“且有确凿之证据，是亦一快事也”[2]。

中国地学会认为，地理不明，每致交涉失败，丧权失地，希望研究地理以保利权，因此对涉及领土的新学理极为敏感。而此类问题亦是国人与舆论注目的焦点，典型的如飞行器，得到各界的关注与媒体连篇累牍的报道。《东方杂志》称，飞行器开启了战术革命，欧美各国无不力求进步。[3] 军咨处会同陆军部、海军处通告各省，氢气球各国应用已久，“颇得效力，现拟先于全国陆军添备交通专队”，并着各省访查保送“曾在外洋习练熟谙此项制造运用专门人才”[4]。中国地学会从地理专门的视角，重视随飞行器产生的空中领土论。1910年4月29日，《地学杂志》刊载的《飞行器与空中

---

[1] ［日］中村清二著：《极光之成因》，史廷飏译，《地学杂志》第1年第3号，1910年4月29日，第1-7页。

[2] ［日］佐藤传藏：《冰河原始论》，可权译，《地学杂志》第1年第4号，1910年5月18日，第1-3页。

[3] 《战术上之大革命》，《东方杂志》第6年第10期，1909年11月7日，第90-91页。

[4] 《陆军飞球专队预备法》，《东方杂志》第6年第12期，1910年1月6日，第394-395页。

领土》指出，近来英美德法日均设有飞行器研究会，随之产生的空中领土问题，得到国际法学家的关注。若以飞行器"可得升上之范围"为领土，违反现有国际法，但随着飞行器的进步，空中领土的范围"早晚必有确定之一日"。各国热心研究"空中领土可得侵犯与否"[1]，以维护国权，中国亦不可不早做准备。稍后，舆论以列强竞相发展航空事业，抢占空权，中国却茫然无知，束手待毙，"恐大陆瓜分之局，必一变而为空中瓜分之局，言念及此，可为寒心，吾愿我国民勿以此为怪诞，勿以此事为夸大"[2]，与中国地学会的担忧和主张不谋而合。

中国地学会援引外来学理，发达学术以外，力求学以致用。梅雨是中国长江中下游、韩国南部、日本中南部，每年 6 月中下旬至 7 月上半月之间持续天阴有雨的地理现象，与生活、生产关系甚密。江苏全省皆有梅雨，苏人主导的中国地学会当然关注相关研究。史廷飏译《梅雨发生论》，称梅雨的成因，气象、地理两家说法不一。马场信伦主张低气压说，其后顿野广次郎提出高气压说予以反驳。冈田武松为支持马场的低气压说，著文进行了详细的解释，批评"世人之论梅雨者，谓起于季节风交代时，因气流反对冲突，致令淫霖不止"，此说的缺陷在于，"第一不知季节风之理由；第二不知时期之差异，勦袭旧史，诞妄不经，未足为据也"[3]。

海通以来，外国专门学者的在华调查报告，以致用而言价值颇

[1]　《飞行器与空中领土》（节录），《地学杂志》第 1 年第 3 号，1910 年 4 月 29 日，第 8–9 页。

[2]　牛逊：《论航空事业我国急宜防备》，《民立报》，1910 年 11 月 22 日，第 1 页。

[3]　《梅雨发生论》，史廷飏译，《地学杂志》第 1 年第 4 号，1910 年 5 月 28 日，第 1–4 页。

高，至于其本东、西学理条理、剖析中国地理材料，亦值得中国学者参考。1910年3月30日，《地学杂志》刊发杜之堂译石井八万次郎的《楚蜀之山形地质谈》。石井自称1902年在宜昌至成都间旅行，考察地质。他记述湖北、四川的岩层大部分是片麻岩，“褶曲如磐城之高原”，其余赭土、砂岩、石灰岩“亦层累褶曲，不为水平线而为波动势”。经过外力的侵蚀，“向斜谷为赭土、为砂岩，其色如赤铁矿，小丘起伏，风景畅快，农园村镇所在多有。背斜谷之两侧，石灰岩耸立，谷幅峭狭，阴郁而险峻，中国画家每峭石壁立，悬瀑奔湍，即背斜谷之特色也”[1]。其后，史廷飏译《钱塘江沿岸之地质》，称江西与浙江之间“多赭色砂岩及中生代砂岩，因此砂岩之作用”[2]，成为鄱阳湖与钱塘江的分水岭。沿江的桐庐主要是花岗岩、石英斑岩，诸暨则大部分为结晶片岩。根据调查，钱塘江南源衢江沿岸的岩层内储藏有煤炭，但因运输不便，没有开采的经济价值。

中国地学会欲引入外来学理构建新知识，受时代、语言及自身学识的限制，输入的主要是新兴的东洋地学，而非高明的西洋学理。由于日本地理面积狭小，环境单一，其研究难于对应面积辽阔、地形复杂不下数十倍的中国。以中国地学会极为重视的导淮研究而论，日本国小河短，没有治理大江大河的经验与理论，而大洋彼岸的美国，虽有治理大河及建设近代大型水利工程成功的案例，又苦于引入无门，不得已，只能因循旧理。

---

[1]　[日]石井八万次郎:《楚蜀之山形地质谈》，杜之堂译，《地学杂志》第1年第2号，1910年3月30日，第1—2页。

[2]　《钱塘江沿岸之地质》，史廷飏译，《地学杂志》第1年第7号，1910年9月23日，第5页。

第三节　洋为中用

清季中国科学幼稚，教育与学术多本译文。舆论反思以往学习外国太过保守，如今又未免过度，中国虽有不足，“岂能就把中国整个的不要了，改随外洋去吗？”因而“只可以学他们的精神，不必尽求其形式”[1]。尤其地理学又是地域材料性较强的学科，外人对于世界其他地区的研究，显然无法照搬到中国。学人注意及此，张相文即鉴于地理教科书完全取材域外，学生对所学惘然不知，特“就中国地文上事实，羼以普通地文学之教材”[2]，编著《新撰地文学》，大受师生欢迎，热销二百万部。光宣之际，接受系统西式教育的毕业生开始进入学术界，依据新学学理，以专业视角研究中国地理，自与外人有别。

中国地学会会员、东京帝国大学地质系学生章鸿钊，1909 年假期回乡省亲，游览当地名胜黄龙洞，著《黄龙洞生成观》。其文谓:《吴兴志》记弁山黄龙洞“石随龙势”，相传有黄龙出而得名。历代游记多记其形胜、雄奇，至于岩质及生成原因则未有涉及，于是“龙见之说所以历久未去”。据调查，弁山是赤色砂岩，“其下恒有含炭之砂岩层”，且富含黄铁矿石。山道多是石英岩，洞外是方解石，洞内是石灰石，由岩石及地质构造证以地方志，山洞的生成“已彰彰无以遁其形矣”。洞南的圆石“为洞口沉积之证”，即所谓

---

[1] 《太过与不及》，《伊犁白话报》1911 年 4 月 23 日，转引自刘望龄编《辛亥首义与时论思潮详录》上卷，第 345 页。

[2] 《张相文呈新撰地文学改正再呈审定批》，《学部官报》第 136 期，1910 年 10 月 23 日，第 2 页。

喷泉塔，与孟莫司泉的生成当“在伯仲之间”[1]，据此可知，黄龙洞的生成仅千余年。章鸿钊沟通中西，以地质学原理、方法解释地方志的逸闻传说及地理现象，可谓有得。

中国自古以农立国，农业是国家、种族的生存基础，历来受到重视。地理与农业关系甚大，中国地学会欲输入外来学理研究农业，促进其发达。留学日本拟学习农科，受名额所限改学地质的章鸿钊，在调查时注意到杭州乡民将石灰作为肥料使用，甚为忧虑，遂着手研究肥料的要点、石灰为肥料的利害，以及地质、气候与肥料的关系，撰为《论杭属以石灰代肥之隐患》，指出农业生产必恃肥料，若选择不当，则膏腴为石田，其他国家或许可以用工商业补助农业，工商凋敝的中国若农业不行，唯有束手待毙。

肥料学的要点在于知道植物生长所需与所缺，所需十余种要素除窒素、磷酸、加里必须人为添加外，其余均广泛存在于自然界中，且用之不竭。农家不懂肥料学，只知沿袭先辈经验，而不知石灰是没有肥力的间接肥料，利在“（一）石灰能使土中有机物速为分解；（二）石灰能化土中不溶解物为溶解物；（三）石灰能治诸种之矿毒”；害处是“（一）耗竭地力；（二）消灭耕土；（三）能使产物品质渐劣”，长期使用，势必导致地力衰竭。日本为指导农家施肥，设有肥料检查所，“以长官监督之”[2]。中国应借鉴其办法，设立专责机关调查地质、物理的关系，以图农业的发达。

因地力关系国家盛衰乃至朝代更迭，日本札幌农科大学中国

[1]　章鸿钊：《黄龙洞生成观》，《地学杂志》第1年第2号，1910年3月30日，第1–4页。

[2]　章鸿钊：《论杭属以石灰代肥之隐忧》，《地学杂志》第1年第10号，1910年12月21日，第1–6页。

留学生陶昌善探讨地力养成的原理及方法，作《地力说》，刊载于1911年3月20日的《地学杂志》。文章称：地力有广狭的分别，广义有负力、植力、养力；狭义仅指养力，即“土地之中贮其天然养分，供诸植物吸收，得助其生长者是也”。就农业经济学而言，地力是土地的生产力，土质不同则地力有异。土地收获与养力正相关，中国“文化日进，需要益奢，人口日众，生计愈艰”，国土又遭外人侵蚀，“不足供四亿人民之食”。唯有恢复地力，“或灌溉以匀其养分，或排泄以除其卑湿，或用农业机械以深耕，或施人造肥料以肥土，或轮作栽培使地力无偏枯之虞，或耕地整理使土地尽利用之道，或撒布细菌类以摄取空中窒素，或举行客土法以改良偏颇土质”，方能足食。纵观四千年历史，“吾中国地力之消长，实与朝代之隆替相循环于其间也”[1]，亟宜研究以为国用。

日俄战后，日本觊觎中国内海渤海，强指其为公海，征收渔业税，登刘公岛伐木，挑起国际法、领海权的争论。中国地学会为维护国权，连续刊文与之相争。《渤海湾全部为中国领海说》阐述渤海为内海的理由，斥责“稍明国际公法及地理学者类能知之，乃日人故为异议，哓哓强辩，多见其不知量耳”[2]。实际上渤海问题争论的本质不在地理或者国际法上的证据，有贺长雄声称：“苟亦以国际法争之者，迂之极也。要惟在以实力速与对手国（即中国）结特殊之条约而已。”[3]1910年12月24日，《民立报》报道外务部与日本

[1]　陶昌善：《地力说》，《地学杂志》第2年第12号，1911年3月20日，第1—4页。

[2]　《渤海湾全部为中国领海说》，《地学杂志》第1年第5号，1910年6月26日，第43—44页。

[3]　《东三省中日交涉近闻》，《东方杂志》第7年第6期，1910年7月31日，第133页。

公使交涉，亦称："探系确因该国兵队觊觎渤海，有实行占据之说，故极力要求撤退，否则另有办法云。"[1] 渤海之争在实力而非学术，中国地学会据理而争，难收实效。

1911 年 3 月 1 日，渤海交涉尚未解决，外务部咨奉天省实地测量划清领海与公海的界线，"以固疆圉而保主权"[2]。5 月 13 日，清政府又命各海关道"查明海权界线"[3]。缘此，中国地学会会员白月恒著《渤海过去与未来》，分洪水以前、洪水以后、自今以往三个时期考察渤海海域的变迁，论证其未来必然为桑田。文章说，在冲积纪华北平原皆为大海，随着水力、风力等搬运的泥沙沉积，"水量日缩，陆地日增，四围山脉陡起，自然有海岸迴绕之势"。根据地质及历代史志推测，洪水期以后的渤海海岸线，"较今日渤海面积增二百里至三百里之间"。未来渤海若以每千年沉淀五十里的平均速度计算，二千年后"当半为桑田矣"[4]。白月恒本意在以学术参与交涉，但政府对外交持秘密主义，防范舆论，又严禁士子议政，所以只能据地理学理研究渤海海域的变迁及未来趋势，间接为争端寻求证据，进而引起国人的关注。

20 世纪初，国人的种族意识觉醒，各界热议人类及中国种族的起源、形成等问题。种族与黄祸论起自泰西，德皇首倡"黄祸"，"欲撩动欧美人之妒忌心以倾覆中国"[5]。同为黄种的日本人附和其说，因"日本自以为执东方各国之牛耳，以统一亚细亚人，抵制欧

[1]《渤海之风声鹤唳》，《民立报》1910 年 12 月 24 日，第 3 页。

[2]《关于领海之部咨》，《民立报》1911 年 3 月 1 日，第 4 页。

[3]《嘻领海尚未划界》，《民立报》1911 年 5 月 13 日，第 5 页。

[4] 白月恒：《渤海过去与未来》（节录），《地学杂志》第 2 年第 14 号，1911 年 5 月 18 日，第 1–7 页。

[5]《论世界之祸变》，《民立报》1911 年 9 月 30 日，第 1 页。

罗巴人之势力，为其目的之一”[1]。俄国为侵占蒙古，声称汉人移民蒙古，渐及俄国边境，且日进不止，若任由四亿汉人蔓延，将影响俄国内地以及欧洲各文明大国；又在蒙古掘坟，以证其原有人种是白种人。[2] 学界关于人种起源主要有多源说和一源说，西人倡中国人种西来，国人以为意在学术之外为殖民扩张张本，因而力主“黄帝其祖，中国其名，满汉蒙回苗藏安南朝鲜其同谱而一系者也”[3]。

1911年11月10日，《地学杂志》刊载熊秉穗的《中国种族考》，以中国古典附会西学，称中国民族的起源，主要有帕米尔高原和本土二种说法，然而，“本世界以前，当有无数世界”。据说《河图》《洛书》即是此前世界刻石沉入水中，至大禹时被发现始得以再次出世。又证以墨西哥万年前的古碑，“盖荒古时文明之扫荡如此类者，不可胜数也”。他还曲解外来学理，混合多源与一源说，声称中国及巴比伦的古传说均不足为据，但人类起源久远，“中西古籍所记皆同亦可异矣”。据近世地质学家的论证，人类在距今一万至十万年间即有大迁徙。“本世界太古时洪水淹浸大陆”，欧亚大陆地势最高的葱岭一带成为人类的避难所，水退后分徙四方，“是故谓各洲人民皆发生本土者，乃洪水以前之事，谓来自帕米尔者，乃洪水以后之事也”。而洪水时避居本土高地的遗民，各据本土“蕃育子孙”，日久遂与外来的客民“相混合而不能辨”。

为自证其说，熊秉穗“试就中国民族贯古今通中外而纵论之”。黄帝以前中国已有人类，如神农、炎帝、蚩尤等族，因此国人自称黄帝子孙“殊不确”。但黄帝来自西方的说法亦不错，《史记》记黄

[1]　《日本与印度》，《东方杂志》第8卷第1号，1911年3月25日，第17页。

[2]　《俄国对蒙之大阴谋》，《民立报》1911年3月1日，第1页。

[3]　瓜刨：《中国学界联合会序》，《民立报》1911年5月27日，第1页。

帝归老昆仑，因黄帝一族由帕米尔东迁中国，“即老，不能无故乡之思，故归于昆仑墟耳”。实际上亚洲各大民族无一未经迁徙，“且多缘迁徙而强盛，几若自成一公例”。数千年来，“大抵能得善地则兴盛，不能得善地则衰败”，黄帝率族东迁，世君中国，“赫然为全国各族代表之故，可以类推矣”。沙漠种族匈奴、突厥、蒙古，相继以迁徙得地利而强盛；通古斯人散居北方，鲜卑、回鹘、契丹、女真等各种相延，“今人以满洲为东三省地与人之总称，实非其旧”。至于各族内迁后汉化，“皆顺天演之自然为同化也”[1]。熊秉穗意图以地质、进化、种族说附会中国传说与古史，证明中国民族“贯古今通中外”，与西方各族并无不同，试图探究种族盛衰的道理以为鉴戒。

近世以前，国人基于中华文化的自信与包容，对待外来学术，每行取珠还椟之策，取其精华弃其形式，以融入中学之中，从而造成一种新学问。地学的特质也决定了外人以域外为对象的研究难以符合中国情形，故中国地学会借外来原理、方法，解释中国地理问题，是为构建新知识的必由之路。但此种做法对学者自身的学术素养要求较高，高明者自能因地制宜解决问题，庸俗者则每易流于穿凿附会，只是所论更加符合大众心理，所以往往较高明者更受欢迎。

第四节　以西学地理系统条理中学

光宣之际，实行西式教育未久，新学中坚几乎皆是旧学出身，

---

[1]　熊秉穗:《中国种族考》,《地学杂志》第2年第18号, 1911年11月10日, 第1–12页。

虽改宗西学，欲引进新理，又与旧学难以割舍，企图贯通中西以自创新法。仅就地理而言，西人公认古代“中国的地理学研究，是广博的学术传统中的一部分，超过了同时代的基督教欧洲所知道的任何东西”[1]，如何处置中西古今学术的关系，考验学人的智慧。高田早苗声称：“支那真有变法自强之一日，其必在于举支那旧来之学问与西洋新学而调和之”[2]。1906年11月，热衷西学的王国维议论文科大学欲聘请遗老任本国学术教师，认为遗老即使愿意应聘，“或学问虽博而无一贯之系统，或迂疏自是而不屑受后进之指挥”，如果没有合格的教授，“则宁虚其讲座”。而学生只要经过大学的系统教育，通外国哲学、文学，则研究本国学术必将超越老辈，“故真正之经学、国史、国文学之专门家，不能不望诸此辈之生徒，而非今日之所能得也”[3]。此时的中国学人，即使是旧学家，亦有人主张灌输欧美文明，补救先儒学术。[4]

中国地学会宗科学地理，引入外来学理的目的之一在改造旧学，纳入新知识体系之中。1910年9月23日，《地学杂志》刊载李志敏译《古代地理学》。文章称，古代地理学“非说古代平面地理，又与搜查邦邑建设之遗址，寻求人文发展之径路”的历史地理不同。其研究地球形成以来各个时代的地理环境，以及人类对地形、自然界的影响。研究方法有纯属地质学范围的，如研究岩石

[1] ［美］杰弗里·马丁：《所有可能的世界：地理学思想史》，成一农、王雪梅译，上海人民出版社，2008，第52页。

[2] 韩梯云：《注日本高田早苗之支那教育论（续）》，《直隶教育杂志》第2年第19期，1906年12月16日，第1页。

[3] 王国维：《教育小言十则》，载谢维扬、房鑫亮主编，胡逢祥分卷主编《王国维全集》第14卷，浙江教育出版社，2010，第86页。

[4] 《克复学报》，《民立报》1910年10月11日，第1页。

的生成与变迁；有借助动植物学家的，如研究古生物化石的时代与“形质”，以及比较古生物与今日动植物的异同；还有须依据考古学家、历史学家的调查，及复原的古物与古建筑的，如考察历史时期人类的分布与迁徙；另外地震等学科的方法亦值得借鉴。其意图引进系统的外来古地理学体系，上溯地理学至地质时代，补中国地理所缺，使其“完成为一科学”[1]。

地图是地理学发展的重要标志之一，厘清地图学史，则大体可知地学史的脉络，且直观易于比对，容易分别家派、形成系统。中国地学会编辑员陶懋立著《中国地图学发明之原始及改良进步之次序》，引西法条理中国地图学，试图将其系统化，并建立清晰的学术脉络与学人谱系。在他看来，中国偏居亚洲东部，自周至唐虽有地图传世，“然不知世界之大”。宋以后蒙古疆域达到欧洲，得阿拉伯方法，地图学得以“大进”。今世五洲大同，西人地图学输入中国，“因是以有今日地图学之进步”。据此中国地图学可分为三期：第一期从上古至唐为中国自制地图的时代；第二期从宋元至明为阿拉伯地理学传入的时代；第三期从明末至现世为欧洲地理学传入的时代。

陶懋立在构建出完整的中国地图学史的基础上，又做出阐释，谓中国地图学起源于夏，“所谓一种之地籍图也”。晋裴秀制《禹贡地域图》，提出“制图六体”，被称为“吾国发明地图学之第一人”。隋唐开拓疆域，西控西域，南达南海，“而地图学亦极发达”，其时一行“有用子午弧测定事业，是法或由阿拉伯传来，而间接受希腊

[1] 李志敏译：《古代地理学》，《地学杂志》第1年第7号，1910年9月23日，第1–2页。

之影响者也”[1]。他强调地图学的发展需引入外来学理，声称欧洲人引进中国的罗针、火器、活版印书，不以外来为耻，中国地图学引入外来学理得以进步，也无须讳言。如元朝得阿拉伯地球仪，知道世界的辽阔，“益肆其扩张领土之雄心”，而随着疆域的扩张，“得以扩充地理上之智识”，故地图宋不如唐，明不如元。

明万历年间，耶稣会士入华，引西学入中国，地图由不完善的方井式地图，进而为精确的经纬网。清初用西法测绘的地图，“记述大备，珍藏秘府，皆前古所未有者也”。以致其后的《海国闻见录》《海国图志》《历代沿革图》《大清一统舆地图》四部私家著述，虽有世界观念，“然皆本于周天三百六十度之法，布设准望”。现今地图愈出愈精，大体可分为透视、投影、麦加多三种方法，“然其轮廓方位，未尝稍变，故不复论及之也”。

陶懋立认为，地图学的发展，在学术以外与政治的兴衰及疆域的变更关系甚大，“大约国势经一次扰乱之后，地图必有一次更变”，或进或退，固“由其国力委缩，抑亦关系于学术者居多”。又以西法附会中国古法，谓西法以北极定纬度，中国“以星次定分野”。黄帝至春秋战国疆域狭小，分野星次的方法尚可。汉唐开疆拓土，分野星次不足用，“亦骎骎乎有变通统一之势矣”。其强调中国地图学的内生性，声称若非宋明崇尚语录、科举败坏学术，“即无阿拉伯之科学，耶稣教之宗徒为之导线，必有人焉，俯仰六合，出其伟大之思潮，祖裴秀、祢贾耽，更为吾国地图学辟一门径，蜚

[1] 陶懋立：《中国地图学发明之原始及改良进步之次序》，《地学杂志》第2年第11号，1911年2月18日，第1-9页。

声于世界之上可断言也”[1]。所以中国地图学当以固有为本，输入外来学理，发达学术，以为国用。其说显示出中国地学会对待中西新旧学问的态度。

1911年6月16日，中国地学会刊发《本会征文启》，明确提出“顾维新知，启迪既有，赖与专家旧学商量，期无封于故步”[2]，再次表达了兼容新知旧学的态度。1911年10月11日，陈学熙在《地学杂志》发表《中国地理学家家派》，赞誉地理学最为广博、实用，是人类生存必需的智识，“向与历史学互相效用而并重者也”。西人当国者重视地理，以地理教育普及程度定国与民的强弱。印度土人不知地理，社稷倾覆。克莱武因知地理，以一介商会殖民印度。阿美利加著美洲地理，英、西次第殖民其地。就中国而言，富源矿产，边徼属地，“我尚茫然无知，或知焉不知所以藉手，彼已了如指掌，外交失败固亦宜矣”。据此，地理对于个人是谋生利器，对于国家是强弱的根源，对于世界则是“天演淘汰之准绳”。故吉田松阴说:“地不离人，人不离事，欲论人事，先究地理。”

陈学熙一方面主张学理应舍旧谋新，谓吾辈研究地理当摈弃无谓的考据、错误的事理，本“实地测践”以发达学问。另一方面，又与旧学难以割舍，企图引新学学理改造旧学，所谓“欲知今当观古”，欲发达学问，必先保存国粹，“而商量地理，分别学派，以发挥而光大之，是亦保存国粹之一端也已”。

陈学熙还附会中西，称地理学由希腊语地球与记录二字组成，我国向来称为舆地。世界地理学始于公元前168年，我国则在黄帝

---

[1] 陶懋立:《中国地图学发明之原始及改良进步之次序（续十一号）》,《地学杂志》第2年第13号，1911年4月18日，第1–9页。

[2] 《本会征文启》,《地学杂志》第2年第15号，1911年6月16日，第1页。

时期。上古中国地理首推八索九丘，次为《禹贡》《山海经》。《禹贡》为地理之祖，《山海经》后人不以地理书视之，然“人类未进化时地理学材料”皆如此，再证以西人地质学，其为地理书毋庸置疑。为与后世新学的世界地理、中国地理体系相合，他又曲解《禹贡》《山海经》二书，“一则为域中地理学之鼻祖，一则为域外地理学派之鼻祖”。

其后，陈学熙以所谓古代中国地理学的禹贡、山海二派，系统地对中国地理学进行派分与整理。禹贡派即域中地理学派，古代地理书大半出自此派。“然其初属于财政范围”，班固继作，一变而属于历史，然皆未形成独立科学。其后学术昌明，禹贡派离史独立，分为：一地志家，即今日普通教育中的中国地理，“盖取法乎禹贡之九州”，可分为郡国都城宫苑志、沿革志、形势志、利病志、游记五门；二水经家，“盖法禹贡导水而作”，可分为域于一地者、域于一水者、专志于海者三门；三山经家，“盖取法乎禹贡之导山”。古人自大，不谈域外，故山海派势力稍弱，进步极迟，可分为：一瀛寰家，即今日普通教育中的外国地理家，有国志、游记二门；二自然家，即地质、地文学。二派五家或证经或考史，皆重在古今沿革，并非材料、学力不足，乃时势使然，“不能执此以咎古人之疏漏也”。

陈学熙又杂糅中西新旧学理，分萌芽阶段的新学地理为：一游记家，专志旅行兼及山川形势，为禹贡、山海二派的混合家，由王锡祺《小方壶斋舆地丛钞》开创，小学地理教员“多宗其意”；二新化家，研究山脉深得《禹贡》之意，创始人邹代钧办会译图，著述中小学地理教科书沾溉士林；三中国地理学家，注重中国普通地理，由龚柴、张相文、屠寄、马晋义四家创始，为禹贡地志家的新学家；四外国地理家，以龚柴为鼻祖，《瀛寰全志》为代表；五自然家，多翻译少自著，张相文撰地文、地质两教科书，“一切例证悉以中国之事实为本”，诚为教育国民的善本。文章最后感慨，在世界各国地理学中，“我国地理学派家数之多，学理之明，图籍之繁，大地世界雄飞突步，东西两洋奚多让焉。聊就所见，述为是编，贡献社会，为图史目录之一助，完全学说，是望通人”[1]。虽然豪言壮语，可是由其派分的新学地理各家，著述多为译书或据译书编著的教科书，中国科学地理的幼稚已暴露无遗。

中国地学会为纳旧学地理入新知识系统，引外来学理对固有知识进行条理、改造，构建学科系统，编织学人谱系。其本意则较为复杂，后世研究者谓：“至少对清末的文人来讲，接受西学本身既非目的，亦非必然。为了捍卫中国文明的价值，他们必须重新组织自古相传的学术结构，以便跟海外传入的学术相衔接，并且主动地改变自己。”[2] 至于其结果，早在1894年5月30日，有人就断言，中国格物与泰西“名同而实异”，如“仅赖传出，剽窃万一，类皆小试端绪，未能穷究根源，而欲以中西格致之学，合二为一，岂通论哉”[3]。1906年12月，章太炎也指出：“中西学术，本无通途，适有会合，亦庄周所谓‘射者非前期而中’也”，引西学“以徵经说，有异宋人以禅学说经耶？”“而强相皮傅，以为调人，则只形其穿

---

[1]　陈学熙：《中国地理学家家派》，《地学杂志》第2年第17号，1911年10月11日，第2-7页。

[2]　严绍璗、源了圆主编：《中日文化交流史大系（思想卷）》，浙江人民出版社，1996，第400页。

[3]　《西学以格致为要论》，《汉报》1894年5月30日，转引自刘望龄编《辛亥首义与时论思潮详录》上卷，第31页。

凿耳”[1]。二者议论的对象虽非地理，却与近代中国地理学的取法大致吻合。照此看来，中国地学会的会通中西，结果也难逃皮附穿凿的命运。

结　语

中国地学会是地理学专门社团，发展会员，扩张会务，进而借助学术研究与学会组织干预政治、影响社会，皆须借助于学术研究的发达。近代中西学易位，国人的文化自信心动摇以致崩溃，由“采西艺”“中西学兼容”到“舍中学取西学”。受此影响，学理上中国地学会主张舍旧谋新，宗仰科学地理，以固有为陈旧，但是地理学自有其地域的分际，不能中外强同，所以同时又希望会通中西新旧，构建一种新的知识。

科学地理的兴起与欧西的殖民全球同步，以调查实测为根本方法，因此东西地理学会的成员以探险家、海外商人、殖民地官员、海外传教士等为主体。近世以来外人在华的调查研究，往往成为列强掠取利权的依据。庚子后，清政府推行新政，开辟富源，调查事业在中国兴起。而初期中国的所谓科学地理著述，多本诸译文，详于外而略于内，颇为世人所诟病。中国地学会认为，中国科学方在萌发，地理学学理尚属幼稚，计划以全国调查为根基，构建科学地理，进行学战，与世界文明国争先并进。在追求科学新知的同时，中国地学会及其同人又讲求古雅，引西学系统条理中学旧知，编织

[1]　章太炎：《与人论朴学报书》，载马勇编《章太炎书信集》，河北人民出版社，2003，第159页。

学人谱系，构建学科体系，试图纳中学地理于西学分科之中。

辛亥武昌事起，中国地学会的实际负责人张相文、白毓昆、陶懋立等，积极参与革命运动，各项会务暂停。民初各人又借助中国地学会参与政治，构建科学地理的事业始终未能继续。至于清季中国地学会所欲构建的科学地理，因调查全国的计划未获施行，早已失去根基，用力甚多的引入学理与改造旧学，受时代及自身学术素养的限制，引进的大体是经过日本条理的二手学理，改造更是穿凿附会多于真知灼见。加上其中一些人治学掺杂功利目的，“故其学苟可以得利禄，苟略可以致用，则遂嚣然自足，或以筌蹄视之。彼等于学问固无固有之兴味，则其中道而止，固不足怪也”[1]。构建科学地理的重任，只能留待后人。

[1] 王国维:《教育小言十则》，载谢维扬、房鑫亮主编，胡逢祥分卷主编《王国维全集》第 14 卷，第 124 页。

第七章　中国“文化学”的学科构建

1950 年 12 月，钱穆由中国香港到台北，在中国台湾省立师范学院做了连续 4 次 8 小时的演讲。他在演讲中说：“今天的中国问题，乃至世界问题，并不仅是一个军事的、经济的、政治的、或是外交的问题，而已是一个整个世界人类的文化问题。一切问题都从文化问题产生，也都该从文化问题来求解决。”“今天我们已急切需要有一门‘文化学’，而此学科尚未正式产生、成立……这尚是一门新学问，尚是一门未成熟的新学问，这比较尚是一门活的学问。”[1] 钱穆的这一判断，当然是基于自己对于文化学的内涵和意义的认识，[2] 并非无视他人的先创之功，但他确实比较客观地指出了所谓“文化学”在当时的实际状况。毫无疑问，此时钱穆大谈“文化学”，特别是大谈他心目中的“文化学”，是与当时国民党残守台湾岛后的政治时局和对大陆易手后文化发展的悲观预测分不开的，

---

[1] 钱穆：《文化学大义》，载《钱宾四先生全集》第 37 卷，联经出版事业有限公司，1998，第 1、5 页。

[2] 在钱穆那里，文化学的对象偏重于人生，“文化学是就人类生活之具有传统性、综合性的整一全体，而研究其内在意义与价值的一种学问。”（钱穆：《钱宾四先生全集》第 37 卷，第 9 页。）

撇开国民党此时鼓吹民族文化的政治出发点不谈，钱穆对于“文化学”学科认知的表述，确也提示了所谓“文化学”这一特殊的学科构建，需要放在近代以来民族文化意识觉醒和思想论争的历史过程中加以考察。

在钱穆之前，一部分执着的中国学人致力于构建独立的“文化学”学科，并有相当活跃的表现，他们的所作所为，客观上参与和丰富了近代中国的知识转型，同时扩展着近代文化论战的表现深度与广度。与中国近代学术史的其他领域相比，“文化学”的学科史研究相对薄弱。[1] 相关研究重在近代“文化学”学科本身的发展线索，从后视的角度看，所选对象和考察范围亦有重要意义。既往研究多以“文化学”学科的成功建立为基本预设，但联系思想史的背景，考察其“建构”的过程及其所反映的意义，比评判其学科建立

---

[1]　海外研究集中于对近代中西文化关系的宏观探讨，而对于中国文化学的发展与实践则未见专门研究。国内由于传统学科类型框架的限制，这一课题长期未受足够重视。20 世纪 80 年代以来，各种文化学概论著作，如刘伟《文化：一个斯芬克斯之谜的求解》（人民出版社，1988）、郭齐勇《文化学概论》（湖北人民出版社，1990）、李荣善《文化学引论》（西北大学出版社，1996）和陈华文《文化学概论》（上海文艺出版社，2001）等，对文化学在中国发展的简要过程有所涉及。吴克礼《文化学教程》（上海外语教育出版社，2002）提及了黄文山、朱谦之及其相关著作。黄兴涛《近代中国文化学史略》一文（载黄兴涛：《文化史的视野》，福建教育出版社，2000）提出应从文化学的方法入手，作全面、深入、细致的历史总结。黄兴涛主编的《中国文化通史 · 民国卷》（中共中央党校出版社，2000）有专节论述了民国时期文化学的发生和发展概要，介绍了其中比较重要的文化学学者其及著作。田彤《转型期文化学的批判：以陈序经为个案的历史释读》（中华书局，2006）也专门论述了近代中国文化学的产生过程，特别论述了其产生的必要性、可能性和学术派分，论述更为详细。关于中国文化学学者的研究，多以其思想为对象，近年来少数论文和学位论文，对陈序经和黄文山二氏文化学理论的基本框架，特别是其学术渊源进行过分析。

的程度，更具有研究的意义。如果不囿于“文化学”在现今之残存影响，突破单纯勾勒学科线索的思维模式，对中国学人倡导和建构“文化学”体系的自觉努力、“文化学”在近代中国的命运等方面进行过程式的考察，不仅可以揭示近代学术与思想变迁之间的关系，而且从世界学术的角度看，也提供了一个相对于一般学科发展具有一定特殊性的特例和补充。

第一节　文化、文明与文化史、文明史

一、通俗认识和学术定义:“文化”“文明”术语的对译

文化概念的输入和传播是“文化学”学科构建的前提之一。但是直到20世纪20、30年代，到底西语中的相关术语如何对译，仍是一个问题。1929年2月，李之鷗译乌尔佛所著《帝国主义与文化》一书，由新生命书局出版。按通行的译法，书名本应译为《帝国主义与文明》。刘英士曾在《新月》发表书评:“谁都知道英文中之Civilization一字应译为文明，而含义等于文化的英文为Culture。文化和文明是有区别的，在许多地方不可混用。本书的名称应该译为《帝国主义与文明》，而李君译为《帝国主义与文化》。”[1] 有趣的是，该书有多种译本，宋桂煌的译本（上海，开明书店,1929)、邹维枚的译本（上海，民智书局,1930）都取“文明”这一译法。这一差别看似浅显，但却引申出对文化与文明关系的认识问题。

---

[1]　英士:“评《帝国主义与文化》”,《新月》第2卷第2号，“书报春秋”,1929年4月10日，第4页。

“文化”和“文明”概念的输入和翻译是学术界比较关注的一个问题，相关研究十分深入。几乎得到公认，广义的文化概念是西学输入的结果，并且主要是19世纪末以来通过日文转译。石川祯浩认为“文明”和“文化”二语是日本制汉语，在传播到中国的过程中，梁启超的作用最大；但也有学者提出质疑，方维规指出这两个概念来自东洋，更来自西洋，而且从某种意义上说，来自本土的因素对西方文明概念在中国的传播起到了很大的作用。[1]黄兴涛对“文明”和“文化”这两个概念的形成和演变过程有更详细的论述，指出在晚清民初的历史语境中，中国传统的“文明”和“文化”概念大体经历了一个摆脱轻视物质、经济、军事方面的内容，形成内蕴进化理念的新的现代的广义的“文明”，再从另一维度部分地回归与“武化”、物质化相对的中国传统“文明”和“文化”的关键内涵，进而获取新的思想资源、重建一种新的狭义“文化”概念的过程，最终构成了一个广狭义内涵并存的、带有矛盾性的现代“文化”概念结构。[2]

如果追本溯源的话，西语里的“文化”和“文明”究竟如何区别，实在难以述清，不同来源的解释并不一致。布罗代尔指出，对于两者如何区分的回答因国家而异，在一国之内因时期而异，因作者而异；埃利亚斯提示，相较于英法两国以“文明”概念集中表现自身进步，德国习惯于采用“文化”概念来表现德意志民族的自我

---

[1]　相关讨论见方维规:《近现代中国“文明”、“文化”观的嬗变》,《史林》1999年第4期。

[2]　黄兴涛《晚清民初现代“文明”和“文化”概念的形成及其历史实践》,《近代史研究》2006年第6期。

意识。[1] 如果完全忽视这种语源上的差异，将之简化为日本的转口引进，会在一定程度上掩盖不同民族在思想和学术上的不同诉求，而忽略了研究对象本身隐藏的相关信号。早在20世纪初，日本社会学家米田庄太郎已就“文化”“文明”在德文和英、法文中的渊源、差异和相互关系做了系统的介绍，该书于1927年由王璧如译为中文，1928年4月在上海出版，[2] 从后来的学者对此书频繁引征的情形来看，影响甚大，提示研究者不断注意到这种词义和语种的差别，进而深入到概念背后的思想乃至立场。前文中关于“文明”与“文化”译法上的争鸣，就是其中一个表现。

总的来说，随着西语的“文化”“文明”概念输入中国，“文化”一词在中文中的意义，从一般儒学的“教化”，转变为近于西方学术界关于“文化”是“整体复合物”的基本观念。这一概念，包容了人类生活的所有方面，包括国家、社会、经济、技术、科学、艺术、政治、法律、宗教、道德，以及物质生活。在相当长的时间里，广义的“文化”概念和“文明”概念的含义基本相通，可以互换。梁启超在《什么是文化》中，说文化是“人类心能所开积出来之有价值的共业”，是包括物质和精神两面的，是与“自然”相对应的一个概念，“自然系是因果法则所支配的领土，文化系是自由意志所支配的领土。”[3] 其概念来源，是德国新康德派思想家李凯尔特的相关理论。尽管也有学者指出，他的思想此时“主要还是

---

[1]　参阅［法］费尔南·布罗代尔：《文明史纲》第一章，肖昶等译，广西师范大学出版社，2003；［德］诺贝特·埃利亚斯：《文明的进程：文明的社会起源和心理起源的研究》第一章，王佩莉译，生活·读书·新知三联书店，1998。

[2]　［日］米田庄太郎：《现代文化概论》，王璧如译，北新书局，1928。

[3]　梁启超：《什么是文化》，载《梁任公学术讲演集·第三辑》，商务印书馆，1923，第115、118页。

源于中国儒家与佛教的思想背景”[1]，但使用“自然”“文化”这一类西学的术语，已经显示在学理的基础环节，西学的观念正在大规模替换旧有观念。梁启超在《中国历史研究法补编》里说：“政治的动乱，不过一时的冲动；全部文化才是人类活动的成绩。人类活动好像一条很长的路，全部文化好像一个很高的山。”[2] 说的也是这个意义。

进入20世纪20年代后，狭义的“文化”概念生长迅速，出现了狭义概念与广义概念并行的阶段。[3] 这时的“文化”，指文学、美术、学术等。梁启超在《清代学术概论》中，由“学问的本能”引申到“我国文化史确有研究价值，即一代而已见其概。故我辈虽当一面尽量吸收外来之新文化，一面仍万不可妄自菲薄，蔑弃其遗产。”将来各省人民“于学术上择一二种为主干；例如某省人最宜于科学，某省人最宜于文学美术，皆特别注重，求为充量之发展。必如是然后能为本国文化世界文化作充量之贡献。”[4] 在《中国历史研究法补编》中，又说“我以为人生活动的基本事项，可分三大类，就是政治、经济、文化三者。”“人所以能组织社会，所以能自别于禽兽，就是因为有精神的生活，或叫狭义的文化。文化这个名词有广义狭义两种：广义的包括政治经济；狭义的仅指语言、文字、宗教、文学、美术、科学、史学、哲学而言。狭义的文化尤其是人

---

[1]　黄克武：《百年以后当思我：梁启超史学思想的再反省》，载杨念群等主编《新史学：多学科对话的图景》，中国人民大学出版社，2004，第60页。

[2]　梁启超：《中国历史研究法补编》，商务印书馆，1933，第13页。

[3]　黄兴涛：《晚清民初现代“文明”和“文化”概念的形成及其历史实践》，《近代史研究》2006年第6期。

[4]　梁启超：《清代学术概论》，商务印书馆，1921，第182页。

生活动的要项。”[1]狭义的“文化”实际是广义“文化”的一个方面或部分。这一阶段，“文化”概念使用上的一个显著特点，是学者们在进行“文化”的科学定义时，大多指广义的文化，而在实际使用时，往往指的是狭义的文化。

新文化运动以来，对于文化的讨论异常热烈。在尊重文化的广义的同时，各人又有偏好和侧重。不少论者将“文明”和“文化”有意地区分，一般是将文明定义为可以看得见的东西，而文化则稍显抽象。胡适说：“文明是一个民族应付它的环境的总成绩，文化是一种文明所形成的生活方式。”[2]梁漱溟说：“文化，就是吾人生活所依靠之一切。”[3]又认为文化是生活的样法，文明是生活中的成绩品。李石岑在中国公学发表演讲，将“文化”的指向侧重于精神力的方面，而将社会组织和生活样法都归于“文明”。针对梁漱溟的观点，他指出：“我觉得威尔曼所下‘文明’和‘文化’的定义，可以给梁君一个订正。威尔曼说‘在构成人类之社会的生活所必要的组织和生活样法叫做文明’，‘叫我们弄到这种社会组织和生活样法的那种精神力，就叫做文化’。前者是关于形而上的事物，后者是关于精神之力。”但他觉得威尔曼的定义还是有毛病，也要加一个订正，他心目中的“文明”，是与进步联系在一起的。“‘在构成人类之“进步的”社会生活所必要的组织和生活样法就叫做文明’。我这个订正，注重在‘进步’二字。本来文明不文明，就看进步不进步。……就可由进步的程度看他文明的程度

[1]　梁启超：《中国历史研究法补编》，第177页。

[2]　胡适：《我们对于西洋近代文明的态度》，《现代评论》第4卷第83期，1926年7月10日，第84页。

[3]　梁漱溟：《中国文化要义》，香港集成图书公司，1963，第1页。

或定他文化的程度；那么，中国现时的文化和西洋现时的文化相比较，就不难得一个答案了。”[1] 这一理念中，德国的学术传统比较显然。

英美的学术传统则构成了学术界关于“文化”认识的一般常识。英国人类学家泰勒（E. B. Tylor）的“文化”定义以及英语世界里从 civilization 过渡到 culture 的过程，影响到一般认识中将“文化”与“文明”的混用。许仕廉也是将 civilization 译为“文化”，他的文化概念，主要是依据美国社会学家汤姆斯（W. L. Thomas）和泰勒的理论。汤姆斯认为，社会价值与态度互相影响，由价值而定态度，又由态度而定价值，此来彼往，产生许多行动，结果产生许多思想、言语、制度、美术、一切生活方法和理想。“文化”就是这些东西的总称。泰勒认为文化是人从社会生活所得的知识、信仰、美术、道德、法律、风俗及其他能力和习惯的“复杂的总名称”（许仕廉的译法）。因而许在 1927 年 12 月把“文化的总定义”修正为：“文化是渊源于团体的经验和知识作用，从心灵所创造，或意志所模仿，所得且具有社会价值的一切事物能力的总称。”[2] 1928 年，孙本文出版《文化与社会》，关于文化的定义是：“文化是人类对付环境压迫，和满足生活需要的出产品。”“文化的范围，实在非常广博。我们平常所接触的事物，除开自然界的实物外，几乎

---

[1] 李石岑：《评〈东西文化及其哲学〉》，《民铎杂志》第 3 卷第 3 号，1922 年 3 月，第 2–3 页。“‘文化’这两个字，照威尔曼（Otto Willmann 系 Prag 大学教授）的说法，是言语、文学、信仰、科学、礼拜、艺术、工艺、经济之创作之全体。”

[2] 许仕廉：《论东西文明问题并答胡适之张东荪诸君》，《真理与生命》第 2 卷第 16 号，1927 年 12 月，第 7 页。为避免误解，他用英文将此表达为：Civilization is the complex whole of those capacities and concrete products from telic creation or volitional imitation, possessing social values, as a result of group learning process.

无物不入于文化范围之内。”[1] 孙本文的文化概念也被指为承袭泰勒之说。[2]

从“文化”概念的使用来看，广义的文化概念最终在学术上占据主流，特别是在讨论文化比较和文化出路等问题时，作为根本性的概念得到公认。后来“文化学”的重要提倡者陈序经将civilization 译为“文化”，显然体现了他在广义文化概念的支配下，有意采取这样一种译法，如什维兹尔的 *The Philosophy of Civilization*, *The Decay and the Restoration of Civilization*, *Civilizations and Ethics* 分别被他译为《文化哲学》《文化的衰败与复兴》《文化与伦理》，陈序经认为，“（什维兹尔）很明白的指出，从这两个字的语源，及历史来看，这两个字，并没有什么样的区别。……我们绝不能像一般普通人所谓，文化是偏于精神的，偏于伦理的，而文明是偏于物质的，偏于非伦理的，而有文化与文明的区别。我们在这里所以译什维兹尔所用civilization为文化，就是因为这个原故。”[3] 文化的广义含义，成为“文化学”得以倡导的先决条件之一，广义的“文化”观是“文化学”作为独立学科最重要的元概念。

二、文化史撰述的兴起

19 世纪末，日本出现“文明史”研究的热潮，出现一批以“文

---

[1]　孙本文：《文化与社会》，东南书局，1928，第 2-4 页。

[2]　刘英士评论道：“他把文化的含义看得几乎过分的广泛，承袭社会学前辈大师 E. B. Tylor 之说，以狭义的文化（Culture）以外的东西，如文明（Civilization）之类，统统包括在文化之内凡是一切所谓社会遗业（Social Heritage）者，无不可以视为文化的成份。”（《新月》第 2 卷第 4 号，“书报春秋”，1929 年 6 月 10 日，第 7 页。）

[3]　陈序经：《文化学概观》（二），商务印书馆，1947，第 8 页。

明史”“开化史”为题叙述日本本国历史及翻译西洋历史的著作。梁启超将“文明史”这一概念专门介绍给国人：“文明史者，史体中最高尚者也。然著者颇不易，盖必能将数千年之事实，网罗于胸中，食而化之，而以特别之眼光，超象外以下论断，然后为完全之文明史。”[1] 日本学界“文明史”的理念对于中国有较大的影响，因为当时日本学术界在使用“文明”和“文化”时往往较少加以区分，汪荣宝干脆将此一并理解为“文化史”，指出：“研究各社会之起源、发达、变迁、进化者，是名‘文明史’。”如商业史、工艺史、学术史、美术史、宗教史、教育史、文学史，“与谓‘文明史’，宁可谓‘文化史’。”[2] 鲍绍霖已经注意到，梁的“新史学”至少在其提出的初期，极为注重文明或文化方面。这种偏重以及梁氏“新史学”的主要倡议，与当时流行于日本的文明或文化史学的基本持论十分相似。[3]

1901 年梁启超在日本期间发表的《中国史叙论》，在反对将历史视为“一人一家之谱牒”的同时，提出“近世史家必探察人间全体之运动进步，即国民全部之经历，及其相互之关系。”[4] 这里面既包含“国民史观”以对抗传统的“君主史观”的意义，同时也带有以“文化史”的广泛内涵代替传统的政治史的隐义。这一广泛内涵到底包括哪些方面，可从梁启超引述德国哲学家海尔曼 · 洛采的话里看出：“德国哲学家埃猛 · 埒济氏曰：‘人间之发达凡有五种相：一

---

[1]　饮冰室主人（梁启超）：《东籍月旦》，《新民丛报》第 11 号，1902 年 7 月 5 日，第 10 页。

[2]　衮父（汪荣宝）：《史学概论》，《译书汇编》第 2 年第 10 期，1902 年 12 月 27 日，第 70 页。

[3]　鲍绍霖等：《西方史学的东方回响》，社会科学文献出版社，2001，第 39 页。

[4]　任公（梁启超）：《中国史叙论》，《清议报》第 90 册，1901，第 1 页。

曰智力（理学及智识之进步皆归此门），二曰产业，三曰美术（凡高等技术之进步皆归此门），四曰宗教，五曰政治。’凡作史读史者，于此五端，忽一不可焉。”[1] 1902年，梁启超在《新史学》中提到，凡政治学、群学、平准学、宗教学等，皆近政治界（应为历史界，当是误植）之范围。与之相对，凡天文学、地理学、物质学、化学等，皆天然界之范围。前者所谓“历史界”，庶几广义的“文化”。他理想中的新史学，就是“自有人类以来全体之史”。[2] 20年代以后，他对于中国新史学影响的一个重要方面，是以“文化”来理解历史并提供历史编纂的提要或样本。在《中国历史研究法》中，梁启超说：“质言之，则史也者，人类全体或大多数之共业所构成，”“实乃簿录全社会之作业而计其总和。”[3]“欲成一适合于现代中国人所需要之中国史，其重要项目”都是为“校其总成绩以求其因果”。[4] 受“文化”概念和“文化史”潮流的影响，梁启超认为通史应当克服单纯政治史的弊端，成为文化史。“普遍史即一般文化史也。”“作普遍史者须别具一种通识，超出各专门事项之外，而贯穴乎其间。夫然后甲部分与乙部分之关系见，而整个的文化，始得而理会也。”[5]

梁启超1920年左右写下的《中国通史稿》下“志三代宗教礼

[1]　任公（梁启超）：《中国史叙论》，《清议报》第90册，1901，第1–2页。

[2]　中国之新民（梁启超）：《新史学二》，《新民丛报》第3号，1902，第2页。梁启超将“历史界”与“天然界”对举，其所理解的“历史界”实际上包含广义的“文化”的含义。因为在西方哲学史中，将“自然”和“文化”对举，是认识现象的重要范畴。

[3]　梁启超：《中国历史研究法》，商务印书馆，1930，第3–4页。

[4]　梁启超：《中国历史研究法》，第8–11页。

[5]　梁启超：《中国历史研究法》，第62–63页。

学”篇附有《原拟的中国文化史目录》，逐一论述中国文化的发展历程。对照他的《原拟中国通史目录》，通史与文化史，几无大异。[1] 金毓黻将两种目录加以对照后，认为“梁氏初稿，本名《通史》，后乃易称《文化史》，故于原目有所更定。……考其所创《通史》之初稿，乃子题曰《中国文化史稿》，而以历史研究法为第一编，此盖依据上列目录，以此撰述，而以文化史为通史也。”[2] 1921年，梁启超在天津南开大学任课外讲演，“一学期终，得《中国历史研究法》一卷，凡十万言”，并由此计划以三四年之力，“创造一新史”。[3] 此书开篇就提出了广义的文化史研究的对象、任务和作用等基本观点。

“文化”概念的引进和“文化史”潮流的兴起，恰逢20世纪初中国教育体制的改革。1903年以后，新式教育推行，许多文明史、文化史的著作因最适合作为西洋史和中国史的教科书，对历史著作的编纂产生很大的影响。特别在教科书方面，多部中国史的教材，

---

[1] 《中国通史稿》附《原拟的中国文化史目录》，包括朝代篇、种族篇、地理篇、政制篇、政治运用篇、法律篇、教育篇、军政篇、财政篇、教育篇、交通篇、国际关系篇、饮食篇、服饰篇、宅居篇、考工篇、通商篇、货币篇、农事及田制篇、语言文字篇、宗教礼俗篇、学术思想篇、文学篇、美术篇、音乐篇及载籍篇，共25个方面。《原拟中国通史目录》分别包括朝代篇、民族篇、地理篇、阶级篇、政制组织篇上（中央）、政制组织篇下（地方）、政权运用篇、法律篇、财政篇、军政篇、藩属篇、国际篇、清议及政党篇、语言文字篇、宗教篇、学术思想篇（上、中、下）、文学篇（上、中、下）、美术篇（上、中、下）、音乐剧曲篇、图籍篇、教育篇、家族篇、阶级篇、乡村都会篇、礼俗篇、城郭宫室篇、田制篇、农事篇、物产篇、虞衡篇、工业篇、商业篇、货币篇、通运篇（梁启超：《饮冰室合集》第9册，专集49，中华书局，1989，第15−17、19−20页）。

[2] 金毓黻：《中国史学史》，商务印书馆，1999，第404页。

[3] 梁启超：《中国历史研究法》，自序，商务印书馆，1922，第2页。

无论是否以《中国文化史》命名，实际上都开始采文化史的体例。最早的吕瑞廷编《新体中国历史》即为一典型；1924年吕思勉著有新学制高中教科书的《本国史》（商务印书馆，1924）也同样如此，“从远古讲到民国，只用了十二万字左右篇幅，而政治、经济、文化以及典章制度各个方面无不顾及”。[1] 柳诒徵的《中国文化史》是民国时期流传最广、影响较大的一部大学讲义，创稿于1919年，先于1925年起在《学衡》连载，1932年出版。柳氏强调通过历史认识文化，该书内容自上古直到民初，虽然对于传统的政治史的进程有完整的介绍，但重点却在制度、思想、学术、宗教和狭义的文化方面。柳诒徵所针对的，是“世恒病吾国史书为皇帝家谱，不能表示民族社会进步之状况……举凡教学、文艺、社会、风俗以至经济、生活、物产、建筑、图画、雕刻之类，举无可稽”的状况，因此“欲祛此惑，故于帝王朝代，国家战伐，多从删略，惟就民族全体之精神所表现者，广搜而列举之。”[2] 这里所针对的显然是梁启超在《新史学》中对中国史学的责难，而欲通过该书予以纠偏。吕思勉深受梁启超的影响，吕著《中国通史》，分为两编，上编为《中国文化史》，下编为《中国政治史》。其体例是“先就文化现象，分篇叙述，然后按时代加以综合。”[3]

[1] 黄永年:《回忆我的老师吕诚之（思勉）先生》，载《学林漫录》第4集，中华书局，1981，第65页。

[2] 柳诒徵:《中国文化史》上册，上海古籍出版社，2001，第7页。

[3] 吕思勉:《吕著中国通史》，华东师范大学出版社，1992，第6页。该书分为婚姻、族制、政体、阶级、财产、官制、选举、赋税、兵制、刑法、实业、货币、衣食、住行、教育、语文、学术、宗教共18个部分。

从清末到民国，关于中国文化史的著述甚多。[1] 王云五主持商务印书馆则打算“博考外人编纂之我国文化史料，与前述法英两国近年刊行《文化史丛书》之体例，并顾虑我国目前可能获得之史料，就文化之全范围，区为八十科目，广延通人从事编纂。……分之为各科之专史，合之则为文化之全史。”[2] 太平洋战争爆发前，已出版 40 余种。顾颉刚在总结当时历史学的发展时，注意到上述其中重要的几部，不过其分类的标准似乎更多的是根据书名。[3] 文化史的发达预示着对于文化研究的学理上的深入，后来的学者也多认为文化史是研究文化的门径。樊仲云说：“要明白一件事及其发展的趋向，我以为最好成绩是研究历史。因为历史的记载是事实的知识，由许多过去的事实的归纳，我们乃可以推想人类未来的归趋，是向着何等方向而进行。所以欲言文化建设，我以为应对文化史先

---

[1] 据不完全统计，有林传甲的《中国文化史》(1914)、顾康伯的《中国文化史》一册（1924)、常乃德的《中国文化小史》(1928)、陈国强的《物观中国文化史》二册（1931)、柳诒徵的《中国文化史》二册（1932)、杨东莼的《本国文化史大纲》(1932)、陈登原的《中国文化史》二册（1935)、文公直的《中国文化史》(1936)、王德华的《中国文化史略》(1936)、缪凤林的《中国民族之文化》(1940)、陈安仁的《中国文化演进史观》(1942）与《中国文化史》二册（1947)、王治心的《中国文化史类编》(1943)、陈竺同的《中国文化史略》(1944)、钱穆的《中国文化史导论》(1947)。

[2] 王云五：《编纂中国文化史之研究》，载胡适等编《张菊生先生七十生日纪念论文集》，商务印书馆，1937，第 648 页。

[3] 顾颉刚提道：“文化史部门，柳诒徵、陈敦原二先生均有所撰述。柳先生有《中国文化史》二册，所用系纲目体，征引繁富，并有其一贯之见解；陈先生亦有《中国文化史》二册，并称佳著。民国二十五年商务印书馆有《中国文化史丛书》的编辑，由王云五、傅纬平二先生总其事。王先生有《编纂中国文化史之研究》一文，记其事极为详悉，并附有《拟编中国文化史丛书八十种目录》。”顾颉刚：《当代中国史学》，胜利出版公司，1945，第 86 页。

有一番认识。”[1]

正如前述，“文化”一词进入中国，大家对其广义含义有共同认识的同时，各人在具体运用时，其意义有很大的游移性。上述各著作在论及文化史时，其实不同人之间，甚至同一人在不同的上下文中，所说的“文化”内涵大小不尽一致，而总体倾向都是以文化来解释和囊括中国历史。各种《中国文化史》的风行是20年代以来中国历史编纂的一个新特征，尽管难免“旧派失之滞”“新派失之诬”[2]，但在史观和著作型制上带来了整体性有别于传统史学的变化。“文化”和“文化史”正是王汎森所谓“一个时代所凭借的‘思想资源’和‘概念工具’”[3]，影响深远。这一概念工具引进的直接后果，除“文化史”研究取得丰硕成果外，更为“文化”观念的更为广泛的传播和使用起到了推波助澜的作用。“文化”的概念在更大的程度上为人们接受，人们已经越来越多地用“文化”来认识中国与世界，以及开展争鸣，从而成为“一般思想史”的重要基础性概念。最易看到的事实是，人们更多地讨论“西方文化”“东方文化”或“中国文化”，此前习惯使用的“西学”“中学”不再担负指认东西文化的意义。虽然当“文化”这一名词成为大家讨论的中心概念工具后，其含义反而是狭义的，但仍有少数有意建设文化学学科的学者，在开展文化学的理论建构时会在广义上使用“文化”。黄兴涛指出，“正是那些人们在不经意之中反复使用的表示近

[1]　樊仲云:《由文化发达史论中国文化建设》,《文化建设》第1卷第6期，1935年3月10日，第1页。

[2]　卞僧慧记陈寅恪对当时文化史研究的批评。转引自蒋天枢:《陈寅恪先生传》，载《陈寅恪先生编年事略》，上海古籍出版社，1997，第222页。

[3]　王汎森:《中国近代思想与学术的系谱》，河北教育出版社,2001，第150页。

代新生事物、新思想的新名词、新概念，在社会化的重要维度和实践功能的意义上，将思维方式与基本价值观念的变迁两者有机地联系了起来。”[1]“文化”概念的进入和流行、“文化史”的撰述，标志着国人积极使用“文化”的概念来组织新旧知识，提出一套认识世界、认识中国和认识自身的方法，并以此来进行知识的积累和传播，重建新的认知框架。

第二节　启动与倡导：进入学人视野的新领域

一、文化学学科概念的由来

“文化”的概念来自西方，同样，“文化学”的学科概念也来自西方。就对中国学人的实际启示而言，学科概念上的启示比学理上的启示更为显著。

文化学的学科概念起源于欧洲。最早倡导建立文化学的是德国的学者。早在1838年，皮格亨（M. V. Lavergne-Peguilhen）于《动力与生产的法则》一书中使用了“文化学”（德文Kultur-wissenschaft）一词，将其作为“社会科学”的一个门类，并表示了建立“文化学”这门学科的意向。1854年，克莱姆（Gustav F. Klemm）以“文化学”命名了他的著作《普通文化学》，此书并不是系统阐述文化学的理论，而以说明原始文化作为主要内容，[2]尽管如此，他不仅给后来的学者提出了新的学科的名词和新

[1]　黄兴涛：《近代中国新名词的思想史意义发微》，载杨念群等主编《新史学：多学科对话的图景》，第324页。

[2]　陈序经：《文化学概观》（一），商务印书馆，1947，第60页。

的学科的定义，而且提供了丰富的材料来推进这一新的学科。文化学的研究也引起了自然科学家的关注。威尔海姆·奥斯瓦尔德（Wilhelm Ostwald）1915年发表了《科学的体系》的演讲，指出：“很久以前我已建议，把争论中的这个领域称为‘文明的科学’或‘文化学’（kulturology）。”[1] 他从文化的角度理解人类的本质，认为：“将人类与所有他种动物区分开来的人类特质，在‘文化’一词中得到理解；因此，对于特殊的人类行为的科学，可能最适宜称为‘文化学’（Culturology）。”[2] 他曾著《文化学之能学的基础》，由化学、物理二科研究所得，引申应用于阐述人类文化起源与演进。关于此书何以用“文化学”为名，作者解释说：“所研究之问题，乃社会构成之现象，而社会之构成，总其能事，亦不过为人群达其共同目的之一方法耳；人群共同之目的，以余所见，即文化是，因此，余遂决然以文化学取名，而曰《文化学之能学的基础》。”[3]

在英语中最早使用“文化学”概念的，是英国人类学家泰勒，他的《原始文化》一书第一章的标题，就是“文化的科学”（The Science of Culture）。[4] 这一本书，在文化人类学领域有着极其重要的地位，对后来的学者影响很大。此后，英语著作中便较多地出现

---

[1]　转引自 L. A. White, *The Science of Culture: A Study of Man and Civilization*, New York: Farrar Straus, 1949, p.411。

[2]　Wilhelm Ostwald,“Principles of the Theory of Education”，转引自 L. A. White, *The Science of Culture: A Study of Man and Civilization*, p.397。

[3]　威尔海姆·奥斯瓦尔德：《文化学之能学的基础》，马绍伯译，大江出版社，1971，“原序”，第1页。

[4]　E. B. Tylor, *Primitive Culture*, Vol. Ⅰ, London: Lowe & Brydone (Printers) LTD., 1871, p1.

了“文化的科学”或“文化学”（Culturology）的概念。1910 年代，“文化学”开始在俄国出现。安得列·别雷于 1910 年在题为《象征主义》的论文集中专门论述了“文化问题”（Проблема культуры культурология），1912 年已使用了“文化学”（культурология）的概念。此时俄国的文化学，是针对当时俄国文化转轨的现实而兴的，[1] 不过它不仅在世界文化学的学术史上没有产生影响，甚至在后来苏联时代文化学大兴时期，也基本上被学术界所忽略。

虽然文化学的学科概念已由西人提出并在欧洲数国流传，但它在西方也是一门发展较迟的学科，因此专门以文化学的理论和实践作为主题的著作，很晚才出现。与政治学、经济学等学科不同，“文化学”在中国的影响，没有一开始就从大量现成的西学专著的翻译着手。由于其基本理论多来源于西方社会学和人类学，因此首先是通过西方社会学、人类学著作在中国的翻译，实际上起着理论的引进和奠基作用。清末以来，西方社会学著作开始大量进入中国，其中重要的有 20 余部被译成中文。[2] 人类学在中国的传播和发展，对于“文化学”具有更加直接的影响，其著作约也有 20 种

---

[1]　林精华：《民族主义的意义与悖论——20-21 世纪之交俄罗斯文化转型问题研究》，人民出版社，2002，第 187 页。

[2]　[英] 亚当·斯密（Adams Smith）：《原富》，严复译，南洋公学译书院，1902。[日] 岸本能武太：《社会学》，章太炎译，广智书局，1902。[英] 斯宾塞（H. Spencer）：《群学肄言》，严复译，文明翻译局，1903。[日] 有贺长雄：《人群进化论》，麦仲华译，广智书局，1903。[英] 斯宾塞：《社会学原理》，马君武译，少年新中国社，1903。[英] 甄克思：《社会通诠》，严复译，商务印书馆，1904。[美] 爱尔华（C. A. Ellwood）：《社会学及社会问题》，赵作雄译，商务印书馆，1910。[法] 黎朋（G. Le Bon）：《群众心理》，吴旭初译，商务印书馆，1920。[法] 黎朋（G. Le Bon）：《群众》，钟建闳译，泰东书局，1920。[英] 麦独孤（W. McDoug （转下页）

得到翻译。[1] 而从学术渊源上看，文化学实际上脱胎于“文化人类学”。在社会学与人类学的研究中，有一些著作是直接以文化作为

（接上页）-all）:《社会心理学绪论》，刘延陵译，商务印书馆，1922。[德] 缪禄楼（F. Muller-Lyer）:《社会进化史》，陶孟和译，商务印书馆，1924年。[美] 摩尔根（L. H. Morgan）:《社会进化史》，蔡和森译，民智书局，1924。[法] 涂尔干（E. Durkheim）:《社会学方法论》，许德珩译，商务印书馆，1925。[美] 亚尔保（F. H. Allport）:《社会心理学》，赵演译，商务印书馆，1931。[美] 鲍格达（E. S. Bogardus）:《社会思想史》，钟兆麟译，世界书局，1932。[美] 索罗金（P. A. Sorokin）:《社会变动论》，钟兆麟译，世界书局，1932。[德] 阿贝尔（T. Abel）:《系统社会学》，黄文山译，华通书局，1933。[美] 季林（J. L. Gillin）、卜勒克马（F. W. Blackmarl）:《社会学大纲》，周谷城译，大东书局，1933。[法] 涂尔干（E. Durkheim）:《社会分工论》，王力译，商务印书馆，1935。[美] 索罗金（P. A. Sorokin）:《当代社会学学说》，黄文山译，商务印书馆，1935。[美] 奥格朋（W. F. Ogburn）:《社会变迁》，费孝通、王同惠译，商务印书馆，1935。[美] 哈尔（K. D. Har）:《社会法则》，黄文山译，商务印书馆，1935。[美] 季林（J. L. Gillin）、卜勒克马（F. W. Blackmarl）:《白季二氏社会学大纲》，吴泽霖、陆德音译，世界书局，1937。[英] 马凌诺斯基（B. Malinowski）:《两性社会学》，李安宅译，商务印书馆，1937。[美] 季林（J. L. Gillin）、卜勒克马（F. W. Blackmarl）:《社会学原理》，陶集勤译，新文化书店，1942。[德] 孟汉（K. Monnheim）:《知识社会学》，李安宅译，商务印书馆，1944。主要根据鲍绍霖编:《西方史学的东方回响》，254页；韩明汉:《中国社会学史》，天津人民出版社，1987，第108－110页。

[1] “人类学”一词译为中文，已知最早是清末在日本的留学生翻译英国学者威尔逊所著《人类学》，在1903年初刊行的《游学译编》上刊登广告，声明此书已经翻译过半。转引自黄淑娉、龚佩华:《文化人类学理论方法研究》，广东高等教育出版社，1996，第412页。译为中文的人类学著作主要有:[英] 赫胥黎（T. H. Huxley）:《天演论》，严复译，湖北沔阳卢氏慎始基斋刻本，1898。[德] 哈伯兰（M. Haborandt）:《民种学》，林纾、魏易译，北京京师大学堂刊印，1903（此书由英译本转译）。[美] 摩尔根（L. H. Morgan）:《古代社会》，杨东莼、张栗原译，昆仑书店，1929。[日] 长谷部言:《自然人类学概论》，汤尔和译，商务印书馆，1930。[英] 马凌诺斯基（B. Malinowski）:《蛮族社会之犯罪与风俗》，林振镛译，华（转下页）

研究对象的，其中相当的部分集中讨论文化的观念以及各种文化发展的历史。这些内容对于中国学者来说，既启发了对文化问题的专门思考，也成为直接引证的重要参照。[1] 还有许多著作的编写，主要的目的是介绍西方有关文化学的理论和知识，实际上具有编译的性质。此外，一部分中国学者的专著，虽然主要内容是阐述作者自己的主张，但引征广博，也起到对西方文化学说进行介绍和综述的功能。[2] 凡此种种努力，已经为“文化学”这门新学科概念的东渐开启了通路。

（接上页）通书店，1930。[日] 西村真次:《人类学泛论》，张我军译，神州国光社，1931。[美] 威斯勒（C. Wissler）:《现代人类学》，吴景崧译，大东书局，1932。[美] 罗维（R. H. Lowie）:《初民社会》，吕叔湘译，商务印书馆，1935。[美] 罗维（R. H. Lowie）:《文明与野蛮》，吕叔湘译，生活书店，1935。[美] 威斯勒（C. Wissler）:《社会人类学概论》，钟兆麟译，世界书局，1935。[英] 马凌诺斯基:《巫术科学宗教与神话》，李安宅译，商务印书馆，1936。[英] 泰勒（E. B. Tylor）:《人种地理学》，葛绥成译，中华书局，1937。[美] 博厄斯（F. Boas）:《人类学与现代生活》，杨成志译，商务印书馆，1945。主要根据黄淑娉、龚佩华:《文化人类学理论方法研究》，第 412-417 页；陈国强、林加煌主编:《中国人类学的发展》，上海三联书店，1996，第 29-30 页。

[1]　[英] 泰勒（E. B. Tylor）:《人类与文化进步史》，宫廷璋译，商务印书馆，1926。[日] 关荣吉:《文化社会学》，张资平、杨逸堂译，乐群书店，1930。[英] 马凌诺斯基:《文化论》，费孝通译，商务印书馆，1944。[德] 奥斯瓦尔德（W. Ostwald）:《文化学之能学的基础》，马绍伯译，出版社不详，1930。

[2]　黄文山:《社会进化》，世界书局，1929；黄文山:《西洋知识发展史纲要》，华通书局，1932。孙本文:《社会学上之文化观》，朴社，1927，该书介绍了美国哥伦比亚大学社会学教授奥格朋（W. F. Ogburn）的《社会变迁》一书中的文化学说。陈序经:《东西文化观》，岭南大学，1933。富示咸:《现代文化概论》，商务印书馆，1934。

二、从“文化科学”到“文化学”

中国学人最早产生“文化学”的学科意识，须上溯到西方文化研究的启示，从西人“文化”与“自然”对举，在对文化与自然的理解的基础上，朦胧地认识“文化科学”的特殊性。李大钊在《史学思想史》课程的讲义中说：“由学问论上言之，文化科学的提倡，首先发表此论者，虽为文氏（文蝶尔般德）（今通译文德尔班——引者注），有造成今日此派在思想界的势力者，实为理氏（H. Rickert）（今通译李凯尔特——引者注）。故一论及西南学派的文化科学，即当依理氏的说以为准则。依理氏的说，则谓学问于自然科学外，当有称为历史的科学或文化科学者，此理一察自然科学的性质自明。”[1]

李凯尔特著有《文化科学与自然科学》，他将科学分为两类，一类是自然科学，另一类“以方法为主时则为历史学，以对象为主时则为文化科学。”日本文学博士铃木宗忠修正其观点，把科学大别为自然科学与文化科学，而文化科学更分为历史学与组织学。“以以自然为对象者为自然科学，以以文化为对象者为文化科学，此二者为科学的根本分类。”他认为“文化科学为可与自然科学对立者，而再由文化科学中导出历史学。”[2] 但“文化科学”并不是“文化学”，如果仅从字面上理解，以“文化科学”为后来“文化学”的起源，难免误入歧途。国人意识到“文化科学”的真实意义

---

[1]　李守常：《马克思的历史哲学与理恺尔的历史哲学》，载李守常《史学要论》，商务印书馆，2000，第12页。

[2]　李守常：《马克思的历史哲学与理恺尔的历史哲学》，载李守常《史学要论》，第15-18页。

在于，从“文化科学”与“文化学”在概念的相通性上，对于“文化学”的出现有一定的启示作用。而且由此观察，可以看到“文化学”学科概念的清晰化的线索。李大钊即受这一意识的启发，提出“文化学”成立的必要。他是从历史学的两大部分来论述的。他认为广义的历史学，一为记述的历史，一为历史理论，从各个具体领域的历史均对应有一般理论的学科，“对于政治史，则有政治学；对于经济史，则有经济学；对于宗教史，则有宗教学；对于教育史，则有教育学；对于法律史，则有法律学；对于文学史，则有文学；对于哲学史，则有哲学；对于美术史，则有美学；但对于综合这些特殊社会现象，看作一个整个的人文以为考究与记述的人文史，或文化史（亦称文明史），尚有人文学或文化学成立的必要。”李大钊心目中的“文化学”，是各种具体人文社会科学的总和，不免与“文化科学”在内容上混为一谈，而对“文化科学”能否成立，他采取了比较谨慎的说法：“这文化科学能够成立与否，现方在学者研究讨论中。”[1]

关于“文化科学”的介绍，不止李大钊一人。1929 年 5 月，刘叔琴在《一般》发表《论文化科学》，首先也介绍了德国西南学派的历史科学或文化科学的说法，“依西南学派的主张，自然科学的目的，是普遍法则的发见；反之，历史的目的，是个性的认识。不过，所以做历史对象的事实，一定要是一般的有兴味的事实，即有客观价值的事实。这种价值，便是所谓文化价值。那么，以有文化价值的东西即历史或文化做对象的科学，是不能与自然科学同样地用那种以发见普遍法则为目的的方法去研究了。为了这种理由，在方法论上，与自然科学相对而成立了所谓文化科学。”但他又提出

[1] 李守常:《史学要论》，载李守常《史学要论》，第 98、118 页。

质疑，认为不能把自然科学和文化看作相对立的全然异其性质目的的科学。文化的事实与自然的事实没有根本的不同，两者都是法则科学。知识文化科学目前“还不曾脱离主观的形而上学的段阶。它之能否算是科学，还不能不使我们踌躇。……我以为这种文化科学之现状，决不是起因于它原有的性质，这只为文化科学发达的程度还幼稚，是种偶然的现象。并且这也不单是文化科学所独有的现象，就是在自然科学，也曾有过这种幼稚的段阶。”[1]

根据目前的资料，最早倡导设立“文化学”的是张申府。他曾撰文呼吁：“为取以往各种文化之陈迹而研究之，或设立一种‘文化学’，定不会白费工夫，这也是今日瞩照宏远的社会学者一桩特别的责任。”[2]其后“文化学”这一术语开始在学界使用，其意义各人有各人的理解。在许仕廉看来，文化学是研究文化现象的社会科学中理论性的一门学科。社会科学，研究文化界现象。此类之理论方面，有社会学、政治学、历史学、经济学、文化学、宗教学等。其应用方面，有社会服务学、法律学、商业学、新闻学、音乐学及神学等。[3]文化学是改进社会科学的一个途径。但此处所说的“文化学”具体含义不明。在其后的一篇论述里，作者显然认为文化学是研究文化之间的相互关系、相互影响的。“现在文化学尚未大发达，然对于西印度土人、欧洲人、及非洲人对于中国文明发达的直接间

[1]　刘叔琴：《论文化科学》，《一般》第8卷第1期，1929年5月，第27–28页。此文系节译平林初之辅论文。

[2]　张崧年：《文明或文化》，《东方杂志》第23卷第24号，1926年12月25日，第92页。

[3]　许仕廉：《科学之新分类法》，《现代评论》第3卷第66期，1926年3月，第4–7页。

接影响已不能无疑问。”[1] 还有学者把“文化学”理解为“比较社会学”一类的学科。戴秉衡1936年撰文《文化学与人格之研究》，针对人们在研究人性、人格问题时易受到“文化强迫力”的影响，提出要得到客观观察的办法，唯一的法宝就是“‘比较社会学’或用比较普通的名称叫它‘文化学’Science of Culture”。他指出不同民族人格上的差异并非天性不同，而是文化风俗习惯之差异，“根据文化学的发现，我们可以无疑地断定一个人的行为及其人格大多半是由他所受的文化势力及其所属的团体生活所决定，小部分是直接地出于人的本性。……这种客观的态度是文化学于人格学者最大的恩赐。”[2]

三、“文化学”学者对“文化学”内涵的探索和学科构建

真正使“文化学”作为一门学科加以倡导，并努力开展学科构建的实践，是少数执着的中国学人，主要有黄文山、阎焕文、陈序经等人。他们都具备显然的西学背景，都有过在海外留学的经历。

黄文山早年在北京求学，最初对文化问题的兴趣，是在哲学层面，“曾感受过罗素、及胡（适之）、梁（漱溟）、李（石曾）诸先生的影响”。他1921年在苏俄旅行经过乌拉尔山脉时，“目击欧罗巴和亚细亚分线的碑记，对于东西文化的根本区别，究竟何在的问题，在心影上便留着一个不可磨灭的印痕”。后来留学美国，留意

---

[1] 许仕廉：《论东西文明问题并答胡张诸君》，《真理与生命》第2卷第16号，1927年12月，第9页。

[2] 戴秉衡：《文化学与人格之研究》，《文摘》第1卷第1期，1937年1月，第108页。

于文化理论和中国文化出路的问题，回国后致力于“文化学”的倡导，试图建立“文化学”作为一门“纯粹的、客观的”，并且是综合了其他各门具体文化科学的学科，以解决关于文化的重大问题。黄文山认为:“我们对于东西文化问题究应如何评价？对于西方［文］（漏字——引者注）化应如何采择与接受，对于中国旧型的文化应如何‘消留’，对于新型文化怎样为之创造和计划，凡此种种问题的解决，皆有赖于一种客观的科学——文化学——的建立，才能给予适当的解答。所以数年来，我觉得综合文化人类［学］（脱字——引者注）、文［学］（衍字——引者注）化社会学、文化史学的科学来建立‘文化学’，用以窥探文化现象的发生、历程、机构、形态、变象和法则，在学术界上似有急迫的要求。”[1] 由于他“用文化学特有的概念及方法论解释人类及其社会的一切”，因而有后来的研究者提出，黄的“文化学”“是严格意义上的‘文化学’”。[2]

陈序经年轻时先后留学于美国和德国，非常关注文化问题，接触了大量西人的研究，有意识地收集相关资料。在美国时期，陈序经经常在谈话或演讲中“有意或无意的说及文化学这个名词，或是谈及这个名词所包含的意义”。[3] 1928 年陈序经到岭南大学任教，曾在一次学术讨论会上使用了“文化学”这个概念，引起一些学生的好奇。陈序经向学生们解释:“在中文上，这个名词虽是一个新奇

[1]　黄文山:《文化学建筑线》，《新社会科学季刊》第 1 卷第 2 期，1934 年 8 月，第 1 页。

[2]　顾晓鸣:《追求通观:在社会学文艺学文化学的交接点上》，广西人民出版社，1989，第 51 页。

[3]　陈序经:《〈南北文化观〉跋》，载杨深编《走出东方——陈序经文化论著辑要》，中国广播电视出版社，1995，第 467 页。

的名词，然而在西文上，却是一个久已应用的名词了。”[1] 不久在一个讨论会上，陈序经提到“文化学”是自有其对象、自有其题材的一种学问。1930 年至 1931 年陈序经在德国基尔的世界经济学院的图书馆里，读到了皮格亨的《动力与生产的法则》等书，对文化学在西方的学术发展历史大感兴趣，[2] 写成《东西文化观》一文，于 1931 年 4 月刊登在《社会学刊》第 2 卷第 3 期上。这篇文章是他关于中西文化观的一个大纲，回国后，受到一些持相同观点的同事的鼓励，1932 年初完成《中国文化的出路》一书，其中用不多的篇幅，简单介绍了关于文化的基本理论。1933 年初，又完成了《东西文化观》的书稿，对其心目中的“文化学”理论续有论述。

1929 年，在日本留学的阎焕文开始关注文化学。他曾自述过这一段经历：

> 民国十八年冬，我在日本东京高师求学的时候，在书肆偶购关荣吉氏所著《文化社会学概论》，读着颇感兴趣；同时对于关氏主张，有不尽赞同的地方。盖文化这个名词，含义非常广泛，成因极其复杂，构造至为繁密，机能十分敏活，而关氏欲以社会规定以尽研究之能事，不知文化的社会关系只是文化诸联关之一部，欲明了文化的机构而求出其普遍法则，非建设综合的独立的文化学不为功。于是我乃有建设“文化学”的决心。自此以后二年之间，遇有关于文化著作，不论古今东西，极力搜罗，约得二三十种。苦心钻研，虽正课亦置之脑后，有

[1] 陈序经:《我怎样研究文化学——跋〈文化论丛〉》,《社会学讯》第 3 期，1946 年 8 月 1 日，第 2 页。

[2] 陈序经:《文化学概观》(一)，第 60 页。

暇即写，得成是篇。于二十年春完稿。不料遇了九一八，仓促束装回国。回国以后，二三年之间，任课繁忙，也没工夫把它整理出版。已决定搁在故纸堆里了。[1]

阎焕文将稿件寄给了黄文山主编的《新社会科学季刊》，被刊出，从而保留了这一篇重要的文献。

此外，朱谦之在参与建构“文化学”的学人中，是一个特殊的例子。他认为，“不讨论文化问题则已，要讨论文化，必须从根本上着想而求个根本的解决。……文化各部门，如宗教、科学、艺术乃至社会生活之政治、法律、经济、教育各方面，只要从根本上着想而求根本的解决，那便非需要有各部门之文化哲学或文化社会学不可。”[2] 他不是从建立一个单独的“文化学”学科的角度来谈“文化学”，而是将所有的学术对指向“文化”的趋向，但是当黄文山等人倡导“文化学”时，他表示拥护，也起到了一定的呼应作用。

这几位学人作为“文化学”在中国倡导和建构的主要代表人物，不仅是因为学术界认为他们具有所谓的“文化学”学者的身份，而且他们本人也对此十分执着和重视。陈序经在解放初亲笔所填的一份表格中，在“著作及发明”一栏里，将《文化学概观》作为 6 项成果之一填报。[3] 1980 年 11 月，黄文山交代自己的后事，希望死后立一墓碑，“碑下英文横书作家、文化学专家、爱国者黄

[1]　阎焕文:《文化学》,《新社会科学季刊》第 1 卷第 3 期，1934 年 11 月，第 94 页。

[2]　朱谦之:《文化哲学》，商务印书馆，1935，第 2−3 页。

[3]　广东省档案馆藏岭南大学档案，卷宗号: 38−1−83。

文山。”[1] 显然“文化学学者”的身份在他们自己的心目中占有极其重要的地位。他们所述的“文化学”理论，具有实际的理论内涵，在主观上努力提供关于“文化”的抽象理论，特别是在学科的对象和基本法则等问题上，试图给予系统的说明，以使“文化学”初具理论型制。

倡导建构“文化学”的中国学者主要从学科概念、学科边界和学科核心法则等几个方面进行理论上的建构，其概念和理论来自西学。他们主要从以下几个方面进行理论上的建构：

关于文化和文化学的概念

何为“文化”？“文化学”是什么？黄文山指出：“文化学是以文化为其研究的对象，而企图发见其产生的原因，说明其演进的历程，求得其变动的因子，形成一般的法则，据以预测和统制其将来的趋势与变迁之科学。”文化学不是一般的文化科学。“文化学的对象，未经任何社会科学或文化科学，作系统的研究，换言之，文化学研究文化现象所采取的观点，与任何社会科学或文化科学绝不相同。”[2] 阎焕文对文化的定义是：“文化是人类的生命力受自然环境的影响，社会的交流，历史的传授，发扬所产生的有生命的东西。”对文化学的定义是：“文化学是以文化作为研究的对象，明其发生、生长的过程，究其性质，分析其构成，明定其类型，而求得 普遍法则的科学。”因此，建立独立的文化学是必要的，“第一，文化学为研究人类生命力的具体的、系统的学问；第二，文化学是了解

[1]　华侨协会总会编：《华侨名人传》，黎明文化事业股份有限公司，1984，第397页。

[2]　黄文山：《文化学建筑线》，《新社会科学季刊》第1卷第2期，1934年8月，第7页。

历史的导师。有这两个理由，文化［学］（漏字——引者注）足可成立。”[1]

陈序经首先对文化的概念和文化的基本观点做了解释。陈序经提出，“文化可以说是人类适应时境以满足其生活的努力的工具和结果。”文化具有动态的特点，“人类因为有了创造文化的能力，他们也有了改变、保存及模仿文化的能力。他们若觉得他们的文化有缺点，他们可以改变之。他们若觉得他们的文化，比他人的文化好得多，他们可以保存之。他们若觉得人家的文化比较他们自己的文化高一点，他们可以模仿之。”研究文化的单位，陈序经称之为“文化圈围”。它是由地理、生物、心理及文化各种要素的影响而形成的某一社会的文化，“是某一种文化的整个方面的表示，而别于他种文化圈围。它也可以叫做研究文化的单位，好像政治学上的政治经济学上的财产，生物学上的生命，天文学上的天体。”[2]

关于学科界线及其在科学体系中的位置

一门新学科的产生及其独立存在，最重要的是要厘清与其他学科的关系。针对许多人认为社会学就是文化学，黄文山提出：“社会学如要成功一种特殊的社会科学，它决不能采取综合的观点，兼收并蓄，无所不究，至于探研文化理论和文化法则的科学，当然要让给新兴的文化学去担负才对了。”至于和文化人类学、文化社会学的关系，黄文山认为文化学是比两者更为综合的一种学科。说：“我觉得文化人类学和文化社会学的界线，非常混淆，现在既有自称为‘文化学者’（Culturists）的，以研究‘文化的科学’（the Science of

[1] 阎焕文：《文化学》，《新社会科学季刊》第1卷第3期，1934年11月，第99页。

[2] 陈序经：《中国文化的出路》，商务印书馆，1934，第5、11页。

Culture）为己任，则我们又何妨进一步，把这类的研究，叫做‘文化学’（Culturology）。”[1] 后来在编写《文化学体系》一书时，黄文山对“以文化为其研究的对象”做了进一步的说明，改为“文化学是以文化现象或文化体系为其研究的对象”[2]。但基本的含义大致一样。

陈序经在肯定各个学科对于“文化学”学科创建的贡献的前提下，仔细划定与相关学科的边界。特别是“文化学派的社会学”，这是与文化学最不易分清的一个领域，许多人认为，文化社会学派“所说的社会学，往往是与所谓文化学，没有什么的分别”。陈序经从社会与文化的区分和相互关系方面，指出社会是文化的一部分，“社会的范围，是比文化的范围为小。”因而不能认为社会学就是文化学，文化学完全有成为独立学科的必要。[3]

考察此前一些新的学科的建立，确定其在科学体系中的地位，是新学科得以成立的重要标志。“文化学”的构建者同样如此，在倡导这一学科之始，就重视其在科学体系中的地位的确定，这成为他们构建工作的重要组成部分。陈序经试图从了解其他国家的学术传统中来认识自己倡导的对象在学术格局中的地位，他认为科学分为三种具体科学和两种抽象科学，具体的科学有纯粹的自然科学、自然与文化科学、纯粹的文化科学，“文化学”即是这三大类具体科学中的一种。黄文山观察到，近代的科学体系，就在那些稳固的、历史的基础之上，不断地扩大。“文化学在这个科学的体系中

[1] 黄文山:《文化学建筑线》,《新社会科学季刊》第1卷第2期,1934年8月,第22-25页。

[2] 黄文山:《文化学体系》，中华书局，1968，第28页。

[3] 陈序经:《文化学概观》(二)，第198页。

占最高的位置，……它是现代学术进步的归趋与必然，凡研究过近百年科学发展史的，应该知道科学的生长是依照如下的层次：解剖学、生理学、生理学的心理学、心理学、个人心理学、社会心理学与社会学，最后则为文化学。”[1] 朱谦之的“文化学”，视野较黄文山、陈序经更为开阔。他认为，现代学术已经一致倾向于“文化主义”，在历史学方面，表现为文化史；在社会学方面，表现为文化社会学；在教育学方面，表现为文化教育学。而文化哲学则是一切学术的根本。因此要系统地研究人类文化的进化，就必须先谈所谓文化哲学，“将来的哲学，应该就是文化史的哲学，换言之，即为文化哲学。”[2] 他的“文化学”体系的框架，包含了以上几个方面，更为恢宏。

关于文化的基本法则

如阎焕文所说，“科学的性质虽有种种，但一般说来，则为一定的法则。……如果科学必具有法则这句话能成立，那么，文化有法则没法则的问题，就成了文化学是否是科学的问题，也就是，文化学是否能成立的问题了。这是文化学生死存亡的关头，我们不能放过的。”阎焕文认为：“文化幸而有法则，不过文化的法则，不是自然因果的机械法则，而是相生、相因、相继、互异的进化法则。我们对文化的发展，只能推定其或然，不能定其必然。”阎焕文将文化的法则归纳为：文化盛衰之法则——“无论哪一个文化，虽时间上有久暂，都免不了由生而长，由盛而衰，由衰而亡等现象”；文化延续的法则——“老衰而死亡的文化，虽然与世长辞，但绝未

[1]　黄文山：《文化学及其在科学体系中的位置》，新文丰出版公司，1981，第155-156页。

[2]　朱谦之：《文化哲学》，第4页（序页）。

消失，他的特质仍为新兴文化所继承，永存于人类世界。”文化的创造法则——“无论哪种文化都有他们特殊性，不是一味模仿承受他人。”文化移动的法则——“无论哪种文化都有不固着一地而流动不居的现象。”[1]

陈序经的“文化圈围”理论，是一种较具抽象意义的文化法则理论。他认为，同一圈围的文化，在时间上和空间上自然是一致与和谐的。而两个以上的圈围的文化，互相接触，如果其程度相等而时代环境趋向又容许二者合而为一的话，其结果和趋势同样是一致的，或和谐的，或是一致与和谐的。他将不同圈围的文化接触分别为三种情况：两种完全相同的文化，趋于一致；两种完全相异的文化，趋于和谐；两种有同有异的文化，趋于一致与和谐。以上情形要求两种文化，在文化层累的演进上必须处于相同的等级，在文化发展的趋势上必须适合，对于接触以后的新时代和新环境也必须适合。但是，当两种文化出现程度上的差异，而且时代与环境所要求的文化是其中的一种文化，两者相接触后，不能适应于这时境的文化逐渐成为文化层累里的一层，适应于这时境的文化逐渐伸张，这个送旧迎新的时代也许延续很长，然而它的趋势只有一致。[2] 由此陈序经提出了他的文化观上的一些原理，即文化接触的结果，无论是程度相等的文化还是程度不同的文化，无论是两种文化还是多种文化，适应新的时代与环境的文化要素，将成为共同的文化组成部分；不适应新的时代与环境的文化要素，将逐渐消亡，而成为历史的陈迹。

---

[1] 阎焕文：《文化学》，载黄文山《文化学论文集》，中国文化学学会，1938，第124－126页。

[2] 陈序经：《中国文化的出路》，第39－40页。

黄文山同样认为“研究文化法则，为文化学的主要任务之一。”在黄文山看来，文化的法则是一种难寻的结果，最难处在于法则的普遍性和客观性，但这也并不意味着文化法则完全无迹可寻。各时期、各社会或各地方的文化质素和丛体，在类似的情形下，有类似的所在，这是进化论者承认文化现象中有一致的法则存在之证明。社会学家把机械学的、生物学的、心理学的法则应用到文化领域，不曾获得良好的结果，但他们在这些领域所发现的规律，用来应用到文化资料的搜集，未始不可以帮助我们整理出一个条贯来。文化发展假如可以向一定或可界定的方向前进，那么也会清晰地表现出若干的法则。因此，黄文山对于文化变迁和文化历程提出以下的法则：一是发展的法则：“发明和采借乃是文化发展的历程之两方面。”二是接触的法则：“两种文化相接触，当发生交互采借时，优者强者胜利，劣者弱者被淘汰，否则类化优者而创成新型的综合文化。”三是复度增进的法则：“文化基础的复度增进，与所吸收的文化质素之多寡为比例。”[1]

第三节　文化论战对“文化学”的激励

一、文化论战与“文化学”的勃兴

文化学作为一门独立学科得到倡导，是近代中西文化冲突导致对文化观念和文化选择反思的直接结果，文化冲突及此引发的关于中国文化出路的讨论，改变了国人对文化的基本概念的认识，产生了对文化接触的基本规律和文化发展前途的理论预测等等文

[1]　黄文山：《文化学法则论》，载黄文山《文化学论文集》，第106、135-136页。

化的哲学层面的需求。中西文化冲突所引发的思考和理论上的需要，是文化学在中国受到特别重视的重要原因。正如陈高傭当时所说："人们在此新旧文化青黄不接之时，自然对于文化问题要想法解决。要求事实上的解决，自然要找得学理上的根据，但是文化这一种东西，今日虽然已经是成为一般人所能谈的东西，而说到关于文化的学理，则至今还没有一个系统的建立，于是我们为了实际问题所迫，不得不把这种责任担任起来，提倡'文化学'的建立。"[1] 关于文化问题的讨论对于"文化学"学科的作用，此前已有所表现，而更突出的表现则是在 1935 年全国范围的文化论战之中。

1935 年 1 月因《中国本位的文化建设宣言》发表而引起的文化论战，对于有关文化的理论乃至"文化学"的呼吁起到了巨大的作用。这一场文化论战规模宏大，影响深远。阐发各自观点的过程中，逐步产生从学理上进行论证的需要，使文化论战越来越具有理论色彩和学术上的探讨。1935 年 6 月，马芳若将半年来关于文化论战的文章加以收集，编为一大册，原来拟定的书名是《中国文化论战》，何炳松建议，"论战"这个名词太滥，主张改为《中国文化建设讨论集》，后来很多人都赞同他的意见，于是改为《中国文化建设讨论集》。[2] 马芳若将这些文章分为七类，其中第五类《文化建设与其他》，是说明"文化建设与其他科学的关系"；第七类《文化的涵义》就是三篇专门对"文化"给予释说的理论性文章。[3] 从

[1] 陈高傭：《文化运动与"文化学"的建立》，《文化建设》第 1 卷第 6 期，1935 年 3 月 10 日，第 34 页。

[2] 马芳若编：《中国文化建设讨论集》，编者序言，龙文书店，1935。

[3] 马芳若编：《中国文化建设讨论集》，下编前言。

名称的修改和内容的编排上可以看出编者有意使之更像理论化的东西，在思想论战中补充学术的含量。

《中国本位的文化建设宣言》本身并没有多少涉及学理的内容。宣言发表后，各方面立刻组织一系列的响应文章和座谈会。从最早发表的一些响应文章看，主要是呼应十教授的主张，没有多少学术上和理论上的补充。如最早发表评论的上海《晨报》《申报》《时事新报》《新闻报》、南京《中央日报》、杭州《东南日报》等，均是如此。汉口《大同日报》评论《论建设中国本位的文化》提出“一、成立文化委员会，广延国内硕学之士，以集中文化建设之人才；二、决定目前之文化政策，以端文化建设之趋向”，[1] 仍不是从文化学学理，而是希望进一步阐述文化建设的方向和促其进行。大部分舆论希望在宣言发表以后进一步解决实际问题，寻求文化建设的具体路线。如《上海民报》报道的座谈会，各代表的发言多指向此条。较早发表言论的个人，如十教授宣言的灵魂人物叶青、支持十教授宣言甚力的李绍哲，在十教授宣言发表之初都没有提到抽象的文化理论问题。[2] 少数评论开始跳出《宣言》的框架，提出有价值的疑问。上海《中华日报》评论《中国本位文化建设问题》，第一句话就提道：“文化是经济政治乃至社会机构的复写或反映，因之，社会的政治的和经济的机构之变动，达到了某一方面阶段，则必然地提起文化的改革。”结尾处提出：“中国需要怎么一种文化

[1] 《论建设中国本位的文化》，《大同日报》（汉口），“社论”，1935年1月19日，第1张第2版。

[2] 叶青：《读〈中国本位的文化建设宣言〉以后》，《文化建设》第1卷第5期，1935年2月10日；李绍哲：《读十教授宣言后》，见马芳若编《中国文化建设讨论集》，上编，第32页。

呢？适合现阶段中国的文化应建筑于怎样一种经济基础之上呢？关于中国固有文化的检讨与承继又应以何者为尺度呢？这种种主要问题，还依然没有解决。”[1]

本位文化建设的倡导者意识到，对于文化问题有从头开始讨论的必要。为得到更多的响应，他们举办了一场向全社会的征文活动，文题为《怎样建设中国本位的文化》，征文启事中特别注明，所征文章至少应包括下列四点：（一）文化的本质；（二）中国本位文化的意义；（三）现代学者对中国文化问题的意见；（四）建设中国本位文化的原则及方案。[2] 这一给定引领了其后的讨论文字，使得多数文章在参与讨论时，均将关于“什么是文化”“文化的本质”等理论问题置于首位。随着争论的开展，到 1935 年 3-4 月，对文化的理论问题的关注和学术性的思考开始增多。在 3 月 7 日中国文化建设协会武汉分会举办的座谈会上，教育界人士姜琦提出讨论本位文化建设，先要弄清“什么是文化”。[3] 天津《大公报》的评论指出，从事中国本位的文化建设运动，应当注意到“文化”的意义如何，文化发展的原则如何。[4] 汉口的《武汉日报》也提到关于文化的定义，并对文化的发展进行了一些逻辑上的说明。[5]《中央日报》的署名文章提出，“首先应用现存的诸种文化概念，如文化质

---

[1]　皇：《中国本位文化建设问题》，《中华日报》（上海），“社论”，1935 年 1 月 21 日，第 2 张第 2 页。

[2]　《中国本位文化建设征文》，《大公报》（天津），1935 年 3 月 2 日，第 2 版。

[3]　姜琦：《我也谈谈“中国本位文化建设”问题》，《国衡》第 1 卷第 3 期，1935 年 6 月 10 日，第 10 页。

[4]　《中国文化运动之新开展》，《大公报》（天津），“社评”，1935 年 4 月 3 日，第 2 版。

[5]　《论本位文化》，《武汉日报》，“社论”，1935 年 4 月 6 日，第 1 张第 2 版。

素、文化丛体、文化模式、文化基础、文化区域、文化中心、文化停滞等来将中国文化作系统的研究，得一个切实分明的案录，鉴往知来，因势利导、由此所得文化建设的方案方可与时代环境吻合，从而收获佳果。”[1] 3月21日，中国社会问题研究会举行“建设本位文化问题座谈会”，罗敦伟担任主席，他在座谈会的首先发言中就讲到“文化的本质”问题。[2]

被本位文化建设倡导者批评的全盘西化一方及其内部发生的论争，对于文化的学理更为重视，在论争时运用较多。陈序经早就有比较系统的文化学的相关理论，但他早期偏重于发表文化观，理论和学术处于隐约的地位。1931年4月，陈序经发表《东西文化观》一文，已从文化整体论、文化各方面的连带关系上论述了全盘西化的主张。[3] 1935年2月，在本位文化讨论的热潮中，吴景超转而向陈序经提出质疑，从理论层面上指出文化是可分的。[4] 他回到“文化”与“文明”的基本概念，来辩驳陈序经的文化不可分说。他引述美国和德国社会学家的观点，认为文明是有世界性的，文化是有国别性的；文明是发明出来的，文化是创造出来的。这一观点受到了“大体上同情于全盘西化论”的张佛泉的反对。张佛泉使用了“文化单位（Traits）”来说明，认为文化可以分为“单位”，文化采纳须以“单位”为本，采纳时同一“单位”不能妥协，不同

---

[1]　高迈：《释文化》，《中央日报》，“每日专论”，1935年4月12日，第3张第3版。

[2]　罗敦伟：《建设本位文化的路线》，《中国社会》第1卷第4期，1935年4月15日。

[3]　陈序经：《东西文化观》，《社会学刊》第2卷第3期，1931。

[4]　吴景超：《建设问题与东西文化》，《独立评论》第139号，1935年2月。

“单位”可以并存。[1] 陈序经进一步清晰化张佛泉的学术术语，指出“张先生所说的单位，或 Traits，不外就是文化学者所谓为文化丛杂 Cultural complex……就是泰勒所谓的丛杂体系中的丛杂单位而已”，因此，“由互有连带关系的各种文化丛杂或单位而组成的丛杂的全部的文化，也不容只取一部分。”[2]

1935 年 3 月 31 日的《大公报》上，胡适也用理论批评《中国本位的文化建设宣言》，指出“萨、何十教授的根本错误在于不认识文化变动的性质。”文化变动有这些最普遍的现象：文化本身是保守的；凡两种不同文化接触时，比较观摩的力量可以催陷某种文化某方面的保守性与抵抗力的一部分；但终不能根本扫灭固有文化的根本保守性。[3] 何炳松为此在 4 月 15 日于大夏大学演讲，有直接的一个回答，对于胡适提到的两种文化接触的理论并不表示反对，只是并不能反驳本位文化论。[4]

论战至此，各方越来越重视从理论上证明自己观点的正确性，从而使思想观点的辩驳向文化学理的探究发展。随着这一做法的发展，理论色彩更重的、学术性更强的文章开始出现。4 月 28 日，张季同发表一篇长文《西化与创造——答沈昌晔先生》，其中用了一大半的篇幅讲“文化之对理”，提出用“对理法”（即今译“辩证的”——引者注）来认识文化，用“对理”来看，东方文化与西方

---

[1] 张佛泉：《西化问题之批判》，《国闻周报》第 12 卷第 12 期，1935 年 4 月，第 5 页。

[2] 陈序经：《再谈“全盘西化”》，《独立评论》第 147 号，1935 年 4 月，第 7 页。

[3] 胡适：《试评所谓“中国本位的文化建设”》，《大公报》（天津），“星期论文”，1935 年 3 月 31 日，第 2 版。

[4] 何炳松：《论中国本位文化建设答胡适先生》，《文化建设》第 1 卷第 8 期，1935 年 5 月 10 日。

文化并不是根本不同，而是偏重不同；由“对理”来看，文化是一个整体，也是可分的。从“对理”还可以看到中国文化中的对立，“对理的合”是创造的综合。[1] 反对全盘西化的李绍哲是比较重视文化的抽象理论的一人，此前发表过《文化特殊性的一般性化》等文章，也参与争论了关于文化到底可不可分的问题，认为“一个文化系统的诸方面之有连锁密切的关系，固不容否认。但关系密切是一件事，可否分开又是一件事。”可分性与密切的程度成反比，密切程度又受文化形态诸方面之成因及背景所左右。[2] 之后又撰文强调了文化演进的特殊性与一般性的关系。[3] 李绍哲专门写了一篇《文化联系性》，指出“文化的本身是绝对可分的，文化的吸取，是可以自由选择的。这一问题的核心，就在所谓文化的联系性上。”“联系性的批判，唯有以科学的方法和史的发展的观察，以能适应我们此时此地的需要为决定的判断的不易的铁则。”[4]

十教授中的樊仲云发表了一篇比较注重从理论进行阐述的文章《由文化发达史论中国文化建设》，开篇即论述了“文化”与“文明”的问题，对两者的定义进行了比较。此文还论述了文化的发展及其阶段、文化的发展与国家权力、政治形态、地理条件等各方面的问题，从文化的理论来申论本位文化。[5] 本位文化宣言的

---

[1]　张季同：《西化与创造——答沈昌晔先生》，《国闻周报》第12卷第19期，1935年5月。

[2]　李绍哲：《全盘西化论检讨》（下），《晨报》1935年4月6日，第8版，“晨曦”。

[3]　李绍哲：《全盘西化论再检讨》，《晨报》1935年4月26日，第8版，“晨曦”。

[4]　李绍哲：《文化联系性》，《晨报》1935年6月10日，第8版，“晨曦”。

[5]　樊仲云：《由文化发达史论中国文化建设》，《文化建设》第1卷第6期，1935年3月10日，第1页。

幕后支持者陈立夫在中央党部纪念周的演讲上，也采取同样的方式，从“文、文明、文化之意义”来宣扬三民主义为本位文化建设的纲领。[1]

许崇清的长文《中国本位的文化建设宣言批判》对本位文化论有很多的批评，更重要的是，作者对于文化的理论问题十分重视，在批评之后，将问题归结到关于文化的理论层面。许指出，“如果我们要得到这个问题的科学的解决，我们就先要明了科学对于这种问题现在所造至的是怎样一个境地，从这个境地去寻绎问题解决的线索，或根据我们现前的事实去批判这所造诣，得到更深一层的进出，以逼近问题的真相。”“我们的问题是文化的问题，我们又将怎么办？首先就要弄清楚文化的概念。”他从斯宾格勒的理论说明，文化的范围是极广大的，是和自然对立的一个概念，“文化的再建设其实就是社会的生活诸形态和精神的生活诸表象的再建设。”[2]

叶法无对文化问题做了一个社会学的考察。他曾著有《文化评价 ABC》一书，以哲学的观点说明人类文化创造的各种基本模型。在《文化与中国文化的出路》一文里，提出了文化的定义；[3]在《一十宣言与中国文化建设问题批判》一文里，继续讨论“文化的本质或实在的问题”“文化的价值或选择的问题”。其中前者涉及文化现象是否一种科学的对象，和文化的科学研究的范围。这些问题是文化本身能否成为科学的基础问题，叶法无认为，这些问题要

---

[1]　陈立夫:《文化与中国文化建设》,《文化建设》第1卷第8期,1935年5月,第1-2页。

[2]　许崇清:《中国本位的文化建设宣言批判》,《文化建设》第1卷第7期,1935年4月10日，第5-10页。

[3]　叶法无:《文化和中国文化的出路》,《前途》第2卷第8期,1934年8月1日,第1页。

么归属于实证的社会学，要么就归属于“黄文山先生所创造的所谓文化学的研究的范围。至其目的则在于以科学方法，去发现文化的客观的定律，以组成逻辑的事实的判断。”[1]

文化论战越到后来，对于文化的学理问题就越被提到显著的地位。从急于发表文化观，到重点进行理论和逻辑上的论证，显示了文化论战向文化学的学理争论发展。6月19日，《晨报》发表刘元钊的《“文化”之涵义》，从语源学的角度解释了“文化”“文明”概念何来，阐述了文化的定义、文化的本质和内涵，与此前文化论战的各篇文章不同的事，该文只讲学理，不参与到底是要本位文化或是要全盘西化的论争。[2] 6月28日，《晨报》又发表了一篇题为《“文化”与“文明”》的文章，对刘文的意见做了补充。[3] 10月，《前途》月刊出版文化问题专辑，发表王一叶的《文化变迁及其学说之检讨》，综述了西人对于文化的定义，论述了文化的意义、文化变迁与社会的关系、文化变迁的学说等等理论问题；丛养材的《中国文化建设的真意义》也论及文化的意义及特质。[4] 此外，胡伊默撰有《论文化》一篇长文，仔细探究了文化的定义、文化的起源、文化的发展、文化发展与自然条件、文化发展与个人等问题。[5]

---

[1]　叶法无：《一十宣言与中国文化建设问题批判》，《中国社会》第1卷第4期，1935年4月，第26页。

[2]　刘元钊：《“文化”之涵义》，《晨报》1935年6月9日，第10版，“晨曦”。

[3]　贾英：《“文化”与“文明”》，《晨报》1935年6月28日，第8版，“晨曦”

[4]　王一叶：《文化变迁及其学说之检讨》，《前途》第3卷第10期，1935年10月16日；丛养材：《中国文化建设的真意义》；《前途》第3卷第10期，1935年10月16日。

[5]　胡伊默：《论文化》，《中山文化教育馆季刊》第2卷第3期，1935。

文化论战使得“文化学”再度受到学术界的重视。胡鉴民在《社会科学研究》（上海）发表《从文化之性质讲到文化学及文化建设》，指出，文化作为专门科学的研究，自文化人类学及文化社会学始。“文化之研究由来已久，但以文化作为专门科学的研究，则自现代的文化人类学及文化社会学始。我国近数年来介绍这类著作的学者渐众，最近又有中国本位文化的宣言。可见文化学及文化建设问题已成为当代思潮的主流。但文化学的成立与文化建设的可能均有赖于文化性质的认识。”胡鉴民认为，文化是人类社会生存的工具，但人类分布在不同的空间，因应不同的环境，所以产生文化的类型（type）或分殊性（heterogeneity），但是在各种不同的文化类型中，仍可找到一种共通的基本结构。此即所谓普遍的文化模式（universal cultural pattern）。普遍的文化模式之存在，最大的原因在于人类的生理与心理方面的基本要求的一致。[1]“文化学”作为一门学科之所以可能，关键在于它与社会学的关系：

> 我们虽证明文化与人类社会的有机关系，但是我们并不否认文化现象与文化学的可能。我在前面已经说明凡是与自然法对立的人类创造物及人类的意识行为都是文化。不过这些创造物与行为都是人类社会生活的需要产出，所以这些创造及行为同时就是社会事实。……我们可以说全部的文化现象都是社会现象；照此说来文化学与社会学实在不易分家。不过文化学尚无一定的定义与公认的领域。如果文化学仅限于文化特质文化丛文化模式文化叙列等研究，则文化学的范围当然比社会学为

---

[1]　胡鉴民：《从文化之性质讲到文化学及文化建设》，《社会科学研究》（上海）第1卷第1期，1935年3月，第14页。

> 狭；但如把文化学的对象扩大至由人类的共同生活产出的一切意识行为，并且与社会学的涉及社会与非社会现象的关系问题一样，进而研究文化与非文化现象的关系问题，则就对象而论，社会学与文化学简直是没有分别了。如谓文化学只研究文化而不过问人类的社会生活，这简直是稚气的；如果承认文化的研究不能与人类社会生活的研究分开，则文化学就应当变成社会学的一个部门。[1]

此说虽然主张文化学为独立学科，与其他学科的关系却是属于社会学的分支。这与文化学学科建设者用“文化学”作为最大涵盖显然不同。

论战中，陈高傭在《文化建设》第1卷第6期发表《文化运动与“文化学”的建立》。陈高傭以为文化学是文化社会学、文化人类学、文化历史与人文地理的集合。他说：“我们此时对于文化应当有一种专门系统的研究，甚么是文化的本质，甚么是文化的范围，文化是怎样形成的，文化是怎样发展的，我们应当怎样研究文化，我们应当怎样创造文化，乃至其他许多文化本身的问题以及与文化有关系的问题，都很急迫地需要有一种合乎科学的系统说明。于是我常以为现在研究文化社会学、文化人类学、文化历史与人文地理的人们，应当集合起来，群策群力，创立一种‘文化学’。”[2] 则其试图用“文化学”来统合一切相关学科与文化有关的部分。这可以

---

[1]　胡鉴民：《从文化之性质讲到文化学及文化建设》，《社会科学研究》（上海）第1卷第1期，1935年3月，第32页。

[2]　陈高傭：《文化运动与“文化学”的建立》，《文化建设》第1卷第6期，1935年3月10日，第33页。

说是对“文化学”学科的又一种观念。

中西文化冲突所引发的思考和理论上的需要，对于中国来说，是“文化学”受到重视的重要原因。陈高傭强调要使“文化学”成为一种科学的东西，这里明显有此前科学化运动的影响。国民党将科学作为其文化意识形态的重要成分，这一背景对于理解陈高傭的观点有很大的意义。陈高傭说:“文化学（Culturology）必须要成为一种文化科学 (Science of Culture) 然后可，因为到了现在，凡是一种学问能在社会上有其地位与价值者，都是科学，不然，虽名为学，亦不过个人之私见而已。”其实“文化学”的倡导者所困扰的，恰好是力图将“文化学”变成一门独立的分科之学，却不容易在诸多相关学科的缠绕中确定其内涵外延以及与各学科的关系。在陈高傭的主张中，强调“文化学”的建立针对复古，并因此显现“文化学”建立的意义。他反对当时出现的“存文”和“读经”活动，认为这些糊涂思想正是因为“文化学”没有具体建立成功的结果。“‘文化学’之没有具体建立成功，一般人对于文化发展的必然法则没有认识，亦为一大原因，所以说到‘文化学’的建立，固然是一种纯学术的运动，但是在中国今日要建立‘文化学’，则对于此种复古的糊涂思想，不能不从学理上给他一个打击。”[1]

二、黄文山的“文化学”与文化观

努力从学理深处影响着近代学人对中西文化的基本认识，是各种文化思想的学术根源。20 世纪 20 年代以来，在中国多次发生关于文化出路的论战，其中所表达的文化主张均与论战各方的文化理

---

[1]　陈高傭:《文化运动与“文化学”的建立》,《文化建设》第 1 卷第 6 期，1935 年 3 月 10 日，第 36 页。

念密切相关。不同文化主张所凭借的“文化学”，为该主张提供着文化理论上的依据。在文化论战中，无论是本位文化派，还是全盘西化派，背后均以相应的“文化学”理论作为支撑。文化问题的讨论无疑具有学术性，却因为社会牵连而无法摆脱政治因素的影响。这就使得这门学科在不同的人倡导下，所希望得出的结论完全不同。在主要的倡导者那里，出现了针锋相对的情况。

文化与政治本来就有密切的关系。20 世纪 30 年代国民党为了巩固其官方的文化意识形态，进而转化为社会的文化意识形态，需要从文化问题的讨论中寻得有用的支援。当时已有论者看到了这一点，比较偏向于国民党意识形态的《前途》月刊有文指出：“因为统治上的关系，就是想从文化里去找到运用政治和主义更有效的方法，也就是想把政治的作用，联合到文化的总动力之下，叫政治在文化的轨道上，得到开驶的顺利。……自从建立了党治的基础以来，政治要急于找一个轨道，文化又不能不成为革命精神的策源地，于是在最近期间，政治和文化就又恢复了他原来的关系，不过这是进步的关系，所有站在党和政治的观点上，来谈文化问题，和在文化问题里找出党和政治的立场来的文化研究，都属于这一部分。”[1] 这一部分包括文化统制论和干涉文化论。

黄文山提倡的“文化学”，是与国民党官方文化运动相配合的一个典型事例。他解释自己提倡文化学时说：

> 予深信此时在国内提倡文化学之研究，有其自然的、自发的需要。自鸦片战争以来，国人在现代文化中赛跑，无处不碰

[1]　茹春浦:《中国文化问题一个粗略的分析》,《前途》第 3 卷第 10 期,1935 年 10 月 16 日，第 5–6 页。

> 壁，无地不落伍，如今自应对于现代文化之主流，予以重新之认识，确定一条建设文化之路线，若忽左忽右，随便乱闯，缺乏预见与统制，结果往往与预期相舛违。文化乃国力之总体，而民族国家问题之基干，到底在文化。孟子谓“七年之病，求三年之艾”，吾人为民族国家无穷之前途计，自应在文化上做一番彻底之打算与改造，方是根本要图。故吾人应如何从新估量文化之价值，如何建立科学文化之基础，如何开拓民族文化之新生命，质言之，如何在现阶段民族革命的过程中，建立三民主义之文化体系，皆为现存之严重问题。而此种问题之精密的解决，则正有待于系统的文化学为之设计。[1]

黄文山（即黄凌霜）早期信奉无政府主义，与共产党人有一定交往，思想在无政府主义和马克思主义之间徘徊。黄文山何时告别无政府主义，未有可靠的材料说明。但他既然关注到“文化学”的问题，开始用“文化”的观念来考察中国出路，必然会对世界视野的无政府主义有所修正。在美国留学期间，黄文山已显示出与国民党的思想观念日益接近，先后任纽约《民气日报》总编辑和旧金山《国民日报》总编辑。这两份报纸在侨界中都很有影响，“阐扬三民主义之理论，词意风发，气概磅礴，洋洋洒洒，为侨界所重视。”[2]留学回国后，国民党已经确立了在全国的统治，黄文山在国内的学术和政治活动，均与国民党及其内部派系有密切关联，转而用国民党的意识形态来阐述其文化观，不仅理论上发生了完全的转变，而且前后时期发表的文字在风格上都截然不同，判若两人。

---

[1] 黄文山:《自序》，载《文化学论文集》。

[2] 刘伯骥:《黄文山》，载华侨协会总会编《华侨名人传》，第 391 页。

1932 年 1 月，黄文山在广州国民党中央执监委非常会议出版的机关刊物《中央导报》上，发表了《中国革命与文化改造》一文，从国民党的意识形态出发，阐述了对中国文化的基本看法。他认为，中国社会当时所处的病态，在于文化的失调。其根源，不外是传统和外来因素。“传统的文化因而失调，以致险象环生。”中国革命的意义，就是要建立新的文化系统。“救治中国今日的病态，一方面在于破坏传统的没落的文化结构，他方面在于甄择和采借外来的文化质素，创造簇新的文化系统，完成第三种文化结构。今日中国革命的最大意义，如是而已。”黄文山承认西方文化在当时世界文化上具有领先的地位，而中国的社会恰相当于欧洲 18 世纪以前的社会状况，中国文化要“赤条条地承认自己的弱点，热烈烈地希望将来的新生”。黄文山以文化的创建来阐释革命。他指出，革命是实行主动的文化变革，“革命是文化转向的唯一因子。”“中国今日的民主革命是拼命的飞跃，社会生产诸力的进展，文明的演进，都系于这个飞跃的能否成功。”[1] 不过，受国民党正统意识形态的影响，黄文山此时的文化观已经失去五四时期的极端革命色彩，尽管总体上趋新，但对于传统和西方都采客观选择的立场。

1935 年初《中国本位的文化建设宣言》发表时，黄文山是署名者之一，不是主要人物，没有参加过具体的讨论。他当时担任中央大学教授，和北京大学教授陶希圣、中央政治学校教授萨孟武、中央大学商学院教授武堉幹四人都是后来被拉进来参加签名的。[2]

---

[1] 黄凌霜:《中国革命与文化改造》,《中央导报》第 23 期,1932 年 1 月 1 日,第 10−16 页。

[2] 叶青:《〈中国本位的文化宣言〉发表经过》,《政治评论》第 8 卷第 11 期,1962。

但这篇宣言的观点，确实代表了黄文山对于中西文化的态度和中国文化的出路的答案。宣言发表后，引起激烈讨论，批评者甚众。黄文山认为多数人的批评离开可宣言的本意，是一种“曲解”。到底“本位文化建设”的真意是什么，有一位站在国民党立场上的记者丛养材在《前途》上撰文指出:“我以为‘本位’是‘不忘自己’、‘认识自己’、‘为着自己’的意思。‘中国本位’就是中国人民自己‘认识自己’，‘不忘自己’去努力干有利益于中国的事的意思。‘中国本位文化’便是中国人在中国利益前提下，不忘自己的民族，认识自己的地位，以从事于适宜中国人民生活的活动（即是文化活动）的意义。”[1] 黄文山认为这几句话宣言“所要表达而未能充分地表达的意思”，[2] 可与十教授《我们的总答复》中的结论相映证。

黄文山对中国文化与西方文化的根本精神进行了比较，指出西方文化是“经济伦理”，中国文化是“家族伦理”。以家族伦理为根本的中国传统制度是没有出路的，中国文化必须改造。但是，如何进行这样一种文化的改造，正是本位文化论的致命弱点所在。黄文山除了给出一些目标之外，并不能提出具体的方法。他指出中国文化形态转变的目标就是“适合于现代世界的文化——经济伦理的文化而已”。其途径，便是当时国民党政府正在进行的“革命运动”。黄文山还提出了这一根本转变的两个方面的指标，以响应当时正在进行的新生活运动。一是规律化，“中国民族如要踏上近代文化之路，自非脱离旧日的因袭主义之生活，实行人生的规律化不可。”二是“标准化、齐一化”，“我们实行三民主义，当然要养成这种新

[1]　丛养材:《中国文化建设的真意义》,《前途》第3卷第10期,1935年10月16日，第52页。

[2]　黄文山:《文化学论文集》，第155页。

的生活样式，且必要由旧日的家族伦理，进而为新时代的社会伦理，方有希望。”[1] 其结论，自然还是“中国本位的文化建设”。

黄文山探讨“文化学”的时代，正是中西文化论战十分激烈的时期，黄文山不同意以文化的某一方面作为立论的前提，他对于文化的观察便是一种宏观的观察，他指出中国文化的根本精神是“家族伦理”，也是建立在对文化的宏观认识之上。同样，正是依据上节所述的文化法则，黄文山认为，中西文化交融冲突的结果，必然是要创建新型的综合文化。黄文山指出了两种文化相接的必然结果，或是优胜劣汰，或是“类化优者而创成另一种新兴文化”。黄文山认为中国文化与西方文化的相遇，必走后者的路径，革命即是为着文化创新的目的:“文化学者告诉我们一条确实的法则，凡两种文化相接，优者胜，劣者败，或类化优者而创成另一种新兴文化。这个法则，我们没有法子抵抗，所以我们对于传统文化只有改造，对于现代文化只有分别采纳、适应和选择，以创成第三种新兴文化而已。”[2] 1937年，黄文山等创办《更生评论》[3]，发表《战时统制理论问题》一文。文中说:“为实现战时之举国一致，精诚无

---

[1]　黄文山:《从文化学立场所见的中国文化及其改造》，载黄文山《文化学论文集》，第183页。

[2]　黄凌霜:《中国革命与文化改造》，《中央导报》第23期，1932年1月，第15-16页。中国本位的文化建设的主张在20世纪30年代提出时，本身处于中西文化选择的矛盾之中，虽然在思想的深处受西方文化影响至深，在西学占据主导地位的形势下也不可能从根本上反对西方文化或将中国文化地位估计过高，但实际上已暗含文化自大的基因。1949年以后，语境发生变化，国民党在海外宣扬中国文化由于共产党革命胜利而在大陆断绝，对民族文化的提升成为政治上的急需。后来黄文山再谈及中国文化复兴时，便又将中国文化凌驾于西方文化之上。

[3]　《更生评论》由斡庐学术研究社主办，每半月一期，黄文山任社长，主编者为杨成志、周信铭。

间，则必须实行文化统制、宣传统制，或精神力之统制，使全国国民对于战争之目的，绝对的完全赞同，且大家须确确实实相信战争之结果，有十分胜利之把握与自信，持之久，守之贞，自是大成之理。”[1] 从配合中国本位的文化建设运动，到鼓吹“精神力之统制”，直到晚年倡导中国文化复兴，黄文山坚持不懈地致力于“文化学”的著述，而在政治上都是与国民党的文化意识形态相一致的。

三、从“文化学”学理到全盘西化论——陈序经的“文化学”与文化观

同样是倡导“文化学”，而在目标上，有的却是导向与官方文化意识形态完全相反的全盘西化论。陈序经是全盘西化论的主要倡导者。在所有曾经主张过全盘西化论的思想家中，陈序经是态度最坚决的，并且有“文化学”的学理支持。陈序经说过：“全盘西化的理论，并非凭空造出来的。”[2] 广义的文化观、文化整体论、文化的“新进化论”，构成陈序经文化学理论的基础。

前述陈序经在1930年代早期和中期，已经形成对于文化问题的基本理论。这些理论构成了中国文化必然全盘西化判断和主张的逻辑基础。在1934和1935年的文化论战中，陈序经发表的各篇论战文章，也多次将“文化学”学理的各个方面作为支持自己文化观的凭借。如关于文化的概念及与民族的关系问题，在《评〈中国本位的文化建设宣言〉》里，关于文化整体论，在《关于中国文化之

---

[1]　黄文山：《战时统制理论问题》，《更生评论》第1卷第1、11期合刊，1937年9月2日，第3页。

[2]　陈序经：《关于全盘西化答吴景超先生》，《独立评论》第142号，1934年3月，第4页。

出路答张磬先生》《对于一般怀疑全盘西化者的一个浅说》里，关于文化接触的理论，在《关于全盘西化答吴景超先生》《全盘西化的辩护》等文章里，都有明确的论证。根据陈序经指出的文化的法则，中国文化是一种独立的“文化圈围”，西洋文化也是一个可知可感的、达到了“一致与和谐”的文化统一体，也是一种独立的“文化圈围”。虽然在现代西方，有社会主义的出现，有法西斯主义的抬头，但陈序经均将它们视为西方文化的暂时的变态，而西洋文化必将统一于民治和科学。两种文化相接触，必然是程度较高的文化淘汰程度较低的文化，所谓“保存固有文化”，无论在理论上，还是在趋势上，都是不通的。因为凡不适应于新时境的文化，必不能保存；而适应于新时境的文化，它的固有，也变成共有，也谈不上保存其固有。无论其合为一种文化的方法有何不同，但文化接触以后，其趋势必是一致与和谐。这虽然已经将陈的理论大大简化了，但总而言之，陈序经的全盘西化论是从他的“文化学”理论中推导出来的。

中国文化与西方文化的程度孰高孰低，陈序经从地理和文化等方面对两者进行了比较。其结论是：“西洋文化之优于中国，不但只有历史上的证明，就是从文化成分的各方面来看，也是一样。”“西方文化在今日，就是世界文化。我们不要在这个世界生活则已，要是要了，则除了去适应这种趋势外，只有束手待毙。”[1] 东方文化是落后的文化，西方文化是进步的文化。两者相接触，必然是落后的东方文化要对进步的西方文化“加以模仿，加以创造”。（但这并不

[1]　陈序经：《中国文化的出路》，中国人民大学出版社，2004，第 86 页。

意味着东方文化的消失，而是共同成为“世界的文化”。）[1] 为了证明自己的推导在事实上是成立的，陈序经分析了近代以来中国西化的思想主张和事实趋势。陈序经指出，近代以来，中国实际上在态度和事实方面，西化的范围越来越大，程度越来越深。“从曾国藩、张之洞一般的西洋文化的观念的逐渐从很小的范围，而趋到较大的范围，从枝末的采用主张，而到根本的采用的主张，则全盘西化的主张是一种必然的趋势。”[2] 而事实上，更是在各个方面，“我们已经在西化的路上，而且是趋到全盘西化的路上。”[3] 因而，中国文化的“西化”趋势是不可避免的。同时，文化是整体的，要学习西方文化的某一方面，则必然连带着要学习西方文化的所有方面；要“西化”，只有“全盘西化”。

第四节 建构学科：课程、理论体系与学术共同体

一、向体制求支持：开设专门课程的努力

“文化学”成为一门专门的课程，是在社会学和人类学课程教育的基础上产生的。早在 1899 年，社会学即由日本人在广东开办的东亚同文书院列入课程表。1906 年，京师法政学堂的章程已经列出了社会学的科目，但是均未实际开设。1908 年，上海圣约翰大学开设了社会学课程，而在大学中首先设立社会学系的是上海的沪江

[1] 参阅陈序经：《文化学概观》（四），第七章《东方与西方》，商务印书馆，1947。

[2] 陈序经：《中国文化的出路》，第 80 页。

[3] 陈序经：《东西文化观》，岭南大学，1937，第 148 页。

大学，设置时间是1913年。两所学校均为教会大学。1916年，北京大学开设了社会学课程。厦门大学于1921年设立历史社会学系，其后，燕京大学、复旦大学、上海光华大学、大夏大学、清华大学等学校陆续设立社会学系或开设社会学课程。1930年，全国有11所大学设置了社会学系，加上合设的系，共16所；1947年，全国大学或学院独立设置社会学系有19校，加上合设的共22校，讲师以上的教师约140人。[1] 人类学课程的设置与此相似。1903年清廷《奏定学堂章程》中就已规定了若干人类学的课程。蔡元培在出任北京大学校长后，曾开设人类学讲座。1927年，广州中山大学聘俄国学者史禄国（S. M. Shirokogoroff）讲授人类学。清华大学设立人类社会学系，其他多所大学的社会学系开设过人类学课程。[2] 20世纪30年代以后，从国外学成回国者逐步构成了一个基本的师资队伍，使用“人类学”或“民族学”开展教学工作。1949年以前，设有人类学、文化人类学、民族学课程的大学有16所，设置人类学系的有清华大学、暨南大学、浙江大学、中山大学等。[3] 不过，社会学与人类学的设置及其开设课程，虽然分别涉及文化理论，但并不一定对“文化学”的学科及课程设置产生直接影响。

“文化学”课程的开设，是“文化学”倡导者努力的结果。据朱谦之所述，“文化哲学”这一个课目，曾在厦门大学设置过，但是从来没有人担任。[4] 以“文化学”为名开设课程，则以黄文山

---

[1] 韩明汉：《中国社会学史》，天津人民出版社，1987，第100-101页。

[2] 林超民：《人类学在中国》，载陈国强、林加煌主编《中国人类学的发展》，上海三联书店，1996，第30页。

[3] 黄淑娉、龚佩华：《文化人类学理论方法研究》，第416页。

[4] 朱谦之：《文化哲学》，“序言”，第1页。

为早。1931 年，黄文山在北京大学和北平师范大学任教时，已开始为学生讲授“文化学”，黄文山自述：“二十年秋北上燕都，讲学于北京大学、师范大学，是年始为同学讲演‘文化学’。”[1] 中山大学社会学系的成立，对于“文化学”的相关课程开设多有推动。该系成立于 1931 年，属文学院，由黄文山任第一届系主任，其后周谷城、傅尚霖、胡体乾继续主持系务，前后在该系任教者有朱亦松、邓初民、许地山、陈序经、言心哲等教授，均系国内著名学者。岑家梧担任人类学、文化社会学及边疆社会研究三课。[2] 1932 年朱谦之应聘到广州中山大学，提出并开设了“文化哲学”课程，这一课程原本为哲学系四年级课程，但选修的学生大多数来自社会学系、历史学系、教育系。[3] 朱谦之并在此基础上完成了《文化哲学》和《文化历史学》著作的写作，朱谦之说：“我痛心疾首，感于民族之不能复兴，乃由于文化之不能复兴。因此毅然决然提出‘文化哲学’这一个科目，以二年的努力，撰成这一部十六万言的著作，和《文化历史学》二十余万的稿本。”[4] 朱谦之也曾在中山大学社会学系开设过“文化社会学”的课程，后让与黄文山开设。[5] 黄文山的“文化学”课程，1932 年以后也在中山大学、中央大学两度开设。[6]

坚持系统地开设“文化学”课程的是陈序经。1938 年起，陈序经在西南联合大学法商学院社会学系便开设了选修课“文化学”。当时西南联合大学社会学系调整课程，提议给学生增开几门新的课

[1] 黄文山：《文化学论文集》，“自序”，第 3 页。

[2] 《广州各校社会学系现况》，《社会学讯》第 1 期，1946 年 5 月。

[3] 朱谦之：《文化哲学》，“序言”，第 2 页。

[4] 朱谦之：《文化哲学》，第 259－260 页。

[5] 黄文山：《关于附录之说明》，载《文化学论文集》。

[6] 黄文山：《文化学论文集》，“序言”，第 3 页。

程，建议陈序经开设一门关于文化方面的新课程。陈序经也很希望在课堂上讨论有关文化的一些根本原理的问题。这一课程的名称引起了讨论，有人提议可称为“文化原理”，有人提议称为“文化问题”，陈序经对此都不满意，乃提出“文化学”的名称，决定以此作为新课程之名。这个课程名称在当时是引起争论的。陈序经提到，“最后我们提出文化学这个名词，当时也有一二位同人，对于用这个名词去做下学期的一个新课程的名称，表示怀疑。我记得后来我回昆明时，以至我到重庆时，都有友人很奇怪的问我，为什么要开这一个学程？因为照他们的意见，那里有所谓文化学这门学问？其实他们从来就没有听过这个名词，然而我却并不因此而放弃我个人的主张。”[1] 从西南联合大学法学院历年的学程表中可知，“文化学”课程共开设了 6 次（除 1944 年度陈序经奉派赴美外，仅在 1942 年度停开过一次），每次为时 1 学期，2 个学分，授课对象为社会学系的高年级学生。[2]

由于学科界限不明，没有更多的相关课程开设，所谓“文化学”课程也没能贯穿到底。在大学开设“文化学”的课程，“文化学”的构建者们付出了一定的努力，但毕竟囿于某一地某一校，人去而课停。不过，以课程的方式将文化学加以推广，是“文化学”学科建立的一种重要途径。1950 年以后，黄文山在美国纽约新社会科学学院，“教授中国文化史、文化学、艺术史等科，为彼邦建立新学，导其先声”。有人评论，他在此开设文化学课程，在美国学

[1]　陈序经：《我怎样研究文化学——跋〈文化论丛〉》，《社会学讯》第 3 期，1946 年 8 月，第 6 版。

[2]　北京大学、清华大学、南开大学、云南师范大学编：《国立西南联合大学史料》（三），云南教育出版社，1998，第 154、181、209、251、321、387 页。

术界当中，也是一个创举。[1] 美国可谓最好分科治学之地，据说仅社会学一科，各种名目的社会学竟有成百上千，形成一定体系的也有数十种。美国人发明的诸多新学科，在欧洲的大学中往往长期得不到认同。连美国人也难以接受的文化学，要想发育成熟并且普及推广，当然是难上加难。在这一领域，中国至少是为数不多地走在世界前列，只不过这样的前沿或许是边缘的另一种形态。

二、抗战及战后“文化学”理论的系统化

“文化学”的学科提倡在1930年代中期以前就形成潮流，但系统的理论著述出现稍晚。这一方面是学科新建的难度使然，另一方面也是当时重在思想争鸣，发表观点主张的愿望较之进行理论阐述更为紧迫。结合课程的讲授，开始形成了初步的讲义，讲义往往以课程取名，为课程服务，未能体现一门独立学科应有的整体形态。在完整的“文化学”著作出现之前，有一些著作在论述中国文化问题时，对文化的理论问题有所述及，如梁漱溟的《东西文化及其哲学》、张君劢的《明日之中国文化》等；也有少量的著作，以文化理论作为研究对象，试图对文化学的基本问题提出一些综合和概括，如孙本文的《社会学上之文化观》《社会的文化基础》和《社会学原理》《文化与社会》、叶法无的《文化评价》《文化与文明》等。抗战之前，陈高傭曾有意编撰《文化学》。黄文山记述：“陈教授为国内有数之新史家，对于文化学之倡导，尤不遗余力。去年有书南来，欲约集友人，共编《文化学》一书，交商务出版。自敌人东犯，此议遂寝。”[2] 而在民国时期有系统的理论著作，仍以朱谦

[1] 谢康：《黄文山先生的‘书’和‘人’》，《艺文志》第84期，1969年9月。

[2] 黄文山：《关于附录之说明》，载《文化学论文集》。

之、黄文山、陈序经的著作为代表。

在朱谦之的“文化学”体系中，可以分为几个亚种类：文化哲学、文化社会学、文化史、文化教育学。《文化哲学》1933 年完成，1935 年由上海商务印书馆再版。《文化社会学》迟至 1948 年才由中国社会学社广东分社出版。《文化历史学》早在 30 年代中就已有稿本，但未见出版。《文化教育学》也是朱谦之久经从事的学科，但朱谦之多次提及，未见其文。这几部著作的关系，朱氏曾有一个说明，谓“《文化哲学》分析研究的是知识的类型，《文化社会学》分析研究的是社会的类型，《文化教育学》，则专分析研究人格的类型”[1]。其中，《文化哲学》是朱谦之关于“文化学”理论的著作，其中就文化的定义、文化的类型、发展阶段及其相互间的关系的系统阐述。不过，朱谦之尽管在多种著作中讨论文化学，还有多种相关计划，却并未形成以《文化学》为名的统一著作，似乎也不打算撰写这样的著作。

到 20 世纪 30 年代中期，黄文山在“文化学”的理论阐述上取得重要进展，此间写作的论文有：《文化法则论》、《文化学方法论》（中央大学《社会科学丛刊》）、《文化分类论》（《大陆杂志》第 2 卷第 8 期）等。1937 年，中日战争爆发，各种文化机关面临内迁，为使文章不至散失，黄文山乃在广州搜集有关文字，于 1938 年刊印《文化学论文集》。[2] 1940 年代，黄文山致力于《文化学体系》的著述，但直到 1949 年中国大陆政权易手，全书并未完成，只有《文化学在科学体系之位置》一章，篇幅较紧，曾由岭南大学西南社会经济研究所别印专刊。1949 年以后，黄文山旅居海外、中国港

[1] 朱谦之：《文化社会学》，中国社会学社广东分社，1948，第 191 页。

[2] 此书由中国文化学学会于 1938 年在广州出版。

台地区，20 世纪 60 年代完成并出版《文化学体系》。此书的上篇和中篇基本上是在民国时期写就或已经出版的原稿，有的篇章进行过文字上的修订。下篇为后来补写内容，所占篇幅不大。

陈序经在蒙自拟定了“文化学系统”的大纲，并在西南联大开设文化学课程后，便决定完成“文化学”系统著作的写作。选修课的开设对系统著作的撰写提供了很大的益处，“因为要对学生演讲，我自己不得不先把这个问题作有系统的大纲。同时分为细目，使在讲演的时间上能够适应的分配。又因年年要讲演，使我对于这个科目的兴趣能够继续而不断。”[1] 陈序经后来的《文化学概观》，大致上就是他在西南联大讲课的内容。抗战期间，陈序经完成了总共 20 册、凡 200 万言的文化学巨著，统称为《文化论丛》，其中：《文化学概观》4 册，《西洋文化观》2 册，《东方文化观》1 册，《中国文化观》1 册，《中国西化观》2 册，《东西文化观》8 册，《南北文化观》2 册。[2] 陈序经说：“我这二十册的‘文化论丛’就是透过文化的普通与根本的观念，来讨论东西文化与南北文化的问题，自成系统的。”[3] 他说：“我个人对于文化上的主要概念，都可以在这些册里看出来。”[4]

---

[1] 陈序经：《〈南北文化观〉跋》，载杨深编《走出东方——陈序经文化论著辑要》，第 472 页。

[2] 这一套书的提要，根据陈其津《陈序经治学简述》所言，系录自陈序经手稿。其中有些已经完成，有些尚未完成。其中部分篇目及完成情况与陈序经自己的提法略有差异，待考。参阅陈其津：《陈序经治学简述》，见陈传汉、詹尊沂、陈赞日主编《陈序经学术研讨会论文选集》，延边大学出版社，2000，第 13 页。

[3] 陈序经：《我怎样研究文化学——跋〈文化论丛〉》，《社会学讯》第 3 期，1946 年 8 月 1 日，第 6 版。

[4] 陈序经：《文化学概观》（一），“前言”，第 1 页。

《文化论丛》完成后，陈序经积极设法出版。[1] 但迄今所见，只有《文化学概观》4 册，于 1947 年由上海商务印书馆出版。在全部《文化论丛》中，这部著作集中阐述“文化学”理论的部分，对于西方的文化学历史、中国的文化问题论争和各派理论，论述甚详。陈序经对自己早期其他著述中的文化学理论进行了扩充，使之更为完备和系统化。与早期的著述相比，这部系统的《文化学概观》力图将“文化学”学科的理念进一步推进。他以“文化学”的学科理论作为主要的内容，从原理上阐述文化、文化学、文化学的基本内容和规律等基础性的理论问题，文化理论与文化观的比例与早期阐述文化观的著述完全相反，前者占了绝大多数的篇幅。在论述逻辑上，从“文化学”问题的本原开始，层层深入，论述了文化的定义，文化的基础，文化的性质、重心、成分及成分的关系，文化的发生、发展和文化层累，文化接触的规律和发展的方向，等等理论问题。由学理推演的对于中西文化的认识和态度，只在全篇的最后几章提出。同时，对文化学史有系统的梳理，从文化问题的各种研究历程中，揭示“文化学”学科建立的过程和趋势。

文化学在西方出现也较晚，能否成为独立学科，争议不小，所以发育不很充分，理论不很成型。20 世纪 30 年代以后，主要在美国得到发展。[2] 和其他不少学科类似，美国使这一学科清晰和简化。

---

[1]　《国内社会学巨著行将出版》，《社会学讯》第 1 期，1946 年 5 月 20 日，第 8 版。

[2]　罗伯特 · 路易（Robert H. Lowie）1936 年在《美国社会学杂志》上发表文章，预示将要建立一门研究文化自身的科学，以超越文化史、民族志、人种学和文化人类学。（Robert H. Lowie, “Cultural Anthropology: A Science”, *The American Journal of Sociology*, Vol. 42, No. 3［1936.11］.）莱斯利 · 怀特（L. A. White）坚决主张用“文化学”的概念来表述这一新兴学科。他从 1930 年代就在授课中采用了这一术语，并在 1939 年出版的《近似术语问题》中首次公开使用“文化学”（culturology）。（转下页）

一般来说，各种学科往往因美国地位的上升而影响到世界，进而影响中国。但就“文化学”而言，中国学人受美国学术的影响是在美国学科构建的前阶段，即受其理论影响深，而非直接输入现成产品，从而显示出由中、美学者在“文化学”的构建中齐头并进、相互影响的状态。这些实际发生的影响不同于照搬借鉴，而类似于同源发展。在这种情况下，中国倡导者的某些思想甚至超前于西方学术界，甚至对海外学界产生正面影响。陈序经整合“文化进化论”和“文化传播论”，与20世纪40年代现代文化人类学莱斯利·怀特（Leslie White）和朱利安·斯图尔德（Julian Steward）为代表的“新进化论”相一致。由于“新进化论”的主要著作是在20世纪40年代以后才出版的，而陈序经的《文化学概观》写成于40年代前期，并且是处于相对封闭的抗战大后方，没有证据说明陈序经直接受到这一最新的人类学思想的影响。这显示出中国学者在独立的著述状态下，本于西学而能够有所进展。莱斯利·怀特在其著作《文化的科学》中，还提到黄文山关于文化学的撰述。[1] 民族学家何联奎在后来评价《黄文山学术论丛》一书时说：“（黄文山）创见之

（接上页）（L. A. White, *The Science of Culture: A Study of Man and Civilization*, New York: Farrar Straus, 1949, pp.411－412.）他将文化学与其他学科进行了比较，认为既然关于哺乳动物的科学叫作哺乳动物学（mammalogy），关于音乐的科学叫作音乐学 (musicology)，关于细菌的科学叫作细菌学 (bacteriology)，诸如此类，那么，关于研究文化的科学当然也能叫作文化学 (culturology) 。“（文化学）揭示了作为一方的人类有机体与作为另一方的超机体的传统即文化的关系。这是创造性的，它建立和规定了一门新的科学。”（L. A. White, *The Science of Culture: A Study of Man and Civilization*, New York: Farrar Straus, 1949, p.415.）

[1]　参阅L. A. White, *The Science of Culture: A Study of Man and Civilization*, New York: Farrar Straus, 1949, p.412。

发表，早于美国人类学者怀德（指莱斯利·怀特——引者注）教授主张建立文化学之前十余年，而其思想之深粹，不让怀德专美于当世。”[1]

由此可以看到，“文化学”在中国现代学科体系中的地位与其他学科有所不同，中国学者不是主要地依靠引进西方的现成理论，而是在延续西人学术思路的基础上，加以创建。相对来说，中国学者倡导与建构“文化学”，与西方学者在时代上的落差远远小于其他学科，海内外学术的互动更易凸显。正是在这个意义上，陈高傭认为，中国对于“西洋还没有建立成功的文化学”，有特别的理由加以努力。“我们中国学术界更应该当仁不让地拿出全副精神来努力：因为第一，我国是一个有悠久文化历史的国家，关于文化的材料很多，我们对于文化的研究自然容易着手。第二，我国现在因为中西文化之接触，文化问题成为国家民族的一个重要问题。”这虽然有难度，但却显示出特别的意义，因为“中国过去的许多学问是不能算为科学，西洋近代所成立的许多科学，我们至今还没有完全接受得来，在这样条件之下，要想把西洋还没有建立成功的‘文化学’，由我们提出来建立，似乎有点太不量力。但是我想我们只要努力，亦非决不可能之事。……中国今日正在文化运动的激烈潮流中，‘文化学’之建立，亦为时势所趋也。”[2]

自西而东的“文化学”，客观地说，只是学科概念和相关“前理论”的输入，就学科构建的整体而言，中国反而更有声势。或以

---

[1]　何联奎:《何联奎文集》，中华书局，1980，第623页。

[2]　陈高傭:《文化运动与“文化学”的建立》，《文化建设》第1卷第6期，1935年3月10日，第35页。

为20世纪30—40年代，中国人类学已与世界的人类学平起平坐，[1]这在各门引进的新学科中已属不易，而比较“文化学”在中国和在西方学术界的地位，在中国似乎更有所超前，发育的程度更显出后来居上之势。相较于诸多学科亦步亦趋追随西方的情形，“文化学”的学科构建及其理论在中国这种异乎寻常的“发展”，一方面由于中国思维方式本来好比附，清季民初，围绕中西文化的“比较”盛极一时，与斯宾格勒的文化类型学在欧洲的境遇截然相反；另一方面，“文化学”的内涵外延模糊，使之即使在喜欢花样翻新的新大陆也步履艰难，却在善用比喻的中土得其所哉。况且，中国“文化学”的构建者将主要精力放在学科呼吁和理论构建上，重视的是看似顺时序实则倒述式的学术史的梳理和述评，虽然有许多思想观念的争鸣，却没有多少实际的研究，因而无法落实具体课题，更无论学科的本土化和中国特色了。作为思想史的素材固然极其丰富，作为学科史的生成衍化，却显得前提并不具备。

三、构建学术共同体的努力及成效

在构建新学科的过程中，学人之间的联系、协调和呼应也十分重要。而在“文化学”的建构过程中，可以看到其中有相成和相应的，也有相反和相对的关系。由于各自的思想着眼点存在较大差异，新的学科理论又处于草创阶段，尽管各人努力营造一种协调和合作的氛围，但最终仍显得各说各话，所期待的学术共同体停留在非常低级的水平。

“文化学”的倡导者之间的相互启发和呼应，以阎焕文与黄文

---

[1]　王铭铭：《西学“中国化”的历史困境》，广西师范大学出版社，2005，第30页。

山的关系最为典型。阎焕文自述，较早已经关注到“文化学”，但有所创述还是在黄文山主编《新社会科学季刊》之后，受黄文山的鼓励和启发。据其自述：“不料今秋暑假返校后，偶购新社会科学一卷二号，载有黄文山先生的大作，《文化学的建筑线》一文，读后不禁旧痒复发，不可抑制，即去信和黄先生讨论，蒙黄先生虚心指教，又承允许介绍登在《新社会科学》上，以后再印单行本。真不想在三四年后，竟得了同好，真是想不到的幸运！谨此表示谢意，并望读者予以工整严格的批判，以使这个草创的科学早日生长起来。”[1] 这一阶段，阎焕文与黄文山联络较多，来往信函不断，但很快因抗战爆发，两人联系中断，黄遂先将阎焕文的《文化学》一文刊载于《新社会科学季刊》上。黄文山说：“阎先生与予素昧平生，曩予主编《新社会科学季刊》（正中书局印行），书札往还无虚日，凡所扬摧，颇多抉发。阎先生复以所写《文化学》一稿嘱登季刊，其后该刊中辍，一部分稿件，尚存行箧。今者国事骤变，南北睽违，予与阎先生亦复不通闻问。予恐斯稿一旦散佚，有负所托，乃附刊于此，阎先生对于文化学，实能首先作一系统之探究，匡予不逮，至所佩服。”[2] 阎焕文的《文化学》稿在《新社会科学季刊》分两期连载。

阎焕文与黄文山之间，不仅有呼应，而且确实也有讨论的方面。阎焕文比较重视文化的有机性的一方面，批评黄文山的《文化学的建筑线》对于文化的定义未能指明文化的历史性，而且忽视了文化的有机性，因而在黄文山的基础上，提出自己的文化学定义。

---

[1]　阎焕文：《文化学》，《新社会科学季刊》第1卷第3期，1934年8月，第94页。

[2]　黄文山：《关于附录之说明》，《文化学论文集》，第1页。

阎焕文不同意黄文山将文化人类学与文化社会学合成“文化学”的观点。阎焕文认为:“只以文化社会学欲达理解文化的能事，实在是有所不能。……我们的文化学是研究文化的全部，在这一点上是文化学和文化社会学的分水岭。”文化人类学也应“置在文化社会学和文化学相同的关系上”。[1] 其主旨是以文化学涵盖文化人类学和文化社会学，而不仅仅是将二者整合拼凑。从杨成志留学法国的经历可知，即使在有一定专业训练的中国学人眼中，法国学术界文化人类学与文化社会学之间的激烈争论，似乎并无学理意义，因而完全能够熔于一炉。

虽然学术层面上略有不同，重要的是，阎焕文在文化思想上也是比较偏重于国民党的主流文化意识形态。这或许是与黄文山能够形成相互呼应的更深层的因素。阎焕文对于与政治关系密切的所谓“新文化建设运动”予以高度的评价。他引述陈立夫的《中国文化建设论》(载《文化建设》)，指出“可知‘新文化建设运动’是以民族主义的立场，以复兴中国民族为目的，而建设一个新文化的。”“总之，无论‘新文化运动’，‘科学化运动’，‘新生活运动’，‘新文化建设运动’，虽然它们的动机、方向不同，而从老衰的命运中，把中国文化救出来，建设新中国文化，是异途同归，不可非议的。”[2] 1937年黄文山在《战时统制理论问题》一文中，提倡“精神力之统制”，在这一问题上，阎焕文与黄的观点比较一致，他认为文化统制不是文化专制，“文化专制是一党一派想把持文化据为已有，不使他派染指，是一种恶德。不惟组织文化的进步，且其自

---

[1] 阎焕文:《文化学》,《新社会科学季刊》第1卷第3期，1934年8月，第98-99页。

[2] 阎焕文:《文化学》,《新社会科学季刊》第1卷第3期,1934年8月，第29页。

身也没有不失败的。”“至于文化统制，并不想文化单一化，只控制文化，不使陷入病态，走入歧途罢了。”阎焕文认为，文化统制是可能的，但不是无条件的。“文化既是极复杂的东西，我们要不加以深入的研究，随便乱谈文化统制，是非常危险的。……所以要想统制文化的命运，必须深研文化学，然后所说始有所本，所行始有所向，所欲始有所成。”[1]

从上述角度立论，论述“文化学”的现实意义，很难避免学术为政治服务之嫌。而且是为国民党的集权路线服务。国民党提倡新生活运动和新文化建设运动，包括本位文化在内，都是面对日本不断强化的压力，力图以权力集中和思想统一的方式，改变北京政府时期中国政治上的割据纷争，以及“五四”以来思想上的五花八门，在国民政府和国民党的统一掌控下，加速经济和国防建设，以应对外侮，平息内乱。问题是，国民党和国民政府的统制，很难得到国民的高度认同，而国民党和国民政府对待异见，又往往采取高压暴力手段。如果“文化学”的建设简单地论证统制的合理性，就不禁令人怀疑其动机和效果。在仍然深受“五四”以来思想自由风尚主导的学术界，不易获得普遍和真心的迎取。

陈高傭也对黄文山提出的建设“文化学”给予肯定和呼应，并提议学人合作共同建设这一学科。他的这一观点的提出，与黄文山的《文化学的建筑线》有直接的关系。他说：“去冬读《新社会科学季刊》见黄文山先生著有《文化学的建筑线》一文，引动我的极大兴趣，这篇文章中所说的许多理论，虽然，还仅是黄先生的一点个人意见，但是‘文化学’这个名词的提出，则确可以说是正适应一

[1]　阎焕文：《文化学》，载黄文山《文化学论文集》，第127、128页。

班研究文化科学的人士之共同要求。”[1]

朱谦之与黄文山互称“好友”，可是对于“文化学”的见解不大相同，主要原因是朱氏的学术构架太大，虽然也用到“文化学”的概念，而目的并不在此。他对黄文山的努力有所肯定，认为：“考‘文化学’（Science of Culture, Culturology）一名为吾友黄文山先生所采用，其意义与相同，乃在社会学之外，另立一种文化学为独立科学。……这是何等伟大的学术企图，但不能因此而否定了文化社会学的存在。反之我们更应该承认文化社会学和文化哲学同属于文化学之一部门。”[2] 因此正面呼应不很明显。陈序经的“文化学”理论则与黄文山相差较大。黄文山承认，自己的理论与朱、陈理论不同：“顾细自检讨，觉得个人的观点，与（朱陈）两先生多不相同。……我们三人虽然同是研究文化学，观点正不必相同。学问非一派可尽，一面尊人所学，一面申己所学，或能对本国思想、世界思想作充量的贡献。”[3] 黄文山认为，陈序经的文化学著作没有系统地论述文化学的方法与法则，而这一方面，正是黄氏重点建构的部分。他后来说：

> 陈氏本书，虽属草创之作，但比诸前人同类的著述，的确较有组织、有系统、有主见。陈氏在现象的分类中，对于文化学的位置亦有正确的了解，虽然这种分类法，并非由陈氏所独

---

[1]　陈高傭：《文化运动与“文化学”的建立》，《文化建设》第1卷第6期，1935年3月10日，第1页。

[2]　朱谦之：《文化哲学》，第4页（序页）。

[3]　黄文山：《文化学在创建中的理论之归趋及其展望》，《社会学讯》第8期，1948年12月19日，第8版。

倡（参见拙作对于科学分类的讨论）。所可惜者，本书以汪洋浩瀚之作，对于文化学的科学之范围、方法、法则以及许多根本问题，均未论及，其全盘的结论，在乎迹先地论证其夙昔所倡导的全盘西化论。[1]

因此，陈序经的“文化学”实际上与“文化科学”还是没有细致地厘清：

陈氏在结论上虽也注重于文化学的建立，以及其在科学中的地位，然陈氏所谓文化学 Kulturwissenschaft 也就是指文化科学，但依我们的意思，德文 Kulturwissenschaft 在英文译为 Culture Science 与 Social Science 或 Mental Science，差不多同义，这当然是包括许多的科学而言，至于文化学则为 Culturology or Science of Culture 是指一种独立的科学。……陈氏不曾把这两个名词分辨清楚，所以把文化科学与文化学混用。[2]

这种从定义的角度分辨名词，进而把握学科的努力，在后来的历次文化研究热潮中，常常可以看到。

在建构“文化学”的学术共同体方面，取得的成效甚微。1933 年 12 月，在江西南昌成立了一个“中国文化学会”，但这一学会并不是文化学的学术团体，而是在官方支持下推动文化运动的组织。该学会标榜“以三民主义为中国文化运动之最高原则，发扬中

[1]　黄文山:《文化学体系》，第 211 页。

[2]　黄文山:《文化学体系》，第 382-383 页。

国固有文化，吸收各国进步文化，创建新中国文化。”[1] 所以设立在南昌，是因为江西“剿共”胜利后，将这里视为“安内攘外复兴革命策源地”，政治背景和目标十分显然。学会的附和者所热衷讨论的，少有学术研究，多为纠正“文化谬误”，“谬误”指向，即国民党当局当时所批评的西化和复古。该学会的主要负责人，也是国民党内的重要干部，如贺衷寒、邓文仪等。[2] 1934 年 3 月，中国文化建设协会在上海中华学艺社大礼堂成立，一年中，分会遍布全国各省。但有学者注意到，这一学会建立时，恰好缺乏文化学研究的自觉意识。阎焕文述及：“美中不足的，没有客观的态度，系统的研究，建立文化学的雄心。我们不彻底研究文化的一般理论，奢谈文化建设，实有非常的危险呢！所以文化建设学是必须研究的。”[3]

中国文化建设协会是以思想上的统制和官方文化意识形态的宣传为功能的，自然不能以“文化学”的学会相期待。抗战胜利后，相关的一些学术共同体有了发展的机会，其中有些团体对“文化学”的发展有所裨益。1946 年 4 月，中国社会学社广东分社成立，主要由中山大学、广东省立法商学院、岭南大学三校社会学系人员组成，理事长为黄文山。[4] 1947 年 1 月，黄文山到南京与孙本文、凌纯声氏商讨恢复组织中国社会学社、中国民族学社及出

[1] 田灌夫：《中国文化学会之成立》，《中国革命》第 3 卷第 2 期，1934 年 1 月 20 日。

[2] 星：《记十一年前中国文化学会成立》，《文协》（月刊）第 2 卷第 2 期，1944 年 3 月。

[3] 阎焕文：《文化学》，载黄文山《文化学论文集》，第 133 页。

[4] 《中国社会学社广东分社发起经过》，《社会学讯》第 1 期，1946 年 5 月 20 日，第 7 版。

刊社会学报、民族学年报等事宜。[1]“中国民族学会由黄文山、何联奎、孙本文、徐益棠等发起组织，民国二十三年十二月成立于南京。……最近以黄文山氏来京，乃举行座谈会。决定（一）春间在京召开年会，（二）编纂《民族学名词辞典》，推举黄文山、凌纯声、孙本文、卫惠林、何联奎、徐益棠等负责编，（三）出刊民族学年报。”[2]因社会学、民族学本身具有良好的基础，学术共同体的恢复比较顺利，这些机构和人员对于黄文山的“文化学”的建构努力起到了一定的作用，其中的一些研究方向有利于“文化学”的发展。

试图把“文化学”融入学术团体的尝试，是1945年在广州成立的中华文化学会。该学会渊源上溯自1937年在法国巴黎成立的中华文化学会，当时已计划设立专门学术研究机关，如拟设中华文化学院或研究院，但因抗战事起，会务停止。1945年10月，一部分成员返回广州，倡议恢复该会，11月25日举行成立大会，吴康、黄文山等9人当选理事和常务理事，吴康为理事长。12月15日，在中华文化学院内设该会临时办事处，1946年1月迁入广州文德路私立广州法学院内。[3]该会的政治倾向十分明显，章程中提出“以研究学术发扬文化建设三民主义新社会为宗旨”。[4]学会有研究部，分为三大类、27组，其中在第二大类社会科学类中设有文化学组，

[1]《黄文山返穗》，《社会学讯》第4期，1947年1月15日，第4版。

[2]《中国民族学学会近况》，《社会学讯》第4期，1947年1月15日，第4版。

[3]《中华文化学会大事记》，载吴康、罗镇欧编《中华文化学会概览》，中华文化学会，1946，第11-12页。

[4]《中华文化学会组织章程》，载吴康、罗镇欧编《中华文化学会概览》，第6页。

主要研究员为黄文山、戴裔煊和岑家梧，[1] 这同时表明，该会虽然以“文化学会”为名，主张研究学术，研究计划也包括文化学，却并不是主张“文化学”为独立学科的学人们的专门组织。

抗战后的这一时期，是“文化学”的相关学术成果发表较多的时期。这与主要的倡导者集中在广东、并且在学术界占据一定的学术资源有关。广东省立法商学院出版《法商学术汇刊》一册，“其中关于社会学者有黄文山:《文化体系与社会关系》……等篇。”[2] 虽然归在社会学的范围，实际上讲的是黄文山文化学体系中的一个专题。中山大学法学院出版《社会科学论丛》，收有黄文山《文化学的建立》。[3] 中国社会学社广东分社出版的《社会学讯》密集地发表了一系列论文。1947 年 10 月，黄文山在《社会学讯》发表《文化体系的类型》。[4] 1948 年 4 月，陈序经在《社会学讯》发表《研究西南文化的意义》。[5] 12 月，《社会学讯》第 8 期刊载孙本文《二十年来之中国社会学社》、陈序经《社会学与西南文化之研究》、朱谦之《文化社会学纲要》、黄文山《文化学在创建中的理论之归

[1] 《中华文化学会各部工作计划》《中华文化学会研究员名表》，载吴康、罗镇欧编《中华文化学会概览》，第 10–11 页。和文化学并列于社会科学类的各组是:三民主义组、政治学组、法律学组、经济学组、社会学组、教育学组、市政学组。

[2] 《社会学新书刊出版》，《社会学讯》第 3 期，1946 年 8 月 1 日，第 7–8 版。

[3] 《国立中山大学法学院〈社会科学论丛〉出版》，《社会学讯》第 7 期，1948 年 4 月 20 日，第 4 版。

[4] 黄文山:《文化体系的类型》，《社会学讯》第 6 期，1947 年 10 月 23 日，第 1–2 版。

[5] 陈序经:《研究西南文化的意义》，《社会学讯》第 7 期，1948 年 4 月 20 日，第 1–4 版。

趋及其展望》。[1] 值得注意的是，陈序经在主持岭南大学校政时期，设置西南社会经济研究所，刊行丛书，特将黄文山的《文化学及其在科学体系中的位置》纳入出版，这或是一次协调和呼应的努力。

结语　从文化自觉到知识“自觉”

在西方文化冲击之下，西学主导已经或隐或现地成为民国时期中国思想与学术的基本底色。在此背景下国人对中西文化问题的广泛关注，则提供了对“文化学”理论的独特的社会需求。经过观念的变化、学理的输入、课程的设置、系统著作的撰写和学术共同体的创办，中国学人力图使得“文化学”成为独立的学科，在当时学术界和教育界产生了一定的影响。

相较于诸多学科亦步亦趋追随西方以求内化的情形，“文化学”在中国的发展可谓独树一帜。近代中国的文化冲突提供了“文化学”学理发展的本土驱动力量。西学的学科概念、学术理论和学科形式，启发和推动了中国学人“文化学”的建构。但是，也正是由于同一原因，近代中国学术整体上受制于西学发展，缺乏学术本身的原动力和内在基础，“文化学”在中国的热闹景象实际上难免学术之外的虚假繁荣，思想的需求显然超出了学术的需求，而好比附的思维方式产生的与其说是学术动力，不如说是附会的方便。由外部环境和学科发展的内在限制，特别是在文化冲突中，中国学者各

---

[1]　孙本文《二十年来之中国社会学社》、陈序经《社会学与西南文化之研究》、朱谦之《文化社会学纲要》、黄文山《文化学在创建中的理论之归趋及其展望》，载《社会学讯》第8期，1948。

自所据的学理及对学理的理解不同，因而始终不能大体清晰地划分“文化学”的学科边际。就在黄文山等人的相关论文发表后，胡鉴民仍指出：“文化学尚无一定的定义与公认的领域。”[1]

学人之间缺乏内部的协调，对于中西文化的基本观念歧异甚大，妨碍到“文化学”学科的整合及影响的扩张，其理论建构的草创性比较明显，学科体系的界定没有完满解决。在这种情况下，“文化学”缺乏具体研究，更谈不上通过具体研究的学术典范来推动学科的成长，更加没有明确的学术分支机构和学术研究的分工。这一学术史上的课题多数情况下停留在思想史的层面上，偏于抽象，看上去超前，实则空虚，无法成为一门公认的科学。

新中国建立后，由于认识上的原因，对原有的学科体系进行了大规模的调整，社会学、人类学恰是社会科学中受到冲击最大的两个领域，处于建构中的“文化学”完全消失。此前的学科建构者，如陈序经、朱谦之，均将学术方向转向其他领域，“文化学”一词几乎无人提及。黄文山在港台及海外继续从事“文化学”体系的构建，并且出版了《文化学体系》，但由于政治上的隔阂，对大陆没有产生实际影响，在港台地区也不成气候，至少距离其理想目标还遥不可及。钱穆等人虽然也有以“文化学”命名的著述，主要目的不在于学科建构，而是为了宣扬其思想。钱穆的西学本来就遭人诟病，附会之处不少，而且讲西学多半也是因应时势，未必即以为然。直到20世纪80年代以后，在大陆才进入另一轮新的“文化学”

---

[1]　胡鉴民：《从文化之性质讲到文化学及文化建设》，《社会科学研究》（上海）第1卷第1期，1935年3月，第12页。

建构的过程。[1] 那种人人争说、人人说不清楚的情形，再度重现。

综上所述，“文化学”在近代中国的倡导与构建，以学术史的问题形式而展现近代文化思想变迁的多维面相。“文化学”在中国得到提倡的思想背景，是近代以来在西学刺激下的民族自觉和文化自觉。一方面，受分科治学即科学的影响，国人至今仍然孜孜追求科学的学术分科，而浑然不觉这其实是同义反复，更少察觉分科不过因缘历史文化而来，未必是放之四海而皆准的公理天道。另一方面，受进化论的支配，放弃天下观的中国人认识到，中国在世界文明中居于边缘地位，遂以文明中心为参照，将文化研究和“文化学”作为边缘文明的自我认知和自我定位的理论工具，因而“文化学”的倡导一开始就与思想史背景密不可分。与其他现代学科在中国的遭遇相比，“文化学”显示了异乎寻常的“发展”，在其传布过程中就显示了与众不同的特点。甚至与西方学人的类似努力相比，中国“文化学”学科的提倡和发育的程度，也有后来居上之势。如

[1] 20世纪80年代以后，随着大陆文化热的兴起，文化学的学科建构再度受到关注。1982年，钱学森著文倡议，提出对文化进行系统的研究，建立文化学的基础理论，从整个社会系统来研究文化事业，建立学科。他认为:“分散地提这门学问、那门学问不行了，要综合地提，全面地提，所以建议称这门学问为文化学。”（钱学森:《研究社会主义精神财富创造事业的学问——文化学》，《中国社会科学》1982年第6期。）20世纪80年代中期，《学习与探索》连续刊载了一系列文化学基本理论探索的文章，其中刘敏中的论文《文化学说构架无效要素价值论纲》引起重视。何新因而提出“在我国的人文社会科学中，也有必要开展‘文化学’研究的问题”。（何新:《关于文化学研究的通信》，《学习与探索》1986年第2期。）1989年，顾晓鸣在其《有形与无形：文化寻踪》一书里，提出要确立一门“与我们通常的社会历史研究角度和方法迥然不同的总体性学科”，即文化学，这门“具有总体解释效能的独立学科”的建立，是可以的和应该的。（顾晓鸣:《有形与无形：文化寻踪》，上海人民出版社，1989，第24-25页。）这些新颖，多少有些旧话重提的味道。

此殊遇，亦与20世纪20年代以后中国社会强烈的民族自觉和民族意识紧密联系。“文化学”所关注的文化类型差别，在后发展国家往往被解读为文明程度差异的根源。正因为建构这一学科需要民族意识、民族文化的培育和刺激，在全世界的范围看，它反而不是在学术和文化最先进的国家得到发展，而是在相对边缘、需要与文明中心划分出自身文化界限的国家更受重视。因为唯有在这样的文化里，才能够通过“文化学”学科的建构来“准确”认识自己文化的价值。知识自觉（“文化学”的学科自觉）是文化自觉（民族意识觉醒）的派生，近代中国社会恰好提供了这样的前提，来自西方的“文化学”的种子落到了近代中国这样一种最有利于其生长的土壤之中，尽管先天不足，还是不断成长，经久不衰。民国时期“文化学”学科建构的努力，成为近代中国知识转型一般进程中多少有点异样的特例，有助于重新审视学术转型与社会变动的关系，以及中西学术的复杂纠葛。

第八章　近代学术的转承与分合：中山大学人文学科的设置及取向（1926—1949）

晚清与民国，中国固有的知识与制度在外部冲击和影响下发生巨变，出现了中西新旧的碰撞、冲突、调适和交融的过程。在这场巨变中，作为知识与制度的酝酿、产生和运作的主场地，大学及其研究机构的设立运行，集中体现了变化的各个层面。在近代学科体制下，分科教学和综合研究双轨并行；同时，由于学术自身演变规律和学者个体差异等因素的影响，学术分歧和人事纠葛交织，使得中国学术的转承显得错综复杂。1926—1949 年中山大学人文学科的教学与研究所体现出来的学术转变，浓缩了中国学术转型过程的诸多层面，管中窥豹，可以见微知著。

第一节　从国学到史学

整理国故运动对于中国固有学术的解构具有重要影响，它使以经学为主导的传统学术格局最终解体，整个学术按照近代西学规范重新分类，史学地位上升。中山大学语言历史学研究所（中大语史所）明确标举语言历史学，从笼统的国学研究，转向历史学研究，民俗学、语言学、考古学、人类学成为历史学的辅助学科。中大语史所上承北京大学文科研究所国学门（北大国学门）、清华国学研究院（清华国学院）、厦门大学国学研究院（厦大国学院），下启中央研究院历史语言研究所（中研院史语所），在人脉关系、机构建制、学术精神上，具有重要的转换枢纽地位。

中大语史所人员来源广泛，主要来自北大国学门、厦大国学院和清华国学院，留学回国人员也不少，他们是中大语史所的基干，有的还是中研院史语所初期的重要成员。1927—1930 年，中大语史所陆续成立了事务委员会、出版物审查委员会、民俗学会、考古学会、历史学会、语言学会，其重要成员也大都来自北大国学门和厦大国学院。他们或多或少地受到过去经验的牵制和影响，使得语史所朝着北大国学门、厦大国学院一线下来的方向发展。清华国学院和留学回国人员的加盟，注入了新鲜血液，使得语史所既有传承的一面，又有新创和发展的一面。语史所还创办了《国立中山大学语言历史学研究所周刊》（《语史所周刊》）、《民间文艺》、《民俗》周刊 3 种学术期刊，印行了语言学、民俗学、考古学、历史学丛书，尤以民俗学丛书为多，影响最大，共有 34 种。

早在语史所成立之初，时为清华大学学生的张荫麟就撰文说："广东中山大学近创办语言历史学研究所，其规模略仿旧日北京大学国学研究所，并印行周刊，其体例亦仿旧日北大研究所周刊。"[1] 杨堃在清算中国民俗学史时，分析《民俗》周刊的《发刊辞》，认为："广州中大所展开的民俗学运动，在人材与精神两方面全是继承北大的歌谣研究会"，"这个民俗学运动原是一种新史学运动，故较北大时期的新文学运动的民俗学运动，已经不同，已有进步。这是

[1]　张荫麟：《评中山大学语言历史学研究所周刊论文》，《国立中山大学语言历史学研究所周刊》第 1 集第 19 期，1928 年 3 月 6 日，第 576 页。

代表两个阶段，亦是代表两个学派的”。[1]

亲历了北大国学门和中大语史所民俗学运动的钟敬文，对比两个机关的出版物，认为：“从《歌谣》周刊到《国学门周刊》等，对一般民俗资料的记录数量仍然不多（评论更少了），影响范围也比较狭窄。中大的《民俗》周刊（以及民俗学会丛书），在这点上，不仅仅是北大事业的一般继续，而且是大踏步前进了。”《民俗》周刊在搜集故事、歌谣的同时，增加了风俗、传说、信仰等的分量，《歌谣》后期，虽已重视风俗资料的刊载和对它的谈论，“毕竟分量和范围都比较有限”。而看百多期《民俗》的目录，“真不禁有波澜壮阔的观感。许多古代文献上和现代记录上所没有（或者很少）提到的民俗资料初次被发掘出来了。其中有不少不但对于我国民俗学来说是相当重要的；而且对于许多世界性学术研究，如原始社会文化史、人类学、民族学、民间文艺学及民族心理学等都提供了一定的参考材料，有的还是一种极珍贵的材料”；不仅如此，《民俗》周刊发行的几年里，还“培养了一批散在各地的青年民俗学工作者。他们由于它的启发、诱导和帮助，一时成为这门学术热心的参与者和传播者”。[2] 当中大民俗学运动走向消沉时，是他们把中大民俗学的种子散布于全国各地，正应了顾颉刚的预言：“即使我们这个团体遭逢不幸，但这些初露面的材料靠了印刷的传布是不会灭亡的了：这些种子散播出去，将来也许成为长林丰草呢！”[3]

---

[1] 杨堃：《我国民俗学运动史略》，《民族学研究集刊》第 6 期，1948 年 6 月，第 94－95 页。

[2] 钟敬文：《重印〈民俗〉周刊序》，载《钟敬文学术论著自选集》，首都师范大学出版社，1994，第 618－619 页。

[3] 《顾颉刚序》，载谢云声《闽歌甲集》，国立中山大学语言历史学研究所，1928，第 3 页。

中大语史所“以作语言与历史之科学的研究，并以造成此项人才为宗旨”。[1]《语史所周刊》是其机关刊物，被视为民国时期对新史学发展具有关键性作用的学术期刊之一，与《古史辨》《中央研究院历史语言研究所集刊》《禹贡》《食货》一道，扩大了国史研究的领域与资料范围，开拓了历史解释框架与范畴，加深了史学分析角度与幅度，养成了众多兼具史才、史学、史识并多具科学分析方法的青年史家。总其成果，便是引导中国史学研究进入一境域，为近代中国史学标界立基。[2]这样的评价，显然与后来学术发展主流的转向不无关系。沿着上述路线，自然有此结论。而中山大学以史学为中心的各项学术活动，的确是延续北京大学国学门一脉的宗旨路线。

北大考古学会初期，主要呼吁保护文物古迹，收集或接受外界捐赠金石甲骨玉砖瓦陶等器物，制作拓本图录和照相。虽然先后派马衡、徐炳昶、李宗侗、陈万里调查河南新郑、孟津出土周代铜器、大宫山明代古迹、洛阳北邙山出土文物、甘肃敦煌古迹以及参观朝鲜汉乐浪郡汉墓发掘，但除了后一项参观活动外，其余和现代田野考古学仍有相当大的距离。北大考古学会和日本东亚考古学会联合组成东方考古学协会，力图在实地发掘上有所作为。由于中日学者的分歧，加上中方学者受金石彝器本行的牵制，终使北大国学门坐失在中国考古学领域的领导地位。[3]

---

[1] 《本所组织大纲》，载国立中山大学语言历史学研究所编《国立中山大学语言历史学研究所年报》，国立中山大学语言历史学研究所，1929，第2页。

[2] 张春树:《民国史学与新宋学——纪念邓恭三先生并重温其史学》，《国学研究》1999年第6期。

[3] 桑兵:《晚清民国的国学研究》，上海古籍出版社，2001，第114-135页。

南下的国学门人在筹备厦大国学院过程中，将考古发掘提上日程，制订了具体的计划：一是推举代表参加正在协商成立的东方考古学协会；二是组织发掘团，拟先进行安阳发掘。[1] 可惜厦大国学院很快解体，发掘计划落空。

厦大国学院结束后，一部分人转到了中山大学，他们继承和发扬厦大国学院"掘地"与"旅行"的志愿，提出："我们要打破一切学术界上的一切偶像，屏除以前学术界上的一切成见！我们要实地搜罗材料，到民众中寻方言，到古文化的遗址上去发掘，到各种的人间社会去采风问俗，建设许多的新学问！"[2] 1928年4月，中大语史所尝试了小型发掘。先是，商承祚考察了番禺县员村发现的晋代古冢，认为应收回散失的古物，并发掘墓旁或下层，希有所得。戴季陶、傅斯年等乘车前往参观，众人"同到冢地细加考察，皆疑下层是棺柩所储地，预备日内来发掘"。[3] 1929年1月11日，考古学会开会，讨论东山发掘事宜。[4] 至于真正现代意义上的考古发掘，则后来由中研院史语所考古学组主持进行。

1917年，北大哲学门通科（一、二年级）开设了人类学课程。1918年，陈映璜著《人类学》作为"北京大学丛书"之四出版。北大国学门主要从事汉民族歌谣、风俗调查研究，对非汉民族关注较少，这与北京地处华北，并非非汉民族聚居地区也有一定关系，但

[1] 《厦门大学国学研究院发掘之计划书》，《厦大周刊》第158期，1926年10月9日，第1-2版。

[2] 《发刊词》，《国立中山大学语言历史学研究所周刊》第1集第1期，1927年11月1日，第1页。

[3] 商承祚：《调查员村乡发现晋代古冢始末记》，《国立中山大学语言历史学研究所周刊》第3集第30期，1928年5月23日，第1-6页。

[4] 顾颉刚：《顾颉刚全集·顾颉刚日记卷2》，中华书局，2011，第242页。

妙峰山调查开实地调查的新风气。顾颉刚、容肇祖等人到厦大后，成立风俗调查会，到福州、厦门等地采风问俗。林幽为厦大国学院风俗调查会作《风俗调查计划书》，关注到有别于汉族的其他部族："我们底调查虽注重普通人民底风俗，但是对于有特别文化的人群（如曲蹄，畲民等）我们也极想调查。"[1] 俄籍人类学家史禄国（S. M. Shirkogoroft）应聘厦大国学院教授，开展了福建人种考、福建孩童长成测验、东胡语言比较字典3项课题研究。[2]

厦大国学院主要成员转移到中大后，史禄国深感"在厦门无与言学者"，转而应聘中大教授。中大语史所按史禄国的研究方向，设人类学组，拟招研究生，征集广东及邻省之民俗及人类学材料，以创设人类学馆；又聘他为中大人类学系的筹备员之一。[3] 1928年4月，史禄国由中大和中研院合聘为人类学教授。[4] 按合同规定，"史教授于学期内，未出外调查时，须在大学讲授人类学人种学及实习等题目；其自己研究之结果，亦应提要讲演之"；并"应担任由大学派定之助手，及在研究室工作之学生之从学训练；养成学生在科学上之确切知识，及研究工具之取得。"[5] 史禄国用英语为文史科学生讲授《民族学之一般引论》（General Introduction to Ethnology），每周3课时，附有实习钟点；不过，他的工作还是"以中国南方（大略属珠江流域及南海各陆岛）人类人种之研究为

[1] 林幽：《风俗调查计划书》，《民俗》第7期，1928年5月2日，第11页。

[2] 《国学院最近之工作》，《厦大周刊》第164期，1926年11月20日，第4页。

[3] 《第一次招生简章》，《国立中山大学语言历史学研究所年报》，第5–6页；《本校新增各系筹备员》，《国立中山大学日报》1927年9月29日，第2版。

[4] 《本所大事记》，《国立中山大学语言历史学研究所年报》，第25页。

[5] 《本校与史教授签订合同内容》，《国立中山大学日报》1928年4月30日，第2–3版。

主”。[1] 5、6月间，史禄国在广州测量男女学校儿童，旨在探求南部中国人身体发育问题。[2] 7-10月，开展了云南民族调查。

通过成立学会、发行学术期刊、印行丛书等方式，中大语史所传承和发展了北大国学门开创的新学术事业。由于中大语史所人员来源广而杂，各人的出身经历、教育背景、治学志趣、办事作风、性格气质等方面存在诸多差异，造成学术分歧和人事纠葛交织，使得语史所的发展跌宕起伏。

顾颉刚与傅斯年从箕簏相应到分道扬镳即为典型事例。作为左右中大语史所的两强，其学术理念大同小异，具体做法则有不同。顾颉刚的疑古思想从北大国学门发轫，主要取向还是继续胡适的理念，用科学方法整理中国史料，但与胡适有所分别。胡适赞同国学的系统的研究，意图重建一部包括民族史等十项专史的中国文化史。这几乎是一部通史，而不仅着重于民史。顾颉刚并不反对国学，强调对于考古、史料、风俗歌谣都要用平等的眼光，只是受个人知识的局限，对考古力不从心。他研究古史的计划限于准备研究古器物学，未及真正的考古发掘。他致力于民间传说、歌谣、神道和上古神话的研究，主要还是借助民俗学材料去印证古史，是作为历史研究的辅助，而没有直接着力于民史的重建。到厦大国学院后，他提出只有理解现代社会才能认识古代社会，要掘地看古人的生活，旅行看现代一般人的生活。在和协和大学合组闽学会的宣言中，他进一步提出要到民间去寻求新史学的意向。到中大后，他建

[1] 《文科告白一》，《国立中山大学日报》1928年5月19日，第1版；《本校与史教授签订合同内容》，《国立中山大学日报》1928年4月30日，第2版。

[2] 傅斯年：《国立中央研究院历史语言研究所十七年度报告》，载欧阳哲生主编《傅斯年全集》第6卷，湖南教育出版社，2003，第15页。

立民史的取向日益显明。他宣称要实地搜罗材料，到民众中寻方言，到古文化的遗址去发掘，到各种的人间社会去采风问俗，建设许多的新学问。这表明他对民俗学的宣传和推动，不仅仅是要印证古史，而是要打破以圣贤为中心的历史，建设全民众的历史；打破以贵族为中心的历史，打破以圣贤文化为固定的生活方式的历史，揭发全民众的历史。顾颉刚以史学为中心而不是以文学或文艺为中心的取向显得特别突出。北大新文学的民俗学由此转向中大新史学的民俗学。[1]

傅斯年对顾颉刚的民俗学取向，颇不以为然。傅斯年并不完全排斥民俗学，他后来组建中研院史语所，也包括人类及民物一组。他主要反对顾颉刚等人编印民俗学丛书太过随意，不少浅薄无聊，缺乏学术水准，认民俗学为下等材料，其背后是对建设民史缺乏热情。新史学的建设开始包含在门类甚多、取径不一的整理国故之中。傅斯年反对国故，明确标举语言历史学，使笼统的国学研究分流，转向综合的史学研究。他虽赞同史学为一切科学的总汇，认可的主要还是自然科学和语言文献学。而认社会科学主观太甚，尤其是马克思主义影响下的社会科学，与历史客观性要求不符。后来，他进一步提出“史学就是史料学”，反对玄想和疏通，认史学与文学、哲学不同。傅斯年反对普及，认为只需书院式十几个学究专门从事研究即可，但也希望所得成绩能博取社会的欣赏和批评。顾颉刚则主张通过工作的预备和运动，费十年的工夫，培养若干从事研究语言学和历史学的少壮学者，使若干年后有若干的专门家向着这

[1] 参见桑兵:《从眼光向下回到历史现场——社会学人类学对近代中国史学的影响》,《中国社会科学》2005 年第 1 期。

方面做正式的研究工作。二者只是普及与专精的先后次序不同。[1]

傅斯年、顾颉刚二人为北大的同学兼同道，在学术大端上基本保持一致，故在中大语史所和中研院史语所初期，两人尚且能够志同道合。不过，由于留学欧洲后傅斯年的学术理念发生重大变化，具体做法与顾颉刚不同，兼受人脉关系的牵制，两人最终分道扬镳。1928 年 4 月 29 日，傅斯年、顾颉刚在讨论研究所事务时发生口角，全靠杨振声、容肇祖“解劝而止”。顾颉刚在日记中自我分析说：“予之性情有极矛盾者，极怕办事，而又极肯办事。孟真不愿我不办事，又不愿我太管事，故意见遂相左，今晚遂至破口大骂。”[2]1973年，顾颉刚在日记中补记两人平生交谊，对比分析了两人的不同：

> 傅在欧久，甚欲步法国汉学之后尘，且与之角胜，故其旨在提高。我意不同，以为欲与人争胜，非一二人独特之钻研所可成功，必先培育一批班子，积叠无数资料而加以整理，然后此一二人者方有所凭藉，以一日抵十日之用，故首须注意普及。普及者，非将学术浅化也，乃以作提高者之基础也。此意本极显明，而孟真乃以家长作风凌我，复疑我欲培养一班青年以夺其所长之权。予性本倔强，不能受其压服，于是遂与彼破口，十五年之交谊臻于破灭。[3]

---

[1]　参见桑兵：《从眼光向下回到历史现场——社会学人类学对近代中国史学的影响》，《中国社会科学》2005 年第 1 期；桑兵：《晚清民国的国学研究》，第 272-273 页。

[2]　顾颉刚：《顾颉刚日记卷（1927—1932）》（第二卷），联经出版事业股份有限公司，2007，1928 年 4 月 29 日，第 159 页。

[3]　顾颉刚：《顾颉刚全集 · 顾颉刚日记卷 2》，第 160 页。

王汎森注意到傅、顾二人产生矛盾冲突的原因或许更在权争，他引顾颉刚致胡适函中所说的话为据："最好，北伐成功，中央研究院的语言历史学研究所搬到北京，由先生和我经管其事，孟真则在广州设一研究分所，南北呼应。这也须先生来此商量的"。[1] 对于此点，杜正胜另有别见。他认为，这是顾颉刚"对傅斯年的规划似乎一无概念，对胡适在傅斯年的新学术中的地位也相当模糊。"[2] 其实傅斯年的要科学的东方学之正统在中国，也有竖旗划界的用意，未必是单纯步法国汉学的后尘。据余英时对顾颉刚日记的解读，顾颉刚受事业心的强烈驱使，与傅斯年暗地较劲大半生而不能胜之，直至傅斯年病逝，这场竞争才得以结束。即使两人友谊"破灭"，各自仍在内心里尊重对方的学术信仰。[3]

晚清民国以来，西学强力东侵，对中国固有的知识系统产生巨大冲击。面对中学解构的变局，学人的感受更为直接而深切。因学养、兴趣、爱好以及对新知敏感度各有轩轾，中国学人对域外之学的认同、接受或取舍难免会有所差异。有时观念上已吐故纳新，实行上并不能完全告别过去。诚如论者言，云南调查"理念上确已逃出传统恶习的范围之外，实际上还在既有学术的框缚之中"。[4] 中大语史所人事纠葛和学术分歧缠绕，揭示了现代中国学术转型的普

---

[1]　王汎森:《中国近代思想与学术的系谱》，河北教育出版社，2001，第286页；顾颉刚:《顾颉刚信一三六通》，载耿云志主编《胡适遗稿及秘藏书信》第42册，黄山书社，2001，第353-354页。

[2]　杜正胜:《无中生有的志业——傅斯年的史学革命与史语所的创立》，《古今论衡》1998年第1期。

[3]　余英时:《顾颉刚:未尽的才情——从〈日记〉看顾颉刚的内心世界》，《文汇报》2007年1月29日。

[4]　桑兵:《晚清民国的国学研究》，第274页。

遍性难题，如何解决这一难题，至今仍值得深思。

从中大语史所发展而来的中研院史语所，改变过去的做法，割断旧的人脉，大量注入新鲜血液，以留学欧美的清华国学院导师李济、赵元任、陈寅恪等人为中坚，吸收北大等名校毕业的研究生为基干；在学术理念上，傅斯年进一步提出“史学便是史料学”“现代的历史学研究已经成了一个各种科学的方法之汇集”，[1] 沿着找寻新材料，发掘新问题，援引新工具的路线，在考古学、语言学、历史学、民族学、人类学领域，取得重大突破。以中大语史所为中转，以顾颉刚、傅斯年为代表的学者，追求纯学术研究，崇尚“为学问而学问”，跃升到 20 世纪 30 年代中国学术界的主流地位。

第二节　经史致用

20 世纪 30—40 年代，中国主流学风的偏弊引起一些学者的不满和批评，受到政局变动与外患加剧的影响，关注时代、服务现实的议论抬头。这些学者取径各异，却殊途同归。

在整理国故运动中，一部分依恋中国传统文化的学者重提读经。而中大中文系在 20 世纪 30 年代推行读经，既有对“五四”新文化运动反传统一面的拨正，又有对脱离现实的纯学术研究之风的纠偏，旨在提倡“以经为文”“读经救国”，企图恢复经学致用的功能，引起校内新旧之争。随着各种政治势力的介入，学校读经引发了新一轮全国性的新旧之争。“中大读经”不仅是 20 世纪 30 年代

[1]　傅斯年：《历史语言研究所工作之旨趣》，载欧阳哲生主编《傅斯年全集》第 3 卷，第 7 页。

读经与反读经浪潮的滥觞，而且集中体现了经学在近代乃至整个中国历史文化发展进程的极端复杂性。

1932年8月，古直受聘任中大中文系主任，进行课程改革。他“慨叹”“五四”以来，“文学堕落”，白话流行，“期挽狂流”，于是倡行读经，认为：“《孝经》为六艺之总汇，六经为文章之奥府，故刘氏《文心》，特标宗经。今依此旨，以经为基本国文，而子史辅之”。同校的容肇祖反对读经课程以群经为必修，以文学、文学史、音韵学为选修；定为必修的诸经，又以诵读为主，研究为后，“薄系统之知识而尊盲从之诵读”；各科学分比例失调，古书选读主次不分。他认为：“编定大学各系课程，虽间有可以自由出入之处，必须名副其实，次序井然，未可以意想妄为之者。”古直反驳道：“刘彦和云：‘论说辞序，则《易》统其首；诏策章奏，则《书》发其源；赋颂歌赞，则《诗》立其本；铭诔箴祝，则《礼》总其端；纪传铭檄，则《春秋》为根：并穷高以树表，极远以启疆，所以百家腾跃，终入环内者也。’然则一切文学，经包之矣。郑玄洽熟经传，乃为纯儒；杜甫精熟选理，始称诗圣；韩愈起八代之衰，其本在能暗记《论语》、《尚书》、《毛诗》、《左氏》、《文选》也。欲得专门技能，舍诵经其奚由哉？”[1]

古直认“一切文学，经包之”的观点，是经学时代的一般倾向，即认定经学为一切学问的中心，其他各门学问都是经学的注脚，本身并无独立研究的价值。1918年，陈独秀就批评了这种“学者不自尊其所学”而盲目攀附经学的心理：“中国学术不发达之最大原因，莫如学者自身不知学术独立之神圣。譬如文学自有其独立之

---

[1] 容肇祖：《一件反抗读经的旧事》，《独立评论》第114号，1934年8月19日，第13页。

价值也，而文学家自身不承认之，必欲攀附《六经》，妄称‘文以载道’，‘代圣贤立言’，以自贬抑。”[1]不过，各种学问皆有其独立价值的判断，多少受到近代分科治学观念的影响，而且中国固有的文学，也并非近代以来可以独立成科的文学。通过编辑文学史等学术行为逐渐划定的文学疆界，所体现的实为明治日本学人的观念。

古直提倡读经得到校长邹鲁的赞许：“吾为此目已成，以说明质邹校长，邹校长亟赞许之。”[2]文学院长吴康在总理纪念周大会上称赞说，由系主任古直手编、经系教授会议审议通过的中文系课程，“必修以群经、史传、小学、文选为主，选修则泛滥于经传、四史、诸子、专家、骈文、诗词。采金于山，探珠于渊，举其要略，亦可以见其大凡矣”。[3]

文史学研究所主任朱希祖、史学系主任朱谦之，对此反应不一。朱希祖是章太炎弟子，趋新是太炎学派的特色；而且朱氏早有“有意趋新”的美名。[4]他曾主张把“中国古书中属于历史的、哲学的、文学的，以及各项政治、法律、礼教、风俗，与夫建筑、制造等事”，“抽寻出来，用科学的方法，立于客观地位整理整理”；

[1] 陈独秀：《随感录》（十三），《新青年》第5卷第1号，1918年7月15日，第76页。

[2] 国立中山大学文学院编：《国立中山大学文学院概览》，国立中山大学出版部，1933，第28页。

[3] 《本校昨晨举行总理纪念周详志》，《国立中山大学日报》1933年11月22日，第4版。

[4] 桑兵：《晚清民国的国学研究》，第266页；王汎森：《章太炎的思想（1868—1919）及其对儒学传统的冲击》，时报文化出版事业有限公司，1985，第176页；中国革命博物馆整理、章孟源审校：《吴虞日记》上册，四川人民出版社，1986，第608页。

对于儒家“七经”，尤应“就各项学术分治，经学之名，亦须捐除”；在他看来，“经之本义，是为丝编，本无出奇的意义。但后人称经，是有天经地义，不可移易的意义，是不许人违背的一种名词”，所以“经是永远使人不许独立进步的。我们治古书，却不当作教主的经典看待”。[1] 儒家“七经”一直为今古文家所共信，朱希祖捐除“经学”之名，等于不承认经学是一门客观存在的学问，与古直所持迥异。

朱谦之取“门罗主义”态度。在人事安排上，他接纳容肇祖从中文系调到史学系；在学术研究上，他提倡“现代史学运动”，暗含针对古直之意。后来他说：“中文系主任古直，提倡复古，提倡读经，我想提倡学术，别开新生面。”[2] 从治学取径而言，古直与朱谦之的确殊途，一主“复古读经”，一倡“现代史学”；从治学目标而言，实则同归，都力倡学以致用，反对脱离现实和时代的纯学术研究。

随着中大读经之争的兴起，社会上关于读经与反读经的争论不绝于耳。以《教育杂志》为代表，专门开辟了读经问题讨论专栏，社会各界有头面的人物都发表了自己的见解。在这些讨论中，绝对反对读经和绝对赞成读经的人都很少，大多数人都主张相对反对读经或相对赞成读经。不管是持哪一种观点的人，都认为读经不能像过去那样子去读了，而应该按照分科的观念，把经学分置于不同学科领域里来进行研究。[3] 这可以说是清季以来经学逐渐退出历史舞

---

[1]　朱希祖：《整理中国最古书籍之方法论》，载蒋大椿主编《史学探渊——中国近代史学理论文编》，吉林教育出版社，1991，第671、678－680页。

[2]　朱谦之：《中大二十年》，载黄夏年编《朱谦之文集》第1卷，福建教育出版社，2002，第183页。

[3]　《全国专家对于读经问题的意见》，《教育杂志》第25卷第5号，1935年5月10日，第1－136页。

台的继续或反复，而所谓退出，确切地说是一方面离开中心位置，另一方面失去独立地位。

各种政治势力也介入学校读经。从地方实力派到国民党中央，以陈济棠、何健、宋哲元、蒋介石等为首的军政长官，在各自的地盘上推行读经和“新生活运动”。他们侧重的经典或有不同，打出的旗号也各有别，根本目的则相当一致，都是从中国古代经典中取我所需，借以维系人心，稳定社会秩序。其共同的社会和思想背景，应是经历了北京政府时期政治动荡与割据纷争，逐渐巩固了势力范围的当政者，试图进一步加强权力，以便增强力量，应对内外压力。在他们看来，“五四”以来思想界日新月异的情形显然与这一目的不相凿枘。

中大读经以经学在大学中文系课程体系的定位之争开其端，从一个侧面反映了经学地位的变迁。清代诸子学复兴，史学地位上升，长期独尊的经学开始式微。面对西学日益成为新知以及体用关系颠倒的时势，经学无以应世变，地位动摇；科举停罢，经学失去重要的制度性社会支撑；清朝灭亡，经学与王朝政治的联系断裂；民初宣布废止大学经科，将经学研究并入文科各学门，本来龟缩为一科勉强挤进新学体系的经学，丧失了独立地位，加速了没落的脚步。[1] 整理国故运动将中国固有学问拆解，在现代学科体制下重组，经学最终解体。趋新学者因应时变、附会西学的做法，遭到了一部分依恋中国传统文化的学者的批评和讥刺。

胡适为《国学季刊》撰《发刊宣言》，视经学为史料，主张分科治经，对中国现代学术研究产生重要影响。宋育仁就公开批评该

[1]　陈以爱：《中国现代学术研究机构的兴起——以北大研究所国学门为中心的研究》，江西教育出版社，2002，第 193 页。

宣言“说来说去只是一件历史考据”，“太看重汉后二千年史料，未窥经术门径，故忽却秦前二千年史料”；所说方法，“是史家本色，非治经门路”；因此导致“后学治史而不知经，则眼光视线，到汉唐为止，于春秋以来之三代时间二千余年皆茫然，所以错比；又因中外文字统系不同，致多错译”。[1]

坚持通经治学的蒙文通针砭晚清以来用西学分类来衡量并肢解经学的做法：“自清末改制以来，昔学校之经学一科遂分裂而入数科，以《易》入哲学，《诗》入文学，《尚书》、《春秋》、《礼》入史学，原本宏伟独特之经学遂至若存若亡，殆妄以西方学术之分类衡量中国学术，而不顾经学在民族文化中之巨大力量、巨大成就之故”。他认为“经学即是经学，本为一整体，自有其对象，非史、非哲、非文，集古代文化之大成，为后来文化之先导”，绝不能割裂开来。[2]

然而，蒙文通说这番话时，经学被肢解和分科治经已成现实。到了20世纪30年代，有学者甚至提出要“不循情地消灭经学”，要“用正确的史学来统一经学”。[3] 1951年9月5日，顾颉刚致函王伯祥，对自己的学术努力总结道：“窃意董仲舒时代之治经，为开创经学，我辈生于今日，其任务则为结束经学。故至我辈之后，经学自变而为史学。惟如何必使经学消灭，如何必使经学之材料转变为史学之材料，则其中必有一段工作，在此工作中我辈之责

---

[1] 问琴：《评胡适国学季刊宣言书》，《国学月刊》第16期，1923，第49、52–53页。

[2] 蒙文通：《论经学遗稿三篇》，载《蒙文通文集》第3卷，巴蜀书社，1995，第150页。

[3] 周予同：《治经与治史》，《申报每周增刊》第1卷第36期，1936年9月13日，第853页。

任实重。”[1] 1961年2月3日，周予同在《文汇报》撰文说：“五四运动以后，‘经学’退出了历史舞台，但‘经学史’的研究却急待开展。”[2]

经学在走过数千年的行程之后，就真的到了尽头吗？蒙文通给出了他的答案：“由秦汉至明清，经学为中国民族无上之法典，思想与行为、政治与风习，皆不能出其轨范。虽二千年学术屡有变化，派别因之亦多，然皆不过阐发之发明不同，而中心则莫之能异。其力量之宏伟、影响之深广，远非子、史、文艺可与抗衡。”[3]20世纪80年代以来，“读经热”回潮，再次表明经学在近代乃至整个中国历史文化发展进程的极端复杂性，引发对晚清民国趋新人士经学观简单化的重新反省。

朱谦之等人的“现代史学运动”同样含有补偏救弊之意。在批评随中国社会史论战而兴的所谓史观一脉理论空疏之弊的同时，着重批评了那种轻视理论、沉迷于考古考证、不问世事的学风，主张历史学为社会科学的一种，并将“现代史学运动”和“南方文化运动”结合，以期实现学术文化救国的目标。此举顺应了国际学术界社会科学化的潮流，却使得历史学的特色有所损失。

20世纪30–40年代，朱谦之主持中大史学系，提出史学为社会科学之一种，注重文化史与近代史研究，定中国各部通史为必修，把史学课程分为史学理论、文化史、世界史、现代史、基本科

[1] 顾颉刚：《经学史》，载顾洪编《顾颉刚学术文化随笔》，中国青年出版社，1998，第295页。

[2] 周予同：《中国经学史的研究任务》，载朱维铮校注《周予同经学史论著选集》，上海人民出版社，1983，第661页。

[3] 蒙文通：《蒙文通文集》第3卷，第149–150页。

学5组，厘定课目百种，谋求与社会学、哲学等系合开课程，一改过去侧重古籍、古物研究之风，促进史学与社会科学关系，成为中大史学课程发展史上的重要转折。[1]

中大社会学系成立于1931年6月，周谷城任系主任时，曾提出改革课程、成立研究室、出版一个季刊的构想，[2]未及实行即去。傅尚霖继任后，在课程设置上，既注重中国社会研究及近代社会史研究，又主张学理探讨与实际问题相结合；[3]在学术研究上，成立中大社会研究所，出版《社会科学周刊》《社会研究专刊》《社会研究季刊》，印行社会学丛书等。到1935年，中大社会学系发展成为全国最大的社会学系。[4]在傅尚霖看来，社会科学应包括人类学、经济学、教育学、历史学、法律学、哲学、政治学、心理学、社会学、伦理学、社会工作、统计学等。[5]他承认史学是社会科学的一种，与朱谦之所持一致，但他从社会学角度强调："社会科学是各为专门和独立的科学；同时，也是个综合，包涵广博，互相关系的科学。因其各为专门，故应自分领域，自划界限，以作精细，局部，单独的分析和研究。但社会为整个的事实，如只作局部的探讨，而

[1] 《文学院各系主任联席会议纪录》，《国立中山大学日报》1932年9月10日，第2版；《史学系廿一年度修正课程表》，《国立中山大学日报》1932年10月7日，第5-9版；《朱主任谦之关于史学系的报告原文》，《国立中山大学日报》1933年12月20日，第4-5版。

[2] 《本校社会学系第一次谈话会志》，《国立中山大学日报》1932年3月30日，第7版。

[3] 黄义祥：《中山大学史稿1924-1949》，中山大学出版社，1999，第181页。

[4] 《傅主任在总理纪念周演辞》，《国立中山大学日报》1935年3月25日，第8-10版。

[5] 傅尚霖：《发刊词》，《社会研究季刊》1935年10月，第4-5页。

无综合，互关，广博的研究，便难成一个学术的体统。”[1]

中大哲学系始设于广东大学时期，1927年3月1日颁布的《国立中山大学规程》宣称：“文史科之设哲学系，将来当更分为一般哲学思想，逻辑统计，心理学，教育四组。其一般哲学思想组，不为读陈书而设，将使学生必修经济等为副科，以科学材料和训练造成一般思想及人生观，作革命精神之主力。”[2] 中大第一任哲学系主任为傅斯年，他曾提出“废哲学”主张，对胡适影响甚大。[3] 他任中大文史科长兼哲学系主任后，并未实施其“废哲学”主张，反而主讲了哲学课程《尼采与巴特勒》《中国古代方术家言叙论》。[4] 后者正是典型的傅斯年用语，他对中国先秦诸子，不称“哲学家”或“思想家”而称“方术家”，并以“言”称其“思想”；现存有讲义稿《战国子家叙论》。[5] 在他任内，教授们曾商议从速成立哲学研究所等几个研究所，[6] 后来各研究所相继成立，只有该所不见下文。1929年，中大哲学系毕业生远超过史学系而略少于中文系。[7] 1932年秋，学校决定停办哲学系。9月2日，中大文学院开第一次教授会议，校长邹鲁列席，讨论哲学系停办后其重要学科应编入何系

---

[1] 傅尚霖：《〈社会科学周刊〉发刊词》，《社会研究季刊》1935年10月，第175页。

[2] 《国立中山大学规程说明书》，广东省档案馆藏中山大学档案，档案号：20/1/59。

[3] 王汎森：《中国近代思想与学术的系谱》，第305页。

[4] 《国立中山大学开学纪念册》，国立中山大学出版部，1927，第39、40页。

[5] 李泉：《傅斯年学术思想评传》，北京图书馆出版社，2000，第165页。

[6] 《本校文史科第四次教授会议纪事录》，《国立中山大学校报》第18期，1927年7月25日，第9页。

[7] 1929年，哲学系毕业生24人，中文系27人，史学系3人。国立中山大学秘书处编：《国立中山大学现状》，国立中山大学出版部，1934，第15页。

案。经议决，由院长会同哲学科教授决定课目，并定于5日上午10时开会商议。[1] 其时，文学院长吴康兼任哲学系主任。他毕业于北大哲学系，又是法国巴黎大学哲学博士。他认为，哲学系实有存在的必要。经与校长商定，中大续办哲学系，已转他系的学生仍可到哲学系注册，并欢迎其他系学生报读哲学系。[2]

此事并未就此了结。中大《教务处二十二年度上学期报告书》重提哲学系存废问题，建议："不甚需要，且学生太少之学系，宜废止或合并。如哲学系可废止（哲学课目可分别归入中文系与英文系）。"[3]1933年9月27日，哲学系举行第一次系务会议，重点商议了本年度本系一年级是否继续开办案。经议决：照旧开办。理由是：(1) 哲学系基本课程，不能废除；(2) 哲学系为文学院中心学系；(3) 哲学系虽停办，学校经费亦未必能节省；(4) 国内各大学哲学系学生，类皆不多，不独本校为然；(5) 学生志愿研究哲学者，学校不便阻止之。提出开办办法：(1) 由文学院出示，凡志愿进哲学系的学生，尽可自由加入；(2) 文学院各系课程，凡与哲学系科目相同者，不再重设。[4] 嗣后，经吴康与校长面商，仍决定本年度哲

[1] 《廿一年度文学院第一次教授会议》，《国立中山大学日报》1932年9月5日，第1–2版。

[2] 《本校文学院哲学系仍旧开设之要讯》，《国立中山大学日报》1932年9月8日，第3–4版；《文学院布告（二）》，《国立中山大学日报》1932年9月8日，第2版。

[3] 《教务处二十二年度上学期报告书》（1933年），广东省档案馆藏中山大学档案，档案号：20/2/28。

[4] 哲学系办事处编：《国立中山大学文学院哲学系报告书（廿二年度上学期）· 哲学系廿二年度第一次系务会议纪录》（1933年9月27日），广东省档案馆藏中山大学档案，档案号：20/2/25。

学系一年级暂不招生。[1] 此后连续3年，哲学系停招一年级新生。[2] 基于哲学系生源太少，并为樽节经费起见，朱谦之兼任哲学系课程，其《历史哲学》即为哲学、史学两系学生共同开设的必修课，《文化哲学》为哲学系必修、史学系选修；两系合开的课程还有《中国哲学史》《西洋哲学史》等。[3]

1935 年，朱谦之进一步调整史学课程，每一年级以一种系统的必修课目为中心。如第一年级以通史为中心，第二年级以古代史为中心，第三年级以近代史为中心，第四年级以现代史为中心。[4] 朱谦之的课改思路与朱希祖一脉相承。1929 年，朱希祖全面检视北大史学系课程时发现，大半以教师讲授为主，学生缺乏学习的主体性，便将 4 年课程一分为二，前两年强调基本科学的训练和通史的讲授，后两年则由学生自行选定一科，作为专门研究的项目，意在“由普通史的灌注进而为专门史”的研究。[5]

---

[1] 《国立中山大学文学院会议录第三集（廿二年度上学期）·哲学系廿二年度第二次系务会议纪录》(1933 年 12 月 28 日)，广东省档案馆藏中山大学档案，档案号：20/2/1。

[2] 《廿五年度第二次教务会议·国立中山大学各学院部各年级男女学生人数统计表》(1936 年 10 月 24 日)，广东省档案馆藏中山大学档案，档案号：20/1/35。

[3] 哲学系停办与1932年间教育部推行大学文法等科设置改革以改善文实结构失当举措也有关系。参见孙宏云：《中国现代政治学的展开：清华政治学系的早期发展 1926-1937》，生活 · 读书 · 新知三联书店，2005，第 77-80 页；《国立中山大学二十一年度概览》，国立中山大学出版部，1933，第 100、103 页；《国立中山大学文学院课程总目》，国立中山大学出版部，1932，第 66、54 页。

[4] 《文学院廿四年度第一次院务会议纪录》(1935 年 8 月 22 日)，广东省档案馆藏中山大学档案，档案号：20/2/2。

[5] 刘龙心：《学科体制与近代中国史学的建立》，载罗志田主编《20 世纪的中国：学术与社会 · 史学卷》(下)，山东人民出版社，2002，第 569-570 页。

朱谦之主系10年，极力于罗致良师。如朱希祖的南明史，吴宗慈的清史，杨成志的人类学，黎东方的西洋通史，容肇祖的中国思想史，姚宝猷的日本史，罗香林的隋唐五代史，郑师许的考古学，罗志甫的希腊史，均能卓然成家；陈国治的中国经济史，王兴瑞的中国现代史，江应樑的西南民族研究，也都是后起之秀。[1]在他们的支持、配合下，朱谦之的课程改革顺利进行并见成效。1936、1937年头两届史学系毕业论文选题，均注重经济史、社会史、史学理论和现代史研究，[2]王兴瑞、刘伟民、王启澍还考取本校历史学和人类学部研究生。

史学研究会是由学生发起组织的学术团体，以互助精神，科学方法，研究中外历史为宗旨，大有继承中大语史所历史学会未竟事业的雄心，惜因缺少老师指导，未能发挥其学术功能，而以联谊为主务。朱谦之主系后，把史学研究会作为联络师生感情和提倡学术的“重要支柱”，他和各位教授“隐然居于领导的地位”。[3]在老师们的指导和引领下，史学研究会实现了师生联谊和学术研究的夙愿。[4]

《现代史学》是“现代史学运动”的舆论阵地。其经费先是由朱谦之捐赠，后来教授们也参加捐助，学校则给予一定的津贴。稿

---

[1]　朱谦之：《奋斗廿年》，载黄夏年编《朱谦之文集》第1卷，第80页。

[2]　两届毕业生的毕业论文题目，见《国立中山大学文学院二十四年度毕业论文题目登记表》，《国立中山大学日报》1936年6月25日，第9版；《二十五年度史学系教授会议录》，《国立中山大学日报》1937年6月12日，第3-4版。

[3]　黄夏年编：《朱谦之文集》第1卷，第183页；朱谦之：《世界观的转变——七十自述》，载黄夏年编《朱谦之文集》第1卷，第144页。

[4]　史学研究会的组织及与朱谦之的关系，参见杨思机：《朱谦之与“现代史学运动”》，学士学位论文，中山大学，2005。

件主要由史学系师生提供，编辑初由陈国治担任，后由会员们轮任。《现代史学》始终为经费问题所困扰，加上时局跌宕，学校辗转流徙，未能按月出版，变为不定期刊，且数遭停顿。该刊共出版6卷16期，刊登各类文章200余篇。[1] 至少在同人看来，成绩有三：一是专号、特辑较有影响。在已出“中国经济史研究专号”“中国现代史”2个专号和“文化评论”“史学方法论”2个特辑中，以“中国经济史研究专号”影响最大，《中国经济》《食货》半月刊，有意无意受到它的影响。二是刊文多有创见，如朱谦之提倡“史的论理主义与心理主义综合”“南方文化运动”“文化八类型”说等；陈国治提出“历史为独立的法则的科学”“佃傭社会说”“解释中国不能走上资本主义之路”等；他如董家遵的婚姻史、陈中凡的文学史、梁瓯第的教育史、岑家梧的艺术史等，贡献亦不少。三是专题论文多扩充成专书。据统计，朱谦之6部、陈国治3部、朱杰勤2部、陈安仁、王兴瑞、岑家梧、梁瓯第、董家遵、关燕祥、彭泽益、黄庆华、全汉升各1部。[2] 12人中，仅全汉升1人是校外人员，其余均系中大人文社科各院系师生。

《现代史学》深得华南学子的青睐：“华南的刊物，就形式及内容论，除《三民主义月刊》及中山大学《现代史学》外，无一可

[1] 据《中山日报》1945年9月27日刊登《〈现代史学〉第6卷第1期不日付印》，内有朱谦之《奋斗廿年》、陈安仁《劫后记》、曾纪经等《□□□民俗考察记》等篇，内容甚为精彩。《奋斗廿年》收入《朱谦之文集》第1卷，其页下注称，该文于1946年由国立中山大学史学研究会出单行本。《朱谦之文集》第1卷，第65页。由此推测，该期可能没有按预期印行，只出了这个单行本。故将此文作为一期专刊列入，陈安仁、曾纪经所著不计。关于《现代史学》创刊缘起、经费来源、各卷期论文分类与数量分布、刊文特点及其影响，参见《朱谦之与“现代史学运动”》。

[2] 据《朱谦之与“现代史学运动”》统计所得。

取。”[1]“现代史学”同人也为该刊“渐露头角，翘然为南方史学界的唯一刊物”[2]而自豪。

作为“现代史学”的领军人物，朱谦之自动代表“转形期历史学的先驱，对于一切现代史学既要广包并容，对于过去的史学也不惜取批判的态度”。[3]朱谦之以治史方法为中心，把中国近代史学分为三时期：第一时期即考证考古派为“正”，包括王国维、罗振玉等倾向甲骨文字学研究，梁启超、胡适、顾颉刚等注重“写的古史”真伪问题，李济、傅斯年等注重“科学发掘的方法”三支；第二时期即唯物史观派为“反”，第三时期即“现代史学”为“合”。傅斯年等克服了疑古太过之弊，注重地上材料与地下材料结合，将文献考订与考古学、人类学统一起来，在方法上较此前“完满多了”；但长处也是短处，此派偏于史料，完全忽略理论，甚至走向极端，以为历史本是一个“破罐子”，极力反对历史哲学。以唯物史观派自许的郭沫若，接受考古学方法，建设起“新兴科学的”历史哲学。这一派的特点在对中国社会史的分析，缺点是唯理论多而事实少。有鉴于此，朱谦之提出建立“现代史学派”，扬长避短。[4]

朱谦之看似对中国新史学两大派左右开弓，其实有所分别，他对唯物史观的态度有一个转变过程。留学日本，他作“社会史观与唯物史观之比较研究”，“极端否定”唯物史观；著《历史哲学》时，摭拾流行的西洋学说，凑成一“生命史观”，抗拒因国共合作而起的唯物史观；及至撰写《历史哲学大纲》，虽心仪孔德（Isidore

[1]　编者：《编后杂记》，《群言》第12卷第2期，1935年4月25日，第49页。

[2]　编者：《编后语》，《现代史学》第3卷第2期，1937年4月5日。

[3]　朱谦之：《本刊宣言》，《现代史学》第1卷第1期，1933年1月10日，第8页。

[4]　朱谦之：《现代史学概论》，载黄夏年编《朱谦之文集》第6卷，第87－97页。

Marie Auguste Francois Xavier Comte）及其社会史观的立场不变，但一改此前的敌意，详陈辩证唯物论与历史唯物论的源流、异同、得失，其提玄钩要之功，常超出公式派教条派马列主义者之上；自《经济史研究序说》起，他更公开承认，唯物史观是“文化史发展第三期的历史进化法则”之一，是说明“社会病理之经济运动法则”，不失为“有重大缺点”的“消极的工具”；等到著《太平天国革命文化史》，“虽已开始应用唯物史观来解释革命文化背景，但不彻底”；晚年研究东方哲学史，犹见文化史观的影子。[1] 朱谦之的学路历程相当典型地反映了同时代部分学者思想演变的曲线。

朱谦之所言“过去的史学”，不只是传统史学，更主要指向由中大发端而跃居为中国新史学主流的傅斯年一派[2]。他对考古考证一派痛加针砭，甚至认为该派“是由于国际帝国主义对付殖民地之文化征略的策略而起”，这派学者“不谈思想，不顾将来，其心理特性完全表现着对于眼前社会剧变之无关心，而只把眼光放在过去的圈套里面”；“主张历史为破罐子，不认有历史进化法则之存在”，“以历史事实为特殊的孤立的东西”；对史料“贪多务得”，“形成资产社会之御用的史家”；他认定这派“确然已成为过去的产物了”。[3]

朱谦之代理中大文科所主任后，提出历史学部与从前的语史所有 3 点不同，[4] 批评的虽是中大语史所，针对的主要还是中研院史语所。傅斯年强调客观史学，提出“史学就是史料学”的极端主

[1]　黄夏年编：《朱谦之文集》第 1 卷，第 71、184 页；许冠三：《新史学九十年》，岳麓书社，2003，第 314-315、319 页；张国义：《朱谦之学术研究》，博士学位论文，华东师范大学，2004。

[2]　桑兵：《二十世纪前半期的中国史学会》，《历史研究》2004 年第 5 期。

[3]　黄夏年编：《朱谦之文集》第 6 卷，第 97-98 页。

[4]　黄夏年编：《朱谦之文集》第 1 卷，第 80 页。

张，使中研院史语所在明清史料整理、文籍考订、考古发掘、民族语言和方言调查等方面成就斐然，一跃而为中国新史学的主流，傅斯年也因此成为中国史林霸主。朱谦之要想另树一帜，建立“现代史学派”，自然会向傅斯年及其领导的中研院史语所发难。

可能是受胡适以及中国社会史论战以来时论的影响，朱谦之的思构从一开始就注重方法且以发生的方法为核心。[1] 按他的解释，现代史学方法就是将历史进化的方法和历史构成的方法相结合，前者为社会科学所通用，后者为历史科学所专用。不但政治学、法律学、经济学等学科需要新的历史方法，而且历史学本身也是社会科学之一，非采用社会科学所共需的历史方法不可，这样才能给人类社会的历史以一个确实的社会科学的方法论的基础。[2] 朱谦之不满傅斯年等只重考证考古的偏蔽，欲以社会科学的方法来补史学方法的不足；可他又走向了另一极端，将综合化、一般性置于专业化、特殊性之上，有淡化甚至牺牲历史学自主性、独立性的危险。[3]

朱谦之提倡社会史、经济史研究，视为“现代史学的新倾向”，指傅斯年的历史碎片必须连缀的观念为“破罐子”论。[4] 他又提倡科学史研究，发起组织中国科学史社，两度设立中国科学史奖金，并倡导研究军事科学史，“另辟历史研究的新途径”，认为“现代乃是军事科学时代，我们从今以后，为实践抗战建国需要，更应注意与国防有关各专门史的研究，在军事上有特殊重要的历史科目，如

---

[1] 许冠三：《新史学九十年》，第 320 页。

[2] 黄夏年编：《朱谦之文集》第 6 卷，第 5、229 页。

[3] 曹天忠、杨思机：《“现代史学派”与中国现代史学第的“社会科学化”》，《思与言》2006 年第 2 期。

[4] 朱谦之：《经济史研究序说》，《现代史学》第 1 卷第 3、4 期合刊，1933 年 5 月 20 日，第 28、49-50 页。

战术史、兵器史、军事地理沿革、国防史、边疆史之类”。[1]

中国史学向有“求真”与“资鉴”并重的传统。20世纪初以来，受西学风气的影响，对学术独立的追求和对学术研究自身的尊重，形成了“为学问而学问”的学风。不断加剧的民族危难搅乱了历史学正在进展的步骤和原有的秩序，但新的方向和新的中心却因此建立起来，新的作风也就此造成：“一切为国家，一切为民族；眼光由故纸堆，或书本上，放开到整个现实上，虽然历史学术离不开故纸堆，离不开书本，但眼光却必须放开到面前的现实上，目标必须放到国家民族上。”[2] 各路学人不约而同地走向这一个大目标。

朱谦之自称文化学派，《文化哲学》是其最得意之作，自觉包含许多重要创见，是其一切学说主张的根本说明。[3] 他讲文化哲学的“最大旨趣”是，“说明文化的本质及其类型，对于宗教、哲学、科学、艺术等各种知识生活，均加以根本研究，又分析文化之地理上分布，以明中外文化关系及本国文化之新倾向，并谋建设未来之世界文化。”而“最切要的紧迫的企图，却在于提倡南方文化运动”。[4] 朱谦之孜孜以求“文化主义的社会”理想，[5] 落脚点仍在

---

[1]　《附录（二）中国科学史章程（草案）》，《现代史学》第3卷第1期，1936年5月25日，第3页；《文学院史学系设中国科学史奖金》，《国立中山大学日报》1939年10月2日，第1-2版；《国立中山大学文学院史学系中国科学史奖金规程》，《国立中山大学日报》1941年12月9日，第1-2版；朱谦之：《朱谦之文集》第1卷，第155页。

[2]　徐文珊：《抗战以来中国史学之趋向》，载孙本文等编著《中国战时学术》，正中书局，1946，第123页。

[3]　《学者朱谦之——学府人物志之五》，载黄夏年编《朱谦之文集》第2卷，第245页。

[4]　朱谦之：《文化哲学》，载黄夏年编《朱谦之文集》第6卷，第243页。

[5]　朱谦之：《文化社会学》，载黄夏年编《朱谦之文集》第6卷，第565页。

为现实服务——文化救国。后来他醒悟到："南方文化运动基本上是错误的，在看了一些批判北方落后论的文章后，乃更明了我当时思想的误谬。固然在主观上是谋以南方为根据地以抗日救国，而在客观上无异于为西南反动势力张目，并歪曲了全国一致的人民抗日运动。"[1] 抗战后期，朱谦之转治中外文化交通史，其精心之作《中国思想对于欧洲文化的影响》，"固然有追求真理，承先启后的目的，但亦有表彰我国伟大的文化遗产，从而激励我们民族精神和爱国思想的微意"。[2]

王亚南评价说，朱谦之是"由哲学家历史学家到百科全书派"，"他的涉猎非常广泛，仿佛对于一切社会事象，一切社会的及有关历史的问题，他不但想从各别社会历史科学方面，去求得解答，并且还想有他自己的一套解答"；唯其如此，"因为注意的研究的范围太广，对象太多，他对于每科的造诣，就不一定能够深入；'肤受浅尝'的毛病，是难得避免的"；他"在运思立论当中，就往往不知不觉的把许多不易调和的概念，貌为比附的从观念上关联起来，使自己陷在自己强行设定的形式主义与观念主义的迷团里"。[3] 朱谦之承认他人对自己的批评，"实在每一种都能指出我在思想过程中之某一段落，并且看出我思想中某部分的病痛所在"。[4]

朱谦之在自传《奋斗廿年》中慨叹："史学系的成绩，在中大文学院里，实首屈一指，史学系在学术界的位置，无论在广东，在

[1] 黄夏年编：《朱谦之文集》第1卷，第147页。

[2] 朱杰勤：《〈中国哲学对于欧洲的影响〉序》，载黄夏年编《朱谦之文集》第7卷，第5页。

[3] 王亚南：《社会科学新论》，载《民国丛书》编辑委员会编《民国丛书》第五编（16），上海书店出版社，1996，第103-104页。

[4] 黄夏年编：《朱谦之文集》第1卷，第109页。

中国，始终是一枝新军，有举足轻重之势。尤其是从史学系和文科研究所历史学部联成一气的时候，自然造出一种学术研究的新学风。”[1] 中大史学系（部）师生积极开拓，成为令人瞩目的新史学“新军”。这一支新军当然免不了领军人物朱谦之身上的那些毛病，不过在横逸斜出盛行的时代，根底不深的另一面是束缚不多，也有可能借由附庸蔚为大国而修成正果。

中大史学系教师中，朱希祖是“现代史学运动”的有力支持者。他和朱谦之在北大是师生、在中大是同事，在史学课程改革及治学志趣上声气相通。[2] 在史学教学上提倡社会科学的朱希祖，在研究具体问题时，仍以考据为主或为先。他曾这样论治史之道：“作史之业盖有三期：第一搜罗务期广博……第二考订务期精审……第三去取务权轻重。……第一期欲入门也；第二期欲开其堂也；第三欲入其室也。既不可躐等以求，亦不可一蹴而就，积数十年之搜讨研究，不旁骛于势耀，不耽于声华，尚不知能成与否。盖学问之成绩，不可徼倖致也。”[3] 国民政府对朱希祖盖棺论定：“生平颛研历史，旁搜远绍，考证精勤，著述留传，成就甚伟。”[4]

朱谦之总结主系10年的工作，感叹“陈安仁著述之多，尤属

[1] 黄夏年编：《朱谦之文集》第1卷，第80页。

[2] 参见曹天忠、杨思机：《“现代史学派”与中国现代史学的“社会科学化”》，《思与言》2006年第2期。

[3] 朱偰：《先君逷先先生年谱》，载《朱希祖先生文集》（六），九思出版有限公司，1979，总第4225页。

[4] 《国民政府褒扬朱逷先先生令》，《文史杂志》第5卷第11、12期合刊，1945年12月，封二。

罕见”。[1] 据1942年陈氏本人统计，其出版专著58种。[2] 陈氏早年追随孙中山革命，1932年后致力于文化教育救国：“教育之主要目的，于养成人民生活技能智识之外，尤要使人民认识国家自身（或说民族自身）之文化价值，与担负复兴和创造国家文化的使命，倘与这种种目的相违反或冲突者，可说是破产的教育。”[3] 陈安仁所论主要指向陈序经的全盘西化论。[4] 陈序经在中大作《中国文化之出路》演讲，自称是“澈底的”、“完全接受西洋文化”派，认陈安仁为折中派，“以为中国文化亦有好的，应该把好的保存起来”。陈序经有心把中大纳入他的全盘西化论阵营，认为“中国文化之出路在全盘接受西洋文化；复兴中国文化，接受西洋文化则在南方”。中大“是新文化的产儿，而且是南方之最高学府，应该负起这个文化上之伟大的责任”。[5] 由于中大的特殊地位，其演讲并未在师生中产生预期效果。[6] 陈安仁批评说：“一个民族本身的文化通通不好，通通抹煞，这个民族本身的危险时期已到了！”[7] 中大中文系的读

---

[1]　黄夏年编：《朱谦之文集》第1卷，80页。

[2]　《履历、证明、审查、呈请加薪等人事材料（1931–1948）》，广东省档案馆藏中山大学档案，档案号：20/3/79。

[3]　陈安仁：《对于中国文化抹煞论的怀疑》，《国立中山大学日报》1934年5月9日，第4版。

[4]　赵立彬：《民族立场与现代追求：20世纪20–40年代的全盘西化思潮》，第145页。

[5]　《社会学系公开演讲词·陈序经先生演讲“中国文化之出路”》，《国立中山大学日报》1934年1月11日，第4–5、7版。

[6]　赵立彬：《民族立场与现代追求：20世纪20–40年代的全盘西化思潮》，第165–166页。

[7]　陈安仁：《对于中国文化抹煞论的怀疑》，《国立中山大学日报》1934年5月9日，第6版。

经，正是在这样的背景之下如火如荼地展开。

萧鸣籁也是同道之一，他认为："史学为各科学之反映的结晶，并非与各科学有关系。史学为一切社会及学术之反映，既非各科学之综合（因科学综合，等于各科学相加之综合，各科学相加，其得数为各科学，而非历史。各科学之综合，等于物理作用，而一切社会及学术之反映，等于化学作用，唯其为化学作用，故可另行产生历史也。而成立此化学作用之要素，则为史学之心灵），更非与各科学有如何之关系。因一谈及关系，即分有主从，而史学既非各科学之主人，亦非各科学之奴隶，又非各科学同等侪辈，何必言谁与谁有关系？"其意在提醒人们，在泛科学化的时流中，须保持史学的独立性。但他同样主张史学致用，认"史学为应用科学之一种"，反对"为史学而治史学，为历史而治历史"的治史态度，声称："历史本为人群社会民族国家服务之一种科学，在此激流滩头，风雨舟内，更有指导人群社会，服务民族国家之职责。"关于史学理论与史学方法的关系，他认为史学理论"偏重于史学原理原则之推求，此出发点由于哲学，故有历史哲学之称"。而史学方法"偏重于史料之搜集整理，文献之考订等事，此出发点为科学，故有历史科学之称"。但"史学方法，仅能驾驭史材"，故"方法论之上，必有其史学理论，然后历史始成为有机体，而不致如傅孟真君所云之'破罐子'"。[1]

教师的学术取向及其有意识的引导对学生产生影响。黄庆华这样谈到朱谦之："他不独启示了我底治学门径，同时无论思想上，人格上，给我的感召特别大，我的感应也特别深，在这两年间，我完成一本五万多字的小册子《民族词人辛稼轩研究》和《章实斋史

---

[1]　萧鸣籁：《史与史学及史学史》，《史学专刊》第2卷第1期，1937年8月10日，第307-309页。

学思想》两本书，及其他的短篇论文十多篇，约共十五万字的著作，这无疑是得到他的启示和鼓励才得完成的。以后，我计拟从事于史学思想到学术思想史到文化史的研究路向，受他的影响确是很大。”[1]朱谦之回忆其在中大20年，有一批青年学生积极投身“现代史学运动”，日后成为中国人文社会学科知名学者，如戴裔煊、董家遵、朱杰勤、陈国治、王兴瑞、江应樑、丘陶常、梁钊韬、彭泽益等。[2]

陈国治推崇朱谦之的“文化八类型和四阶段说，是有其独创的精神，而足为文化学辟一新境地的”。称赞其提倡“南方文化运动”具有“创造意义”和“传播意义”，阐释了“南方文化运动的意义，一方面是指出本其文化真正的精神，一方面是指出复兴中华民族的下手处，它的对象是整个民族而不是一隅一地的”；同时，也毫不客气地指出朱谦之相关论著存在的缺点。[3]

陈国治探讨了史学的科学性问题，既有对包括朱谦之在内的中外学者对史学科学性认识之偏失的具体分析，又认为中国史学各派，诸如史料学、事件的考证、历史哲学与种种史观、单纯的叙述史与印证某某史观的叙述史，都不是历史科学，而只能说是通向历史科学必经的阶段。他诠释历史学“乃探讨人群演化历程（并包过去，现在，未来）之法则的独立的科学”，批驳怀疑历史学为科学的6种代表性意见，进而得出“史学是可以成为一种独立的法则的

[1]　黄庆华：《春风草——记朱谦之师的休假》，《现代史学》第5卷第2期，1943年6月，第85页。

[2]　黄夏年编：《朱谦之文集》第1卷，第184页。

[3]　陈啸江：《文化哲学》（书评），《史学专刊》第1卷第3期，1936年4月1日，第341、350-354页。

科学”的结论。[1]

中国社会经济史是陈国治的主攻方向，撰有《三国经济史》《西汉社会经济研究》《两晋经济史》《中国劳动制度史》等专著和一批论文。其研究成果既得到陶希圣、魏特夫（Karl August Wittfogel）等中外新锐同行的赞誉，也受到杨中一、杨联陞、傅斯年等人的质疑和批评。其中，既有学术分歧，也掺杂了个人恩怨。[2]

王兴瑞“对于中国经济史之研究，夙具兴趣，年来发现地方经济史之研究实为中国经济史之一新蹊径，前人尚无道及之者，因颇欲致力于地方经济研究之方法论的探求，以为之倡”。[3] 其《海南岛经济史研究》一书，“给中国经济史研究开辟了一个新蹊径”。[4]

戴裔煊作《宋代钞盐制度研究》，“引用宋代著述二百余种，于宋代售盐给钞制度之实现、沿革、官员、地区，以及此制度对国计民生之关系与影响，无不溯其本源，明其流革。考证至为细微，叙述亦颇能得其体要。治宋史与经济史者，苟不洞悉两宋钞盐制度，则宋代政治与社会上若干问题，均不易得其解释。作者斯编实以钞盐制度为中心，对于环绕此制度诸问题，均有极深刻之探讨”。[5] 他对僚族的渊源及其文化、西南民族干栏式建筑的结构和功能以及

---

[1] 陈啸江（国治）：《建立史学为独立的（非综合的之意）法则的（非叙述的之意）科学新议》，《现代史学》第2卷第4期，1935年10月1日，第1-24页。

[2] 曹天忠、杨思机：《“现代史学派”与中国现代史学的“社会科学化”》，《思与言》2006年第2期。

[3] 王兴瑞：《地方经济史研究方法导言》，《现代史学》第4卷第4期，1942年3月，第54页。

[4] 《编后话》，《现代史学》第4卷第4期，1942年3月，第116页。

[5] 牟润孙：《记所见之二十五年来史学著作》，转引自蔡鸿生《戴裔煊文集·前言》，中山大学出版社，2004，第1页。

棉花和棉织技术的传播，均有精心之作，不乏重要的学术价值。

主编《食货》的陶希圣称，中大是“本刊稿子主要的来路”之一。[1] 陈国治、王兴瑞、朱杰勤、曾了若等人，既是“现代史学运动”的重要成员，又是该刊的积极投稿者。他们不以《现代史学》为疹域，积极寻求同道，扩大了“现代史学运动”的影响。

20 世纪 30–40 年代，中国内忧外患，“现代史学运动”应运而生。“现代史学”自外于史观一脉和考古考证一流，而欲独树一帜，其实质也是新史学。20 世纪上半叶，社会科学侵入史学已成大势所趋，但所使用的理论、方法及所取得的成果，还不能得到普遍公认。[2] 尽管如此，“现代史学”在 20 世纪中国新史学多元格局中仍占有一席之地。

第三节　从民俗学到人类学

整理国故以及史学为一切学科总汇的相似性，使得分界模糊的学科有所互动整合。而现代中国学术的转型，不仅表现于西学冲击影响下固有学术的改变，就是外来概念、知识、学术系统本身，由于来自社会历史文化各异的国度，表现出不同的形态，传播过程中增加了中国学人认知、理解和取舍的难度，也会不断有所调整演化。民俗学转向人类学即为典型。发轫于北大国学门的中国民俗学，到中大出现两次转折。先是从北大民俗学的新文学转向中大民俗学的新史学；继而，以西南民族调查为凭借，民俗学逐渐转向人

[1]　陶希圣:《编辑的话》,《食货》第 4 卷第 2 期,1936 年 6 月 16 日，第 48 页。

[2]　桑兵:《晚清民国的国学研究》，上海古籍出版社，2001，第 85 页。

类学，并摆脱依附史学的地位，独立成为专门学科，中大因而成为中国人类学在南方的重镇。

从北大国学门发轫的新学术事业，经厦大国学院，到中大语史所，均以民俗学为最有成绩。中大民俗学会酝酿之初，亦称“歌谣会”，[1] 显然是想承北大歌谣研究会的先例。该会最先成立，与发起人的经验很有关系。顾颉刚、容肇祖、董作宾、陈锡襄、钟敬文、何思敬是中大民俗学会的发起者，前4人直接来自北大国学门，后2人则受北大国学门的影响。

中大《民间文艺》以流行民间的神话、童话、传说、趣事、寓言、歌谣、谜语、俗曲、唱书、剧本、谚语、歇后语等等为取材范围，“因放宽范围，收及宗教风俗材料，嫌原名不称，故易名《民俗》”。[2] 中大民俗学丛书首批印行书目12种，几乎全是北大国学门研究民俗的成果。杨成志、钟敬文合译的《印欧民间故事型式表》被首印，“在想略解欧洲民间故事的状态，或对于中国民间故事思加以整理和研讨的人，它很可给予他们以一种相当之助力的”。[3] 杨成志的译作《民俗学问题格》，被视为“一种开拓中国民俗的利器”，“对中国民俗学调查与研究有着很长时间的影响”。[4]

浦江清初读《民俗》周刊及民俗学会丛书数种，认为：“所搜集之材料，亦紊乱无秩序。一书无有组织的文章，而但杂载报告及讨

[1] 顾颉刚：《顾颉刚全集·顾颉刚日记卷2》，第41页。

[2] 同人：《发刊辞》，《民俗》第1期，1928年3月21日，第1页。

[3] 钟敬文：《付印题记》，载《印欧民间故事型式表》，杨成志、钟敬文译，国立中山大学语言历史学研究所，1928，第4页。

[4] ［英］柏恩（C. S. Burne）：《民俗学问题格》，杨成志译，国立中山大学语言历史学研究所，1928，第11页；王文宝：《中国民俗研究史》，黑龙江人民出版社，2003，第157页。

论之信件，殊不合科学。”[1] 后又读了中大几种民俗学丛书，便转而称誉它为“一种新学问之曙光”。[2] 公开的评议或许不如私下的评点那样直言不讳，而琢磨出一些味道，感觉也会随之变化。

民俗学在中国的流变轨迹，可从几个相关刊物的《发刊词》中略见一斑。董作宾作《为〈民间文艺〉敬告读者》一文代发刊词，提出研究“民间文艺”具有“学术的”“文艺的”和“教育的”3种目的，[3] 继承和发展了北大歌谣研究会追求“学术的”“文艺的”精神。[4] 他对“民间”的诠释，“不限于汉族”，而包含“中国领域内的一切民族”。既突破了北大歌谣研究会主要专注于汉族的局限，又扩充了厦大国学院风俗调查会想调查“有特别文化的人群（如曲蹄，畲民等)”的范围。[5] 他对“文艺”的理解，“不限于韵文”，而广包一切民族的一切文艺形式，这本身就是一种观念变革，“在我们的眼眶中，歌谣、谚语的价值，不亚于宋词、唐诗；故事、传说的重要，不下于正史、通鉴；寓言、笑话，不让于庄生、东方的滑稽；小曲、唱书，不劣于昆腔、乐府的美妙。因为这是民族精神所寄托，这是平民文化的表现”。[6] 这和刘复论《尚书》和小唱价

[1]　浦江清：《清华园日记·西行日记》（增补本），生活·读书·新知三联书店，1987，第35页。

[2]　浦江清：《民俗学之曙光——广东中山大学语言历史学研究所民俗学会所出版之书籍一束》，载浦汉明编、季镇淮审订《浦江青文史杂文集》，清华大学出版社，1993，第75页。

[3]　董作宾：《为〈民间文艺〉敬告读者》，载苑利主编《二十世纪中国民俗学经典·学术史卷》，社会科学文献出版社，2002，第296页。

[4]　《发刊词》，《歌谣》第1号，1922年12月17日，第1版。

[5]　林幽：《风俗调查计划书》，《民俗》第7期，1928年5月2日，第11页。

[6]　苑利主编：《二十世纪中国民俗学经典·学术史卷》，第297页。

值“大”“小”之语，有异曲同工之妙，[1] 其实质就是一种学术平等的眼光。董作宾亲历了北大国学门新国学的开创过程，自然懂得学术平等的意义，他把“征集、发表、整理、研究中国全民族的各种文艺”，当作《民间文艺》的“惟一使命”。[2] 10 年后，他不胜感慨：“吾道南矣”。[3]

歌谣研究由北大发端，渐为人注意。针对其偏重“文艺的”研究这种“畸形发展”，钟敬文发表己见：“歌谣的研究，除文艺的方面外，尚有风俗的，语言的，心理的，教育的等等。若纯站在文艺的立场上以搜集歌谣，评判歌谣，那吗，势必至枉屈了许多宝贵的资料，而致之于废弃之地。我们现在要把这个畸形的趋向矫正过来，我们希望搜集者以平正不颇的眼光，去把一切足供讨究的材料贡献出来，而研究者也各本其特别的意向与爱好，加以努力的攻几〔击〕，那吗，这个运动，才会有一个圆通广大，平流并进的好结果。”[4]《民间文艺》对歌谣的搜集，文字上，不限于“佳妙的”；范围上，不限于山歌、恋歌、情歌等成人的题材，注意到向不为成人所注意的儿童游戏的歌谣。

民俗学发源地在欧洲，对于其是否为“学”，以及使用名称、研究对象、范围、方法等等问题，各国情形不一；即使在同一国家，学者的看法也不一致，这自然会影响到中国学人的态度和认知。

---

[1] 刘复：《敦煌掇琐叙目》，《北京大学研究所国学门周刊》第 3 期，1925 年 10 月 28 日，第 6 页。

[2] 苑利主编：《二十世纪中国民俗学经典 · 学术史卷》，第 297 页。

[3] 董作宾：《〈看见她〉之回顾》，《歌谣》第 3 卷第 2 期，1937 年 4 月 10 日，第 1 页。

[4] 静闻：《儿童游戏的歌谣》，《民间文艺》第 11、12 期合刊，1928 年 1 月 10 日，第 2 页。

《民俗》周刊《发刊辞》以“同人”名义发表，却未必代表全体同人对民俗学的共识。

何思敬自言，他注意民俗学，“出于社会学研究之必要”，因“民俗学可以供给许多资料来说明社会的事物之传承的（Tradition）和集合的（Collection）方面。”从汤姆斯（W. J. Thoms）到 J. G. 弗雷泽（James George Frazer），“民俗学虽经过极大的发展，但终究是残存物之研究，是文化科学的一部，要人类学的帮助，也可以供人类学之用”。[1] 强调的是民俗学与社会学、人类学的关系。

钟敬文认为，“顾先生是一位史学家，他看什么东西，有时都带着历史的意味。……所以这个发刊词，就是他用他史学家的眼光写成的”。在“许多文字里，颇有些话，不很与民俗学的正统的观念相符的”。在他看来，何思敬对于民俗学的意见似乎更加“正统”。[2]

陈锡襄将民俗学、风俗学视为“相类”的两门学问，民俗学历史较长，成绩亦富。“风俗之被人学术地注意，社会学很有相当的功劳，然而民俗学或民俗学运动实使这注意加增，渐成为普遍化与系统化的。”[3] 他从语源学、心理学、社会学、民俗学、伦理学、历史学的需要，阐述了风俗学独立存在的理由，兼论其范围、目的、方法和基础。

容肇祖认为，研究者“是否用忠实的态度去收集民间许多俗信，俗行，和谣谚等；他们是否将所得的材料，置于较科学的基础上去研究，且用历史学者，或社会学者，或人类学者等的眼光去看

[1] 何思敬：《民俗学的问题》，《民俗》第 1 期，1928 年 3 月 21 日，第 3、9 页。

[2] 钟敬文：《编辑余谈》，《民俗》第 23、24 期合刊，1928 年 9 月 5 日，第 83 页。

[3] 陈锡襄：《风俗学试探》，《民俗》第 57—59 期合刊，1929 年 5 月 8 日，第 5 页。

各种的问题；他们是否借助于所有可到手的工具，即历史的，文字语言的，乃至比较类推法的工具，去将材料作满意的分析。如果和别的科学的探讨一样，因而得到满意的解释，则民俗之成为学，确是一件可能的事”。他称赞顾颉刚“用传说的故事的研究结果，与他的古史的研究结果，互相证明。结果，他不特于古史的研究上开一新方法，而且于民俗研究上亦开一新路径”。认定“民俗学是个历史的科学，由民俗学研究的结果，可以供给文化史一部的新材料。民俗的材料，可以说是古史中一部分的实迹的遗留，或者至少可以由此推证得历史中一部分少人注意的资料”。顾颉刚的历史与民俗研究使中国民俗学者引起一种“历史的眼光”，知道“把民俗的研究和历史的研究打成一片”，可以“使尊重历史的记录，而鄙弃民间的口传的人们予以一种大大的影响”。[1] 容肇祖把民俗学与历史学统一起来，为两门学科相辅相成、携手并进提供了空间。

在《民俗》周刊《复刊词》中，朱希祖阐述了民俗学的意义，认为从前的历史，仅仅记载社会上层的历史，而社会中坚尤其是大部分平民的历史，总是被忽略过去。民俗学的使命，“从纵的方面讲，就是将从前社会中坚，而且大部分平民的历史，搜罗补葺”。[2] 朱希祖同样以史学家的眼光去看待民俗学，把它当作平民史的材料来源。

杨成志涉足民俗学有赖钟敬文的牵引，其意趣则与钟敬文明显

[1]　容肇祖：《我最近对于“民俗学”要说的话》，《民俗》第111期，1933年3月21日，第10-11、14-15页。

[2]　朱希祖：《恢复民俗周刊的发刊词》，《民俗》第111期，1933年3月21日，第2页。

不同，也有别于顾颉刚，而带有人类学趋向。[1] 由于缺少实地调查经验，能随史禄国赴滇调查，他满怀希望。在昆明，他成天只是帮助史禄国测量人体，而调查罗罗事一拖再拖，颇生怨言。[2] 一年多的实地调查使他认识大变，在应邀为岭南大学作题为“西南民族概论”演讲时，他由衷感叹“外国人研究什么科学，总比中国人高明一点”，“他们研究西南民族的方法，除开自己亲跑到西南民族居住的地方外，即施以人类学的测验，惯俗的实录和语言的比较”。[3] 缺乏专业训练的杨成志因此而积极设法出国深造，学成回国后重振中大民俗学，并转向人类学，在中国人类学史上据有重要一席。

从新史学的民俗学转向民族学、人类学的重要契机，是中大语史所开创的西南民族调查。《语史所周刊》的“风俗研究专号”、“西南民族专号”、“猺山调查专号”和“云南民族调查报告专号”，均以西南民族研究为特色。在此之前，只有清季日本的鸟居龙藏（Torii Ryuzo，とりい りゅうぞう）做过较长时间的西南民族调查，而且游历的色彩较重，研究的属性不足。由于中国当时没有相应的机构从事类似活动，影响也不得连续。直到中山大学展开行动时，西南民族研究尚“缺少实地调查的材料，多是纸上材料的措施整理”。余永梁认为：

我们要解决西南各种人是否一个种族？纸上所给予我们

[1] 施爱东：《论中国现代民俗学的学科创立和学术转型——以中山大学民俗学运动为中心》，博士学位论文，中山大学，2002。

[2] 杨成志：《云南民族调查报告》，《国立中山大学语言历史学研究所周刊》第11集第129-132期合刊，1930年5月21日，第11页。

[3] 杨成志：《云南民族调查报告·附录》，《国立中山大学语言历史学研究所周刊》第11集第129-132期合刊，1930年5月21日，第33页。

的似乎可以说是一个种族，然而是朦胧的。蛋民究竟是不是粤原有土著民族？黎民是否与南洋人有种族的关系？这要作人体测量与实地调查，或可望解决。各民族的文化，语言，风俗，宗教，与分布情形，除了调查，没有更好的方法。现在交通一日千里，这些民族渐渐完全同化，若不及时调查，将来残余的痕迹也会消失。在文化政治上当然是很好的事，但是我们若不趁时研究，岂不是学术上一件损失？所以这专号只算是研究的发端，我们将要尽力去研究调查来出第二第三以至若干次专号。[1]

"西南民族专号"刊出后不几天，云南调查团启程。此前，中大生物系采集队数入两广瑶山采集生物标本，兼作民族学、方言学考察。"他们对于学问的热心和勇气使他们不以在生物学上开一新纪录为满足，还要在民族学和方言学上开一新纪录。"中大地处广州，"对于西南诸省的民族研究实有不可辞的责任"。由于经费困难和人才匮乏，"这还不是我们正式工作的时候，而是我们作宣传运动的时候"。目的在于使人们知道天地间有所谓"西南民族"，知道在学问界中有所谓"西南民族研究"一回事。[2]

钟敬文深感中大民俗学前后的变化。他回忆说："1928 年，中山大学的收集、研究活动，一开始就偏向于民俗学。这种学术性活

[1]　绍孟：《编后》，《国立中山大学语言历史学研究所周刊》第 3 集第 35、36 期合刊，1928 年 7 月 4 日，第 113 页。

[2]　顾颉刚：《跋语》，《国立中山大学语言历史学研究所周刊》第 4 集第 46、47 期合刊，1928 年 9 月 19 日，第 127－128 页。

动，后来却与民族学、人类学的研究汇合起来。”[1]1936年以后，中大民俗学转捩，杨成志是重要助推者。学成回国前，他致函吴康，表示有志于发展中大的人类学或民族学研究：

> 弟六年在校服务，深觉西南民族之考察与研究，非由中大负责打理，不能见效。明年春，极想返国回校服务。根据“国际人类民族科学大会”之决议案，各国大学应设立人类学讲座，及独立的人类学，或民族学研究所。弟意返校担任此职自觉相当，文史研究所现状如何？弟若得机会返校服务，极想把此研究所重新组织，负起有名有实之研究机关。[2]

杨成志对中国民俗学进行了总结算，认为“这十年来，尽可说民俗学的研究，在中国学术上树起一根新旗帜的时期”。而以中大民俗学会比较重要，“因为这是承上期而展下期的总枢纽”。杨成志从复办《民俗》入手，“一方面想唤起中大同学对民俗学的注意，继续向前的研求精神，一方面又想召集一般曾在民俗园地里做过开掘工作的老农夫，再加一致的联络”。[3]

中大《民俗》“复活”，“不但昔日之中大《民俗》，有望尘莫及

---

[1]　钟敬文：《加强民间文艺学的研究工作——〈民间文艺学文丛〉代卷头语》，载《钟敬文学术论著自选集》，第 47 页。

[2]　《吴康函邹鲁转杨成志自英伦来函》（1935 年 1 月 17 日），广东省档案馆藏中山大学档案，档案号：20/3/166。

[3]　杨成志：《民俗学会的经过及其出版物目录一览》，《民俗》第 1 卷第 1 期，1936 年 9 月 15 日，第 223、229 页。

之叹；即历年国内所出版之民俗期刊，亦无与之颉颃”。[1] 昔日《民俗》周刊，“在我国民俗系民俗学之运动中极为重要”，今由杨成志主持而复刊，“斯真我国学术界之幸运也！”[2]

《民俗》复刊号一出，就有人敏感到它的变化：“本刊主撰人虽不复为往日济济一堂之文学家，史学家，不免有零落寂寞之感，然篇幅之丰厚，内容之充实，较之往日该校出版之《民间文艺》，《民俗周刊》，则有过之而无不及也。”[3]

更为重要的变化不在形式，而是基本取向。复刊的《民俗》“不但是民俗志，民俗学底期刊，而且是民族志、民族学底期刊”。[4] 该刊 2 卷共 8 期，首先，研究性论文增多，尤注意外国民俗学论著的译述。前者多出自教授们之手，后者往往以学生作品为多，表明杨成志有意要求学生接触外国民俗学原典。对于惯俗、信仰、歌谣、传说与故事、民间艺术等，不满足于收集和记述资料，而试图加以理论阐说，学术性增强。其次，民俗学史受到关注。“民俗学是一种幼稚的学问，她在世界特别是在中国发生和发展的历史是不怎样长久的。但是，为着给与这种学问底初学者和一般人士一种历史的认识，‘学史’的刊布是很有必要的。”[5] 再次，出版民族学调查专号。《广东北江猺人调查报告》《粤北乳源瑶人调查报告》两个专号和《广西部族调查》一个特辑，均是西南民族实地调

[1]　《通信（袁鸿铭致杨成志）》，《民俗》第 1 卷第 2 期，1937 年 1 月 30 日，第 265 页。

[2]　《通信（杨堃致杨成志）》，《民俗》第 1 卷第 2 期，1937 年 1 月 30 日，第 262 页。

[3]　古通今：《民俗复刊号——兼评我国民俗学运动》，《民俗》第 1 卷第 2 期，1937 年 1 月 30 日，第 294 页。

[4]　《编余缀话》，《民俗》第 2 卷第 1、2 期合刊，1943 年 5 月，第 73 页。

[5]　同上。

查的成绩报告。

中大《民俗》复刊，被视为中国民俗学运动“复兴”的信号。[1] 北大《歌谣》先期复刊，胡适在《复刊词》中说：“我以为歌谣的收集与保存，最大的目的是要替中国文学扩大范围，增添范本。我当然不看轻歌谣在民俗学和方言研究上的重要，但我觉得这个文学的用途是最大的，最根本的。”他认为，“我们现在做这种整理流传歌谣的事业，为的是要给中国新文学开辟一块新的园地。”[2] 胡适将《歌谣》的目标锁定在为新文学开路，不仅较其往昔“逊色”，且远不及杨成志的《民俗》季刊。后者在 20 世纪 30-40 年代所有的民俗类刊物中，“质量最高，具有很高的学术价值”，它“虽名为《民俗》季刊，实在是人类学、文化史、民族学和社会学研究刊物”。[3]

至于杨成志复建中大民俗学会的行动，似乎没有一个确定的日期。对比《民俗》复刊号刊载的语史所和文科所两份《民俗学会简章》，有助于了解重建后的中大民俗学会的发展方向。新简章就宗旨而论，将旧款的“种族”改为“部族”，添上“民俗”，增加“并尽力介绍各国民俗学之理论与方法”一段文字，有意强化“民俗”和“民俗学”两个概念，试图纠正过去对于民俗学偏重材料搜集而轻于理论与方法之弊；在会务进行一项，将“风俗”改为“民俗”，有为“民俗”正名之意。本期杨成志还专文探讨了“民俗”与“民俗学”流变，“坚决地主张我国应顺适国际学潮，确定原

[1]　杨堃：《我国民俗学运动史略》，《民族学研究集刊》第 6 期，1948 年 6 月，第 97 页。

[2]　胡适：《复刊词》，《歌谣》第 2 卷第 1 期，1936 年 4 月 4 日，第 1-3 页。

[3]　王文宝：《中国民俗学发展史》，辽宁大学出版社，1987，第 91、117-118 页。

译两义，抛弃一切不实确的名词，仍沿用国人同归一辙的‘民俗’或民俗学”[1]。

广州沦陷前，中大民俗学会组织了广州蛋民调查团，由杨成志带领学生十余人，利用周六、周日，调查珠江蛋民各集中区。[2]这是中大西迁前，民俗学会进行的一次较大规模的部族调查。广州沦陷后，中大迁转流徙，正常的教研工作遭受重创，却给民俗学带来新的发展机遇。中大人文社会学科师生以民俗学会为依托，凭借西南地区民族众多、历史文化多样的优势，发挥多学科互助合作的精神，促成了中大民俗学、民族学、人类学、社会学、历史学、考古学、语言学等学科的互动整合。这时，“中国的民俗学的疆界无形中扩大了”，反映在“抗战时期国民党统治区中，民俗学与民族学、社会学的关系大大密切起来”。[3]

1941年11月30日，中大民俗学会举行座谈会，杨成志就现代民俗学研究的趋势及目的、中国为民俗研究的最好园地、欧美各国民俗研究情况及本会发展进程等问题，作了精细的分析报告。崔载阳、胡体乾、洪深、郑师许、钟敬文、陈安仁等教授也发表精彩意见，一致认为民俗学是各该学科的重要辅助科学，应群策群力，讲求研究方法，注重资料搜集，使本会在15年来的光荣历史上再图

---

[1]　杨成志：《现代民俗学》，《民俗》第1卷第1期，1936年9月15日，第7页。

[2]　《研究院文科研究所民俗学会征求调查广州蛋民团员启事》，《国立中山大学日报》1938年3月31日，第8版；《研究院文科研究所民俗学会广州市蛋民调查团工作近况》，《国立中山大学日报》1938年4月18日，第4—5版。

[3]　钟敬文：《民俗学的历史问题和今后的工作》，载《钟敬文学术论著自选集》，第441页。

发展，成为我国民俗科学的真正中心。[1]

1942年10月25日，中大民俗学会举行年度座谈会，请民俗学会老前辈容肇祖发表其10余年来，在南北各大学任教时，如何应用民俗学方法，以解释国史的意见。胡体乾、郑师许、钟敬文、王兴瑞、董家遵等教授及各会员，也各就所擅长的学问，发表民俗学与各科学关系的讲话。[2]

杨成志赴美进修后，中大民俗学会和中国民族学会西南分会由朱谦之主持。1945年6月4日，中大民俗学会举行迁梅县后第一次会员大会，朱谦之报告了民俗学会成立简史，略谓：本校民俗学会成立迄今18年，经过艰辛缔造与奋斗，自有其不可磨灭的价值，希望在座同人发扬与充实之。崔载阳、吴康、胡体乾、詹安泰、曾纪经等也阐发了民俗学的重要性、民俗学与社会学不可分以及世界民俗学发展史等问题。[3] 随后，民俗学会第一次干事会议决组织“粤东民俗考察团”，成立“粤东民俗志编纂委员会”。[4] 据朱谦之回忆，粤东考察团由曾纪经率领，在松口、丙村、白渡等处开展调查，写有考察报告，黄鸣岐撰有《岭东风俗志》一种。[5]

---

[1] 《研究院文科研究所民俗学会座谈会盛况》，《国立中山大学日报》1941年12月3日，第1-2版。

[2] 《研究院文科研究所民俗学会开座谈会致盛》，《国立中山大学日报》1942年10月29日，第2版。

[3] 《中大民俗学会昨开会员大会》，《汕报》1945年6月5日，见广东省档案馆藏中山大学档案，档案号：20/2/24。

[4] 《中大民俗学会组粤东民俗考察团》，《中山日报》1945年6月24日，见广东省档案馆藏中山大学档案，档案号：20/2/24。

[5] 朱谦之：《一个哲学者的自我检讨》，载黄夏年编《朱谦之文集》第1卷，第88页。

1948年5月5日，中国民族学会西南分会举行年会，19人宣读了论文，并议决出版《民族学刊》等事。[1]《发刊辞》申述了创办该刊“最重要的几点意思”：民族学乃新兴科学，因宣传不够，一般青年学生尚不十分明了它的内容及其重要性，本刊可以引起知识界对民族学的了解和兴趣，同时为学者提供一个公开讨论的园地，使凡与民族学有关系的其他各科专家也得与民族学工作者，互相切磋，互相辩难，以利民族学发展，也有助于人们更好地了解西南民族历史文化。《民族学刊》共出76期，以西南民族研究为重点，作者几乎囊括当时驻粤的民族学、人类学、历史学、社会学、语言学的知名学者。

中大民俗学会有史以来，先后制订了4个发展计划：一是顾颉刚、余永梁所作《本所计划书》中关于民俗学部分者，一为何思敬主持民俗学组时所定的计划，一为容肇祖复任民俗学会主席所定《文史学研究所民俗学工作大纲》，一为杨成志制定的《国立中山大学历史研究所人类学部研究计划》，它们显示了中大民俗学转向人类学的轨迹。顾、余计划“比较全面，反映的是顾颉刚们对民俗学运动的理想状态的一种憧憬……几乎完全没有涉及对国外民俗学理论和方法的借鉴”；何氏计划“与顾颉刚《本所计划书》中的设想可说是截然相反，似乎完全是以西学为取向”；容氏计划“显得低调、务实，而且明显是折衷了顾颉刚与何思敬的计划”；杨成志的计划则完全转向人类学，或者说“民俗学和人类学基本上是二位一体的”，而杨成志的人类学取向主要受个人学术取向、调研条件和

[1]《中国民族学会西南分会年会纪盛》，《广东日报·民族学刊》第1期，1948年5月17日，第4版。

学界趋势三重影响。[1]

1940年度第2学期，王启澍在修习杨成志讲授的“史学方法实习（下）”课程后，写作题为《唐以前之西南边族》的学期论文。他在文前的“小引”中说道：“西南边族多无文字，少数有文字者，亦缺乏记载史事之典籍。因此，如要明白其过去之状况，惟有藉两种方面：一是在我国历代文献中，搜集有关资料；一是用人类学的方法，重建历史（Reconstruction of history）。此两种方法，如能并用，当可获得较近于真实的结果。”[2] 这既是王启澍对研究西南民族的基本认识，也是以杨成志为代表的中大学人致力于西南民族调查的总体方向。

20世纪30—40年代，中大人文社会学科学者穿行于西南山地岛国，开展了大大小小的实地调查。广东北江瑶族调查旨在“指示同学们与汉族稍具等差的‘中华集团’的接触，或可说做人类学与民族学课的第一次田野工作的实习”，师生们认定“民族学的研究是由‘脚’爬山开踏进来，却不是由‘手’抄录转贩出去！”[3] 乳源调查的论文都是本着“客观的著述”，若“能与前次的调查报告同时参阅，对于曲江与乐昌和乳源的傜人民族志更可得到比较广大

---

[1]　施爱东：《民俗学是一门国学——中山大学民俗学会的工作计划与早期民俗学者对学科的认识》，《民俗研究》2017年第2期。

[2]　王启澍：《学期论文（1940—1942年度）》，广东省档案馆藏中山大学档案，档案号：20/2/74。

[3]　杨成志：《广东北江猺人的文化现象与体质型》，《民俗》第1卷第3期，1937年6月30日，第1页；杨成志：《广东北江猺人调查报告导言》，《民俗》第1卷第3期，1937年6月30日，第3页。

的综合和分析的认识。”[1]

海南岛黎苗考察“系中大与岭南两大学学术研究合作的第一声”，[2] 旨在明了海南岛黎苗种族来源、文化程度、生活状况、社会组织，并以研究所得贡献于社会，作为政府开发海南岛暨学者研究西南民族的参考。嗣因抗战爆发，考察难以为继，惟王兴瑞撰成20万字的《海南岛黎人研究》，“为研究黎族问题的重要著作”。[3]

江应樑对西南边疆夷人，“自幼便有多少断残零碎的见闻”。1936年考入中大研究院，以“西南民族”为研究专题，“这又由于中山大学研究院的文科研究所，积十余年之时间，经国内名教授学者的倡导经营，对民族学（Ethnology）及人类学（Anthropology），有浓厚的研究空气与特殊的成就，他们对边疆民族尤其是民俗学（Folklore）的研究方法比较进步，从田野工作（Field work）中寻取新的材料，来澄清过去书本上的纷歧错误记载。我倾心于此种新的研究方法，所以便决定把我的学问对象，集中到这一个小圈子里”。江应樑深入云南摆夷地区，历时12年，三易其稿，成书《云南摆夷的生活文化》20万字。其材料“完全是直接从边地中搜集得来，没有因袭前人的书本记载，没有抄录他人的转手材料”。[4] 江应樑

[1]　杨成志：《粤北乳源傜人考察导言》，《民俗》第2卷第1、2期合刊，1943年5月，第1页。

[2]　《附录：私立岭南大学西南社会调查所国立中山大学研究院文科研究所海南岛黎苗考察团组织经过》，《民俗》第1卷第3期，1937年6月30日，第11页。

[3]　岑家梧：《西南民族研究的回顾与前瞻》，载《岑家梧民族研究文集》，民族出版社，2001，第29页。

[4]　江应樑：《我怎样研究西南民族》，《文史春秋》第2期，1948年6月25日，第3-4页。

是杨成志最得意的弟子之一，他所走的路正是秉承师授，用脚开踏出来的，日后成为云南大学人类学教研事业的带头人。

此外，海丰探险获得古物一万五六千件，石器约占三分之一弱，余为陶器和陶片，似系沿海渔民遗物，可称为“原海丰人文化”。若与中原文化比较参证，可以推出我国古代民族的迁移路径；若与越南、马来亚、菲律宾暨南洋群岛发现的新石器时代遗物比较，亦可看出二者异同；尤使古籍所载赵佗来粤以前，“广东无文化，土人皆蛮族”的旧观念，不攻自破。[1]

中大研究院研究生还组织“暑期学术考察团”，考察了滇、黔、贵、湘、粤五省边区的文史、教育和农业等。[2] 中大历史系1940届毕业生李崇威，志愿赴西康巴安德格一带调查，获教育部资助，每月发给生活费150元，旅费补助金1500元。[3] 黄达枢奉命留滇，到楚雄、盐兴、镇南、姚安、大姚、牟定、祥云、宾川、弥渡、洱源、蒙化、大理各县考察，得到地方长官、教育界人士的协助，尤其是各县青年学子，提供了众多方言材料。[4] 中大社会学系设“边胞社会民族学组”，获教育部调查补助费8000元，考察了湖南郴县棉花陇边民的语言、历史、传说、宗教仪式、社会政治组织、经济

[1]　《研究院文科研究所海丰考古团返校》，《国立中山大学日报》1942年6月11日，第1–2页。

[2]　《研究院廿九年暑期学术考察团计划书》，广东省档案馆藏中山大学档案，档案号：20/2/47。

[3]　《教育部指令（蒙字第04501号）》（1942年2月4日），广东省档案馆藏中山大学档案，档案号：20/2/71。

[4]　黄达枢：《函许崇清代校长汇报调查进展并请求资助》（1941年1月23日），广东省档案馆藏中山大学档案，档案号：20/2/47。

生活及婚姻制度等，收获甚丰。[1]

中大的西南民族研究以多学科的综合研究为特色，往往是民族学、体质人类学、考古学、语言学、历史学、社会学、民俗学同时进行，既研究各民族的文化特点和行为模式，又研究各自的体质特点；并特别注意考古、文献资料的运用。中大语史所和文科所人类学组大部分时间都是包容在历史学部之中的，而许多历史学家都曾担任过人类学组的导师。在实地调查的对象上，侧重于华南地区的少数民族和部分汉族中的特殊文化群体；在理论与方法上，虽然受国外民族学学派的影响较多，但不拘泥于其中某一学派的理论，许多学者试图以中国的史学传统与西方的相关学科理论嫁接，主张对各学派的综合以及借鉴利用各种其他学派的方法。[2]

设立人类学系是人类学在中国发展的必由之路。1949 年前，人类学在中国经历了“介绍西方”“成立机构”和“应用于中国”3 个阶段，[3] 抗日战争客观上为人类学、民族学在中国的空间延伸提供了契机。通过抗战前及战时的发展，人类学在学术体系中的位置日益重要。1947 年，暨南大学、浙江大学、清华大学分别设立了人类

---

[1]　《国立中山大学法学院社会学系边胞社会民族学组三十一年度计划》，广东省档案馆藏中山大学档案，档案号：20/4/201；《教育部代电（蒙字第 10285 号）》（1942 年 3 月 20 日），广东省档案馆藏中山大学档案，档案号：20/4/601；《社会学系边胞民俗考察团郴县归来》，《国立中山大学日报》1943 年 11 月 19 日，第 2 页。

[2]　王建民：《中国民族学史（1903－1949）》上卷，云南教育出版社，1997，第 164－165 页。

[3]　[美] 顾定国（Gregory E. Guldin）：《中国人类学逸史——从马林诺斯基到莫斯科到毛泽东》，胡鸿保、周燕译，社会科学文献出版社，2000，第 100 页。

学系。[1] 在这一背景下，杨成志呈请中大设人类学系，全面阐述其设系的理由、目的、师资与课程及筹备步骤。[2] 1948 年 8 月，中大人类学系成立，杨成志任系主任。他规划了专业课程，分必修、选修两类，必修科目 13 门：普通人类学、社会学、文化人类学、中国民族史、语音学、世界人种志、西南民族导论、体质人类学、民俗学、人类学专题、先史或考古学、人类学理论与方法、毕业论文；选修科目 23 门：第二外国语、人类学名著选读、统计学、社会心理学、化石人类学、乡土文化、神话学、人口问题、优生学、民族调查实习、中国民俗研究、原始宗教、原始社会、西南民族研究（康藏民族志、泰掸民族志、黎民族志、苗傜民族志，四选一）、美洲印第安人、南洋民族志、非洲民族志、人体测量、应用人类学（含欧美殖民行政、中国边疆问题、边疆行政、边疆教育）、人类关系学、博物馆学、边疆语言、技术学。[3]

中大人类学系的课程设置体现了欧美人类学模式，反映了杨成志的学术取向。早年，杨成志受史禄国的影响。留学法国，师从著名的社会学家涂尔干（Emile Durkheim）的外甥莫斯（Marcel Mauss）。和史禄国一样，莫斯强调史前史、考古学和体质人类学的综合研究对全面理解民族学的必要性。[4] 其间，杨成志参观了英、

---

[1] 暨大、浙大、清华三校人类学建制，参见王建民：《中国民族学史 1903－1949》上卷，第 303 页。

[2] 杨成志：《国立中山大学设立人类学系建议书》，《广东日报 · 民族学刊》第 12 期，1948 年 8 月 2 日，第 4 版。

[3] 《国立中山大学文学院人类学系必修、选修科目表（三十七年九月）》，广东省档案馆藏中山大学档案，档案号：20/1/129 之一。

[4] [美] 顾定国：《中国人类学逸史——从马林诺斯基到莫斯科到毛泽东》，第 68 页。

德、苏等国人类学民族学博物馆。1944 年，杨成志赴美访学，考察了美国人类学、民族学、语言学、考古学等。[1]

美国之行结束，杨成志撰文说："从前我虽在广州专攻人类学四年，颇明了英、法、德等国的人类科学的发展与趋势，但事很凑巧，我却偏于仰慕纽约的哥伦比亚大学人类学系主任教授鲍亚士和美京国立博物馆体质人类学部主任赫利斯加博士两位现代人类学泰斗的伟大人格与贡献！因前者培育成了今日美国各大学人类学教授的专术与树立人类学综合研究（种族文化与语言）的基本理论；后者发扬了体质人类学的原理与方法，并建立了头颅与骨骼研究的宝库。"[2]

40 余年后，杨成志总结其在中大人类学的教研经历，说："我用的理论和方法不是法国式的，不是德国式的，也不是英国或苏联式的，尽管这些国家我都去学习过，我用的是综合式的。"[3] 正如他的自述诗《我走过的路》所言，"民俗民族人类学，三业互通相辅成"，这是他一生治学历程的最好注脚。

中大人类学系的课程设置也反映出中国学人对人类学的学科性质和学科结构的认知。"人类学的分科与涵盖欧美分别不小，欧洲各国也不一致。至于社会文化研究，究竟是属于社会学的领域还是人类学的范畴，不仅国与国之间存在差异，同一国度的不同

---

[1] 《杨成志自述》，载高增德，丁冬编《世纪学人自述》，北京十月文艺出版社，2000，第 112 页。

[2] 杨成志：《当代美国人类学的动向》，载《杨成志人类学民族学文集》，民族出版社，2003，第 368 页。

[3] 杨成志：《我与中山大学人类学系》，载《杨成志人类学民族学文集》，第 551 页。

学派也认识不一。”[1] 中国学人因留学背景不同，对人类学的认知和接受会有不同。以现代分科观念来看，它涉及人类学与历史学、社会学、民族学、民俗学、考古学、语言学等学科之间的关系。

林惠祥认识到人类学的复杂难解：“人类学的系统也有很多种，各有同异，互相冲突，不易使外人了解。”他综采各家之言，界定“人类学是用历史的眼光研究人类及其文化之科学”，既把人类学和历史学相统一，又看到了二者的区别：历史学是研究某个民族生活的过程，为特殊的研究；人类学是研究全人类的生活的过程，为普遍的研究；历史注重时地与个人的记载，较为具体；人类学只论团体，不问个人，时地也只记大概，较为抽象；历史的范围几乎全在有史时代及文明民族；人类学则偏重史前时代及野蛮民族。[2]

1937 年前，人类学或民族学在中国的分工情况和西方一样，社会学研究汉族，民族学或社会人类学研究“落后地区”或边疆的少数民族。抗战期间，社会学家、民族学家和其他社会科学家到了中国的西北、西南地区，纷纷投身民族志研究，打破了此前遵循的学科界限。“社会学”不仅仅指外国所定义的社会学，还包括民族学和民族史学，这些学科都与中国社会的研究有关。

1944 年 12 月，许烺光在他的书中写道：“‘社会学’是和社会人类学同义的。今天，即使严格的中国社会学家也很少注意这些曾经独立的学科之间的区别。在我们大学里，社会学家教人类学是很自然的，就像明显有着人类学背景的学者们也举办社会学讲座

[1] 桑兵：《晚清民国的知识与制度体系转型》，《中山大学学报》2004 年第 6 期。

[2] 林惠祥：《文化人类学 · 导言》，商务印书馆，2002，第 6、15 页。

一样。”[1]

和许烺光一样，吴文藻更强调人类学和社会学之同，认为功能学派的崛起使人类学和社会学发生更密切的关系；同时，社会学的文化学派亦在采用文化人类学的题材，以建立“文化科学”，使社会学和人类学渐趋接近。所不同者，只是开始实地研究时的分工。例如，人类学家考察初民社区，社会学家考察近代社区；而且这种分工界限也渐渐被打破，人类学家因实地研究方法的进步，亦开始考察近代社区了。[2]

费孝通认为，社会学和社会人类学实际上是一门学问，二者在理论与方法上相互交叉，对认识中国实际的社会非常有用，“社区研究”是这个学派的特色。在社会学学科里，可以说是偏于应用人类学方法来研究社会的一派；在社会人类学学科里，可以说是偏于以现代微型社区为研究对象的一派，即马林诺斯基称之为“社会学的中国学派”。[3]

杨成志赞同欧美学者的观点：“民俗学为应用于本国范围内之社会人类学”[4]，并将它应用于罗罗研究中。“研究罗罗应该本着人类学和民俗学来做出发点，在我们研究上有一分成绩的表现，即对于人类学和民俗学得一分的贡献，这一种联属的观念，我们应该深切

---

[1] ［美］顾定国：《中国人类学逸史——从马林诺斯基到莫斯科到毛泽东》，第78-79页。

[2] 吴文藻：《布朗教授的思想背景与其在学术上的贡献》，载《吴文藻人类学社会学研究文集》，民族出版社，1990，第170页。

[3] 潘乃谷：《但开风气不为师——费孝通教授学科建设思想访谈》，载费孝通《从实求知录》，北京大学出版社，1998，第517页。

[4] 杨成志：《〈民俗〉季刊英文导言》（汉译），载《杨成志民俗学译述与研究》，高等教育出版社，1989，第120页。

的。”他还希望研究者时常怀着“由上古遗留的习惯，风尚或信仰怎样和为什么生存着（How do survivals survive ?）这个问题”，发现过去的所以然及其关系，现存的价值和从前的观念。在历史的进程上失去何点并如何保留现存的效用”，“利用民俗学的方法和理论来做工具”。[1]

20 世纪初，人类学首先是以民族学（最早被称为人种学），稍后是以人类学作为西方的 Anthropology 和 Ethnology 这些学科的译名传入中国的。吴文藻考察欧美人类学名称混淆的情形后，认为“人类学名称虽异，而其内容始终是一样的”。[2]

杨成志干脆将人类学与民族学连用，认为“现代人类学或民族学乃一种新兴的科学，其范围与研究对象，特别广大，利用各专门学科（如考古，语言，社会，民俗，心理，历史，地质，解剖，生物，生体的……诸学）来建成研究人类一切的问题的一种独立科学”。而其理论与事实两方面的研究，绝非任何个人的精力与时间所能透彻其一切的，必须联合各位专家，分工合作，从事专题的研究，才有望得到相当的收获。但人类学或民族学在中国尚未独立，处于附属地位。譬如，中大的人类学课程附属于社会学系，民族学与民俗学则介乎社会与史学两系中间。中研院的人类学组属于史语所，中大研究院的人类学与民俗学也附在文科研究所历史学部内。大学里，唯有燕京的吴文藻、厦大的林惠祥、金陵的徐益棠、中央的黄文山、清华的杨堃、史禄国、中大的杨

[1]　杨成志：《罗罗说略》，载《杨成志人类学民族学文集》，第 167、168 页。

[2]　吴文藻：《文化人类学》，载《吴文藻人类学社会学研究文集》，第68、37页。

成志等人设了人类学讲座。[1]

杨堃考察了人类学的源流，认为“不仅从发展史上，人类学之意义，是随时演变；即在现时人类学已早成独立的科学，然而一谈到人类学之意义，却仍是众说纷纭，莫衷一是”[2]。他盘点人类学各说，提出折中方案，承认人类学原有广狭二义。广义的人类学适与广义的民族学相同，将人类体质的、心理的、语言的以及社会的诸方面完全包括在内；狭义的人类学仅指人类体质的研究。民族学和人类学均由广义的而变为狭义的，由从属的关系而变为平等的关系；民族学的方法（民族学方法）与对象（蛮族社会及其文化），和人类学的方法（人类体质研究法）与对象（人类种族之体质研究），绝不相同，不能混一。这样区分广狭的办法，在处理近代以来的许多概念及学科关系时常常碰到，看似兼容并包，却体现了以笼统为融合的思维认识模式。

黄文山感叹：“一种科学之成立，大非易易，其产生之因缘如何，其演变之次序如何，此种迹象，复杂万端，不易爬梳。”[3]因此，他颇称许杨堃的《民族学与人类学》一文：“近今海内外讨论民族学与人类学之关系，以此文为最精审详尽。”[4]他在中国民族学会第3届年会上演讲，注意到“二战”后，“民族学或人类学的科学性，日

[1]　杨成志：《民族学与中国西南民族》，载刘昭瑞编《杨成志文集》，中山大学出版社，2004，第137-138页。

[2]　杨堃：《民族学与人类学》，《国立北平大学学报文理专刊》第1卷第4期，1935年3月，第32页。

[3]　黄文山：《中国民族学会第三届年会演辞》，《广东日报·民族学刊》第3期，1948年5月31日，第4版。

[4]　黄文山：《民族学与中国民族研究》，《民族学研究集刊》第1期，1936年5月，第24页。

益坚固，方法越趋纯正，范围愈加扩大”；由研究“史前人类与文化的科学”，转向“研究人的科学之综合学科”，呼吁“发展民族学，人类学，乃至文化学的研究，希望各大学多设立这些学系”。[1]

蔡元培认为，“考古资料不是借助于人类学不容易了解”。[2] 梁思永建议：“人类学家长期运用的关于文化组合的概念……考古学家也尽可应用”。[3] 1934 年 5 月，中研院社会所民族学组并入史语所为第 4 组，即人类学组。在组织上，考古学似与人类学分立，但人事特别是研究工作却并未割离。8 月，中研院聘李济兼第 4 组主任。12 月，改由吴定良接任。第 4 组的任务是研究考古组发掘积累的商代人骨。史语所编辑出版了两卷《人类学集刊》，所刊论文涉及语言、考古、体质、文化人类学 4 支。中研院曾将史语所第 4 组中的体质人类学划出，成立“体质人类学研究所筹备处”，聘吴定良为筹备处主任，由凌纯声接替第 4 组主任之职。后来，体质人类学研究所筹备处停止进行，仍由史语所接管，归入第 4 组办理。[4] 人类学关于文化与体质两方面的研究重新合而为一。

20 世纪 30–40 年代，中国学人注重学术分科，顺应国际学术

---

[1] 黄文山：《中国民族学会第三届年会演辞》，《广东日报·民族学刊》第 3 期，1948 年 5 月 31 日，第 4 版。

[2] 蔡元培：《美术的起原》，载《蔡元培选集》，中华书局，1959，第 118 页。

[3] 梁思永：《山西西阴村史前遗址的新石器时代的陶器》，载《梁思永考古论文集》，科学出版社，1959，第 35 页。

[4] 王懋勤：《“中央研究院”历史语言研究所大事年表》，载“中央研究院”历史语言研究所四十周年纪念特刊编辑委员会编《“中央研究院”历史语言研究所四十周年纪念特刊》，“中央研究院”语言历史学研究所，1968，第 16–18 页。

发展的潮流。分科便于教学，但不利于学术研究的融通和拓展。[1]事实上，当时的中国学者并未为学科边界所框缚，而是灵活变通，出现了多学科学者的合作研究以及相关学科的互动整合。杨成志将人类学的相关学科都纳为教学内容，在他的课程体系中，除了重视民族学、民俗学、社会 / 文化人类学、考古学、体质人类学外，还强调语言学。中大语言学系成立，为杨成志架构美式人类学教研体系提供了条件。

晚年，费孝通现身说法："在我身上人类学、社会学、民族学一直分不清，而这种身份不明并没有影响我的工作。这一点很重要，我并没有因为学科名称的改变，而改变我研究的对象方法和理论。我的研究工作也明显的具有它的一贯性。也许这个具体例子可以说明学科名称是次要的，对一个人的学术成就关键是在认清对象，改进方法，发展理论。"[2]费孝通以亲身经历印证了分科不如研究问题重要的观念。

中大人类学是以杨成志为代表所开创的，他引领了整整一代学者探索这一学科的发展。中央民族学院民族学系的系主任王辅仁总结说："他是南方最优秀的"。[3]这是后来的人类学学者对杨成志在中国人类学史上的一个定位。

---

[1]　学术分科利弊的讨论，参见桑兵：《晚清民国的知识与制度体系转型》，《中山大学学报》2004 年第 6 期。

[2]　费孝通：《关于人类学在中国》，载《从实求知录》，第 249 页。

[3]　［美］顾定国：《中国人类学逸史——从马林诺斯基到莫斯科到毛泽东》，第 70 页。

结　语

晚清民国时期，在中西知识的交汇中，中国固有学术受外来冲击而发生转变，或名义相同，而形式内容不断翻新，如史学；或整体被分解替换，如经学；或全新引进而有所调适，如民俗学、人类学。即使照搬移植，因为来源不同，解读各异，也会发生各种衍化，形成不同的学说流派。而那些看似改头换面的学科，其实大都已经脱胎换骨，比起失之表浅的新学科，更容易造成形似而实不同的误读错解。与此同时，学术分歧和人事纠葛交织，增加了各门学问发展的变数。

20 世纪 20–40 年代的中大人文学科教研体制的设置变动，一方面表现为以西学体制逐渐取代中学系统，分科教学与专门研究成为大势所趋。在此过程中，不分科的传统和分不清的现实交相作用，使得学人的教研实践往往涉猎广泛，不为学科所限，因而多有创获。另一方面，求真与致用是学术研究永恒的话题，侧重其一或二者兼顾，取决于学人对学术研究目标的认知水平和追求境界。

如今，学术分科越来越细，专门化程度越来越高。这虽与学术日益发达，个人难以面面俱到以及便于教学等因素有关，但流弊也日益凸现。越来越多的有识之士呼吁打破学科藩篱，进行综合融通的研究。这一历史循环的现象，警示学人正确处理博约的关系。

进而言之，能够融合东西方各国的分科观念，形成本国自己的学术系统，据说在世界学术之林也不多见。用单一的进化论观念看待这样的特例，很容易落入中西新旧的俗套而产生似是而非的价值判断。努力使分科更加科学化，便是显而易见又相当普遍的误区之一。如果所谓分清楚于事实反而有蔽，于认识问题无益，则应当调整努力的方向，以免陷入美国式的分科游戏，不断向壁构造层出不穷、转瞬即逝的新学科，无裨于学术研究的实体推进。而要把握各学科或同一学科不同形态的联系与分别，探究其渊源流变的学史研究当为不可或缺的利器。

征引文献

一、档案

《国立北京大学十五年度课程指导书》（单行本），北京大学档案馆藏。

宫中档朱批奏折档案，中国第一历史档案馆藏。

国立广东大学档案，广东省档案馆藏。

国立中山大学档案，广东省档案馆藏。

军机录副档案全宗，中国第一历史档案馆藏档案。

岭南大学档案，广东省档案馆藏。

二、报刊

《北京大学日刊》

《北京大学研究所国学门周刊》

《北京大学月刊》

《北洋法政学报》

《昌言报》

《晨报》

《大公报》（天津）

《大公报 · 文学副刊》

《大同日报》（汉口）

《地学杂志》

《地质汇报》

《地质专报》

《东方杂志》

《东京大学第二年报》

《东京大学史纪要》

《独立评论》

《歌谣》

《格致汇编》

《更生评论》

《广东日报·民族学刊》

《国粹学报》

《国衡》

《国立北平大学学报文理专刊》

《国立清华大学校刊》

《国立中山大学日报》

《国立中山大学校报》

《国立中山大学语言历史学研究所周刊》

《国民日日报》

《国闻周报》

《国学季刊》

《国学月刊》

《杭州白话报》

《湖北农会报》

《湖南官报》

《教会新报》

《教育公报》

《教育世界》

《教育研究》

《教育杂志》

《警钟日报》

《科学》

《民铎》

《民呼日报》

《民间文艺》

《民立报》

《民俗》

《民吁日报》

《民族学研究集刊》

《前途》

《清议报》

《群言》

《厦大周刊》

《汕报》

《上海新报》

《社会科学研究》

《社会学刊》

《社会学讯》

《社会研究季刊》

《申报》

《申报每周增刊》

《时报》

《食货》

《史学专刊》

《图书评论》

《万国公报》

《文化建设》

《文化与社会》

《文史春秋》

《文史杂志》

《文协》

《文摘》

《武汉日报》

《西国近事汇编》

《现代评论》

《现代史学》

《湘报》

《小孩月报》

《新潮》

《新民丛报》

《新青年》

《新社会科学季刊》

《新世界学报》

《新亚学报》

《新月》

《学部官报》

《学艺志林》

《译书汇编》

《庸言》

《哲学会杂志》

《真理与生命》

《直隶教育官报》

《直隶教育杂志》

《中国革命》

《中国社会》

《中山日报》

《中山文化教育馆季刊》

《中西闻见录》

《中央导报》

《中央日报》

《中央研究院历史语言研究所安阳发掘报告》

Journal of the North China Branch of the Royal Asiatic Society

T'oung Pao

三、一般文献

Albert Somit & Joseph Tanenhaus, *The Development of American Political Science: From Burgess to Behavioralism*, Boston, Allyn and Bacon, 1967.

Anna Haddow, *Political Science in American College and Universities, 1636–1900*, New York, Appleton-Century, 1939.

Chang His-t'ung, "The Earliest Phase of the Introduction of Western Political Science into China," *The Yenching Journal of Social Studies*, 1950(1).

E. B. Tylor, *Primitive Culture*, Vol.I, London, Lowe & Brydone (Printers) LTD. 1871.

J. G. Andersson, *Children of the Yellow Earth*, London, 1934.

L. A. White, *The Science of Culture: A Study of Man and Civilization*, New York , Farrar Straus, 1949

Lin, Xiaoqing Diana, *Peking University: Chinese Scholarship and Intellectuals 1898–1937*, Albany, State University of New York Press, 2005.

W. H. Medhurst, *English and Chinese Dictionary*, vol. Ⅱ, Shanghai, the Mission press, 1848.

William Frederick Mayers ed., *Treaties between the empire of China and foreign powers together with regulations for the conduct of foreign trade, conventions, agreements, regulations, etc., etc., etc. and the Peace protocol of 1901*, Shanghai, "North-China Herald" Office, Third and enlarged edition, 1901.

"中央研究院"近代史研究所编:《近世中国经世思想研讨会论文集》，台北，"中央研究院"近代史研究所，1984。

"中央研究院"历史语言研究所四十周年纪念特刊编辑委员会编:《"中央研究院"历史语言研究所四十周年纪念特刊》，台北:"中央研究院"语言历史学研究所，1968。

《东京大学法理文学部一览略（明治十一年）》。

《东京帝国大学一览》（1917–1918），东京：东京帝国大学，1918。

《国立北京大学分科规程》，北京：北京大学，1916。

《国立中山大学二十一年度概览》，广州：国立中山大学出版部，1933。

《国立中山大学开学纪念册》，广州：国立中山大学出版部，1927。

《国立中山大学文科概览》，广州：国立中山大学出版部，1930。

《汉书》，北京：中华书局，1962。

《篁村遗稿》，岛田均一刻本，1918。

《史记》，北京：中华书局，1959。

《四库全书总目》，北京：中华书局，1965。

《隋书》，北京：中华书局，1973。

《学林漫录》第4集，北京：中华书局，1981。

《印欧民间故事型式表》，杨成志、钟敬文译，广州：国立中山大学语言历史学研究所，1928。

艾儒略著，叶农整理:《艾儒略汉文著述全集》上，桂林:广西师范大学出版社，2011。

爱汉者等编，黄时鉴整理:《东西洋考每月统记传》，北京：中华书局，1997。

巴斯蒂:《京师大学堂的科学教育》，《历史研究》1998年第5期。

柏恩（C. S. Burne）:《民俗学问题格》，杨成志译，广州：国立中山大学语言历史学研究所，1928

宝鋆等修:《筹办夷务始末（同治朝）》，沈云龙主编:《近代中国史料丛刊》第62辑611，台北：文海出版社，1966。

鲍绍霖等:《西方史学的东方回响》，北京：社会科学文献出版社，2001。

北京大学、清华大学、南开大学、云南师范大学编:《国立西南联合大学史料》（三），昆明：云南教育出版社，1998。

北京大学、中国第一历史档案馆编:《京师大学堂档案选编》，北京：北京大学出版社，2001。

北京大学校史馆编:《北京大学校史论著目录索引（1898–2003）》，北京：北京大学出版社，2004年。

北京大学校史研究室编:《北京大学史料》第1卷，北京：北京大学出版社，1993。

卞僧慧:《陈寅恪先生年谱长编（初稿）》，北京：中华书局，2010。

蔡鸿生编:《戴裔煊文集》，广州：中山大学出版社，2004。

蔡元培:《蔡元培选集》，北京：中华书局，1959。

曹伯言整理:《胡适日记全编》，合肥：安徽教育出版社，2001。

曹朴:《国学常识》，上海：文光书店，1948。

曹天忠、杨思机:《“现代史学派”与中国现代史学第的“社会科学化”》，《思与言》2006年第2期。

岑家梧:《岑家梧民族研究文集》，北京：民族出版社，2001。

曾纪泽:《出使英法俄国日记》，长沙：岳麓书社，1985。

陈德溥编:《陈黻宸集》下册，北京：中华书局，1995。

陈国强、林加煌主编:《中国人类学的发展》，上海：上海三联书店，1996。

陈翰笙:《四个时代的我》，北京：中国文史出版社，1988。

陈洪捷:《德国古典大学观及其对中国大学的影响》，北京：北京大学出版社，2002。

陈华文:《文化学概论》，上海：上海文艺出版社，2001。

陈景磐、陈学洵主编:《清代后期教育论著选》，北京：人民教育出版社，1997。

陈美延编:《陈寅恪集》，北京：生活 · 读书 · 新知三联书店，2001。

陈平原、夏晓虹编:《北大旧事》，北京：生活 · 读书 · 新知三联书店，1998。

陈平原:《中国现代学术之建立——以章太炎、胡适之为中心》，北京：北京大学出版社，1998。

陈启伟:《哲学译名考》,《哲学译丛》2001 年第 3 期。

陈祥道:《论语全解》,《影印文渊阁四库全书》总第 196 册，台北：台湾商务印书馆，1986。

陈星灿:《中国史前考古学史研究（1895–1949）》，北京：生活 · 读书 · 新知三联书店，1997。

陈序经:《东西文化观》，广州：岭南大学，1937。

陈序经:《文化学概观》，上海：商务印书馆 1947。

陈序经:《中国文化的出路》，上海：商务印书馆，1934。

陈以爱:《中国现代学术研究机构的兴起——以北大研究所国学门为中心的研究》，南昌：江西教育出版社，2002。

陈以爱:《中国现代学术研究机构之兴起：以北京大学研究所国学门为中心的探讨（1922–1927）》，台北：政治大学，1999。

陈元晖主编、璩鑫圭、富勇编:《中国近代教育史资料汇编（教育思想卷）》，上海：上海教育出版社，2007。

崔龙：《唐茹经先生政治学》，上海：大东书局，1938。

大塚桂：《近代日本の政治学者群像——政治概念论争をめぐって》，东京：劲草书房，2001。

岛薗进、矶前顺一编纂：《井上哲次郎集》第8卷，东京：株式会社クレス，2003。

道宣：《集古今佛道论衡》，[日]高楠顺次郎等辑：《大正新修大藏经》第52卷史传部四，东京：大正一切经刊行会，1924—1934。

东方杂志社编：《考古学零简》，上海：商务印书馆，1923。

东京大学法理文三学部编纂：《东京大学法理文学部一览（明治十五年）》，丸屋善七，1882 。

东京大学法理文三学部编纂：《东京大学法理文学部一览略（明治十四年）》，丸屋善七，1882。

东京大学三学部编纂：《东京大学法理文学部一览（明治十六年）》，丸屋善七，1884。

杜春和、韩荣芳、耿来金编：《胡适论学往来书信选》下册，石家庄：河北人民出版社，1998。

杜正胜：《无中生有的志业——傅斯年的史学革命与史语所的创立》，《古今论衡》1998年第1期。

端木正：《端木正文萃》，广州：中山大学出版社，2004。

方维规：《"经济"译名溯源考——是"政治"还是"经济"》，《中国社会科学》2003年第3期。

方维规：《论近现代中国"文明"、"文化"观的嬗变》，《史林》1999年第4期。

方志钦主编，蔡惠尧助编：《康梁与保皇会》，天津：天津古籍出版社，1997。

费尔南·布罗代尔：《文明史纲》（肖昶等译），桂林：广西师范大学出版社，2003。

费孝通:《从实求知录》, 北京: 北京大学出版社, 1998。

冯桂芬:《校邠庐抗议》,《续修四库全书》第952册, 上海: 上海古籍出版社, 1995。

冯桂芬:《校邠庐抗议》, 上海: 上海书店出版社, 2002。

冯客:《近代中国之种族观念》, 杨立华译, 南京: 江苏人民出版社, 1999。

冯友兰:《中国哲学史》, 上海: 上海书店出版社, 1990。

冯友兰:《中国哲学史》下册, 上海: 商务印书馆, 1934。

傅杰编校:《王国维论学集》, 北京: 中国社会科学出版社, 1997。

傅斯年著, 陈槃等校订:《傅斯年全集》, 台北: 联经出版事业公司, 1980。

傅振伦:《傅振伦文录类选》, 北京: 学苑出版社, 1994。

冈本监辅:《万国史记》, 上海: 慎记书庄, 1897。

高平叔编:《蔡元培全集》第2-4、6-7卷, 北京: 中华书局, 1984、1988-1989。

高增德, 丁冬编:《世纪学人自述》, 北京: 北京十月文艺出版社, 2000。

格林斯坦、波尔斯比编:《政治学手册精选》上卷, 竺乾威、周琪等译, 北京: 商务印书馆, 1996。

葛兆光:《穿一件尺寸不合的衣衫——关于中国哲学和儒教定义的争论》,《开放时代》2001年第11期。

葛兆光:《为什么是思想史》,《江汉论坛》2003年第7期。

耿云志主编:《胡适遗稿及秘藏书信》第42册, 合肥: 黄山书社, 2001。

拱玉书:《西亚考古史: 1842—1939》, 北京: 文物出版社, 2002。

顾定国(Gregory E. Guldin):《中国人类学逸史——从马林诺斯基到莫斯科到毛泽东》, 胡鸿保、周燕译, 北京: 社会科学文献出版社, 2000。

顾洪:《顾颉刚学术文化随笔》, 北京: 中国青年出版社, 1998。

顾颉刚:《顾颉刚古史论文集》第1册, 北京: 中华书局, 1988。

顾颉刚:《顾颉刚全集》第33册《宝树园文存》, 北京: 中华书局, 2010。

顾颉刚:《顾颉刚全集 · 顾颉刚日记》卷 2，北京：中华书局，2011。
顾颉刚编著:《古史辨》，上海：上海古籍出版社，1982。
顾晓鸣:《有形与无形：文化寻踪》，上海：上海人民出版社，1989。
顾晓鸣:《追求通观：在社会学文艺学文化学的交接点上》，南宁：广西人民出版社，1989。
关晓红:《殊途能否同归：立停科举后的考试与选材》，《"中央研究院"近代史研究所集刊》第 59 期，2008。
关晓红:《晚清学部研究》，广州：广东教育出版社，2000。
郭秉文:《中国教育制度沿革史》，上海：商务印书馆，1916。
郭齐勇:《文化学概论》，武汉：湖北人民出版社，1990。
国立中山大学秘书处编:《国立中山大学现状》，广州：国立中山大学出版部，1934。
国立中山大学文学院编:《国立中山大学文学院概览》，广州：国立中山大学出版部，1933。
国立中山大学文学院编:《国立中山大学文学院课程总目》，广州：国立中山大学出版部，1932。
国立中山大学语言历史学研究所:《国立中山大学语言历史学研究所概览》，广州：国立中山大学语言历史学研究所，1933。
国立中山大学语言历史学研究所编:《国立中山大学语言历史学研究所年报》，广州：国立中山大学语言历史学研究所，1929。
韩明汉:《中国社会学史》，天津：天津人民出版社，1987。
何联奎:《何联奎文集》，台北：中华书局，1980。
何新:《关于文化学研究的通信》，《学习与探索》1986 年第 2 期。
何子建:《北大百年与政治学的发展》，《读书》1999 年第 5 期。
黑格尔:《历史哲学》，王造时译，上海：上海书店出版社，2001。
胡适、蔡元培、王云五编:《张菊生先生七十生日纪念论文集》，上海：商务印书馆，1937。

胡适等编辑:《张菊生先生七十生日纪念论文集》，上海：商务印书馆，1937。

胡卫清:《传教士教育家潘慎文的思想与活动》,《近代史研究》1996年第2期。

花之安:《德国学校论略》，羊城小书会真宝堂藏板，同治十二年镌。

华勒斯坦等:《学科·知识·权力》，刘健芝等编译，北京：生活·读书·新知三联书店，1999。

华侨协会总会编:《华侨名人传》，台北：黎明文化事业股份有限公司，1984。

黄淑娉、龚佩华著:《文化人类学理论方法研究》，广州：广东高等教育出版社，1996。

黄文山:《文化学及其在科学体系中的位置》，广州：岭南大学西南社会经济研究所，1949。

黄文山:《文化学论文集》，广州：中国文化学学会，1938。

黄文山:《文化学体系》，台北：中华书局，1968。

黄夏年编:《朱谦之文集》第1-10卷，福州：福建教育出版社，2002。

黄兴涛:《晚清民初现代“文明”和“文化”概念的形成及其历史实践》,《近代史研究》2006年第6期。

黄兴涛:《文化史的视野》，福州：福建教育出版社，2000。

黄义祥:《中山大学史稿1924-1949》，广州：中山大学出版社，1999。

箕作元八、峰岸米造:《欧罗巴通史》，徐有成等译，东亚译书会，1900。

贾桢等纂:《筹办夷务始末（咸丰朝）》，沈云龙主编:《近代中国史料丛刊》第59辑581，台北：文海出版社，1966。

蒋纯焦:《一个阶层的消失：晚清以降塾师研究》，上海：上海书店出版社，2007。

蒋大椿主编:《史学探渊——中国近代史学理论文编》，长春：吉林教育出版社，1991。

蒋天枢:《陈寅恪先生编年事辑》（增订本），上海：上海古籍出版社，1997。

蒋智由:《中国人种考》，上海：华通书局，1929。

角田文衛:《考古学京都学派》(增补)，东京：雄山阁，1997。

杰弗里·马丁:《所有可能的世界：地理学思想史》，上海：上海人民出版社，2008。

金毓黻:《静晤室日记》，沈阳：辽沈书社，1993。

金毓黻:《中国史学史》，北京：商务印书馆，1999。

锦溪老人著，太平逸士校:《横滨繁昌记》，幕天书屋藏版，出版时间不详。

景海峰:《从"哲学"到"中国哲学"》,《江汉论坛》2003 年第 7 期。

景海峰编:《拾薪集——"中国哲学"建构的当代反思与未来前瞻》，北京：北京大学出版社，2007。

康有为著，姜义华等编校:《康有为全集》，上海：上海古籍出版社，1987。

康有为著，蒋贵麟主编:《康南海先生遗著汇刊》，台北：宏业书局，1987。

孔祥吉:《晚清史探微》，成都：巴蜀书社，2001。

孔祥宇:《〈现代评论〉与中国政治》，博士学位论文，北京师范大学，2003。

赖康忒:《(最新中学教科书)地质学》，包光镛等译述，上海：商务印书馆，1905。

老尼克:《一个番鬼在大清国》，钱林森、蔡宏宁译，济南：山东画报出版社，2004。

雷侠儿:《地学浅释》,［美］玛高温口译，华蘅芳笔述，江南制造局，1873。

李圭:《环游地球新录》，长沙：岳麓书社，1985。

李贵连主编:《百年法学——北京大学法学院院史》，北京：北京大学出版社，2004。

李济:《安阳》，石家庄：河北教育出版社，2000。

李济:《考古琐谈》，武汉：湖北教育出版社，1998。

李零:《简帛古书与学术源流》，北京：生活·读书·新知三联书店，2004。

李敏:《19 世纪后期中外交往与"文学"流变》,《学术研究》2017 年第 1 期。

李泉:《傅斯年学术思想评传》，北京：北京图书馆出版社，2000。

李荣善:《文化学引论》，西安：西北大学出版社，1996。

李守常:《史学要论》，北京：商务印书馆，2000。

李思辑译，蔡尔康纪述:《万国通史前编》，上海：广学会，1900。

李学勤:《重写学术史》，石家庄：河北教育出版社，2002。

栗永清:《知识生产与学科规训：晚清以来的中国文学学科史探微》，北京：中国社会科学出版社，2012。

梁启超:《清代学术概论》，上海：商务印书馆，1921。

梁启超:《饮冰室合集》，北京：中华书局，1989。

梁启超:《饮冰室合集》，上海：中华书局，1936。

梁启超:《中国历史研究法》，上海：商务印书馆，1933。

梁启超著，夏晓虹辑:《〈饮冰室合集〉集外文》，北京：北京大学出版社，2005。

梁思永:《梁思永考古论文集》，北京：科学出版社，1959。

林惠祥:《文化人类学》，北京：商务印书馆，2002。

刘东主编:《中国学术》第 26 辑，北京：商务印书馆，2010。

刘锦藻编:《清朝续文献通考》，杭州：浙江古籍出版社，2000。

刘麟生编著:《中国文学概论》，上海：世界书局，1934。

刘龙心:《学术与制度：学科体制与现代中国史学的建立》，台北：远流出版公司，2002。

刘梦溪主编:《中国现代学术经典·余嘉锡 杨树达卷》，石家庄：河北教育出版社，1996。

刘敏中:《文化学说构架无效要素价值论纲》,《学习与探索》1985 年第 3 期。

刘汝骥:《陶甓公牍》，官箴书集成委员会编:《官箴书集成》第 10 册，合肥：黄山出版社，1997。

刘师培:《刘师培全集》，北京：中共中央党校出版社，1997。

刘望龄编:《辛亥首义与时论思潮详录》上卷，武汉：华中师范大学出版社，2011。

刘伟:《文化：一个斯芬克斯之谜的求解》，北京：人民出版社，1988。

刘昭瑞编:《杨成志文集》，广州：中山大学出版社，2004。

柳诒徵:《中国文化史》，上海：上海古籍出版社，2001。

柳诒徵著，柳曾符等选编:《柳诒徵史学论文集》，上海：上海古籍出版社，1991。

罗汝南著，方新校绘:《中国近世舆地图说》，宣统元年广东教忠学堂石印本。

罗振玉、王国维:《罗振玉王国维往来书信》，王庆祥等校注，罗继祖审订，北京：东方出版社，2000。

罗振玉:《罗雪堂先生全集》，台北：文华出版公司，1968–1974。

罗振玉著，黄爱梅编选:《雪堂自述》，南京：江苏人民出版社，1999。

罗振玉著，萧立文编:《雪堂类稿》，沈阳：辽宁教育出版社，2003。

罗志田:《变动时代的文化履迹》，上海：复旦大学出版社，2010。

罗志田:《国家与学术：清季民初关于“国学”的思想论争》，北京：生活·读书·新知三联书店，2003。

罗志田:《近代中国史学十论》，上海：复旦大学出版社，2003。

罗志田:《权势转移：近代中国的思想、社会与学术》，武汉：湖北人民出版社，1999。

罗志田主编:《20世纪的中国：学术与社会·史学卷》(下)，济南：山东人民出版社，2002。

闾小波:《强学会与强学书局考辨——兼议北京大学的源头》，《北京社会科学》1999年第1期。

吕顺长:《清末中日教育文化交流之研究》，北京：商务印书馆，2012。

吕思勉:《吕著史学与史籍》，上海：华东师范大学出版社，2002。

吕思勉:《吕著中国通史》，上海：开明书店，1947。

马芳若编:《中国文化建设讨论集》，上海：龙文书店，1935。

马礼逊:《华英字典》(影印版)，郑州：大象出版社，2008。

马亮宽、王强选编:《何思源选集》，北京：北京出版社，1996。

马西尼:《现代汉语词汇的形成——十九世纪汉语外来词研究》，黄河清译，上海：汉语大词典出版社，1997。

马勇编:《章太炎书信集》，石家庄：河北人民出版社，2003。

玛吉士辑译:《新释地理备考全书》,《丛书集成新编》第 97 册，台北：新文丰出版公司，1984。

迈达:《覆瓿赘谈》，据光绪二十一年刻本影印，林庆彰主编:《晚清四部丛刊》第六编 63，台中：文听阁图书有限公司，2011。

麦丁富得力编纂，[美]林乐知口译，郑昌棪笔述:《列国岁计政要》,《丛书集成续编》第 51 册，台北：新文丰出版公司，1989。

毛祥麟:《快心醒牖录》，据光绪二十一年上海书局石印本影印，林庆彰主编:《晚清四部丛刊》第五编 88，台中：文听阁图书有限公司，2011。

茅海建:《从甲午到戊戌：康有为〈我史〉鉴注》，北京：生活·读书·新知三联书店，2009。

美国高第丕、清国张儒珍同著，日本金谷昭训点:《大清文典》，明治十年九月新刻。

蒙文通:《经学抉原》，上海：上海人民出版社，2006。

蒙文通:《蒙文通文集》第 3 卷，成都：巴蜀书社，1995。

孟森:《明清史讲义》，北京：中华书局，1981。

米田庄太郎:《现代文化概论》(王璧如译)，上海：北新书局，1928。

慕维廉:《地理全志》，上海美华书馆摆印，益智书会发售，光绪九年八月。

慕维廉译:《大英国志》,《西学大成》第 4 册，上海：醉六堂书坊，1888。

穆济波编著:《中国文学史》，上海：乐群书店，1930。

那珂通世:《支那通史》，上海：东文学社，1899。

诺贝特·埃利亚斯:《文明的进程：文明的社会起源和心理起源的研究》(王佩莉译)，北京：生活·读书·新知三联书店，1998。

欧罗巴人原撰，林则徐译，魏源重辑:《海国图志》，道光甲辰仲夏古微堂聚珍版。

欧阳哲生编:《傅斯年全集》，长沙：湖南教育出版社，2003。

欧阳哲生编:《胡适文集》第6册，北京：北京大学出版社，1998。

潘懋元、刘海峰编:《中国近代教育史资料汇编·高等教育》，上海：上海教育出版社，1993。

皮后锋:《严复辞北大校长之职的原因》,《学海》2002年第6期。

浦汉明编、季镇淮审订:《浦江青文史杂文集》，北京：清华大学出版社，1993。

浦江清:《清华园日记·西行日记》(增补本)，北京：生活·读书·新知三联书店，1987。

齐如山:《中国的科名》，沈阳：辽宁教育出版社，2006。

钱穆:《钱宾四先生全集》，台北：联经出版事业公司，1998。

钱穆:《中国近三百年学术史》，北京：商务印书馆，1997。

钱穆:《中国现代学术论衡》，北京：生活·读书·新知三联书店，2001。

钱学森:《研究社会主义精神财富创造事业的学问——文化学》,《中国社会科学》1982年第6期。

乔纳森·卡勒，李平译:《当代学术入门：文学理论》，沈阳：辽宁教育出版社，1998。

清华大学历史系编:《戊戌变法文献资料系日》，上海：上海书店出版社，1998。

裘廷梁辑:《白话丛书》第一集，光绪二十七年石印。

璩鑫圭、唐良炎编:《中国近代教育史资料汇编·学制演变》，上海：上海教育出版社，1991。

任达:《新政革命与日本：中国，1898—1912》，李仲贤译，南京：江苏人民出版社，1998。

日本近代教育史事典编集委员会编:《日本近代教育史事典》，东京：平凡社，1971。

荣孟源、章伯锋主编:《近代稗海》第2辑，成都：四川人民出版社，1985。

桑兵:《从眼光向下回到历史现场——社会学人类学对民国史学的影响》,《中国社会科学》2005年第1期。

桑兵:《二十世纪前半期的中国史学会》,《历史研究》2004年第5期。

桑兵:《分科的学史与分科的历史》,《中山大学学报（社会科学版）》2010年第4期。

桑兵:《分科的学史与分科的历史——本期专栏解说》,《中山大学学报（社会科学版）》2010年第1期。

桑兵:《黄金十年与新政革命——评介〈中国，1898－1912：新政革命与日本〉》,《燕京学报》新4期，1998。

桑兵:《近代中外比较研究史管窥——陈寅恪〈与刘叔雅论国文试题书〉解析》,《中国社会科学》2003年第1期。

桑兵:《科举、学校到学堂与中西学之争》,《学术研究》2012年第3期。

桑兵:《梁启超的东学、西学与新学——评狭间直树〈梁启超·明治·日本西方〉》,《历史研究》2002年第6期。

桑兵:《清季变政与日本》,《江汉论坛》2012年第5期。

桑兵:《晚清民国的国学研究》，上海：上海古籍出版社，2001。

桑兵:《晚清民国的知识与制度转型》,《中山大学学报》2004年第6期。

桑兵《求其是与求其古：傅斯年“性命古训辩证”的方法启示》,《中国文化》第29期，2009年春季号。

桑兵等著:《近代中国的知识与制度转型》，北京：经济科学出版社，2013。

桑原骘藏:《东洋史要》，樊炳清译，上海：东文学社，1899。

商金林编:《叶圣陶年谱》，南京：江苏教育出版社，1986。

沈国威:《近代中日词汇交流研究：汉字新词的创制、容受与共享》，北京：中华书局，2010。

沈国威编著:《六合丛谈：附解题·索引》，上海：上海辞书出版社，2006。

施爱东:《论中国现代民俗学的学科创立和学术转型——以中山大学民俗学运动为中心》，博士学位论文，中山大学，2002。

施爱东:《民俗学是一门国学——中山大学民俗学会的工作计划与早期民俗学者对学科的认识》，《民俗研究》2017 年第 2 期。

舒新城编:《近代中国教育史料》第 2 册，上海：中华书局，1928。

舒新城编:《中国近代教育史资料》，北京：人民教育出版社，1981。

宋月红、真漫亚:《蔡元培与〈北京大学月刊〉——兼论蔡元培对北京大学的学术革新》，《北京大学学报（哲学社会科学版）》1997 年第 6 期。

孙本文:《文化与社会》，上海：东南书店，1928。

孙本文等编著:《中国战时学术》，重庆：正中书局，1946。

孙宏云:《中国现代政治学的展开：清华政治学系的早期发展 1926–1937》，北京：生活·读书·新知三联书店，2005。

孙家鼐编:《续西学大成》，上海：飞鸿阁书林，光绪二十三年。

孙青:《晚清之"西政"东渐及本土回应》，上海：上海书店出版社，2009。

孙晓楼:《法律教育》，上海：商务印书馆，1935。

孙应祥:《严复年谱》，福州：福建人民出版社，2003。

谭嗣同著，蔡尚思等编:《谭嗣同全集》，北京：中华书局，1981。

唐文权编:《雷铁崖集》，武汉：华中师范大学出版社，1986。

唐文治:《茹经堂文集》，《民国丛书》第 5 编第 94 种，上海：上海书店出版社，1996。

田彤:《转型期文化学的批判：以陈序经为个案的历史释读》，北京：中华书局，2006。

汪诒年编:《汪穰卿（康年）先生遗文》，沈云龙主编:《近代中国史料丛刊》第 5 册，台北：文海出版社，1966。

王宝平主编:《晚清中国人日本考察记集成：教育考察记》，杭州：杭州大学出版社，1999年。

王炳燮:《毋自欺室文集》，沈云龙主编:《近代中国史料丛刊》第237册，台北：文海出版社，1985。

王汎森:《古史辨运动的兴起》，台北：允晨文化实业股份有限公司，1987。

王汎森:《章太炎的思想（1868–1919）及其对儒学传统的冲击》，台北：时报文化出版事业有限公司，1985。

王汎森:《中国近代思想与学术的系谱》，石家庄：河北教育出版社，2001。

王汎森教授《中国近代思想文化史研究的若干思考》，《新史学》（台北）第14卷第4期，2003。

王桂:《日本教育史》，长春：吉林教育出版社，1987。

王国维:《观堂集林》，北京：中华书局，1959。

王国维:《静庵文集》，沈阳：辽宁教育出版社，1997。

王建民:《中国民族学史（1903–1949）》上卷，昆明：云南教育出版社，1997。

王健:《中国近代的法律教育》，北京：中国政法大学出版社，2001。

王景沂:《科学书目提要初编》，北洋官报局，1903。

王铭铭:《西学"中国化"的历史困境》，桂林：广西师范大学出版社，2005。

王栻主编:《严复集》第3册，北京：中华书局，1986。

王文宝:《中国民俗学发展史》，沈阳：辽宁大学出版社，1987。

王文宝:《中国民俗研究史》，哈尔滨：黑龙江人民出版社，2003。

王锡祺辑:《小方壶斋舆地丛钞再补编》，杭州：杭州古籍书店，1985年影印本。

王锡彤:《抑斋自述》，开封：河南大学出版社，2001。

王晓秋:《近代中国与世界：互动与比较》，北京：紫禁城出版社，2002。

王晓秋:《京师大学堂开学日期考》，《光明日报》1998年6月26日。

王学珍、郭建荣主编:《北京大学史料》第1卷，北京：北京大学出版社，2000。

王亚南:《社会科学新论》,《民国丛书》编辑委员会编:《民国丛书》第五编（16），上海：上海书店出版社，1996。

王毅:《皇家亚洲文会北中国支会研究》，上海：上海书店出版社，2005。

王元德、刘玉峰编:《文会馆志》，潍县广文学校印刷所，1913。

威尔海姆·奥斯瓦尔德:《文化学之能学的基础》（马绍伯译），重庆：三友书店，1943。

魏源辑:《海国图志》，光绪二季平庆泾固道署重刊。

文庆等纂:《筹办夷务始末（道光朝）》，沈云龙主编:《近代中国史料丛刊》第56辑551，台北：文海出版社，1966。

文廷式编:《新译列国政治通考》，光绪癸卯年夏五月上海蜚英书局石印。

沃勒斯坦:《否思社会科学：19世纪范式的局限》，刘琦岩、叶萌芽译，北京：生活·读书·新知三联书店，2008。

吴克礼主编:《文化学教程》，上海：上海外语教育出版社，2002。

吴宓著，吴学昭整理:《吴宓日记》，北京：生活·读书·新知三联书店，1998。

吴乾兑、陈匡时:《林译〈澳门月报〉及其它》,《近代史研究》1980年第3期。

吴汝纶著，施培毅、徐寿凯校点:《吴汝纶全集》，合肥：黄山书社，2002。

吴文藻:《吴文藻人类学社会学研究文集》，北京：民族出版社，1990。

吴义雄:《马礼逊学校与容闳留美前所受的教育》,《广东社会科学》1999年第3期。

夏曾佑:《中国古代史》，石家庄：河北教育出版社，2003。

萧公权:《中国政治思想史》，沈阳：辽宁教育出版社，1998。

小川银次郎:《西洋史要》，樊炳清等译，金粟斋版，1901。

小原国芳:《日本教育史》，吴家镇、戴景曦译，上海：商务印书馆，1935。

谢洪赉编:《最新中学教科书瀛寰全志》，上海：商务印书馆，1903。

谢维扬、房鑫亮主编、胡逢祥分卷主编:《王国维全集》第14卷，杭州：浙江教育出版社，2010。

谢云声:《闽歌甲集》，广州：国立中山大学语言历史学研究所，1928。

熊十力:《读经示要》，重庆：南方印书馆，1945。

徐维则辑、顾燮光补:《增版东西学书录》，北京：北京图书馆出版社，2003。

许德珩:《许德珩回忆录：为了民主与科学》，北京：中国青年出版社，2001。

许冠三:《新史学九十年》，长沙：岳麓书社，2003。

许同莘、汪毅、张承棨编:《道光条约》，沈云龙主编:《近代中国史料丛刊续编》第 8 辑 72—75，台北：文海出版社，1974。

严复著，王栻主编:《严复集》，北京：中华书局，1986。

严绍璗、源了圆主编:《中日文化交流史大系（思想卷）》，杭州：浙江人民出版社，1996。

杨成志:《杨成志民俗学译述与研究》，北京：高等教育出版社，1989。

杨成志:《杨成志人类学民族学文集》，北京：民族出版社，2003。

杨念群等主编:《新史学：多学科对话的图景》，北京：中国人民大学出版社，2004。

杨深编:《走出东方——陈序经文化论著辑要》，北京：中国广播电视出版社，1995。

杨思机:《朱谦之与"现代史学运动"》，学士学位论文，中山大学，2005。

杨逸等著，陈正青等标点:《海上墨林　广方言馆全案　粉墨丛谈》，上海：上海古籍出版社，1989。

姚名达:《中国目录学史》，上海：上海古籍出版社，2002。

姚莹:《康輶纪行》，四库未收书辑刊编纂委员会编:《四库未收书辑刊》第 5 辑第 14 册，北京：北京出版社，1998。

余英时:《顾颉刚：未尽的才情——从〈日记〉看顾颉刚的内心世界》，《文汇报》，2007 年 1 月 29 日。

余英时:《中国思想传统的现代诠释》，台北：联经出版事业公司，1987。

俞可平:《中国政治学百年回眸》，《人民日报》2000 年 12 月 28 日。

俞伟超著，王然编:《考古学是什么》，北京：中国社会科学出版社，1996。
苑利主编:《二十世纪中国民俗学经典·学术史卷》，北京：社会科学文献出版社，2002。
苑书义等主编:《张之洞全集》，石家庄：河北人民出版社，1998。
恽毓鼎著，史晓风整理:《恽毓鼎澄斋日记》，杭州：浙江古籍出版社，2004。
斋藤忠:《考古学史の人びと》，东京：第一书店，1985。
张春树:《民国史学与新宋学——纪念邓恭三先生并重温其史学》，《国学研究》1999年第6期。
张国刚、吴莉苇等:《明清传教士与欧洲汉学》，北京：中国社会科学出版社，2001。
张国义:《朱谦之学术研究》，博士学位论文，华东师范大学，2004。
张寄谦:《严复与北京大学》，《近代史研究》1993年第5期。
张建华:《中法〈黄埔条约〉交涉——以拉萼尼与耆英之间的来往照会函件为中心》，《历史研究》2001年第2期。
张慰慈:《政治学大纲》，上海：商务印书馆，1923。
张西平主编:《中国丛报（1832.05—1851.12）》，桂林：广西师范大学出版社，2008。
张相文编订:《地学丛书》，上海：中华印刷局，1928。
章念驰编:《章太炎讲演集》，上海：上海人民出版社，2011。
章太炎:《国故论衡》，上海：上海古籍出版社，2003。
章太炎:《章太炎全集》，上海：上海人民出版社，1985。
赵德鑫主编，吴剑杰、周秀鸾等点校:《张之洞全集》，武汉：武汉出版社，2008。
赵尔巽等纂:《清史稿》，北京：中华书局，1996。
赵玉新点校:《戴震文集》，北京：中华书局，1980。
郑师渠:《晚清国粹派：文化思想研究》，北京：北京师范大学出版社，1997。

中国蔡元培研究会编:《蔡元培全集》第15卷，杭州：浙江教育出版社，1998。
中国第二历史档案馆编:《中华民国史档案资料汇编第三辑·文化》，南京：凤凰出版社，1991。
中国第一历史档案馆编:《光绪宣统两朝上谕档》，桂林：广西师范大学出版社，1996。
中国革命博物馆整理、章孟源审校:《吴虞日记》上册，成都：四川人民出版社，1986。
中国科学院近代史研究所史料编辑室、中央档案馆明清档案部编辑组编:《洋务运动》二，上海：上海人民出版社、上海书店出版社，2000。
中国史学会主编，齐思和、林树惠等编:《中国近代史资料丛刊第一种：鸦片战争》，上海：神州国光社，1954。
中国史学会主编:《戊戌变法》第4册，上海：上海人民出版社，1957。
中江兆民:《一年有半·续一年有半》，吴藻溪译，北京：商务印书馆，1997。
钟敬文:《钟敬文学术论著自选集》，北京：首都师范大学出版社，1994。
周东怡:《清末学制における「読経講経」科目の設置およびその内容について》,《アジア地域文化研究》2010年第6期。
周予同著，朱维铮编校:《周予同经学史论》，上海：上海人民出版社，2010。
朱家骅:《法律教育》，法律教育委员会编，1948。
朱谦之:《文化社会学》，广州：中国社会学社广东分社，1948。
朱谦之:《文化哲学》，上海：商务印书馆，1935。
朱寿朋编，张静庐等校点:《光绪朝东华录》，北京：中华书局，1958。
朱维铮:《中国经学史十讲》，上海：复旦大学出版社，2002。
朱维铮校注:《周予同经学史论著选集》，上海：上海人民出版社，1983。
朱希祖:《朱希祖先生文集》(六)，台北：九思出版有限公司，1979。
朱熹:《四书章句集注》，北京：中华书局，1983。
朱有瓛主编:《中国近代学制史料》，上海：华东师范大学出版社，1983-1993。

庄吉发:《京师大学堂》，台北：台湾大学文学院，1970。

邹振环:《〈外国史略〉及其作者问题新探》,《中山大学学报（社会科学版）》2008 年第 5 期。

左松涛:《近代中国的私塾与学堂之争》，北京：生活 · 读书 · 新知三联书店，2017。

左玉河:《从四部之学到七科之学——学术分科与近代中国知识系统之创建》，上海：上海书店出版社，2004。

人名索引

文
景

Horizon

社科新知　文艺新潮

分科的学史与历史

桑兵　关晓红 主编

出 品 人：姚映然
特邀策划：谭徐锋
责任编辑：李　頔
营销编辑：胡珍珍
装帧设计：安克晨

出　　品：北京世纪文景文化传播有限责任公司
（北京朝阳区东土城路8号林达大厦A座4A　100013）
出版发行：上海人民出版社
印　　刷：山东临沂新华印刷物流集团有限责任公司
制　　版：北京大观世纪文化传媒有限公司

开 本：890mm×1240mm　1/32
印 张：14.5　　字 数：315,000　插 页：2
2021年5月第1版　　2021年5月第1次印刷
定 价：59.00元
ISBN：978-7-208-16818-3/K·3020

图书在版编目（CIP）数据

分科的学史与历史 / 桑兵，关晓红主编. —上海：上海人民出版社，2020
（近代中国的知识与制度转型 / 桑兵，关晓红主编，学科编）
ISBN 978-7-208-16818-3

Ⅰ. ①分… Ⅱ. ①桑…②关… Ⅲ. ①科学史-研究-中国-近代 Ⅳ. ①G322.9

中国版本图书馆CIP数据核字（2020）第218482号